中国古代建筑文献集要

【明代】 下 （修订本）

程国政 编注

路秉杰 主审

同济大学出版社

内 容 提 要

本册选文对象为明代的建筑文献，分上、下两本，共选文 240 余篇，涵盖重要的历史事件、城池营造、园林营构、著名建筑、典章制度、水利工程和技术等方面。力求通过文章的遴选勾勒出明代建筑历史发展的轨迹。

全书文章编排按作者生卒年代顺序，兼顾当事之历史人物的时代顺序；作者等年代不详的文献按照事件发生的年代等线索酌定编排顺序；单篇篇目按照提要、作者简介、正文、作者简介及注释进行编排。本书为建筑文献读本，适合广大建筑专业本、专科生及古建筑工作者和爱好者阅读、收藏。

图书在版编目(CIP)数据

中国古代建筑文献集要. 明代. 下/程国政编注. --修订本.
--上海：同济大学出版社，2016.8
ISBN 978 - 7 - 5608 - 6517 - 1

Ⅰ.①中…　Ⅱ.①程…　Ⅲ.①古建筑－古籍－中国－
明代　Ⅳ.①TU－092.2

中国版本图书馆 CIP 数据核字(2016)第 208787 号

上海市"十二五"重点图书
上海文化发展基金会图书出版专项基金项目

中国古代建筑文献集要　明代 下(修订本)
程国政　编注　路秉杰　主审
责任编辑　封 云　　　责任校对　徐春莲　　　封面设计　陈益平

出版发行	同济大学出版社　www.tongjipress.com.cn
	（地址：上海市四平路1239号　邮编：200092　电话：021-65985622）
经　销	全国各地新华书店
印　刷	浙江广育爱多印务有限公司
开　本	787mm×1092mm　1/16
印　张	154.75
字　数	3 863 000
版　次	2016 年 10 月第 1 版　　2016 年 10 月第 1 次印刷
书　号	ISBN 978 - 7 - 5608 - 6517 - 1
定　价	980.00 元(全 8 册)

目　录

明　代　下

3　谏止南关城壕疏/明·李一瀚

6　武当游记/明·陆铨

12　　附:武当山记篇目

13　修九江城记/明·余文献

15　镇海楼记/明·徐渭

17　《青藤书屋八景图》记/明·徐渭

18　修郡衢记/明·徐渭

19　石刻孔子像记/明·徐渭

20　豁然堂记/明·徐渭

22　万佛寺记/明·徐渭

23　史氏桥记/明·徐渭

24　正义堂记/明·徐渭

26　榜联(节选)/明·徐渭

31　八面山苟王寨修建记/明·张可述

33　京师重建贡院记/明·张居正

37　敕建寺庙文(五篇)/明·张居正

40　　敕建慈寿寺碑文/明·张居正

42　　敕建万寿寺碑文/明·张居正

43　　请停止内工疏/明·张居正

44　　附:敕修东岳庙碑文/明·张居正

45　　　敕建五台山大宝塔记/明·张居正

46　答湖广巡按朱谨吾辞建亭书/明·张居正

48　建修独石三城记/明·张佳胤

52　登函关城楼/明·张佳胤

53　豫园记/明·潘允端

56　游金陵诸园记(节选)/明·王世贞

64　宝山堡记/明·王世贞

67	新建外城记/明·张四维
69	请建空心台疏/明·戚继光
71	附:筑台规则/明·戚继光
72	早过悬空寺(选一)/明·郑洛
74	栈道图考/明·王圻
75	附:中江县余岭新道记/明·张翀
77	嘉靖十年清查匠役著为定额
83	附:工部职掌
83	工部箴/明·朱瞻基
84	工典总叙
85	金工部文(节选)
88	功宗小记碑/明·曾省吾
92	寄畅园记/明·王稚登
96	蓬莱阁并登州城记(五篇)/宋应昌 等
98	重修蓬莱阁记/明·宋应昌
100	蓬莱阁阅水操记/清·徐绩
102	重修登州府城记/清·谢肇辰
103	附:重修蓬莱阁记/清·杨本昌
104	重修蓬莱阁记/清·豫山
105	游泗上泉林记/明·于慎行
109	议义州木市疏/明·李化龙
113	重修蔚郡城楼碑记/明·邹森
119	重建养济院记/明·郑伯栋
121	拓城记/明·郭貣
123	改建丹凤楼记/明·秦嘉楫
125	龙江船厂志(节选)/明·李昭祥
127	序言/明·欧阳衢
128	谟训/明·朱元璋 等
130	典章/李昭祥
133	露香园记/明·朱察卿
136	烟雨楼记/明·王元凤
139	辰阳新建参天宝塔记/明·陈性学
141	重建太平桥记/明·周南
143	九二轩记/明·范守己
144	霁虹桥记/明·刘庭蕙
147	附:重修霁虹桥记/明·邓原岳
148	大峨山永明华藏寺新建铜殿记/明·王毓宗
152	峨眉山普贤金殿碑/明·傅光宅

154	罢采宝井疏/明·陈用宾
157	洋河建广惠桥碑记/明·郭正域
160	普陀游记/明·朱国祯
163	重建云龙桥记/明·叶向高
165	重修镇东卫记/明·叶向高
167	裴村公馆记/明·何乔远
170	拟缓举三殿及朝门工程疏/明·孙承宗
172	附:三殿鼎新赋/明·周延儒
173	新建松华坝石闸碑记/明·江和(代)
175	庐山二石工传/明·文德翼
177	午日秦淮泛舟行/明·何湛之
178	极乐寺纪游/明·袁宗道
180	游高梁桥记/明·袁宏道
181	乌有园记/明·刘士龙
183	萧公修闸事宜条例/明·萧良干
186	重修佛宫寺释迦塔记/明·田蕙
190	山满楼观柳/明·高濂
191	论窑(四篇)/明·高濂
196	保俶塔顶观海日/明·高濂
197	风陵享殿记/明·王三才
198	梅花墅记/明·钟惺
202	浣花溪记/明·钟惺
204	繁川庄记/明·钟惺
205	秦淮灯船赋/明·钟惺
207	募造丘家桥缘起疏/明·钟惺
209	胜境/明·钟惺
211	米氏奇石记/明·陈衍
215	附:勺园
215	新建百花塔记/明·洪应科
217	长堤碑记/明·游士任
221	附:武昌府新修江岸记/明·郭正域
222	论琴/明·冯梦龙
224	论箫/明·冯梦龙
226	柳浪湖记/明·袁中道
227	荷叶山房消夏记/明·袁中道
229	柴紫庵记/明·袁中道
231	西山游后记/明·袁中道
236	《工部厂库须知》序/明·何士晋

239	《园冶》(节选)/明·计成 等
240	冶叙/明·阮大铖
241	题词/明·郑元勋
243	自序/明·计成
244	兴造论
249	《天工开物》(节选)/明·宋应星
255	《长物志》序/明·沈春泽
258	园居杂咏/明·瞿式耜
260	察勘皇陵记/明·蒋德璟
263	附:凤泗记/明·蒋德璟
265	《西湖梦寻》(节选)/明·张岱
272	《陶庵梦忆》(节选)/明·张岱
279	寓山注序/明·祁彪佳
282	诸暨县重建县治记/明·陈子龙
284	松江西郛闸门台记/明·陈子龙
286	五台僧募造大士像疏/明·陈子龙
288	汾湖石记/明·叶小鸾
289	涵元塔记/明·张弼
291	偶园记/明·康范生
293	《帝京景物略》(节选)/明·刘侗 于奕正
293	方逢年序/明·方逢年
296	自序/明·刘侗 于奕正
297	水关/明·刘侗 于奕正
305	蜀王睿制天生城碑记/明·刘耀
308	宋礼传/清·张廷玉 等
311	舆服志(节选)/清·张廷玉 等
314	潘季驯传/清·张廷玉 等
318	附:河议辩惑/明·潘季驯
320	邹辑传/清·张廷玉 等

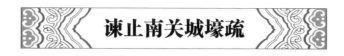

明·李一瀚

【提要】

本文选自《古今图书集成》考工典卷二八（中华书局　巴蜀书社影印本）。

嘉靖二十九年（1550）八月，俺答率蒙古骑兵直叩京师，蹂躏畿辅。由于没有外城的拱卫，城外关厢一带的百姓涌到城下，要求进城避难。朝廷先是命令严锁城门，不准入内，以致激起民怨，"号呼之声直彻西内"，惊动宸居。给事中王德为此上奏，称："九门昼闭，不便军民，且示虏以弱"，由此才"开门听民出入"（《明世宗实录》卷三六四）。然而，大批城外居民的涌入，又造成"米价顿贵"等一系列问题，迫使朝廷不得不开仓赈济。城外人民的生命和财产所遭受的巨大损失自不待言。

于是，俺答退去之后，朝野官民要求修筑外城的呼声日趋高涨，且有南关"居民朱良辅等愿自出财力"（《明世宗实录》卷三七〇）用于筑城的事出现。

首辅严嵩也上《请乞修筑南关围墙》疏：

"伏蒙发下工部题《修筑南关厢围墙》一本。臣等看得本厢监生宗（朱）良辅等奏称，筑城夫役，三关（崇文门、正阳门、宣武门）之民自愿量力出办等情。又臣等闻之外论云：虏贼慕张家湾、临清及京城南关厢，居民繁庶，货物屯聚，声言要抢。今岁果从蓟州入抢，意在张家湾及南关厢也。幸赖天威元佑，虏寻退遁。然今垂涎未已，难保不复至。若外城既筑，可以息彼凯觎，亦先事发谋之意也。伏望皇上俯允舆情，令该部商大节等议处施行。臣等谨拟票上请，伏乞圣明裁夺。"（《历官表奏》卷十一）

这年十二月，嘉靖皇帝发出诏命："筑正阳、崇文、宣武三关厢外城，使侍郎张时彻、梁尚德同都御史商大节、都督同知陆炳督工。"（《明世宗实录》卷三六八）

北京外城工程兴工，然而进行得并不顺利。由于城墙构筑涉及房屋拆迁、坟墓移动等，反对者甚众；加上大战刚过，国家元气尚未恢复，财力也有困难。因此，翌年二月，都督同知陆炳在皇帝召见时提出建议，鉴于京城才被骚扰，宜先选将练兵，休息民力，筑城之事，"工役重大，一时未易卒举"，况"财出于民，分数有限"，还是等到秋后国力稍稍恢复之后再行。皇帝接受了他的意见，"诏停南关厢土城工"（《明世宗实录》卷三七〇）。

六月，嘉靖帝命李一瀚前往查访。李一瀚实地踏访后发现南关"民居稠聚""商贾辐辏"，而"无田地山泽之饶"。但"今者防秋期至……户、工二部旁午索车，以运粮饷器械，皆取给南城，或乃经月而不给其雇直"，导致"自缢自尽者，日不下四五"。更何况，"壕墙之数，自东西延袤二十余里。欲小其规，则投鞭可断，掬土可塞，而无济于实用。欲大其制，则工费实繁，旷日持久而无益于目前"。李一瀚认为："壕筑而怨兴，怨兴而民离，民心一离之后难以收拾。"他建议以"保辑民心为本,俟年丰农隙,然后徐图城壕之役"。建议被皇上采纳。城壕工程一搁就是两年。

嘉靖三十二年(1553)三月,兵科给事中朱伯辰再度建言修筑外城:"迩因虏警,圣上俯命言者之请,修筑南关,臣民其幸。缘将事之臣,措置失当,毁舍敛财,指民兴怨。且所筑仅正南一面,规制偏隘,故未程旋罢。臣窃见城外居民繁夥,无虑数十万户,又四方万国商旅货贿所集,宜有以围之,矧今边屡警,严天府以伐虏,谋不可不及时以为图者。臣尝履行四郊,咸有土城故址,环视如规,可百二十余里。若仍其旧贯,增卑培薄,补缺续断,即可使事半而功倍矣。"(《明世宗实录》卷三九五)与朱氏同时,通政使赵文华也为此上奏一本。嘉靖皇帝为朱、赵二人的奏疏,专门召见了严嵩。严嵩曰:"今外城之筑,及众心所同。果成亦一劳永逸之计。其挖墓移舍等事,势所不免。成此大事,亦不能恤耳!臣询知南关一面,功已将半,若因原址修筑,为力甚易。"(《明世宗实录》卷三九五)严嵩的意见促使嘉靖皇帝最后下了修外城的决心,并择严嵩担任外城建设工程的总指挥,"相度地势,择日兴工"(《明世宗实录》卷三九五)。

闰三月丙辰(初十日),兵部尚书聂豹为筑城事,又上外城建设奏章:"本月六日,会同掌锦衣卫都督陆炳、总督京营戎政平江伯陈圭、协理戎政侍郎许论,督同钦天监监生杨纬等相度,京城外四面宜筑外城约七十余里。臣等谨将城垣制度,合用军夫匠役钱粮器具、兴工日期及提督工程、巡视分理各官,一切应行事宜,计处停当,逐一开具,并将罗城规制画图贴说,随本进呈。乞伏圣裁施行。"(《明世宗实录》卷三九六)疏章将外城城垣的基本走向、城垣规制、所需的军夫及钱粮的数字等项一一阐明。

同月乙丑(十九日),朝廷为外城建设工程举行了隆重的开工典礼。皇帝命成国公朱希忠告太庙,并颁布了《敕谕提督城工等官》的圣旨。圣旨曰:"古者建国,必有内城、外郭,以卫君守民。我成祖肇化北京,郭犹未备,盖定鼎之初未遑及此。兹用臣民之议,先告闻于显考,爰建重城,周围四罗,以成我国家万世之业。择闰三月十九日兴工。因兹事体重大,工程繁浩,特命尔……协心经画,分区督筑,务俾高厚坚固,刻期竣事,用永壮我王度。"(《明世宗实录》卷三九六)圣旨的起草人是严嵩。

从成化十年(1474)起,至嘉靖三十二年(1553)止,酝酿了近八十年的北京外城建设工程终于动工了。外城修筑最终按照"先完南面,由南转东、北而西,依次相度修理"(《明世宗实录》卷三九七)的方案执行。严嵩也对原设计图提出改动的建议:"前此度地画图,原为四面之制,所以南面横阔凡二十里。今既止筑一面,第用十二三里便当收结,庶不虚费财力。今拟将见筑正南一面城甚东折转北,接城东南角;西折转北,接城西南角。并力坚筑,可以克期完报。其东西北三面,候再计度。"(《明世宗实录》卷三九七)于是,北京城从"口"字形变为"凸"字形,而严嵩则是这一蓝图的主要设计人。

由于规划和方案制定得比较切合实际,也由于施工军民的一致努力,南关城仅用了半年的时间,便竣工了。嘉靖皇帝亲自题写了永定门、左安门、右安门、广渠门、广安门等城门名称。

嘉靖四十二年(1563),各城门口外又增修了瓮城。从那以后,嘉靖皇帝已无心无力再修筑另外三面外城,后任皇帝也无人再提及此事。北京城"凸"字形城垣就固定下来,一直延续了四百多年。

南关外城的修筑在北京城的发展史上意义重大。

臣闻保国以人和为上,地利次之。盖人心既和,有不战,战必胜;有不守,守必固。否则,高城深池群委而去,其谁与我?

臣庸劣冒滥侍御之职,于六月二十七日奉都察院札,付准兵部咨该本部覆云南等道监察御史郭公周等题内一款,固形势之要行。臣督同该城兵马,各于本地方查审殷实之家,出备人夫,就于墩堡联络之处,挑浚深壕,壕上筑垒拦马之墙[1],以为凭险拒守之地。务期工程早完,有裨实用等因。

臣奉此即往南关罗城基外周围,相视区画及会工部议行起夫挑浚,间随访得居民艰苦之状,谨以上闻。盖南关之地,虽曰民居稠聚,而所赖以为业者,不过商贾辐辏、房舍止宿之利,别无田地山泽之饶。

自去秋戒严后,诸臣建议或周罗筑城,或各门立栅。诸作纷纷,而民力已竭。幸蒙圣明,立止城工,民心无不欢悦。今者防秋期至[2],预备防守之宜,户、工二部旁午索车[3],以运粮饷器械,皆取给南城,或乃经月而不给其雇直[4]。力役虽供,生计不及。道巷相语,已有嚣然不乐其生之心。臣理喧哗人犯中间告报,自缢自溺者,日不下四五。问之,多云或因负欠官私,甘心自尽者;或因度活艰难,轻生而然者,甚可悯也。民情如是,尚敢辄驱以艰重之土工乎?

臣窃计之,壕墙之数,自东西延袤二十余里。欲小其规,则投鞭可断[5],掬土可塞,而无济于实用。欲人其制,则工费实系,旷日持久而无益于目前。

原御史郭公周所题,盖欲协成于五城之工力。而尚书赵锦所覆,乃欲倚办于一面之罢民室庐、邸店。南关之民,诚宜自为保障。至于郊社之坛、窑木之厂,亦独南关事耶?勋贵之坟墓,豪富之庄园,亦独南关事耶?虽曰二部雇募肩扛挑浚,而人役实出于南关。南关之民,大半系军校余丁,乃以推挽为生[6]。军校则止在征守推挽者,又强役在官。此外,其可雇募以为工者几何?臣计动二十万工,仅得盈丈之壕、七尺之墙耳,而民间之财力将不堪矣。

臣惟选兵淬锋[7],分布要路,以豫于外[8],筑墩立栅,屯兵储粮以备于内。而号令之森严,赏罚之必信,又足以坚赴敌者之心。其或北敌复入,则京军击其前,外兵邀其后,彼将安所逃耶?壕墙似可无用也。

若以关厂为重,则关外之民独非朝廷赤子耶?又何忍弃之!况壕筑而怨兴,怨兴而民离,民心一离之后难以收拾。伏望陛下固无形之险,睹未事之萌,以保辑民心为本,俟年丰农隙,然后徐图城壕之役,则民心幸甚,社稷幸甚!

【作者简介】

李一瀚,生卒年月不详。字源甫,号景山,浙江仙居人。嘉靖十七年(1538)进士,授安福(今属江西)令。累官江西道御史、江西按察司金事、山东参议、陕西参政、山东右布政、顺天府尹、都察院副都御史。一生为官清正,素有"铁面冰心"之称。

【注释】

[1]筑垒:构建砌叠。

[2]防秋:古代西北古游牧部落,往往趁秋高马肥时南侵。届时边军特加警卫、调兵防

守,称之。

[3]旁午:亦作"旁迕"。交错,纷繁。

[4]雇直:谓租车的费用。

[5]投鞭可断:谓城小。一投鞭即断其墙。

[6]推挽:前牵后推,使物体向前。后泛指搬运,运输。

[7]淬锋:指加强战备。淬:把烧红了的金属铸件往水或其他液体中一浸立刻取出来,以提高合金的硬度和强度。

[8]豫:同"预"。备。

武 当 游 记

明·陆 铨

【提要】

本文选自《中国游记散文大系》湖北卷(书海出版社 2003 年版),参《古今图书集成·山川典》。

武当山,又名太和山、谢罗山、参上山、仙室山,古有太岳、玄岳、大岳之称。位于湖北省西北部的十堰市丹江口境内,属大巴山东段。是我国著名的道教圣地之一。武当山盛时面积古称"方圆八百里",现有 30 余平方千米。武当山以优美的自然景观、精湛的人文景观,称"亘古无双胜境,天下第一仙山"。

《太和山志》记载,"武当"的含义源于"非真武不足当之",意谓武当乃中国道教敬奉的"玄天真武大帝"(亦称真武帝)的发迹圣地。因此,千百年来,武当山被世人尊称为"仙山""道山"。历朝历代慕名朝山进香、隐居修道者不计其数,相传东周尹喜,汉时马明生、阴长生,魏晋南北朝陶弘景、谢允,唐朝姚简、孙思邈、吕洞宾,五代时陈抟,宋时胡道玄,元时叶希真、刘道明、张守清均在此修炼。

武当山古建筑群规模宏大,气势雄伟。据统计,唐至清代共建庙宇 500 多处,庙房 20 000 余间,明代达到鼎盛,明朝历代皇帝都把武当山道场作为皇室家庙来修建。现存较完好的古建筑有 129 处,庙房 1 182 间,犹如我国古代建筑展览馆。除古建筑外,武当山尚存珍贵文物 7 400 多件,尤以道教文物著称于世,故被誉为"道教文物宝库"。

武当山的鼎盛时期是明代。永乐十五年(1417),明成祖朱棣下旨:"武当山,古名太和山,又名大岳,今名大岳太和山。大顶金殿,名大岳太和宫。"武当山的地位一跃而在"五岳"诸山之上。随着而来的就是大规模的建设,以致史有"北建故宫,南建武当"之说。至嘉靖三十一年(1552)"治世玄岳"牌坊建成,武当山建成了 9 宫、9 观、36 庵堂、72 岩庙、39 桥、12 亭等 33 座道教建筑群,面积达 160 万平方米,形成"五里一庵十里宫,丹墙翠瓦望玲珑。楼台隐映金银气,林岫回环画镜中"(明·洪翼圣)的建筑奇观,武当成了名副其实的"仙山琼阁"。1994 年被列入《世界遗产名录》的主要建筑文化遗产包括：太和宫、紫霄宫、南岩宫、复真观、"治世玄岳"牌坊等。

太和宫位于天柱峰南侧，包括古建筑 20 余栋，建筑面积 1 600 多平方米。太和宫主要由紫禁城、古铜殿、金殿等建筑组成。紫禁城始建于明成祖永乐十七年 (1419)，是一组建筑在悬崖峭壁上的城墙，环绕武当主峰——天柱峰的峰顶。古铜殿始建于元大德十一年 (1307)，位于主峰前的小莲峰上，殿体全部由铜铸构件拼装而成，是中国最早的铜铸木结构建筑。金殿始建于明永乐十四年 (1416)，位于天柱峰顶端，是中国现存最大的铜铸鎏金大殿。金殿四周立柱 12 根，柱上叠架、额、枋及重翘重昂与单翘重昂斗拱，分别承托上、下檐部，构成重檐底殿式屋顶。正脊两端铸龙对峙。四壁于立柱之间装四抹头格扇门。殿内顶部作平棋天花，铸浅雕流云纹样，线条柔和流畅。地面以紫色石纹墁地，洗磨光洁。屋顶采用"推山"做法，殿体各部分件采用失蜡法铸造，遍体鎏金，无论瓦作、木作构件，结构严谨，合缝精密，虽经五百多年的严寒酷暑，至今仍辉煌如初，堪称现存古建筑和铸造工艺中一颗璀璨的明珠。

南岩宫位于武当山独阳岩下，始建于元至元二十二年 (1285)。现保留有天乙真庆宫石殿、两仪殿、龙虎殿等建筑共 21 栋。岩宫的总体布局是九宫中最灵活的，既严谨，又极富变化，设计者用建筑语言出神入化地表达出"只见天门在碧霄"的道教境界。

紫霄宫是武当山古建筑群中规模最为宏大、保存最为完整的一处道教建筑，位于武当山东南的展旗峰下，始建于北宋宣和年间 (1119—1125)，明嘉靖三十一年 (1552) 扩建。紫霄殿面阔五间，殿内有金柱 36 根，重檐九脊，绿瓦红墙，光彩夺目。其额枋、斗拱、天花，遍施彩绘，藻井浮雕有二龙戏珠，饰以彩绘，光彩夺目，富丽堂皇。殿中石雕须弥座上的神龛内供奉真武神老年、中年、青年塑像和文武座像，两旁侍立金童玉女等，铜铸重彩，神态各异，栩栩如生。大殿四周神龛内，陈列着元、明、清代铸造的数以百计的神像和供器，堪称我国铜铸艺术的宝库。紫霄殿是武当山最具有代表性的木构建筑，其建筑式样和装饰具有鲜明的明代特色。

"治世玄岳"牌坊又名"玄岳门"，位于武当山镇东 4 公里处，是进入武当山的第一道门户。牌坊始建于明嘉靖三十一年 (1552)，为一座三间、四柱、五楼式的石坊，高 12 米，宽 12.36 米，原建的屏墙、海墁、踏垛等，现大部毁废。正中坊额上刻着嘉靖皇帝赐额"治世玄岳"四个大字，这是皇帝给予武当山极高政治地位的标志。其额枋、檐椽、栏柱用浮雕、镂雕、圆雕等手法，刻有仙鹤、游云、道教神仙等图案，顶饰鸱吻吞脊；檐下坊间饰以琼花、凤凰、仙鹤；坊下鳌鱼相对，卷尾支撑。坊身全部以榫铆勾连咬合，五檐飞举，做工精美，气势宏伟，是我国石构建筑的精品。

此外，武当山各宫观中还保存有各类造像 1 486 尊，碑刻、摩岩题刻 409 通，法器、供器 682 件，还有大量图书经籍等，也是十分珍贵的文化遗存。

武当山古建筑群集中体现了中国古代建筑装饰艺术的精华。

明成祖朱棣即位后，在武当山大力营建宫观，崇祀真武神。永乐十年 (1412)，朱棣令道录司右正一孙碧云领人前往武当山实地勘测，"相其广狭，定其规制"。命工部侍郎郭进、隆平侯张信、驸马都尉沐昕等，督工营建武当山宫观。至永乐十六年 (1418)，"沐昕等率北京建筑工匠原班人马 30 万人进武当山，以 7 年时间，从均县城到天柱峰，建成了拥有 8 宫、2 观、36 庵堂、72 崖石、39 桥和 12 亭共 33 个建筑群，总面积达 160 万平方米"（罗哲文《中国古园林》）的巨大建筑群落。这些建筑大都依山就势,建在武当山峰、峦、岩、坨、涧之上,汇成庄严肃穆、神秘玄妙的仙园道苑。

空中俯瞰武当山古建筑群,俨然一条升腾的巨龙。以金顶为龙头,以遇真宫至太和宫为龙身,净乐宫至玄岳门为龙尾;八仙观经大转弯至上、中、下观直上金顶为龙的左爪;蒿口桥、鲁家寨、仁威观、五龙宫、驸马桥为龙右爪,形成了一个大小有序、高低错落、主次分明、布局合理、有条不紊的建筑群。还如神龟静卧,雷石峰状如龟头,紫金城为龟身,小笔峰为龟尾,龟形栩栩如生,出神入化。

武当山状如龙形似龟的造型,既是自然天成,也有风水信士的勘察和周易占卜运用阴阳五行撮合之功。此乃天人合一,一生二,二生三,三生万物,负阴抱阳的道家理念。

变化多端的武当山古建筑群大有奥妙:

一、顺应自然、利用自然、负阴抱阳、背山面水、保护植被,是武当山古建筑群的基本原则。几乎所有建筑物都经当时的勘舆学家、风水大师王敏、陈羽鹏等勘测选址。永乐皇帝严令禁止砍伐武当山树木,凡建筑所需木材全部在陕西、四川、河南等地采购,由水路运往武当山。

利用自然还体现在依山造势上。紫霄宫背倚展旗峰,面对大小"宝珠峰",青龙、白虎、主山、案山、朝山、明堂、水口,这里一应俱全。左右山岭围合,天造地设,适合摆布重要建筑。紫霄大殿建在高高的崇台之上。五龙宫大殿更是建在153级崇台之上,当人们走向紫霄、五龙大殿时,就会产生一种庄严肃穆、恐惧敬畏的情绪。加上殿宇的台阶高矗,望着那宏伟而神秘的庙堂,人们会不由自主地步步生冷。

二、武当山古建筑群整体规模恢宏,每处建筑的视距都严格遵循"千尺为势,百尺为形"的尺度控制原则。

南岩宫,建筑极为注重"非壮丽无以重威",竭力表现和强调其环境氛围的九鼎之尊。南岩宫的建筑是刻意面向金顶的。南岩宫大殿轴线正对金顶自不待言,宫以北二里的太上观正殿通过山门的轴线也正对金顶。"金顶上的金殿正面朝东,但其侧面轴线空间序列上,从南看却与太和宫南北轴线密切吻合,在太和宫庭院内也可仰视正殿、南天门、天柱峰、金顶。在金顶向北看,金殿侧面轴线通过南岩飞升台正对五龙宫;在五龙宫遥望金顶,更展现天柱峰北立面全貌,巍峨耸峙,十分壮丽,自金顶至五龙宫,直线距离六千米,完全通视,两处建筑如此定位,绝非偶然"(张良皋《中国建筑宏观设计的顶峰——武当山道教建筑群》)。

太和宫、南岩宫、玉虚宫等处建筑,借景、对景、夹景和"风水过白",运用得非常普遍而又灵活,且巧妙调动云瀑山景等营造空间艺术效果。建筑风水,在这里运用得淋漓尽致。

三、武当山古建筑群整体立意,空间序列和风水过白,都经过圣手擘画,仙笔点染,役使鬼斧神工,珠联璧合。武当山古建筑群整体布局和由此形成的艺术氛围,具有强烈的震撼人心的气势与魄力,极为壮观恢宏。在空中俯瞰紫禁城更为显赫,这一创意体现了中国古代建筑创作的鲜明特色。当我们从空中看到武当山紫禁城的"神龟静卧图"时,会惊得目瞪口呆。

四、金殿的铸造拼装是15世纪我国劳动人民的伟大创造。武当山金殿是明永乐十四年(1416)在北京铸造。它是一座四坡重檐枋木庑殿台阁式建筑,九踩斗拱,是中国封建社会最高建筑等级。整个构件为铜铸而成,采用失蜡法铸造。全部构件由北京经古运河运至南京,然后顺长江到汉口而后进汉水从古均州城运往金顶。装配成型,充满智慧的工匠在金顶现场将水银和黄金熔入模中,用木炭搅拌,待成泥状即将熔解的泥状水银和黄金,涂抹在金殿构件接缝上使之毫无铸造痕迹,用木炭烘烤待水银挥发后,只留下金光闪闪的金殿。金殿耗用精铜20吨,黄金300公斤。金殿的铸造技术标志着我国15世纪冶铸技术一直走在世界前列。此法今已失传。

五、武当山金殿须弥座巨石之谜。须弥座为精凿石材叠砌而成,以整块紫色纹石墁地,洗磨光洁,被称为"玉石座"。玉石座来自哪里? 文物专家多次考证,均不得其果。2001年,中国社会科学院学部委员、建筑地质学家陈安泽受建设部委托,对金顶须弥座石质进行了考证。他断定,此"玉石"为竹叶状化石和三叶虫化石。巨大的化石是如何被运上金顶的? 陈安泽对被雷电击破的裂纹进行测试后称,正殿及殿前露台两块"巨石",其实是两块底部镂空、状如鼓形的"空石",是古人在修建时借助山体的凸体,用石灰掺糯米汁粘连上去的。他说,须弥座基为成块化石叠砌而成,正好将殿内和前露台两块面积分别为3.8平方米、6.4平方米的"巨石"包在里面,这是古人制造神秘和神权至上的一种建筑手段。陈安泽说,化石镂雕石栏,作为古建筑材料尚属罕见,它的文物价值和意义远远超过了玉石本身的价值。

规划专家们考察后认为,武当山不仅建筑摄人心魄,规划同样巧夺天工。武当山道教建筑群始终由皇帝亲自策划营建,皇室派员管理。山上的古建筑群分布在以天柱峰为中心的群山之中,总体规划严密,主次分明,大小有序,布局合理。建筑位置选择,注重环境,讲究山形水脉布疏密有致。建筑设计的规划或宏伟壮观,或小巧精致,或深藏山坳,或濒临险崖,达到了建筑与自然的高度和谐,具有浓郁的建筑韵律和天才的创造力。

尤值一提的是,从《营造法式》到清朝《工程做法则例》,我国建筑国家规范中欠缺的明朝一节,武当山建筑工艺的深入研究正可裨补。

陆铨于嘉靖十四年(1535)写的《武当游记》,记录的就是武当山最辉煌的时期的面貌。

嘉靖乙末五月既望[1],炎暑骄旱,予以莅任谒抚台郧阳[2]。既事,乃十九日登舟沿汉江而归。是日也,舟坐如甑[3],缔葛沾肤[4],计明日至均州,可以取道一登武当山。询诸仆从,咸有难色。予亦怯暑,兼程利归,然此心梦寐登陟也。

夜四鼓[5],大雨如注。黎明,云敛日出,清风如秋,山光交碧,四面映目。二十日巳初刻至均州[6],即治装出行。午刻出城,沙堤湿润[7],轻尘不飞;柳风拂翠,水声喧濑,舆从疾趋,单衣不汗。予顾而乐之,命数登山者走舆傍,遐指远眺。行四十余里,平冈野路,地势渐高。山树阴浓,村篱修饰。舆人曰:"此地俱属宫观矣。"又十余里,至迎恩宫[8]。宫傍复一观,赭墙金榜,规度甚伟。时日色渐晡,不暇余顾。又十余里,山径曲迂,然夷坦空阔,步舒舆平。忽闻清籁振山,幽香载途,心甚异之。舆人曰:"此遇真宫道士迓舆也。"而黄冠前导[9],髫童翼趋[10],笙箫鼓吹,且奏且行,遂人遇真宫。宫有邋遢张仙遗像[11],其竹笠木杖,英庙取藏宫中[12],范铜镀金像其笠杖以易之,盖碑志云。

翌日，云驭如鳞，日光穿罅，山清曙爽，仆夫饱嬉。行三十余里，至太子坡。上有观，垣墙外围，圈门重转，肩舆周折，如入朝市。凭空下眺，群山偃伏；仰观天柱诸峰，尚隐隐插霄汉间。又十里，至龙泉观。泉水清洌，平地涌出如沸。观前有桥，白石楚楚，虹卧龙横。予见树杪垂滴，途间浮雨，询诸路人，曰："清晨有骤雨移时。"予在遇真宫，戴星而出。高下四十里间，晴雨回异如此，亦奇矣。

又行三四里，山岩侵舆，展转不便，乃更易短舆，仍以四人肩之。遥见峭峰壁立，危岩旁附，松杉竹簇，其丛如麻。舆人曰："此即紫霄宫也。"予曰："嘻！有是哉！吾闻紫霄宫宇高宏，黄冠数百，咫尺山曲，基地几何！"已而傍椒度涧，凌级缩阶，迎行皆是，既见复隐。山曲渐舒，冈回抱负。宫之前则潴水为池，广五亩；宫之后则倚岩为屏，高可千仞。阶登九层，殿廊重复，乃倚舆少憩，午饭于方丈。

饭毕，舆人曰："紫霄以上山势陡峻，非推挽不可行。"乃命四人挽以长绁，复命四人以手推之。过雷岩，窥风洞。奇堑异峦，应接不暇。经榔梅岩，就其树物色之。榔皮苍藓似梅，叶圆而大似杏，闻其实亦酸涩。俗传元帝修真[13]，以梅枯枝插榔而道成，其说甚荒。今榔梅熟进贡尚方。

离紫霄，六七里至南岩宫。宫在山背，迂道而入。道士出迓[14]，予志在绝岭，麾舆尚往[15]。南岩与天柱峰，远视仅一山；比至南岩，断崖两分，涧壑深墨。中有平冈半里，阔仅三四丈。两岸峭立，迢递径度，舆行其上，神寒发竖。冈尽转经榔梅祠，祠与南岩相对。停舆转盼，见南岩景甚丽。

行五六里，一道士趺坐道左。舆人曰："此道士岩间构居，人不能上。"予停舆仰视之，但见壁岩千仞，中有一洞，洞中架木牵竹，隐隐有户牖，若蜂房燕巢然；以铁绳双垂于地，贯以横木，相间以度。予乃命道士试登之，即挽绳覆木伸缩以上，绳虚飘动，傍观胆落。比道士至洞口，面下而呼曰："道士已至洞口矣。"声微形短，恍惚若仙。夫挥斥八极[16]，神气不变，乃为至人[17]，道士亦用志不分者乎。

又行二三里，至朝天宫。宫逼近绝顶，地促径笔，行者伛偻，举膝齐胸。舆人曰："过此一里，舆不可肩矣。"已而石梯直竖，危磴高悬，两傍夹以石栏，柱牵以铁。登者挽索送躯，相望喘汗。予素捷于登高，仰视云间，苍茫无际，不觉畏怯。舆人用青布四尺兜予下体，四人分两道力挽而上。予乃倚身于布，借力于索，且行且止，转十数回，将一里许，乃至一天门。门前有小房数间，蔽以屏墙，拥以松竹，风景甚雅，乃憩坐啜茗。复扳衣面上，又半里许，至二天门。过，一里许，至三天门，即朝圣门也。入门，道士吹敲金竹[18]，雁行前导。时云气往来，忽阴晴，景物苍茫，半见半隐。予足疲力困，拖步入太宫。中堂三间，翼以两厢，檐滴垂珠，阶砌凝润，盖山高云重故耳。

予偃卧移时，奋力复上，凡周折数回。孤峰特出，四山如壁，天风劲烈[19]，轻寒彻骨，予乃停立，取夹衣数重服之。已而仰视，遥见女墙森耸，神门高敞[20]，予以此即绝顶矣。从人曰："未也，此紫金城也。"入城，螺旋而上，行如转轮，将百步许，见东天门。又数步，见北天门。又数十步，见西天门。城如蓑衣，以次斜高，倚岩附峰，下临无际。已而仰见炉烟杂云，龛灯耀林，予以此即绝顶矣。从人曰："未也，此元时旧铜金殿，原在绝顶。因我朝创建金殿，遂移置于此。"入殿，绕后复上,凡三四折,乃至天柱峰绝顶。

南北长七丈许,东西阔五丈许。中立元帝殿,殿凡三间,每间阔五尺,高可一丈七八尺,楹栋栱棁,制度精巧,皆铸铜为质,镀以黄金。殿前有台,阔二丈许,皆徐州花石甃砌。殿傍两厢房,司香火香钱者宿于其中。天柱峰前东西壁立二山,名"蜡烛峰";中壁立一山,似香炉,名"香炉峰"。时阴云未散,如雾如烟,万山千壑,隐隐下伏。注目凝视,若身在洞庭、彭蠡中[21],但见波浪万顷,一偃一起,苍苍茫茫,不复似山形矣。

已而云气益重,须发沾濡,衣服滋润。予意下方大雨,不可久留,疾趋而下。令两人前行,予以手拊其肩,石滑风寒,不复顾盼。回至一天门,晴日曝林,背视飞鸟。予乃询道士:"登绝顶时,天色曾暂阴否?"道士曰:"晴暄如故[22],但绝顶略有白云笼罩耳。"是日晚,归憩于南岩宫。

次日,绕宫后,俯舍身岩,登飞升台,徘徊久之。午后,迂道游玉虚宫。宫在半山,丽宇胜台,颉颃紫霄[23]。闻有五龙宫更奇,须曲走四十里乃至,予归期不可少暇[24],遂戒舲回均州[25],宿净乐宫中。

兹游也,非公事不得至其地,非宿雨不得却其暑,非新霁不得快所视,平生奇绝,在此一游矣。

【作者简介】

陆铨,生卒年未详。字选之,鄞县(今浙江宁波鄞州区)人。明世宗嘉靖癸未(1523)进士,除刑部主事。与弟钶争大礼,并系诏狱,被杖。又因向世宗进谏而遭廷杖,迁兵部员外郎,转礼部郎中。为张孚敬所忌,出为福建按察副使,后官广西按察使、广东布政使。著有《石溪集》。

【注释】

[1]嘉靖乙未:嘉靖十四年(1535)夏天,作者任职郧阳辖下府县,拜谒巡抚。事毕返任所途中,游览了武当山。

[2]郧阳:今湖北十堰、丹江口一带。明代万历年间刻印的《郧台志》记述了从明成化十二年(1476)到万历十八年(1590)在郧县设立郧阳抚治的史实。抚治管辖范围包括鄂、豫、川、陕毗邻地区的荆州、襄阳、南阳、汉中、郧阳等八府,尚辖荆南道、关南道、汝南道、商洛道等五道,商州、金州(安康)、裕州、夷陵州、归州等九州,辖六十五个县,地域广大。郧阳抚治时代历200余年。

[3]甑:音 zèng,古代蒸饭的一种瓦器。此借指舟热如蒸。

[4]绤葛:葛布。

[5]四鼓:四更。

[6]巳:巳时,上午九时至十一时。初刻:指每一时辰的前半部分。

[7]沙堤:唐代专为宰相通行车马所铺筑的沙面大路。后泛指官道。

[8]迎恩宫:道教宫观。在今武当山北麓石板滩大石桥南。时提督太监韦贵奏请宪宗皇帝于桥南建元帝殿、真宫殿、关帝庙及道舍等建筑二百八十余间,成化十七年(1481)建成,赐额"迎恩宫"。后渐废,现仅留遗址。

[9]黄冠:黄色的冠帽,多为道士戴用。

[10]髻童:扎着椎结的童子。髻:音 jì,盘在头顶或脑后的发结。

[11]张仙:指张三丰。武当宗师张三丰不大注重仪表,经常穿得邋里邋遢,故人称张邋遢,或称其为邋遢道人。

[12]英庙:指明英宗朱祁镇。英宗天顺三年(1459),御敕建造张三丰像一组。雕塑重一吨多,属明代艺术精品,是武当山存留的国宝级文物之一。

[13]元帝:即玄帝。道教所奉的真武帝。

[14]出迓:出外迎接。

[15]麾舆:谓坐着舆轿就去了。

[16]八极:八方极远之地。

[17]至人:道家称超凡脱俗,达到无我境界的人。

[18]金竹:金和竹均为八音之一。此泛指各类乐器。

[19]天风:高空的风。

[20]神门:此指城门,因建于山峰之上,故称。

[21]洞庭:洞庭湖。彭蠡:即鄱阳湖。

[22]暄:温暖,太阳的温暖。

[23]颉颃:音 xié háng,不相上下,相抗衡。

[24]少暇:谓稍微耽误。

[25]戒旆:谓偃旗息鼓(不玩)。

附:武当山记篇目

1.《武当山记》	宋·乐 史	
2.《登武当大顶记》	元·朱思本	
3.《玄天上帝启圣录》	元·张守清	
4.《游太和山记》	明·顾 磷	
5.《游大岳记》	明·徐学谟	
6.《游太和山记》	明·陈文烛	
7.《太和山记》《太和山后记》	明·汪道昆	
8.《自均州由玉虚宿紫霄宫记》	明·王世贞	
9.《游太和山记》	明·王在晋	
10.《玄岳记》	明·袁中道	
11.《太和山记》	明·雷思霈	
12.《游玄岳记》	明·谭元春	
13.《游太和山日记》	明·徐弘祖	
14.《太和山记》	清·王永祀	
15.《登太和山记》	清·蔡毓荣	
16.《太和山记》	清·钟岳灵	
17.《八宫纪胜》	清·马如麟	

修九江城记

明·余文献

【提要】

本文选自《古今图书集成》职方典卷八七七(中华书局 巴蜀书社影印本)。

九江嘉靖年间建城是因为倭患。"贼窥长江,则与我共险。窥湖口,则全省动摇。九江安得高枕哉?"于是,嘉靖乙卯(1555)年开始筑城,"九江卫筑文明门,德安县筑磐石门,德化县筑溢浦门,湖口县筑望京门,彭泽县筑福星门",这样一来原本"单露不可待敌"的九江城"始回互有重险"了。

城的四周,陈知府根据各自形势,或筑高高的城墙,或"伐石以实其啮",或筑长堤以障之。让人意想不到的是,对于百姓临江而居,不肯生活在城中间的现实,他采取的是先在城中打好井,然后号召大家回到城里,"官为顿舍之"。陈公的"先事经略,皆此类"。

陈公对城有着自己独到的见解:"城,必得精锐乘障之谓城,公私积储之谓城,四邻必救之谓城。"在他眼里,同心同德,城方能固若金汤。

大江之西,表里江湖饶广。东引吴、越、袁、吉,西距湖、湘,惟九江绾毂其口,左顾则扼湖以东制之,右顾则扼江以西制之,形势为江西重。

我高皇帝为百姓请命,时用谋臣计曰:"江州属上游,乃先取伪汉郡县之[1]。"洪武中,始出京卒置卫,亦以辅翼京师,不独为江西树扞蔽也[2]。暨武庙朝,专设宪臣驻其地,意在先事经略,人重斯形势无不重云。

嘉靖癸丑岁[3],仁和抑亭陈公来镇兹土,乃首周览险要,深念曰:"此要害,不系一隅者。"即具议谋诸当道,大略谓"倭螫浙东,时微眇耳,率易之不深备,后毒螫海渎诸郡殆遍,顷残孽奔徽、宁,突出芜湖口,深入之端见矣。贼窥长江,则与我共险;窥湖口,则全省动摇。九江安得高枕哉?宜增修城守,以固民志。"时南直隶操江都御史史公、江西都御史蔡公、巡按御史高公皆是公议。公乃檄前守张君情、指挥于孟阳,复熟计所费;推官范永宇身督章程。

城周十二里,旧五门,无月城,单露不可待敌。乃令各筑之。九江卫筑文明门,德安县筑磐石门,德化县筑溢浦门,湖口县筑望京门,彭泽县筑福星门,始回互有重险[4]。城西南崇二丈五尺,长六百三丈,有堞崭然,人不蚁附。上工既,乃浚各壕。城东址因山下有老鹳塘,浚之;北阳大江,江啮庾楼矶,浸城趾,乃伐石以实其啮;西南带以甘棠湖,湖水直泄易涸,城既失险矣,而风气亏疏,民稀鲜积贮。公令守战船卒筑老马渡堤障之,堤坚水潴成巨浸,可省千人守。

居民多负江,城中莽旷,且苦江汲。公令曰:"民比相凿井饮,他有愿徙莽旷者,官为顿舍之。"民稍称城守矣。公先事经略,皆此类。

工始于乙卯岁。八月,两阅岁而工就。稽其费一千七百金有奇,军民役者以三七。役工甫兴时,公以内艰去,浙新城方公继成之。是后,城高、池深,形势威畅,风气完固,四民和辑,民思公虑始之劳不释。

己未岁,公复涖江鄙,江父老遮道迎公[5],告曰:"今,我民赖公,幸而有城矣。愿公终始生我。"公曰:"城,必得精锐乘障之谓城,公私积贮之谓城,四邻必救之谓城。吾为若属终图之。"父老顿首曰:"幸甚!"是年,倭掠闽而城多陷,民益德公云。

今守朱君曰:"藩同知汪佐、通判邵元、推官杨征属献代父老言,勒石以示来者。"献曰:"愚睹于近事有扼腕者焉。九江、安庆比肩郡也,往宁贼首难时,安庆则坚守挫敌,九江顾以全郡生灵付之贼手,岂形势异哉?典封疆者,先事与弗先事尔,形势得人重明甚。暨贼平,以封疆之义绳九江与安庆以能守,此论已见者。假令九江不即破贼,恐扼其喉吭[6],决不敢出,南昌敢踰九江而东乎?此要害何等者。当时贼踰九江,鸱张肆矣[7]。南都虽有泰山之安,如遗一矢于城下,亦为策胜者。羞乃一旦狼顾而窜,不敢越安庆尺寸地,岂非恐坚城制其后,而奇邪之计遂沮乎?是守也,效高皇帝重上游意,当在战功右顾,人未见尔。未见者功反大,何也?不暴甲而解散之也。故善经时者,惟先事伐谋,使内忧不出,外忧不入耳。岂论暴甲与不暴甲哉?语曰:"虎豹托幽,狐兔辟易[8]。"言胜于无形也。公未见之功类此,皆宜记。

【作者简介】

余文献,生卒年月不详。字可征,一字九厓、伯初,九江德化人。嘉靖二十三年(1544)进士。为人正直,拒绝权臣严嵩的拉拢。有《九厓集》,参与编写嘉靖《九江府志》。

【注释】

[1]伪汉:元末陈友谅所建立的政权。元至正十九年(1359),自称汉王。次年,杀徐寿辉,自立为帝,建国号大汉,都武昌。二十三年八月,陈友谅在鄱阳湖中流矢身亡。
[2]扞蔽:遮挡,护卫。
[3]嘉靖癸丑:1553年。
[4]回互:回环交错。
[5]遮道:犹拦路。
[6]喉吭:犹咽喉。
[7]鸱张:像鸱鸟张翼一样。喻嚣张、凶暴。
[8]虎豹托幽:谓虎豹虽为兽之猛者,居深林广泽而众畏其威。辟易:拜服,倾倒。

镇海楼记

明·徐 渭

【提要】

本文选自《徐渭集》(中华书局 1983 年版)。

镇海楼在杭州。传说为吴越王钱镠所建,楼名前后更迭,反映出时代的所思所愿,或拱北朝天而臣服,或镇海怀远而求沿海安宁,但成化十年(1474)遇火,再建;嘉靖三十五年(1556)又火,楼再建之事耽搁下来。

"余奉命总督直、浙、闽军务,开府于杭",胡宗宪说。当时,身为兵部侍郎兼金都御史的胡宗宪总督浙江、直(江苏)、福建军务。三十五年,诱降并歼灭了倭寇徐海、陈东、麻叶、辛五郎等部。三十九年,又平海盗王直。胡因军功加太子太保。平倭贼之后,胡宗宪开始筹划重建"当府城之中,跨通衢,截吴山麓,其四面有名山大海、江湖潮汐之胜,一望苍茫,可数百里。民庐舍百万户,其间村市官私之景,不可亿计,而可以指顾得者"的杰特之观——镇海楼。

建楼不扰民,胡宗宪同样如此,"予职清海徼,视今日务,莫有急于此者。公等第营之,毋浚征于民而务先以己"。不向百姓募征,自己率先助俸。镇海楼以官员的率先捐银开始,继而募于民众,"甃石为门,上架楼;楼基叠石,高若干丈尺;东西若干步,南北半之;左右级曲而达于楼,楼之高又若干丈。凡七楹,础百,巨钟一,鼓大小九。时序榜各有差,贮其中,悉如成化时制"。

胡宗宪说,"楼未成时,剧寇满海上,予移师往讨,日不暇至。于今五年,寇剧者禽,来者遁,居者慑不敢来。海始晏然,而楼适成"。他嘉靖三十五年开始平倭,至三十九年擒王直,而此时,楼竣工,于是名"镇海"。第二年,徐渭代其捉笔写成此文。

胡宗宪,一代抗倭名将,但因结交严嵩,嘉靖四十一年(1562)被陆凤仪弹劾为"严党",随后入狱。在狱中,他上书数千言,发出"宝剑埋冤狱,忠魂绕白云"的慨叹! 五十四年,瘐死狱中。

建楼时,徐渭效力于他的幕府,所写这篇《镇海楼记》竟得润笔纹银 120 两。徐渭随即"尽橐中卖文物如公数,买城南东地十亩,有屋二十有二间,小池二,以鱼以荷。木之类,果花材三种,凡数十株。长篱亘亩,护以枸杞,外有竹数十个"(参见《徐文长三集》卷 23)。此亦古今文坛一美谈。

镇海楼相传为吴越王钱氏所建[1],用以朝望汴京,表臣服之意。其基址楼台,门户栏楯,极高广壮丽,具载别志中。楼在钱氏时名朝天门,元至正中更名拱北楼[2],皇明洪武八年[3],更名来远。时有术者,病其名之书画不祥,后果验,乃更今名[4]。火于成化十年[5],再建。嘉靖三十五年九月又火[6]。

予奉命总督直、浙、闽军务[7],开府于杭,而方移师治寇,驻嘉兴。比归,始与某官某等谋复之。人有以不急病者,予曰:"镇海楼建当府城之中,跨通衢,截吴山麓,其四面有名山大海、江湖潮汐之胜。一望苍茫,可数百里,民庐舍百万户。其间村市官私之景,不可亿计,而可以指顾得者,惟此楼为杰特之观[8]。至于岛屿浩眇,亦宛在吾掌股间。高骞长骞[9],有俯压百蛮气。而东夷之以贡献过此者[10],亦往往瞻拜低回而始去。故四方来者,无不趋仰以为观游的。

如此者累数百年,而一旦废之,使民怅然若失所归,非所以昭太平、悦远迩。非特如此已也,其所贮钟鼓刻漏之具,四时气候之榜,令民知昏晓,时作息,寒暑启闭,桑麻、种植、渔佃[11],诸如此类,是居者之指南也。而一旦废之,使民懵然迷所往,非所以示节序,全利用。且人传钱氏以臣服宋而建此,事昭著已久。至方国珍时,求缓死于我高皇,犹知借缪事以请。诚使今海上群丑而亦得知钱氏事,其祈款如珍之初词[12],则有补于臣道不细,顾可使其迹湮没而不章耶?予职清海徼[13],视今日务莫有急于此者,公等第营之,毋浚征于民而务先以己[14]。"

于是予与某官某某等,捐于公者计银凡若干,募于民者若干,遂集工材,始事于某年月日。计所构,甃石为门,上架楼,楼基叠石,高若干丈尺;东西若干步,南北半之;左右级曲而达于楼,楼之高又若干丈。凡七楹,础百,巨钟一,鼓大小九。时序榜各有差,贮其中,悉如成化时制,盖历几年月而成。始,楼未成时,剧寇满海上,予移师往讨,日不暇至,于今五年。寇剧者禽,来者遁,居者慑不敢来。海始晏然,而楼适成,故从其旧名曰"镇海"。

【作者简介】

徐渭(1521—1593),山阴(今浙江绍兴)人。初字文清,后改字文长,号天池山人,或署田水月、田丹水、青藤老人、青藤道人、青藤居士、山阴布衣等别号。40岁才中举人。后入胡宗宪幕府,献计招剿并行、多用反间等,出奇计骗过徐海爱姬王翠翘,大破徐海等寇。后,胡宗宪以"党严嵩及奸欺贪淫十大罪"被捕入狱,瘐死,徐渭作《十白赋》哀之,还一度因胡案发狂,作《自为墓志铭》,以至三次自杀,"引巨锥刺耳,深数寸;又以椎碎肾囊,皆不死"(《明史·文苑传》)。嘉靖四十五年(1566),发病时杀死继妻张氏,下狱7年。狱中完成《周易参同契》注释,揣摩书画艺术。万历元年(1573)大赦天下,他被状元张元汴等营救出狱,时已53岁。从此潦倒,痛恨达官贵人,浪游金陵、北京、宣化府等地。晚年卖画为生,但从不为当政官僚作画。73岁时,潦倒而终。

【注释】

[1]吴越王钱氏:即钱镠(852—932),字具美,小字婆留,杭州临安人。乾宁三年(896)钱镠灭董昌,唐以钱镠为镇海、镇东两军节度使,治杭州。天复二年(902),唐封他为越王。后梁又封他为吴越王。政治上,贯彻"以民为本,民以食为天"的国策。礼贤下士,广罗人才;奖励垦荒,发展农桑。他开拓杭州城郭,营建宫殿,大兴土木,悉起台榭,有"地上天宫"之称。区内大兴水利,修建钱塘江海堤和沿江的水闸,防止海水回灌,以便船只往来。人称"海龙王"。五代十国战乱纷起的年代,吴越国的社会稳定,经济繁荣,百姓安居乐业。

[2]至正:元惠宗年号,1341—1370 年。

[3]洪武八年:1375 年。

[4]术者:即术士。以占卜、星相为业的人。病:不满,责备。

[5]成化十年:1474 年。成化:明宪宗朱见深年号。

[6]嘉靖三十五年:1556 年。嘉靖:明世宗朱厚熜年号。

[7]予:胡宗宪。本文以胡之口吻撰写。直:今江苏。又称南直。

[8]杰特:卓异、特出。

[9]翥、骞:飞举貌。

[10]贡献:进贡。

[11]渔佃:渔猎。佃,通"畋"。

[12]祈款:谓诚心求福。

[13]海微:谓近海地区。

[14]浚:深。喻严厉,榨取(财物)。

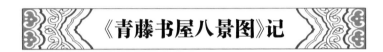

《青藤书屋八景图》记

明·徐 渭

【提要】

本文选自《徐渭集》(中华书局 1983 年版)。

文中说得清楚,"少保公嘱作《镇海楼赋》,赠我白金百有二十为秀才庐",于是他在山县治南边的观巷西里,他幼年读书的地方买地营造青藤书屋,额"酬字堂"。书屋院内有天池,"池北横一小平桥";还叠石为岩洞,筑读书楼"孕山舫"、斗室"柿叶居"、樱桃馆。

徐渭八次乡试而不中,写此文时年七十。徐渭自称"吾书第一,诗二,文三,画四",但后人对其书画评价最高,认为是中国大写意画派成熟期的代表,尊为青藤画派始祖。

青藤书屋现位于绍兴市越城区大乘弄 10 号,已作为明代古建筑,被国务院批准列入第六批全国重点文物保护单位名单。

予卜居山阴县治南观巷西里,即幼年读书处也。

手植青藤一本于天池之傍,颜其居曰"青藤书屋",自号"青藤道士",题曰"漱藤阿"。藤下天池方十尺,通泉,深不可测,水旱不涸,若有神异,额曰"天汉分源[1]"。池北横一小平桥,下乘以方柱,予书"砥柱中流"。桥上覆以亭,左右石柱联曰:"一池金玉如如化[2],满眼青黄色色真。"左右叠石若岩洞,题曰"自在岩"。

筑一书楼,可望卧龙、香炉诸峰,予题有"未必玄关别名教,须知书户孕江山"之句,遂名其楼曰"孕山舫"。额"浑如舟"三字,盖取予画菊诗中"身世浑如泊海舟"之意。舫之左有斗室,名柿叶居;其后即樱桃馆。

少保公属作《镇海楼赋》[3],赠我白金百有二十为秀才庐,予以此款作筑室资,额曰酬字堂。今作《青藤书屋八景图》,因略志数言,尚为之记。

万历庚寅秋九月十有一日寿藤翁徐渭书[4],时年七十岁。

【注释】

[1]天汉:银河。

[2]如化:变化之顷,谓疾速。

[3]少保公:即胡宗宪。胡宗宪(1512—1565),字汝贞,号梅林,徽州绩溪(今属安徽)人,明朝抗倭名将。谥襄懋。嘉靖十七年(1538)进士。历任益都(今属山东)、余姚(今属浙江)知县,后升为御史巡按宣府、大同。嘉靖三十三年(1554),出任浙江巡按御史,以平倭功加太子太保,又得明世宗宠信,晋兵部尚书,并加少保。

[4]万历庚寅:1590年。

修郡衢记

明·徐 渭

【提要】

本文选自《徐渭集》(中华书局1983年版)。

绍兴在明为府,不仅领有8县,而且还是东南西通往他府的通衢大道。所以,各县乃至他府有事于绍兴者,立刻"蹄踵如织,雷轹而杵鸣",经年累月的马蹄踏踢、车轮碾压,通往府衙的大街已经碎烂不堪了,"圮而霖则沃,不霖则倾",下雨天积水为池,不下雨则坑坑洼洼,"不特病于履,于观亦陋"。

修路,但知府等一干官员都认为"比岁方饥",修路必定劳民,"与其劳民,宁陋观而病履也"。官府为民考虑,百姓闻之,当然自告奋勇想方设法修路:"即以毋庸于劳民而新衢者请,可得也。"

募资号出,"上自阁之大老若卿大夫,下至庶人"纷纷解囊襄助,路修成了。

绍为府,领县者八,东南西三道绾错而道于他府[1],号最冲。凡县若他府有事于绍之府者,舆马与人,蹄踵如织,雷轹而杵鸣[2],介然惟一衢乘之,而际府治者为甚,故其圮也亦易于他衢。圮而霖则沃,不霖则倾,不特病于履,于观亦陋。

今庚午[3],或有新之之请。当其时,知府事者为某,判为某,推为某,咸以为比岁方饥,即衢矣,必且劳民;与其劳民,宁陋观而病履也。而民之辈某某者相与谋曰:"三公明府以劳民而罢衢,即以毋庸于劳民而新衢者请,可得也。"于是某等以其辞请,诸公可之,遂衢。

衢成,计府以南止桥,以东止阁之东,逾若干步,为丈纵者若干,横者若干。计石若干,役工凡若干,银为两者若干。银所自出,上自阁之大老若卿大夫士,下至庶人,凡若干。出银之等,多至若干,少亦不下若干。盖所谓毋庸于劳民而便厥履[4],新厥观者也。

邑人某记。

【注释】

[1]绾错:联结交错。

[2]雷轹:谓车轮轰鸣如雷而碾过。轹:音 lì,车轮碾过。

[3]庚午:1570 年。

[4]庸:需要。

石刻孔子像记

明·徐 渭

【提要】

本文选自《徐渭集》(中华书局 1983 年版)。

孔子究竟长得什么模样? 不仅今人犯难,徐渭笔下的明朝人也犯难,石刻孔子像究竟要不要胡须,就是个问题。

家庙中的孔子像无胡须,但世上孔子像多胡须。孔丛子、郑人都说孔子没有胡须,他们或者是孔子后人,或者亲见孔子,所述可信;世上为何孔子多胡须? 韩昌黎、韩熙载都谥"文公",绘事者混淆了,便让他长了胡须。

"无须者可据也",徐渭说。

何氏《余冬录》载黄伯固曰:"偶考夫子像无髯[1],惟家庙小影为真。"又引《孔丛子》云:"先君无须髯。"近郎氏《七修稿》亦云:"吾夫子七十二表,形容尽矣。今象夫子者多须,而彼表独不称须,可疑也。"意伯固所顾有据。然予读《家语》,孔子适郑,与弟子辈相失,独立郭东门。郑人谓子贡曰:"东门有人,颡似尧[2],项类皋陶[3],肩类子产[4],然腰以下不及禹三寸,累累若丧家之狗[5]。"子贡以告,孔子笑曰:"形状未也,而曰似丧家之狗,然哉!"噫! 吾夫子之然,殆伤己往往于诸国君而往往不遇,终无所投止[6],四顾徘徊,如丧其家者然也? 不遇则何补于东周,此《春秋》所以作也。故曰:"吾志在《春秋》。"噫! 徒志而已矣。东门人乃亲见夫子,孔丛子夫子后[7],而《荀子》书云,东门子姑布子卿[8],则善相人者并不髯夫子,则貌夫子者宜不髯。韩昌黎肥而胡[9],韩熙载癯而略须[10],两人皆谥文公,姓又同,绘事者亦两相误,乃知人间事误不少。

又 改稿

予考何氏《余冬录》载黄伯固所云,及孔丛子及钱塘郎氏《七修稿》及《家语》郑东门人告子贡及《荀子》书姑布子卿,并不云孔子多须,而今像夫子者特须。孔丛子乃夫子后,郑人乃亲见夫子于东门,意无须者可据也。

【注释】

[1]髯:音 rán,两腮的胡子。

[2]颡:音 sǎng,额,脑门儿。

[3]皋陶:上古传说中的人物。传说他是虞舜时的司法官,后常为狱官或狱神的代称。

[4]子产:姓公孙,名侨。春秋时郑国(今河南新郑)人。前 554 年任郑国卿后,实行一系列改革措施,承认私田合法性,向土地私有者征收军赋;铸刑书于鼎,为我国最早的成文法律。

[5]累累:疲惫的样子。

[6]投止:投奔托足,投宿。引申为任用。

[7]孔丛子:孔鲋等人。所辑《孔丛子》一书主要记叙孔子及子思、子上、子高、子顺、子鱼(即孔鲋)等人的言行。该书真伪,学者多疑。一般认其为伪书。但有些篇章价值颇高。

[8]姑布子卿:春秋郑人。精于相人术。文中子贡所问之郑人即是他。

[9]韩昌黎:即韩愈。唐代文学家。因祖籍为河北昌黎,故世称韩昌黎。

[10]韩熙载(902—970):字叔言。五代南唐官吏。青州(今属山东)人。官至中书舍人。性格放荡。工书善文,有《定居集》。

豁 然 堂 记

明·徐 渭

【提要】

本文选自《徐渭集》(中华书局 1983 年版)。

豁然堂,所在"湖山环会处",山,卧龙山;湖,鉴湖。其地甚美:"大约缭青萦白,髻峙带澄。而近俯雉堞,远问村落。"林莽田隰、人禽宫室、稻黍菱蒲莲芡诸种景物,"无不毕集人衿带上"。在这样的堂中,无论有怎样的烦心郁闷之事,放眼巡望湖山旷野一遍,精神自然一振。

可是,房子"规制无法",四面是壁,西面开窗,里面仅能容纳两人。且"客主座必东,而既背湖山","坐斥旷明,而自取晦塞"。徐渭于是"悉取西南牖之,直辟其东一面,令客座东而西向,倚几以临",这样一来,"湖山,终席不去"。

去晦塞而即旷明,堂便由晦暗不见湖光山色变得豁然一堂生机:心活络,世界便五彩斑斓。

越中山之大者,若禹穴香炉蛾眉秦望之属,以十数,而小者至不可计。至于湖,则总之称鉴湖,而支流之别出者,益不可胜计矣。

郡城隍祠,在卧龙山之臂,其西有堂,当湖山环会处。语其似,大约缭青萦白,髻峦带澄[1]。而近俯雉堞[2],远问村落。其间林莽田隰之布错,人禽宫室之亏蔽,稻黍菱蒲莲芡之产,耕渔犁楫之具,纷披于坻洼[4],烟云雪月之变,倏忽于昏旦。数十百里间,巨丽纤华,无不毕集人衿带上。或至游舫冶尊,歌笑互答,若当时龟龄所称"莲女""渔郎"者[6],时亦点缀其中。

于是登斯堂,不问其人,即有外感中攻,抑郁无聊之事,每一流瞩,烦虑顿消。而官斯土者,每当宴集过客,亦往往寓庖于此。独规制无法,四蒙以辟[7],西面凿牖,仅容两躯。客主座必东,而既背湖山,起座一观,还则随失。是为坐斥旷明,而自取晦塞。

予病其然,悉取西南牖之,直辟其东一面,令客座东而西向,倚几以临,即湖山,终席不去。而后向之所云诸景,若舍塞而就旷,却晦而即明。

工既讫,拟其名,以为莫豁然。宜既名矣,复思其义曰:"嗟乎,人之心一耳。当其为私所障时,仅仅知有我七尺躯,即同室之亲,痛痒当前,而盲然若一无所见者,不犹向之湖山,虽近在目前,而蒙以辟者耶?及其所障既彻,即四海之疏,痛痒未必当吾前也,而灿然若无一而不婴于吾之见者[8],不犹今之湖山虽远在百里,而通以牖者耶?由此观之,其豁与不豁,一间耳。而私一己、公万物之几系焉。此名斯堂与登斯堂者,不可不交相勉者也,而直为一湖山也哉?

既以名于是义,将以共于人也,次而为之记。

【注释】

[1]髻:音jì,借指葱翠的山顶。

[2]雉堞:城墙。

[3]犁楫:指犁耙、船桨之类工具。

[4]坻洼:指洲坡上、水洼中。

[5]冶尊:谓徘徊徜徉。冶:游冶。出外游玩。尊:古同"搏"。勒住。

[6]龟龄:即张志和(730—810)。字子同,初名龟龄。婺州金华(今浙江金华)人。自号烟波钓徒。有《渔歌五首》广为流传,但其中未见"莲女""渔郎"字眼。

[7]辟:古同"避"。屏避。

[8]婴:触。指在视野内。

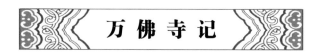

万佛寺记

明·徐渭

【提要】

本文选自《徐渭集》(中华书局1983年版)。

万佛寺,在北京房山大南峪。和其他寺庙不同的是,万佛寺"佛之数则盈万"。

在作者眼里,"一则寥寥然,十则总总然,至千且万,则奕奕然,接之且不暇,况得而易之乎",敬佛如此;畏之者同样道理,"夫一署也,矍然,至三五则愀然,至十则毛竖而却走矣"。所以,敬畏之心起于像具。

人世间,禀赋中等者多,所以"设起敬之具"让他们成善,"多者胜而少者不胜,佛而至万,敬之具多矣"。

去京师六十里所,邑曰房山,山曰大南峪。有地一顷,初结庵一区以居僧能贵。其后中人某某辈以南地颇广且胜,又邑界也,暑雨冰霜,往来者众,背偻肩颓[1],而无憩止,思有以扩之。乃稍出醵金其党[2],旁及募者,以属贵。

起嘉靖辛亥,迄万历己卯而寺成[3]。寺有殿三楹,东西翼倍之,厨沐之楹,视其殿。计将以声众也,置巨钟一。以饮众也,为井一。以表众也,为浮屠一。而佛之数则盈万,遂名寺曰万佛。至是工竣矣,乃来请记。

今夫主人之召客也,无弗敬者也。然客三数则暇[4],十则警,百则皇皇然惟恐其或失矣。夫敬一也,而有暇与惕之分,则以客多少之故也。此何以异于合刍泥金碧以成佛,而以纳之其庐,其人之骤而望之也,一则寥寥然,十百则总总然[5],至千且万,则奕奕然[6],接之且不暇,况得而易之乎?

然此犹以敬言也,至其畏也,亦靡不然。设幽都狱具而以怖夫不类[7],其始观夫一署也,矍然[8],至三五则愀然,至十则毛竖而却走矣。

夫上智者,不待敬且畏而自善,下愚者畏之而后善,若夫敬而成善者,多中以上之人也。人之禀,上与下者少,而中者多,则设起敬之具以成其善者,多者胜而少者不胜。佛而至万,敬之具多矣。

吾故以是某某辈喜,而辄为之记。然吾闻贵有戒行,是庶几于敬者。以故今得从万佛迁主御建慈寿寺中[9]。

【注释】

[1]偻:弯曲。赪:音 chēng,赤色。

[2]醵金:凑钱。醵:音 jù,凑钱聚饮。

[3]嘉靖辛亥:1551 年。万历己卯:1579 年。

[4]三数:表示为数不多。

[5]总总:众多貌。

[6]奕奕:高大貌,光明貌。

[7]不类:不善。

[8]矍然:惊惧貌。

[9]慈寿寺:位于今北京阜成门外八里庄。明万历四年(1576)建。明神宗为母亲祝寿所建。

史 氏 桥 记

明·徐 渭

【提要】

本文选自《徐渭集》(中华书局 1983 年版)。

则水牌村东南方有洲若干,距绍兴城昌安门约五里。环洲而居的千余人家外出走动,依靠的都是舟船。"苦之,则易以木桥"。木桥容易坏,结果还是舟渡。

终于,占洲上人口两成的史家一位"罢判府而归者,捐钱买北岸可桥地",开始修路修桥,建起长五丈、"阔减其四"的石桥。从此后,"凡行旅贾贩之往来,百余里中,宜无不便者"。

史氏做了件善事。

绍兴是著名桥乡,"绍兴城里九头门,十庙百庵八桥亭"道出旧时绍兴城内建筑特色。1993 年底,绍兴统计全市有桥 10 610 座,其中有许多系清以前的古桥。中国古代桥梁的所有造型几乎都可以在这里找到它的代表,故又有"桥梁博物馆"之称。

古代民间捐资建桥后,一般都要立碑记事,绍兴的桥梁建设亦如此。文中的史氏是位返乡官员,人望高隆,由他发起建桥,成功的希望就大。在民间,桥梁建设大多由地方族长或乡绅根据多数人的意愿,组成桥会,聘请设计师,然后筹集材料,组成施工队,分设会计、庶务、监督等职。资金一般是自愿捐助,也由按田亩分担的。

民间集资建设的桥梁竣工后,一般都要立碑记事。记事有两种:一是在桥的建筑物上刻上年号时日、匠人姓氏;二在桥头立一石碑,刻上建桥原因、经过、捐资者及其捐助数额,以流芳后世。这种碑文大都出自文豪或饱学之士的手,如此《记》。

　　修建桥梁时,一般均要择吉日良辰动土。还要祭土地神,祭奠仪式庄重而热烈、祭品丰盛,燃放炮仗,敲锣打鼓,人们虔敬跪拜。

　　桥建成后,一般很快就成为当地的冲要之地。桥上为亭,桥头立市,桥旁纳凉,远近人们往返便利起来;舟楫船舶也多在桥旁停泊下来。这样,桥头往往就成为水陆码头,于是开店设铺供人食宿,建屋造楼供人游乐,久而久之,以桥为核心渐渐便形成街市、集镇。

　　桥梁的维修往往都有寺庙的参与。不少地方修桥时,在桥旁建寺庙,将建桥所余的财产、田地作为庙产,日后维修由寺庙承担。有的地方还设立桥会,由一村或一族负责修桥。重建时,也由桥会发起募集。

　　则水牌东南有洲若干,某去昌安门可五里。环洲而居者,不下千余家,而史氏居十之二,乃多在洲中。其后有史某者,从洲中徙北岸,自是族人往往有北徙者。岁时礼会,辄以舟,苦之,则易以木桥。木桥善圮,则又未免以舟。

　　其后某之从子曰某者罢判府归[1],计所便,乃捐钱买北岸可桥地,长广并丈有二尺。遂治洲北路,稍率众资,枕洲而北,为石桥长可五丈,阔减其四。始某年月日,越几月而成。洲尚北,当舟而始会者既便之,而兹桥所关涉,北则有三江抵海,东则曹娥江,凡行旅贾贩之往来,百余里中,宜无不便者,非直史氏然也。桥既成,众图碑之。碑成,来告书,遂书之。

【注释】

　　[1]判府:谓府之判官。知府的佐理官员。

正 义 堂 记

明·徐 渭

【提要】

　　本文选自《徐渭集》(中华书局1983年版)。

　　这是一篇关于明代公墓的堂记。"事有一倡而和者三百人",可能是因为零埋散葬造成的诸多弊端,选择一块地集中掩埋亲人的倡议一出,应者"不数月,率银为两者,千一百四十有奇",买地百亩,分成3 600余块,还造大小屋四十间,至于"果材荫木不与焉"。

　　这当然是一件利民利后代的好事。很长时间内,当地人再也不用没有好的墓地发愁,守丧也有了现成的屋宇,乡里重大集会也可堂上议事。不但有利,而且有义。

　　所以,堂名"正义"。

　　"事有一倡而和者三百人,不数月,率银为两者,千一百四十有奇,买地百亩,为畦者三千有六百[1],屋之间大小合四十,诸果材荫木不与焉[2]。若此者,可以为利乎?"曰:"利矣。"曰:"利将以何为?"曰:"以冢其乡之殇也。"曰:"冢何规而用利也多若是?"

　　曰:"殇不冢则已,冢则未可以百十限,岁月计也。故用畦千以待瘗[3],屋七以待衬,余二千以召种,屋十以召屋,储其息以备新与祭。地宜种,又宜守,屋一以居守,又一息之以给守。屋五,畦六百,免息以来种。鬼疑厉,神以临之。观音大士、关壮缪、张英济三尊者[4],时所崇,民所视听也,祠之,屋同堂,以三。土之神,祠之,屋以一。此皆先后构然也。而中自为堂者三,耳堂而南,屋者四,肱堂而东西,屋者各三,耳者小不适用,肱者差可小用,凡大集议若大役,必于堂。

　　夫若此者,由前而言,利矣。由后而言,利乎,抑义乎?"曰:"噫,义矣。匪直义也,仁、礼、知、信该之矣。夫仁者何? 恻隐是也,恻隐故冢举而义成,冢举故规酌而知效[5],规酌故祭创而礼兴,祭创故众不爽役,俗不偷窳[6],而信立,吾故曰该也。"

　　客曰:"诗云:'他人有心,予忖度之。'是举也,倡之者公乡人白子某也。白子曩见一寄衬于禅而三其变,始而路,再而溃,终而亡矣。故今之始冢之义,终向者恻隐之仁也。虽然,我以义始,能保人之不以终耶?"

　　曰:"无之。苟有之,则是人能恻隐,而彼不知有羞恶,此子舆氏指以为非人者[7],而彼甘心焉。岂真非人,人而夺鬼,必且非于鬼。"

　　客有后至者闻之,再拜而起曰:"诺,姑置堂伺记,敢以记烦。"

　　曰:"吾不敏,始闻嚣是者侈,将以为凡有事于兹堂者,未必尽义也,故诘[8]。然不诘则亦不知凡有事于兹堂者尽义也。董子曰'正其义不谋其利'[9],乃不知事固有谋利始足以正义者,不然《易》何以曰'利物足以和义'哉? 故知是举者,谋利而正义者也。"

　　堂何名? 曰正义,曰宜。客何名? 曰受采,曰弥宜。

【注释】

　　[1] 畦:小块土地。

　　[2] 不与:谓不算在内。

　　[3] 瘗:音 yì,掩埋、埋葬。

　　[4] 关壮缪:即关羽。死后追谥壮缪侯。张英济:即张巡(708—757)。唐南阳邓州(今属河南)人。安史之乱时,誓死守睢阳(今河南商丘睢阳区)。终因寡不敌众,以身殉国,身首支离,芮城、睢阳、邓州三地皆招魂而葬。南宋时,追封其为"英济王",以励军民。

　　[5] 规酌:遵守考量。

　　[6] 偷窳:苟且懒怠。窳:音 yǔ,懒惰。

　　[7] 子舆氏:指孟子。孟子字子舆,又字子车、子居。有《孟子》,言义不言利。

　　[8] 诘:追问。

　　[9] 董子:即董仲舒(前 179—前 104),西汉经学大师。他把儒家的伦理思想概括为"三

纲五常",儒学从此成为官方哲学。其"大一统""天人感应"理论成为后世统治者的理论基础。

明·徐　渭

【提要】

本文选自《徐渭集》(中华书局 1983 年版)。

榜,古时一般指书额,写在门眉额上的大字;联,即今天常说的楹联、对联。

所谓"楹联",就是悬附于楹柱上的竖条形、木质、刻字装饰物。古建筑的厅堂,前后常有四根柱子,前两柱独立支撑上枋及出檐部分的房顶,俗称"檐柱"或"明柱",建筑学上称"楹",因而悬附于其上的木联被称为"楹联"。传说中楹联最早出现的实例是五代后蜀主孟昶的"新年纳余庆,佳节贺长春"。

而春联张贴始自明朱元璋。梁章巨《楹联丛话》中引用《簪云楼杂说》云:春联之设,自明孝陵昉也。时太祖都金陵(1368—1398),于除夕忽传旨:公卿士庶家门上须加春联一副。太祖亲微行出观,以为笑乐。偶见一家独无之,询知为腌豕苗者,尚未倩耳。太祖为大书曰:双手劈开生死路,一刀割断是非根。投笔径去。嗣太祖复出,不见悬挂,因问故。答云:知是御书,高悬中堂,燃香祝圣,为献岁之瑞。太祖大喜,赉银三十两。

明代以来,楹联题写渐成风气。《徐渭集》载有对联 100 余副,长联亦多,至今有关徐文长作联的故事还在浙江流传。徐渭的楹联或写得气势恢宏傲藐古今,或极尽情态活灵活现,或作设情理虽颂歌但绝无诌谀之态,或浅唱低吟虽情景平常却情味绵醇。徐渭以深厚的学识底蕴、丰富的人间阅历,把楹联写得别开生面、堆锦叠翠,蔚成一难以逾越的高峰,他的楹联所达到的境界值得细细发掘、体味。

值得一提的是,徐渭自称"吾书第一,诗二,文三,画四",虽然他对自己的书法颇自负,大概是常为人书写楹联的。但他在当时却是个边缘诗人,身前萧条,身后寂寞,其名不出浙江,是被袁宏道偶然发现而成了晚明"独抒性灵"的旗帜的。

长　春　观

道统三清,曰精,曰气,曰神。形依理,理依形,庄严即道。
春舍四季,生夏,生秋,生冬。贞于元,元于贞,灯火长春[1]。

华严寺大殿

仗智慧剑,决烦恼纲,见五蕴皆空[1],为深般若[2]。
驭清净轮,入解脱门,得一念无生,为大涅槃。

显 圣 寺

白云影里传心处。
流水溪边选佛场。

水 神 庙

三灵一德,共土食神禹黔黎,故湖海绝鱼龙负舟之险。
九历八埏,总丸塞宣房瓠子[1],敢丛林有虫蛇画壁之穿。

白马山关帝殿

白马小如拳,从此骐驎林外长[1]。
紫髯灵欲语,顿令尸祝庙中肥[2]。

大 乘 庵

甘露和风,后稷勾芒随处祠[1]。
小桥流水,群公先正此间灵。

市 门 阁

左土谷,右灵官,一朵莲尊菩萨座[1]。
绕鉴流,夹文笔,寸金地重市廛心。

三江汤太守祠[1]

凿山振河海,千年遗泽在三江,缵禹之绪。
炼石补星辰,两月新功当万历,于汤有光。

王定肃公祠

咽连三殿,勋扈六飞,越五百年,而南国衣冠,尚烨稽山镜水。
恩渥两朝,宠逾七叶,历二十世,与东都阀阅[1],犹传铁篆金章[2]。

季彭山先生祠[1]

今朝社友停云处。
向日诸生立雪门[2]。

戏 文 台

画栋倚青霄,继往开来,瞬息竟成千古事。
雕梁挥彩毫,修文艺武,片时顿觉百般新。

商燕阳公永雏堂

半郭园田，垒石栽花春里绣。
一川景物，驯鱼狎鸟镜中悬。

又 环 山 楼

凤鹤龟龙，几座好山成主客。
风烟雪月，四时佳兴共渔樵。

张内山南华山馆

喜无车马惊驯鹤。
好剪荆榛长素兰[1]。

又 观 畴 阁

云拥千峰连禹穴。
星罗万井见箕畴[1]。

书 舍

花香满座客对酒。
灯影隔帘人读书。

又 书 舍

雨醒诗梦来蕉叶。
风载书声出藕花。

书 斋

赠外科谢医士

以菜作荠虽曰易。
磨针从杵岂非难。

又

园多菜把根堪咬。
庭有梅花梦亦清。

又

午枕为儿哦古句。
晚窗留客算残棋。

南　镇[1]

祖南条,配南岳,领一京九省,而永镇名邦;俨龙脉长萦,结宛委山川之秀[2]。
视东鲁,享东封,每六载两番,而恭承大祭;比鳌颠巨力,有扶持世界之功。

景贤祠堂上

六籍儒宗,千古杏坛传一叶[1]。
百年师表,数椽茅屋寄双林。

又

看剑检书,莫谓少陵祗措大[2]。
斗鸡屠狗[3],从来此地有英雄。

市门楼居

旧垒任飞王谢燕。
高楼闲看往来人。

九 山 草 堂

墙外有山皆翠黛。
池中无物不蛟龙。

又

任铁任金,定有可穿之砚。
日磨日削,从无不锐之针。

远 观 楼

倚啸高楼,喜值千山推月上。
纵观大堆,漫凭双目答风怜。

心 远 堂

脱屣尘缘,别有胸襟洒落。
结庐人境,不妨车马喧阗[1]。

【注释】

长春观
[1]贞于元,元于贞:古人以元亨利贞喻春夏秋冬。故借指时令的周而复始、四季更迭。
华严寺大殿
[1]五蕴:佛教语。指色、受、想、行、识五者假合而成的身心。
[2]般若:佛教语。智慧。

水神庙

[1]宣房:亦作"宣防"。宫名。西汉元光中,黄河决口于瓠子(今河南濮阳西南),二十余年不能堵塞。武帝亲临决口处,发卒数万,并命群臣负薪以填。功成,筑宫其上,名为宣房宫。

白马山关帝庙

[1]鼪鼯:音 shēng wú,均为鼠属。

[2]尸祝:指主祭人。

大乘庵

[1]后稷:虞舜命为农官,教民耕稼,称之。勾芒:古代传说中主管树木的神。

市门阁

[1]土谷:土地神和五谷神。灵官:仙官。

三江汤太守祠

[1]汤太守:即汤绍恩。字汝承,号笃斋,安岳(今属四川)人。明嘉靖五年(1526)进士,曾任户部郎中、德安(治今湖北安陆)知府、绍兴知府、山东右布政使等。任绍兴知府时,他主持修建了我国古代规模最大的挡潮排水闸"三江闸"。三江闸历时6个月完成,因应上天星宿之意,又称"应宿闸"。闸身全长50丈、宽3丈,共28孔,各孔闸门高度自1丈6尺至2丈余。三江闸施工系"其底措石,凿榫于活石上,相与维系以阔厚板""巨石牝牡相衔,胶以灰秫",灰秫一般八九层,多则10余层,共有闸墩27座。墩两端"刬其首"(引文自《三江闸务全书》卷上),形如梭子,顺发流水。墩两侧刻有闸槽,以安置内外两层闸门。闸底有石桥,大闸两端修堤400丈与东西海塘相连,构成一体。三江闸的修建,增强了外御潮汐、内则蓄排的能力,使萧绍平原80万亩农田、西小江(钱清江)沿岸1万多亩咸卤之地变成良田沃土,还为航运、水产等创造了有利的条件。所以当地百姓要为汤绍恩太守立祠纪念。三江闸后经历代维修,持续发挥效益,如今仍然保存完好。

王定肃公祠

[1]阀阅:祖先有功业的世家、巨室。泛指门第、家世。

[2]铁篆:即铁契。古代皇帝颁赐功臣授以世代享受某种特权的凭证。为汉高祖所创。金章:金质的官印。一说铜印。

季彭山先生祠

[1]季彭山:名本(1485—1563)。字明德,号彭山。会稽(今浙江绍兴)人。从王守仁学。登进士第。授建宁府推官,征为御史。后为长沙知府。

[2]雪门:典出《宋史·杨时传》。后有成语程门立雪。指学生恭敬受教。此言季彭山由长沙解职还乡,寓禹迹寺讲学。

张内山南华山馆

[1]荆榛:泛指丛生灌木。

又观畴阁

[1]箕:星宿名。《诗经·大东》:维南有箕,不可以簸扬。

南镇

[1]南镇:在绍兴。南镇祭禹,自夏代以来历代承续,明清尤盛,三月初五日行祭。

[2]宛委:山名。在今绍兴。

景贤祠堂上

[1]杏坛:传说中孔子聚徒讲学的地方。

[2]少陵:即杜少陵。杜甫自号少陵野老。措大:旧指贫寒地读书。

[3]斗鸡屠狗:指刘邦、樊哙之徒。

心远堂

[1]喧阗:亦作"喧填"。喧哗,热闹。

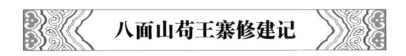

八面山苟王寨修建记

明·张可述

【提要】

本文选自《四川历代碑刻》(四川大学出版社1990年版)。

苟王寨在四川洪雅县将军乡拳石村。位于洪雅县城南20公里处的八面山,有尖峰古城和苟王寨。尖峰古城在八面山顶,石城环尖峰山顶修建,东西相距500米,南北相距1600米,现存东城门洞及城墙88米;城墙均高3.5米,最高处4米。史载,原名"天生城"的尖峰城与合川钓鱼城同时修建,是川中"抗元八柱"之一。

而苟王寨在八面山支脉白像山山腰,建于南宋建炎三年(1129),亦为抵御外敌而建。初避金兵,修建此寨;嘉熙(1237—1240)中,蒙古人入川,百姓聚居于此抵抗蒙军。寨城建于后倚悬崖、前临深谷的一条长逾2000米、高5—15米天然石廊中。寨城前后设有寨沟、栈道。现存的苟王寨中有数处摩崖石刻,寨内石臼、石室等尚存。

南宋100多年中,辽、金、蒙军不断入侵四川,攻城占地。南宋后期,蒙古族建立起蒙古汗国(1206),更是频繁进犯南宋。理宗端平二年(1235),蒙古国大举侵宋,长驱入蜀。嘉熙三年(1239)攻打重庆,全蜀为之震动。洪雅人再上苟王寨,以拒蒙军。淳祐二年(1242),蒙古军破蜀中遂宁、泸州等地,理宗授余玠为兵部侍郎、四川安抚制置使,领导四川抗蒙斗争。余玠到重庆后,采纳了士民冉琎弟兄等建议,采取"守点不守线,联点而成线"的战略方针,发动群众,依山筑城,作为据点。在长江、嘉陵江、渠江、涪江、沱江、岷江等沿岸的山峰上,先后加固新筑数十座山城。用山城战术,拒抗蒙古骑兵。其中知名的有合川钓鱼城、乐山凌云山城等。地处青衣江岸的八面山上石城,同样是按余玠战略部署建成的。

苟王寨成为洪雅军民抗蒙元的中坚力量。寨子失守,难免屠城之灾,至今寨外山场遗下哀丧坡、停丧岗等地名即为毛骨悚然的屠戮佐证;元朝甚至撤消了洪雅县治,致使洪雅历史佚亡200余年。文中所述"天阴雨则鬼夜哭",时为嘉靖四十三年,表明这一传说已经流传了300年。

苟王寨石壁题刻丰富,但嘉熙二年(1238)守寨将领题刻之后,中间有272年空缺,再次出现题刻时已是明正德庚午年(1510)。而这一时期,正是元朝撤销洪雅的200年。明成化十八年(1482),复置洪雅县,洪雅历史才又续上。这段缺失的历史,被张可述在嘉靖四十三年(1564)撰写的这篇记所填补。

文中说："天阴雨则鬼夜哭……弘治初（1488），居人凿大士像于壁，遂不复闻。"苟王寨造像的目的是当地居民缅怀抗鞑捐躯的将士，超度其亡灵，龛中大像儒、佛、道、玉皇、文昌、真武……几乎无所不包，反映了洪雅民俗淳朴而真挚的感情，而反映日常生活化图景的造像却十分罕见。苟王寨摩崖造像始于明弘治初（1488），迄于嘉靖四十三年（1564），前后断续76年，共造像30龛94尊。

据《四川文物考古十年》（1979—1989）载："四川有南宋山城50多座"，"这些山城地势险要，多处于交通要冲，建筑坚固，一般都保存完好。这些山城，反映了南宋后期数十年，宋蒙战争的重要史实。在城的建筑上也有很多新的创造，如圆拱形城门的修建等"。而八面山石城便是一处拱形城门，全用40条×40条石顺丁建造，十分坚固，保存至今完好。浓密森林之中，更显历史的厚重悠远。

洪雅号山水区，而八面山在青衣江之南，广长数里，屹为巨镇[1]。凌晨渡江，卓午至苟王寨。才及山腰，后倚悬崖，前临浚谷[2]，其上置木梯以下云。

往余以尚书郎在告，偕龚参军嵩以探奇，登焉。相与坐崖洞间，见石壁多刻领兵人姓名，乃岁月则宋建炎、嘉熙时也。嘉熙距建炎凡五朝[3]，高、孝享国又久，以此知南渡后，邑常不靖。而苟王必此中著姓，团聚乡兵据险拒贼者。参军曰："此先人世产也，天阴雨则鬼夜哭。以当时横离锋镝[4]，或食尽而毙者多耳！弘治初，居人凿大士像于壁，遂不复闻。此栋宇则嘉靖初比丘悟公者（创）构以居也。非遭遇时平主圣，吾与子得有今日之游哉？"叹息者久之，始去。

屈指今十三年，乃复再往，则木梯撤而壁成蹊矣！屋楹增十之五，相好增十之七[5]，楦联荣接[6]，金烂霞蒸。询之，皆参军与乡人喜施者捐金成之也。

参军又语余曰："嵩，兹山人也，少负远志，期自表竖[7]，以贻身后名，庶几于山之灵无愧焉。卒从卑（宦），数月而罢。今老矣，壮心虽降，始愿未毕。子嗜毫翰[8]，其记，工役勒之石乎！当令异时知有我辈也。"余应之曰："宁独君哉！余自束发擢第[9]，事今皇帝者十有五年。居则华簏[10]，出则结驷[11]，金绯被躬，肥甘足口，叨窃过矣，竟无尺寸之效，而被言以归。方灌园明农[12]，终身丘壑，虽有千里之志，将安所酬？且平生知交，含杯酒，笑语一堂者，今或不省记余，而况异世之后哉！兹山片石，即竹帛不啻矣[13]。"因书其始末，而喜施者姓名并列于左方，后之览者必将有感于斯矣！

嘉靖四十三年岁舍甲子十一月长至日[14]。

赐进士第朝列大夫、贵州布政使司、右参议、前敕提督两浙屯政、守尚书兵部职方员外郎、芦村张可述惟孝撰。

庠生[15]龚珊篆额，龚璞、龚璲书丹。

【作者简介】

张可述（1523—1590），字惟孝，号芦村，洪雅县（今属四川）人。嘉靖二十六年（1547），中进士，不久被任为陕西咸宁（今并入长安县）知县。因政绩显著迁浙江按察佥事，主管治理河渠、缉捕盗匪。嘉靖四十年（1561），升贵州布政司右参议，因得罪权贵归乡。居乡时，应洪雅县知县束载聘请,主持编纂《洪雅县志》,并有《梓里资谈》《云樵集》等。

【注释】

[1]屹:山势直立高耸,(喻)坚定不动。

[2]浚谷:深谷。

[3]五朝:建炎为南宋高宗赵构年号,至嘉熙理宗共历赵构、赵昚(shèn)、赵惇(dūn)、赵括、赵昀五帝。

[4]横离:横遭。离:同"罹",遭受。

[5]相好:谓各色造像。

[6]榱:音 cuī,古代指椽子。荣:屋檐两头翘起的部分。

[7]表竖:表率,样榜。

[8]毫翰:指毛笔。借指文字、文章。

[9]束发:成童的年龄,15—20 岁。擢第:科举考试及第。

[10]华甍:华屋。

[11]结驷:一车并驾四马。此指出则乘驷马高车,是一种显贵行为。

[12]灌园:浇灌园圃,指从事农业劳动。

[13]竹帛:谓书籍记载。古时初无纸,以竹帛书写文字。不啻:如同。

[14]长至:指夏至。

[15]庠生:科举时代府州县的生员。

京师重建贡院记

明·张居正

【提要】

本文选自《张文忠公全集》(商务印书馆 1935 年版)。

"天子践祚之三祀,新修贡院成。"张居正开篇即如此介绍,万历三年(1575),在贡院原址上新修,"拓旁近地益之,径广百六十丈,外为崇墉施棘。徽道前入,左、右、中各树坊,名左曰虞门、右曰周俊、中曰天下文明。坊内重门二,左右各有厅,以备讥察。次右曰龙门。逾龙门,直甬道,为明远楼,四隅各有楼相望,以为瞭望。东西号舍七十区,区七十间。易旧制板屋以瓦覆,可以避风雨,防火烛。北中为至公堂,堂七楹,其东为监试厅,又东为弥封、受卷、供给三所。其西为对读、誊录二所……后为聚奎堂七楹,房舍各三楹,主试之所居也。又后为燕喜堂三楹,东西室凡十六楹,诸胥吏、工匠居之。其后为会经堂,堂东西经房相属,凡二十有三楹,同考者居之"。张居正详细介绍了此次重建的屋舍布局情形,其中特别提到:改旧时木板、苇席的简陋考棚为砖砌瓦盖的号舍。

中国古代,科举考试是青年求取功名的唯一途径。举行考试的地点叫做贡院。科举制度产生时,并没有专用考场,省试一般在吏部南院举行。唐玄宗开元二十四年(736),科举转由礼部掌管,开始建立贡院,但规制较为简单。北宋哲宗以后,礼部、各州皆建贡院。元代试院内已分设"席房"。明代贡院形制已经规范化、制度化,各府州县设试舍,京师及各省城则设贡院。贡院四周内外两层围墙顶端布满带刺的荆棘,故贡院亦称"棘闱"。

明代以后,科举考试规范而规律。在贡院举行的考试,分为三级:乡试、会试和殿试,其他考试由当地的学官命题、当地选拔。乡试是正式科考的第一关。按规定每三年一科,在子、卯、午、酉年举行,遇上皇帝喜庆而下诏加开的科考,称为"恩科"。乡试在农历八月举行,也被称为"秋闱",在京城及各省省城的贡院内举行,监生、贡生可以离开本籍,到京师考试。各省都设贡院,但安徽与江苏共用设在南京的江南贡院,因为安徽、江苏两省文风盛、赋税多、人口比例大等原因,成为录取名额相对较多的地区。

乡试每次连考3场,每场3天。开考前,每名考生获分配贡院内的一间独立考屋,称为"号舍"。开考时,考生提着考篮进入贡院,篮内放各种用品,经检查后对号入座。然后,贡院大门关上,3天考期完结前不得离开,吃、喝、睡都得在号舍内。贡院号舍有9 000多间,每间高6尺、宽3尺、深4尺。

乡试发的榜称为"乙榜",又称"桂榜"。考中的称为"举人",头名举人称"解元"。中了举人便具备了做官的资格,通过乡试的举人,可于次年3月参加在京师的会试和殿试。会试由礼部在贡院举行,亦称"春闱",同样是连考3场,每场3天,由翰林或内阁大学士主考。会试发的榜称为"杏榜",取中者称为"贡士",贡士头名被称为"会元"。得到贡士资格者可以参加同年4月的殿试。殿试只考一题,考的是对策,为期一天,录取名单称为"甲榜",又称"金榜"。金榜分为三甲:一甲称"进士及第",只有3人,第一名状元、第二名榜眼、第三名探花,其名字刻在国子监的石碑上;二甲称"进士出身",三甲称"同进士出身"。殿试由皇帝主持和出题,亦由皇帝钦定前十名的次序。

北京贡院的这次扩建修葺意义重要。万历以前,贡院为草席木板结构,且又实行"锁院贡试"制度,一旦着火,后果非常严重。正统三年(1438),顺天乡试时的初试前夜,场屋起火烧残试卷和场屋。天顺七年(1463)二月,会试贡院起火,监察御史焦显反而锁上贡院之门,不许人员出入,被活活烧死举人90多名。因为这次火灾,礼部建议选择城中宽阔之地另建贡院,但英宗令沿袭旧址。这一年的会试改在第二年举行。

到了万历朝,首辅张居正决意对贡院进行改建扩修。他认为原贡院修于永乐时,当时秋试不过数十人,春试也只有百余人。后人文渐开,参加北京贡院考试的人员,最高可达四千余人,但贡院逼隘如故且又与民房混杂在一起,必须改建。

重建工作在万历二年(1574)三月展开,至三年(1575)九月告竣。张居正《贡院记》及赵用贤《重修贡院记》均详细记载此事。这次重建主要有两个方面,一是增加了面积,方圆达一百六十丈;二是将房舍改为砖瓦结构。重修后的贡院基本上满足了京师的春试和秋试,直至明亡,贡院都再未大修过。清人入关,沿袭了明代的科举制度。京师的科举考试仍然在明代贡院原址上进行。雍正时期,贡院有所修补。乾隆年间,贡院再次修葺一新,竣工时乾隆还亲自去视察,并留有"从今不薄读书人"的诗句。现在,见证科举的贡院只剩下被改造过的两个四合院,且已破旧不堪,与四周的中国社科院及"贡院六号"等高楼反差强烈。

今天子践祚之三祀[1]，新修贡院成。其地因故趾，拓旁近地益之，径广百六十丈。外为崇墉施棘，微道前入[2]，左、右、中各树坊。名左曰"虞门"、右曰"周俊"、中曰"天下文明"。坊内重门二，左右各有厅，以备讥察[3]。次右曰"龙门"。逾龙门，直甬道，为明远楼。四隅各有楼相望，以为瞭望。东西号舍七十区，区七十间。易旧制板屋以瓦甓，可以避风雨，防火烛。北中为至公堂，堂七楹，其东为监试厅，又东为弥封、受卷、供给三所[4]。其西为对读、誊录二所。帘以外，殖殖如也，翼翼如也[5]。后为聚奎堂七楹，旁舍各三楹，主试之所居也。又后为燕喜堂三楹，东西室凡十六楹，诸胥吏、工匠居之。其后为会经堂，堂东西经房相属，凡二十有三楹，同考者居之。帘以内，渠渠耽耽如此[6]。其他庖湢、库舍，所在而有。明隩向背[7]，咸中程度[8]，其规制名额，虽仍旧贯[9]，而闳丽爽垲[10]，邃密萦隩[11]，视旧制不啻三倍。

工始于万历二年三月，以明年九月告竣。计庸三十六万有奇，费以五万金。既告成事于上，于是司空郭公率其属[12]，请予为文以记之。

按京师贡院，始于永乐乙未[13]，是时考卜未定[14]。文皇帝以巡狩御行幄，庶事草创，其所举士，秋试不过数十人，春试率百余人。故试院规制，虽颇湫隘[15]，亦仅能容。及燕鼎既定，人文渐开，两畿诸省[16]，解额岁增[17]，士就试南宫，至四千有奇。而贡院偪隘如故[18]，又杂居民舍间。余为诸生，就试南宫，及官词林，典试文武士，数游其中，恒苦之。

自嘉靖间，建议者咸请改创西北隙地，或言东方人文所会，宜因其址而充拓之以从新，然旋议旋辍，未有必然之画也。今天子始俞有司之请，一旦焕然，易敝陋而为闳丽，士之挟策而来者，不啻若登龙门、探月窟矣[19]。

嗟乎！振敝维新，固自有时。举二百余年之陋制，一旦建为堂构巨观，非振奋乌能有成哉？尝谓创始之事，似难而实易；振蛊之道[20]，似易而实难。室已圮而鼎新之，易也，鸠材庀工而已。惟夫将圮而未圮，其外巋然[21]，丹青赭垩，未易其旧，而中则蠹矣。匠石顾而欲振之，闻者必以为多事而弗之信，其势不至于大坏极敝不已也。明兴二百余年，至嘉、隆之季[22]，天下之势，有类于此者，多矣。纪纲法度，且将陵夷而莫之救[23]，有识者忧之。

今天子茂龄抚运[24]，嘉与海内更始[25]，于是举二百余年之将坠而未仆者，一切振而举之。然众庶之见，溺于故常，令下一年，而民疑，二年而民谤，不曰"上之所以兴废起坠者，皆申饬旧章也[26]"，而曰"创行新政"也。浮言四起，听者滋惑，赖主上明圣，不少摇惑。盖五年于兹，而后仆者起、暗者睹，于是海内始知相与歌诵上德，翊戴明主[27]，而不知始之振之，如是其难也。

夫论治者，怠则张而相之，废则扫而更之。夫惟能张之而毋怠，则自不至于废而可更。故虞廷当治定功成、礼乐明备之时[28]，而其君臣赓歌以相儆[29]，惓惓以率事省成为言[30]，怠荒无虞为戒[31]，盖恒恐其怠，而思以张之也。

呜呼！继自今上之取士，与士之待用者，其亦远览虞廷率事儆戒之意，感明主振兴才俊之心，皆务为恪恭匪懈[32]，为国家建久安长治之策。其无骛为偷安苟禄，以蘖上之事哉[33]。

【作者简介】

张居正(1525—1582),湖广江陵(今属湖北)人。字叔大,少名张白圭,又称张江陵,号太岳。明代政治家,改革家,中国历史上优秀的内阁首辅之一。嘉靖二十六年(1547)进士,初为编修官,隆庆元年(1567),累迁至吏部左侍郎兼东阁大学士。隆庆时与高拱并为宰辅,为吏部尚书、建极殿大学士。万历初年,代高拱为首辅。时明神宗年幼,一切军政大事均由张居正主持裁决,前后当国 10 年,清查地主隐瞒的田地,推行一条鞭法,改变赋税制度,使明朝政府的财政状况明显改善;用名将戚继光、李成梁等练兵,加强北部边防,整饬边镇防务;用凌云翼、殷正茂等平定南方少数民族叛乱;严厉整肃朝政。一系列改革措施取得显著的效果,奄奄一息的明王朝重新获得生机。卒,赠上柱国,谥文忠。由于改革触犯了文官集团的利益,他死后不久即被攻讦,籍没其家。至天启二年(1622)方恢复名誉。有《张太岳集》《书经直解》等。

【注释】

[1] 践祚:即位,登基。祀:殷商时指年。

[2] 徼道:巡逻警戒的道路。

[3] 讥察:稽察盘查。

[4] 弥封:把试卷上填写姓名的地方折角或盖纸糊住,以防止舞弊。

[5] 殖殖:平正貌。翼翼:振翅欲飞貌。

[6] 渠渠:深广貌。耽耽:深邃貌。

[7] 明隩:犹明暗。隩:音 ào,古同"奥"。室内西南角;深。

[8] 程度:犹规矩。

[9] 旧贯:旧例,旧制度。

[10] 爽垲:高爽干燥。

[11] 萦隩:缭绕深邃。

[12] 司空郭公:即工部尚书郭朝宾。字尚甫,山东汶上人。嘉靖十四年(1535)进士。授户部主事,历陕西河南副使、浙江左右布政使、顺天府尹、右副都御史,万历二年升工部尚书。郭为人为政老成持重,很有才识气度,料事准确,处事果断,对下属不苛求,不计较,所到之处,无不受人拥戴,向有美名美誉。

[13] 永乐乙未:1415 年。

[14] 考卜:古代以龟卜决疑,谓之。

[15] 湫隘:低下狭小。

[16] 两畿:犹两京。指北京、南京,又称北直隶、南直隶。两京外,又设山东、山西、河南、陕西、四川、江西、湖广、浙江、福建、广东、广西、云南、贵州十三省。

[17] 解额:唐制,进士举于乡,给解状有一定名额,故称解额。

[18] 偪隘:亦作"逼隘"。犹狭窄。

[19] 俞:首肯,答应。月窟:传说月的归宿处。

[20] 振蛊:清除积弊。

[21] 窿然:高大貌。

[22] 嘉、隆:即嘉靖(1522—1566)、隆庆(1567—1572)。

[23] 陵夷:颓败,衰毁。

[24] 茂龄:壮年。抚运:顺应时运。

[25] 嘉与:奖掖抚助。更始:更新。

[26] 申饬:告诫。此犹申明。

[27] 翊戴:辅佐拥戴。

[28] 虞廷:亦作"虞庭"。指虞舜的朝廷。相传虞舜为古代的圣明之主,故亦以"虞廷"为"圣朝"的代称。

[29] 赓歌:酬唱和诗。

[30] 惓惓:恳切貌,忠心耿耿貌。

[31] 怠荒:懒惰放荡。

[32] 恪恭:恭谨,恭敬。

[33] 隳:音huī,毁坏。

敕建寺庙文(五篇)

明·张居正

【提要】

选自《张文忠公全集》(商务印书馆1935年版)。

张居正任首辅期间,撰写了《敕建承恩寺碑文》《重修海会寺碑文》《敕建东岳庙碑文》《敕建慈寿寺碑文》《敕建万寿寺碑文》《敕建五台山大宝塔寺记》等多篇庙记,还写下《敕建涿州二桥碑文》,这些文字都是因了一个人:万历皇帝朱翊钧的生母慈圣皇太后李氏。

慈圣皇太后姓李,漷县(今属北京通州区)人,生于嘉靖二十四年(1545)。她出身卑微,在隆庆皇帝朱载垕还是裕王时,是裕王府邸里的一名宫人,后来偶然得到裕王宠幸,生下了儿子,遂母以子贵,在隆庆元年(1567)三月被封为贵妃。隆庆皇帝在位6年后驾崩,死时年仅36岁。

由于皇后无子,隆庆皇帝驾崩后,李贵妃之子朱翊钧便继承了帝位,即万历皇帝。大太监冯保还与张居正商议,安排仁圣皇太后陈氏居慈庆宫,慈圣皇太后居慈宁宫。后为照顾万历皇帝,慈圣皇太后住进了乾清宫。于是,太后临朝、首辅当政就成了万历头十年的常态。慈圣皇太后虽然表面上贵为太后,但因她出身微贱,实际上却处处受制,甚至在用膳时也不能和万历皇帝和仁圣皇太后平起平坐,只能站在他们身后,个中滋味是常人难以体会的。而万历皇帝虽为慈圣皇太后所生,但是他也是极为看重出身。《明史》里记载了这样一件事,明光宗朱常洛是神宗(万历)的长子,他的亲生母亲王氏原是宫人,一个偶然的机会被万历皇帝临幸了一回就怀孕了,但直到王氏临产,万历皇帝都不承认。幸亏宫内皇帝起居记载得十分清楚,得以证明朱常洛系万历之子。

朱常洛长大后,大臣要求立他为太子,万历皇帝始终不同意。慈圣皇太后问他为什么,万历说:"朱常洛是都人的儿子。"太后听后大怒,因为此话正是触到了她的痛处。她怒斥万历说:"你也是都人的儿子!"万历看到母亲大怒十分惶恐,伏地不敢起。原来明朝内廷呼宫女为"都人",而太后也是宫女出身,因为母凭子贵才升为贵妃。由此可见慈圣皇太后是宫女出身的影子实际总伴随着她,而宫廷中的生活充满了凶险和明争暗斗,她不得不使出浑身解数来巩固自己来之不易的政治地位和权力。

史料记载,明朝的历代太后、太妃都好佛,她们在宗教中寻求安慰,慈圣皇太后也不例外。慈圣皇太后好佛,在京师内外广置梵刹,动费巨万。万历二年(1574)建承恩寺、海会寺,三年(1575)修东岳庙,四年(1576)建慈寿寺,五年(1577)建万寿寺,随后不久又在五台山建大宝塔寺等。其虔笃信佛,布施的寺院广为分布,以致京城人称"佛老娘娘"。

承恩寺位于今北京东四八条,为明太监冯保奉敕所建,寺兴工于万历二年(1574),告成于三年。"贸地于都城巽隅居贤坊,故太监王成住宅,特建梵刹。外为山门、天王殿,左右列钟鼓楼,中为大雄宝殿,两庑为伽蓝祖师殿,后为大士殿,左右库房、禅堂、方丈、香积、僧房,凡九十有五。"

也在这一年,"圣母慈圣皇太后,思所以保艾圣躬,焄奕允祚者,惟佛宝是依",她又"出内帑银若干",她的另一个儿子潞王朱翊镠及其贤妃、贵人等纷纷出资,冯保"出内储大木,以为殿材",在城南嘉靖乙未(1535)年海会寺旧基上复建,寺"中为殿三,皆三楹。方丈一,凡五楹。钟鼓楼二,配殿十二。禅堂十,僧房四十有奇。前为山门,缭以周垣"。重建的海会寺"殿宇靓深,廊庑曼衍,重阁层轩,翚飞丹焕"。"煌煌乎都邑之盛观也",以至于僧徒纷纷游集于此。

东岳庙的重建也是慈圣太后的主意。元延祐年间,张道陵三十八世孙张留孙被元成宗封为玄教大宗师,出资在齐化门外购置了土地准备兴建。但未及开工,张已去世。其弟子吴全节继任为大宗师后,在至治二年(1322)动工建设,到第二年(1323)落成,被朝廷赐名为"东岳仁圣宫"。当时,庙内的主要建筑有大门、大殿、四子殿和东西两座廊庑等,泰定二年(1325),鲁国大长公主祥哥剌吉又捐建了寝宫,规模继续扩大。元末,庙宇受到严重毁坏。明代开始,玄教并入正一道,东岳仁圣宫也改名为东岳庙。明正统十二年(1447),在原址基础上全面重建了庙宇,嘉靖、隆庆年间,也曾进行过整修。万历三年(1575),明神宗根据太后的旨意,发宫帑大规模扩建。"工始于万历乙亥八月,迄周岁而成。""其殿寝门闼之右,廊庑庖湢之制,大都不易其故。而挠者隆之,毁者完之,垩者藻饰之。又于左右建鲸鼍楼,东为监斋堂,规模环丽,迥异畴昔,肖然若青都紫极矣。"

慈寿寺"在都门阜城关外八里许",明万历四年(1576)建,"慈圣宣文皇太后常欲择宇内名山灵胜,特建梵宇,为穆考荐冥祉",想法得到万历帝的赞同,选择正德年间太监谷大用故地建慈寿寺。"外为山门、天王殿,左右列钟鼓楼;内为永安寿塔。中为延寿殿,后为安宁阁,旁为伽蓝、祖师、大士、地藏四殿,缭以画廊百楹,禅堂、方丈有三所。又赐园一区,庄田三十顷。"慈寿寺用的是最好的建筑材料和工匠,太后经常事无巨细地询问工程情况。寺成后,慈圣太后亲书宁安阁匾额,并在其后殿内供奉九莲菩萨像,因为她称自己是九莲菩萨转世。《明史》载,由于建慈寿寺耗资巨大,大学士张居正曾以财政匮乏为由反对建寺,但寺成"而有司不知",他还是为之记,称赞慈寿寺:"厥制伊何,有殿有堂。丹题雕楹,玉瓮金相。缭以周廊,倚以飞闼。画栋垂星,绮疏纳月。有涌者塔,厥高入云。"

清光绪年间,慈寿寺废,仅留孤塔矗立在寺院的废址上。《日下旧闻考》:"永安寿塔,塔十三级,高耸入云。"此塔仿北京天宁寺辽塔建造,为八角13层密檐实心砖塔,高近60米,由塔基、塔身、塔刹三部分组成,为明代密檐塔的代表作。

塔基为 3 层,上为双层须弥座,呈八角形。下面一层须弥座束腰,每面开壶门形龛 6 个,每龛中各雕狮首 1 尊,已无存。龛与龛之间雕有轮、螺、伞、盖、盘长(吉祥结)、双鱼、瓶、花八件佛教吉祥宝物的浮雕。转角处雕瓶状角柱,上雕仰、俯莲花瓣图案。上面一层须弥座束腰上各面均开有 7 个长方形龛,龛中雕有佛教故事图案,描述善财童子拜师修身成佛的故事,53 幅画面,刻有 200 多个人物像。各幅画面之间,各雕立势金刚力士像一尊。在须弥座的转角处,雕有蟠龙角柱。塔基上面是 3 层仰莲花瓣拱托塔身,塔身为八角形,南向,东、西、北三面有砖雕拱券式假门,其余四面为券窗,门窗两侧原有木胎泥身金刚力士神像,已残破。南面券门额书"永安万寿塔",西面券门额书"辉腾日月",北面券门额书"真慈洪范",东面券门额书"镇静皇图"。塔身八面转角处立浮雕盘龙圆柱。上为十三级塔檐,每层檐下以砖雕斗拱承托,拱眼壁上开有佛龛,每面 3 龛,每龛均供有佛像,佛像内藏佛经,共供奉佛像 312 尊。檐角悬铜铃,共 3 304 枚。塔刹为铜质葫芦形摩尼珠式鎏金宝瓶,下有覆莲承托,自刹顶垂铁链 8 条,与刹座下垂脊相连,用于加固。塔后东西两侧立有石碑,东侧碑为万历十五年(1587)立,正面刻紫竹观音和赞词,背面刻瑞莲赋;西侧碑为万历二十九年立,正面刻鱼篮观音和赞词,背面刻关圣像和赞词。密檐上每根檐椽都挂有铁制风铎,共 3 000 多个;每层檐下均有 24 个佛龛,内供铜佛。塔刹为铜质鎏金宝瓶。

慈寿寺已不存,旧址现已改建成公园,因慈寿寺塔在历史上曾名"玲珑塔",故该园被命名为"玲珑塔公园"。

万寿寺,在"禁垣艮隅",即东北方,在今北京西直门西北七华里处的苏州街北。万历五年,慈圣皇太后谕上"创一寺以藏经梵修,成先帝遗意"。于是,"卜地于西直门外七里许,广源闸之西,特建梵刹","中为大延寿殿五楹,旁列罗汉殿各九楹。前为钟鼓楼、天王殿,后为藏经阁,高广如殿。左右为韦驮、达摩殿,各三楹。修檐交属,方丈庖湢具列。又后为石山,山之上为观音像,下为禅堂,文殊、普贤殿。山前为池三,后为亭池各一。最后果园一顷……旁起外环,以护寺地四顷有奇"。

万寿寺始建于唐朝,称聚瑟寺。明万历五年的重修,由慈圣李太后领头出资,司礼监冯保督建,建成后改名为"万寿寺",成为皇家寺庙。主要用来收藏经卷,后经板、经卷移至番经厂和汉经厂,万寿寺便成为明代帝后游西湖(昆明湖)途中用膳和小憩的行宫。清代时又经几次重修扩建,西路在乾隆朝改为行宫,遂成为规模宏大的皇家寺庙。清乾隆十六年和二十六年,清高宗弘历曾两次在这里为其母祝寿。清光绪二十年(1894),慈禧太后重修万寿寺行宫,在西跨院增修了千佛阁和梳妆楼,形成最后格局。当年,慈禧往来于颐和园与紫禁城之间,都要在万寿寺拈香礼佛,在西跨院行宫吃茶点,故有"小宁寿宫"之称。1985 年,万寿寺的中路辟为北京艺术博物馆。

五台山大宝塔,即著名的大白塔。东汉永平十一年(68),两位印度高僧释摩腾、竺法兰发现了五台山及阿育王所置佛舍利塔,奏明皇帝刘庄后,以灵鹫峰一脉开始大建寺宇。此后,五台山渐渐发展成为中国著名的佛教名山。

大白塔及所在塔院寺,原来是显通寺的塔院。明代重修舍利塔后独成一寺,因院内有大白塔,故名塔院寺。塔全称为释迦牟尼舍利塔,俗称大白塔,是寺内的主要标志。塔身拔地而起凌空高耸,在五台山群寺簇拥之下颇为壮观,人们又把它看成是五台山的标志。此塔通高 75.3 米,环周 83.3 米。塔基为正方形,塔身状如藻瓶,粗细相间,方圆搭配,造型优美。塔顶盖铜板八块成圆形,按乾、坎、艮、震、巽、离、坤、兑等八卦方位安置。塔顶中装铜顶一枚,高约 5 米,覆盘 21 米多,饰有垂檐 36 块,长 2 米多。每块垂檐底端挂风钟 3 个,连同塔腰风钟在内,全塔共有 252 个风钟。风吹铃动,叮当作响。

据专家研究,塔始建于元大德六年(1302),由尼泊尔匠师阿尼哥设计建造,俗称"大白塔",将以前的慈寿塔置于大塔腹中。该塔工程之大,建造之难,为五台山之冠。建成后,最初作为显通寺的塔院,明永乐五年(1407),朱棣命太监杨升重修此塔并独立起寺。万历七年(1579),慈圣皇太后李氏又令太监范江、李友重建,"前为山门、天王殿、钟鼓楼,又内大雄宝殿,旁伽蓝殿,外为十方院、延寿殿。诸围廊庑斋舍庖湢,无不悉备。复赐园地,以供常住之需"。

万历最初的十年,慈圣太后兴作不歇,所以张居正在万历五年(1577)年上了一篇《请停止内工疏》,不赞成维修慈庆、慈宁两宫。

敕建慈寿寺碑文

明·张居正

寺在都门阜城关外八里许。先是,我圣母慈圣宣文皇太后常欲择宇内名山灵胜[1],特建梵宇,为穆考荐冥祉[2]。皇上祈允,遣使旁求,皆以地远不便瞻礼,乃命司礼监太监冯保[3],卜关外地营之。出宫中供奉金若干两,潞王公主[4]暨诸宫眷,助佐若干金。委太监杨辉等董其役。时以万历丙子春二月始事[5],以月日既望告竣,而有司不知也。

外为山门、天王殿,左右列钟鼓楼;内为永安寿塔。中为延寿殿,后为安宁阁,旁为伽蓝、祖师、大士、地藏岁四殿,缭以画廊百楹,禅堂、方丈有三所。又赐园一区,庄田三十顷[6],食其众。以老僧觉淳主之,中官王臣等典领焉[7]。

寺成,上闻而喜曰:"我圣母斋心竭虔,懋建功德[8]。其诸百灵崇护万年吉祥。"恭惟我皇上圣心嘉悦,因名之曰"慈寿",而诏臣纪其事。

臣惟佛氏之教,以毗卢檀那为体[9],以宏施普济为用。本其要归,惟于一心。心之为域,无有分界,无有际量,其所作功德,亦不住于有相,不可思议。故曰:"洗劫有尽,而此心无尽;恒河沙有量,而此心无量。"至于标宫建刹,崇奉顶礼,特象教为然[10]。以植人天之胜因[11],属群生之瞻仰,则固未尝废焉。

惟我皇上,觉性圆明,妙契宿证。盖自践祚以来,所以维持之者,惓惓焉约己厚下[12],敬天勤民为训。至如梁胡良河以资利济[13],减织造以宽杼柚[14],蠲积逋以拯民穷[15],慎审决以重民命,其一念好生之心,恒欲举一世而跻之仁寿。故六七年间,海宇苍生,餐和饮泽,陶沐元化[16],无小无大,咸稽首仰祝我圣母亿万年,保我圣主,与天无极。此之功德,宁可以算数计哉?犹且资佛力以拔迷途,标化城以崇皈仰[17],要使苦海诸有,悉度无漏之舟,阎浮众生[18],咸证菩提之果。斯又圣人所以神道设教微意也。

臣谨拜手稽首,恭纪日月,而系之词曰:

于昭我皇,秉乾建极[19]。薄海内外,罔不承式。谁其佑之,亦有文母。覃訏皇风[20],绍休三五[21]。永惟穆考,神御在天。思广胜因,以植福田。我皇承之,乐施靡惜。永延皇图,冥资佛力。乃营宝刹,于兑之方[22]。左瞰都城,右眺崇冈。力出于民,财出于府。费虽孔殷^[23],民不与苦。厥制伊何,有殿有堂。丹题雕楹,玉甃金相。缭以周廊,倚以飞闼^[24]。画栋垂星,绮疏纳月^[25]。有涌者塔,厥高入云。泉彼不周,柱乾维坤。维大慈尊,先民有觉。普度恒沙,同归极乐。譬如我皇,博施群生。千万亿国,小大毕宁。惠路旁流,慈云广庇。如是功德,不可思议。民庶咸祝,天子万年。奉我圣母,慈禧永安。臣庸作铭,勒兹贞石。志孝与仁,与天无极。

【注释】

[1]灵胜:灵异的胜境。

[2]穆考:此指明穆宗朱载垕。万历帝父亲。

[3]冯保(?—1583),字永亭,号双林,衡水市(今属河北)。嘉靖年间入宫,隆庆初年掌管东厂兼理御马监。穆宗驾崩时通过篡改遗诏成为顾命大臣。万历皇帝即位,历任司礼秉笔太监和司礼监掌印太监。万历六年(1578),他在《清明上河图》上题跋,自署官称"钦差总督东厂官校办事兼掌御用司礼监太监",兼总内外,权倾一时。掌权后,冯保支持张居正"一条鞭"法,使大明经济社会一度中兴。万历四年(1576)五月,冯保会同三法司进行全国"大热审",平反昭雪了许多冤狱(同前引)。政治盟友张居正评价他:"勤诚敏练,早受知于肃祖,(世宗)常听为'大写字'而不名。"(《司礼监太监冯公豫作寿藏记》)冯保文化素养较高,监刻了《启蒙集》《帝鉴图说》《四书》等。其书法颇佳,通乐理、擅弹琴,并造了不少琴,"世人咸宝爱之"(《酌中志·卷五》)。因明神宗的忌恨,冯保被放逐到南京,病死,家产亦被抄没。

[4]潞王:朱翊镠(1568—1614)。万历帝同母弟。隆庆四年(1570)受封潞王。居京师二十年,万历帝赐其田万顷。万历十七年(1589)就藩卫辉府。

[5]万历丙子:1576年。

[6]庄田:专门设庄管理而大规模租给佃户耕种的田地。

[7]典领:主持领导,主管。

[8]懋建:勉力建立。

[9]毗卢:佛名。毗卢舍那之省称。即大日如来。一说法身佛的通称。檀那:梵语音译。施主,亦指布施。

[10]象教:释迦牟尼离世,诸大弟子想慕不已,刻木为佛以形象教人,故称佛教为象教。

[11]胜因:佛教语。善因。

[12]惓惓:恳切貌。

[13]梁胡良河:指万历初涿州胡良河上敕建的石桥。桥为石质拱券结构,五孔,中孔最高。事见《张文忠公全集》文集四之《敕建涿州二桥碑文》。

[14]杼柚:音zhù zhú。亦作"杼轴"。织布机上的两个部件,用来持纬(横线)的梭子和用来承经(直线)的筘。亦代指织机。

[15]蠲:音juān,除去,免除。积逋:指累欠的赋税。

[16]元化:造化,天地。

[17]化城:指佛寺。

[18]阎浮:梵语。阎浮提的省称。即南赡部洲。洲上阎浮树最多。诗文中多指人世间。

[19]建极:指帝王即位。

[20]覃畅:音qín chàng,深广而畅达。

[21]绍休三五:谓继承了三皇五帝的美善、福禄。

[22] 兑方:西边,西方。

[23] 孔殷:众多,繁多。

[24] 飞闼:高楼上的门。借指高楼。

[25] 绮疏:指雕成空心花纹的窗户。

敕建万寿寺碑文

明·张居正

初禁垣艮隅[1],有番、汉二经厂。其来久矣,庄皇帝尝诏重修[2],以祝厘延

贶[3],厥功未就。今上践祚之五年,圣母慈圣宣文皇太后谕上若曰:"创一寺以藏

经梵修[4],成先帝遗意。"上若曰:"朕时佩节用之训,事非益民者弗举。惟是皇考

祈祐之地,又重之以圣母追念荐福慈意,然不可以烦有司。"乃出帑储若干缗[5],潞

王公主暨诸宫御中贵,亦佐若干缗。命司礼监太监冯保等,卜地于西直门外七里

许、广源闸之西,特建梵刹。为尊藏汉经香火院,中为大延寿殿五楹,旁列罗汉殿

各九楹,前为钟鼓楼、天王殿。后为藏经阁,高广如殿,左右为韦驮、达摩殿,各三

楹。修檐交属,方丈、庖湢具列。又后为石山,山之上为观音像,下为禅堂,文殊、

普贤殿,山前为池三,后为亭池各一。最后果园一顷,标以杂树,琪株璿果,旁启外

环,以护寺地四顷有奇。法轮妙启,龙像庄严[6];丹垩藻绘,争辉竞爽。

工始于万历五年三月[7],竣于明年六月。以内臣张进等主寺事。上赐之名曰

"万寿",而诏臣为之记。

臣闻古之圣王,建皇极以临区宇[8],敛时五福,其一曰"寿"。而臣子祝颂其君,

亦曰"报以介福,万寿无疆",曰"于万斯年,受天之祜"。是人君以德致福,无先于寿。

而为之臣民者,思以仰酬洪造,发纾忱悃[9],舍颂祝之外,盖亦无以也。我皇上聪明

天启,图治妙龄。恢皇纲,接帝统,广至治于无疆,锡嘉社于群臣百姓者,不啻沦肌而

浃髓矣[10]。薄海内外,日所出入,含生之伦,莫不翘首延睇[11],仰而颂曰:"天子作民

父母,为天下王。其庶几万年有国,以福我蒸黎乎[12]!"夫林茂而鸟悦,渊深而鱼乐,

鱼鸟之情,何期于林渊哉! 所寄在焉。故凡亿兆之命,悬于一人,天子明圣,则生人

禔福[13]。故亿兆之情,莫不愿人主之寿者,斯亦鱼鸟之愿归于茂林深渊也。

然则,兹宇之建设,虽役民生之力,用天下之财,而可以祝圣母万寿者,臣民犹

将乐趋焉。况役不民劳,费不公取,用以保国父民,功德无量。为臣子者,其踊跃

而赞颂之,讵能已耶[14]! 谨拜手稽首,恭纪其事,而系之以词曰:

惟君建极,敛福锡民[15]。民有疾苦,如在其身。巍巍大雄,转轮宏教。

毗卢光明,大千仰照。佛力浩衍[16],君亦如然。其以悲智,济彼颠连[17]。琅

函贝叶[18],藏之天府。以翊皇度[19],自我列祖。沿及我皇,绍成先绪。表此

胜因,共跻极乐。只奉慈命,复轸民瘼[20]。毋烦将作[21],乃发帑储。鸠工庀

财,龙宫蔚起。鹫域宏开[22],翼翼裁裁。有截其所,仰侔神造。俯瞰净土,凡

斯巨丽[23]。前武之绳[24],聿追来孝。旋观厥成,景命有仆。永锡纯嘏,既相

烈考[25]。亦佑文母,保兹天子。亿万斯年,本支百世,蛰蛰绵绵[26]。

【注释】

[1] 艮隅:指东北方。

[2] 庄皇帝:即朱载垕(1537—1572)。

[3] 贶厘:祈求福佑。贶:音 kuàng,赠,赐。

[4] 焚修:焚香修行。泛指净修。

[5] 帑储:府库储积。

[6] 龙象:指罗汉像。

[7] 万历五年:1577 年。

[8] 区宇:区域,天地。

[9] 忱悃:真诚。悃:音 kǔn,至诚,诚实。

[10] 沦肌浃髓:深深地浸入肌肉和骨髓。比喻感受深刻或影响巨大。

[11] 翘首延睇:犹翘首以盼(待)。睇:音 dì,看。

[12] 蒸黎:百姓。

[13] 褆:音 tí,衣服厚且好的样子。

[14] 讵:音 jù,岂,怎。

[15] 锡:赏赐。

[16] 浩衍:广布。

[17] 颠连:困顿不堪。

[18] 琅函:指道书。贝叶:指佛经。

[19] 皇度:皇帝的品德和气量。

[20] 轸:音 zhěn,伤痛。瘼:音 mò,疾苦。

[21] 将作:指工部。

[22] 鹫域:指佛寺。

[23] 巨丽:极其美好的事物,极其美好。

[24] 前武:前人的足迹。喻前人的典范。

[25] 纯嘏:大福。烈考:显赫的亡父。

[26] 蛰蛰:音 zhé,众多貌。绵绵:连续不断貌。

请停止内工疏

明·张居正

该文书官邱得用口传圣旨[1]"慈庆、慈宁两宫[2],著该衙门修理见新,只做迎面[3]。钦此。"臣等再三商榷未敢即便传行。

窃惟治国之道,节用为先,耗财之原,工作为大。然亦有不容已者,或居处未宁,规制当备;或历岁已久,敝坏当新。此事之不容已者也。于不容已者而已之,谓之陋;于其可已而不已,谓之侈。二者皆非也。

恭惟慈庆、慈宁,乃两宫圣母常御之所。若果规制有未备,敝坏所当新,则臣等仰体皇上竭情尽物之孝,不待圣谕之及,已即请旨修建矣。今查慈庆、慈宁,俱以万历二年兴工[4],本年告完。当其落成之日,臣等尝恭偕阅视,伏睹其巍崇隆固之规,彩绚辉煌之状[5],窃以为天宫月宇,不是过矣。今未踰三年,壮丽如故,乃欲坏其已成,更加藻饰,是岂规制有未备乎,抑亦败坏所当新乎?此事之可已者也。

况昨该部该科,屡以工役繁兴,用度不给为言。已奉明旨,以后不急工程,一切停止。今无端又兴此役,是明旨不信于人,而该部科必且纷纷执奏,徒彰朝廷之过举,滋臣下之烦言耳。

方今天下,民穷财尽,国用屡空。加意撙节[6],犹恐不足。若浪费无已,后将何以继之?臣等灼知两宫圣母[7],欲皇上祈天永命[8],积福爱民,亦必不以此为孝也。臣等备员辅导[9],凡可将顺,岂敢抗违。但今事在可已,因此省一分,则百姓受一分之赐。使天下黎民万口同声,祝圣母之万寿,亦所以成皇上之大孝也。

伏望圣慈,俯鉴愚忠,将前项工程,暂行停止。俟数年之后,稍有敝坏,然后重修未晚。臣等干冒宸严[10],无任悚慄之至[11]。

万历五年五月二十一日上[12]。随该文书官口传圣旨"先生忠言,已奏上。圣母停止了。"

【注释】

[1]该:那,着重指出前面说过的人或事物。
[2]慈庆、慈宁:万历登基后,慈庆宫住陈太后,慈宁宫住李太后。
[3]迎面:犹正面。
[4]万历二年:1574年。
[5]彩绚:绚烂多彩。
[6]撙节:抑制,节制,节省。
[7]灼知:明白了解。
[8]永命:长命。
[9]备员:犹充数。辅道:犹辅佐。张居正谦称。
[10]干冒:触犯,冒犯。宸严:帝王的威严。
[11]悚慄:惶恐。
[12]万历五年:1577年。

附:敕修东岳庙碑文

明·张居正

自古帝王建国,肃恭群祀,列在祀典,大祝颂之,士民不得奉。而民间所为号祝歌舞,其事诞漫,祠官不主也。惟岱宗之神,自绳契以来,秩在祝史,通乎上下。今天下郡国,皆有东岳庙,面京师则庙朝阳门之东。相传唐宋时已有。国朝正统中,益恢崇之。岁遣太常致祭,潦旱则祷焉。而都人士女,祈祉禳灾,亦各自财以祠云。

臣尝读睿皇帝所制庙碑,大要归于厚民生,顺民欲,明德远矣。百余年来,庙寝倾圮,神将弗妥,士女兴嗟。圣母慈圣皇太后闻之,曰:"吾甚重祠而敬祀,其一新之,然勿以烦有司。"乃捐膏沐资若干缗,皇上祗顺慈意,亦出帑储若干缗,命司礼监太监冯保,择内臣廉干者董其役。工始于万历乙亥八月,迄周岁而落成。

其殿寝门闼之右,廊庑庖湢之制,大都不易其故。而挠者隆之,毁者完之,垩者藻饰之。又于左右建鲸鼍楼,东为监斋堂。规模环丽,迥异畴昔,岿然若青都紫极矣。既告成事,上以圣母意,诏臣为之记。

臣闻圣王先成民,而后致力于神,亦有为民而徼福于神者。故御灾捍患,祭法所载,何可忽诸?且圣人以神道设教,岱居东方。其德曰生,往牒所称。触石生云,膏雨天下。生也,冥运阴骘,赫如雷霆;使人弗罹于天宪,亦生也。君人者,恩则庆云,威则迅雷,要归于永底蒸民之生;而愚夫愚妇,刑赏所不及者,神实司其祸福之柄;盖亦有阴翊皇度者焉,祀之,非黩也。不宁惟是。

臣仰窥圣母,垂恩储祉,保护皇躬。将广建功德,以祈万年允祚。虽无文咸秩,矧又祀典所载。而皇上孝奉慈闱,仰答元贶。虽节用之旨时佩,而有其举之,莫敢废也。今赖天地之灵、山川之佑,丰昵屡报,四夷咸宾。是御灾捍患,允符祀典,而睿皇帝所称厚民生、顺民欲者,亶在兹矣。

臣谨恭纪其事,而系之以辞曰:

瞻彼岱岳,是为天孙。乘震秉篆,生化之门。位镇一隅,仁流八极。率土是临,矧兹京国。京国有庙,肇禋百年。弗缮其故,何以告虔。惟皇祖清,肸蚃征应。乃新神居,聿遵兹命。既拓其基,亦除其□。琳宫中起,缭垣外周。厥宇袭袭,厥灵濯濯。谁谓邦畿,俨彼乔岳。维岳有神,维帝之德。后则基之,神介繁祉。笃我帝后,泰山之维。泰山之久,亦佑下民。自天降康,时雨而雨,时旸而旸,臣拜稽首。勒此贞石,亿万斯年,昭垂罔赖。

敕建五台山大宝塔记

明·张居正

昔阿育王获佛舍利三十余颗,各建塔藏之,散布华夷。今五台灵鹫山塔,是其一也。我圣母慈圣宣文皇太后,前欲创寺于此,为穆考荐福。今上祈储,以道远中止,遂于都城建慈寿寺以当之。臣居正业已奉敕为之记。顾我圣母,至情精虔,不忘始愿,复遣尚衣监太监范某李友辈,捐供奉余资,往事庄严。

前为山门、天王殿、钟鼓楼,又内大雄宝殿,旁伽蓝殿,外为十方院、延寿殿,诸围廊斋舍庖湢,罔不悉备。复赐园地,以供常住之需。工始年月日,成于年月日。计费金钱若干缗。圣母复命臣记之。

臣窃惟圣人之治天下,齐一幽明,兼综道法,其灿然者,在先古帝王,垂成宪、著章程于世矣。乃有不言而信,不令而行,以慈阴妙云,覆涅槃海,饶益群生,则大雄氏其人也。其教以空为宗,以慈为用,以一性圆明、空不空为如来藏。即其说不可知,然以神力总持法界,劳漉沉沦,阐幽理、资明功,亦神道设教者所不废也。

我圣母诞育皇上,为亿兆主。养成圣德,泽洽宇内,施及方外,日所出入,靡不怀服。至如宁静以奠坤维,建梁以拯垫溺,俭素以式阃帷,慈惠以布恩德。含生之伦,有阴蒙其利而不知者。所种孰非福田,所证孰非菩提者。乃益建胜因,广资冥福,托象教以诱俗,乘般若以导迷,斯可谓独持慈宝,默运化机者矣。

先是,虏酋俺答,款关效贡,请于海西建寺,延僧奉佛,上可之。赐名曰"仰华"。至是,闻圣母作五台寺,又欲令其众赴山进香。夫丑虏嗜杀,乃其天性。一旦革彼凶愍,怀我好音。臣以是益信佛氏之教,有以阴翊皇度,而我圣母慈光所烛,无远弗被。其功德广大,虽尽恒河沙数,不足以喻其万分也。乃拜手稽首,庸记岁月。而系之以词曰:

> 于维慈氏,阐教金庚。以般若智,济度群生。普天率土,莫非化城。法云慧日,布濩流行。雁门之西,亦有灵鹫。七级浮屠,岿然特秀。阿育获宝,散布缁流。南飞一粒,永镇神州。尘劫几更,山川不改。重建妙因,机如有待。惟我圣母,天性慈仁。总持阴教,覆育蒸民。庄严宝刹,于兹灵壤。龙象巍巍,人天共仰。皇穹眷德,降福穰穰。既佑文母,亦佑我皇。定命孔固,渐隆渐昌。臣庸作颂,亿载垂光。

答湖广巡按朱谨吾辞建亭书

明·张居正

【提要】

本文选自《张文忠公全集》(万有文库本)。

明万历六年(1578),张居正回老家江陵葬父期间,明神宗曾一日内发出三道诏书催其早日还京。于是,湖广巡抚朱琏要为张首辅建一座"三诏亭"以作永久纪念,遭到了张居正的拒绝。理由是:"数年以来,建坊营作,损上储,劳乡民,日夜念之,寝食弗宁。"他说:"今幸诸务已就,庶几疲民少得休息;乃无端又兴此大役,是重困乡人,益吾不德也。"信中,张居正说自己平生在意的是"师心",做亭子,既浪费钱财人力,数十年后变成一座接官亭也很正常,谁还知道"所谓三诏者乎"?

这时的张居正是宰辅,是摄政。张居正经常挂在口头上的一句话就是:"我非相,乃摄也。"意思是,我并非一般意义的首相,而是代替皇帝摄政的人。所以当时人说,张居正"相权之重,本朝罕俪",原因就是"官府一体",宫廷和政府大权集于一身,位高权重,炙手可热。

位高权重,用建亭造坊之类办法邀宠者当然屡见不鲜。据朱东润《张居正大传》:隆庆六年(1572),湖广巡抚、巡按提议为张居正建坊,张曾修书辞免,言词相当激切:"敝郡连年水旱,民不聊生,乃又重之以工役……将使仆为荣乎? 辱乎?"结果是坊不建了,却将建坊的工料折价送给张家。接着修建宅第,施工则由锦衣卫军士包办,大事兴作。这一回,张同样写信"辞建第助工",言词同样恳切,说如果这样,"则官于楚者,必慕为之,是仆营私第以开贿门,其罪愈重"。但结果呢,还是修了。"以后万历六年,有人提议替张家创山胜;万历八年,提议建三诏亭;万历九年,提议重行建坊表宅,而且一切动工进行,都不待居正的同意。所以无论居正是否默认,这一道贿门,在他当国的时期,永远没有关上。"

张一再用老办法,写信制止。信中说,此事劳民伤财,有害无益。况且,一个人不能靠建亭而不朽。"盛衰荣瘁,理之常也。时异势殊,陵谷迁变,高台倾,曲池平,虽吾宅第,且不能守,何有于亭?"

一个建亭显示对摄政首辅的忠诚,一个写信表达位高权重之人的淡泊境界。建亭者的逢迎术一目了然,辞建者的内心想什么却颇不易察。

同类的事,三番五次地"辞",始终收效甚微,为何? 诚然,当时社会腐败成风,大权在握的首辅陷入了被拉拢腐蚀的重围。但首辅大人真想辞的吗? 万历五年,圣命修理两宫皇太后的居所(其时太后掌握着朝政大权),张却奏称此乃"不急工程",应当停止(果然停止了)。连皇帝、皇太后的提议都能拒绝,哪有下属的"厚意"辞不掉的! 所以,张居正"今回且过,下不为例"的文辞,表明的只是:这种大张旗鼓扬名显亲的事,作为受"赠"者,认认真真表明自己的态度是必须的。于是,这便有了一次又一次看似"坚决"的"辞"书。

张居正可以说是当时一柱擎天的政治家,但张首辅好财喜色专权。据王世贞说,严嵩的抄家物资,十分之九进入宫廷,以后又陆续流出,其中最精的十分之二为张居正所得;他在归乡葬父途中,乘坐的是三十二抬超豪华大轿,前面是起居室,后面是卧室,边上有走廊,简直是"一室一厅"的活动房子。皇帝的出巡也没有如此排场,张居正却坦然受之。而且"牙盘上食,味逾百品,犹以为无下箸处"。沈德符《万历野获编》载:张居正"以饵房中药过多,毒发于首,冬天遂不御貂帽"。野史说,戚继光给他送来两名"胡姬"(少数民族美女),也是投其所好。张居正因此送命。

固然,张居正卓有成效的改革,扭转了明朝持续走下坡路的颓靡政局,营造了明历史上最后一段辉煌。但因摄政而功高盖主、威权震主,导致"江陵(指张居正)宰相之杰也,故有身死之辱"(李贽语)。

承示[1]。欲为不谷作"三诏亭"以彰天眷[2],垂有永,意甚厚。但数年以来,建坊营作,损上储,劳乡民。日夜念之,寝食弗宁。今幸诸务已就,庶几疲民少得休息[3]。乃无端又兴此大役,是重困乡人,益吾不德也。

且古之所称不朽者三[4],若夫恩宠之隆、阀阅之盛[5],乃流俗之所艳,非不朽之大业也。吾平生学在师心[6],不蕲人知[7];不但一时之毁誉[8],不关于虑。即万世之是非,亦所弗计也。况欲侈恩席宠[9],以夸耀流俗乎? 张文忠近时所称贤相[10],然其声施于后世者,亦不因"三诏亭"而后显。不谷虽不德,然其自许,似不在文忠之列。使后世诚有知我者,则所为不朽,固自有在,岂藉建亭而后传乎?

露台百金之费[11],中人十家之产,汉帝犹惜之,况千金百家之产乎? 当此岁饥民贫之时,计一金可活一人,千金当活千人矣。何为举百家之产、千人之命,弃之道傍,为官使往来游憩之所乎?

且盛衰荣瘁[12],理之常也;时异势殊,陵谷迁变。高台倾,曲池平。虽吾宅第,且不能守,何有于亭?数十年后,此不过十里铺前一接官亭耳,乌睹所谓三诏者乎?

此举比之建坊表宅,尤为无益。已寄书敬修儿达意府官[13],即檄已行。工作已兴,亦必罢之。万望俯谅!

【注释】

[1] 承示:犹承蒙告谕。

[2] 不谷:古代王侯自称的谦词。

[3] 庶几:或许可以,表示希望。少:犹"稍"。

[4] 三不朽:春秋时鲁国大夫叔孙豹所称的立德、立功、立言。参见《左传·襄公二十四年》。

[5] 阀阅:泛指门第、家世。

[6] 师心:以心为师,不拘泥于成法。

[7] 不蕲:不求。

[8] 不但:按:但,当为"惮"。惮,怕。

[9] 侈恩席宠:指张扬恩遇,凭恃宠幸。

[10] 张文忠:指张璁(1475—1539)。字秉用,号罗峰。永嘉(今浙江温州)人。因与明世宗朱厚熜同音,改名孚敬,赐字茂恭。累官至华盖殿大学士,主持朝政多年。卒谥文忠。

[11] 露台百金:《汉书·文帝纪》:"(文帝)尝欲作露台,召匠计之,直百金。上曰:'百金中民十家之产,吾奉先帝宫室,常恐羞之,何以台为!'"后遂以"露台"为帝王节俭之典。

[12] 荣瘁:犹荣枯。瘁:疾病,劳累。

[13] 敬修(? —1583):张居正长子。1580年进士。父亲死后被抄家。因为审讯者严刑拷打,敬修留下绝命书,愤而自杀。崇祯时追受其为礼部主事,并授其孙为中书舍人。

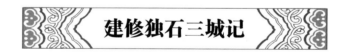

建修独石三城记

明·张佳胤

【提要】

本文选自《明经世文编》(中华书局1962年影印本)。

"国家之有宣府,其右肩乎!宣府之有独石,又不啻北门锁钥为也。"嘉靖五子之一、兵部尚书张佳胤说。

独石最初并无城,因明初开平卫治由元上都移驻独石口,为防北寇犯边而由宣德皇帝亲自下诏修建此城。《明史·薛禄传》载,宣德年间,薛禄数佩镇朔大将军印,巡边护饷,出入开平、独石、宣府间。上言永宁卫团山及雕鄂、赤城、云州、独石宣筑城堡,便守御。宣德五年(1430),诏发36 000人赴工,精骑1 500护之,皆听薛禄节制。是年四月开工,"阳武筑独石,躬勤早暮",两月后便筑成。具体负责指挥监督的杜衡筑城包甃砖石,方9里12步,城楼四,角楼四,城铺八,门三:东曰常胜,西曰常宁,南曰永安。

历明一朝,独石城经历了四次较大规模的缮修增筑,其中一次就是在万历十年(1582)。明嘉靖年间,俺答频繁犯边,每逢内犯,必毁城垣。嘉靖三十八年(1559)七月,数万骑入塞时,独石城几乎被毁殆尽。万历十年(1582),独石城开始重修,三年后修葺一新。"独石城长一千三十一丈有奇,砌以石,累以砖。视旧城增一丈二尺,共高三丈五尺。外增敌台一座,并墙共五十八丈。大小城楼十六座,厅事十八楹。南门楔棹一座。省粮二千五十六石八斗有奇,银一千五百十二两八钱。半壁店长一百十七丈,高如之。本堡产石,尽以石易砖,增修大小城楼八座。猫儿峪长二百九十三丈九尺,高如之,增修大小城楼十座。省粮七十九石有奇,银二百十三两五钱有奇。"半壁店、猫儿峪的城很小,与独石城成犄角之势。

因为三城的提议始自张佳胤,他写了这篇《记》。

国家之有宣府,其右肩乎!宣府之有独石,又不啻北门锁钥为也[1]。当宣德时[2],薛阳武行障塞,疏言大宁既弃,开平寡援,遂徙开平于独石。因甃石为城,草昧之初[3],未尽地利。正统中[4],虏数入寇,八城并陷,虏得长驱而有土木之变[5]。则独石之轻重安危可睹也。

隆庆辛未[6],大酋款塞[7],稽颡称臣[8],迄今十有五年,边鄙不耸,桑土豫彻。不谷往抚上谷,酋长满五大,恃其凶狡,阴喉媾银定[9],窃犯云州诸堡,因而闭关问罪,挟计中阻,乃从张家口。悔祸自赎,刑牲而盟,边事益宁。

不谷乃周行塞垣[10],小者堡,大者城。崇墉仡仡[11],栉比相望。然论要害,孰与独石?犹之乎薛阳武所肇基也[12]。不谷愀然怃应,顾巡道金宪刘公葵而叹曰:"诸臣经略不遗余力,何置独石度外?岂以逼虏而工不易终耶?若失此时,化为区脱[13],是大忧也。"相与计度。遂会督府郑公上疏。其略曰:"臣顿首。陛下不以臣为不肖,授臣以疆场。窃见独石三面邻虏,仅有半壁店、猫儿峪二堡通南路一线,为独石咽喉。独石城故卑薄,岁久且有复湟之渐,二堡又皆斥卤不可恃,今藉威灵,罚制酋首,无敢奸命。三城之役,宜以时举。若城独石而弃二堡,不如无城。夫取诸步军,工食取诸班价,粮廪取诸正饷,期以四年,不徐不亟,可报成事。"疏入,下大司农议,报可。会不谷入贰本兵[14],泰安萧公来代。

经始于万历十年某月[15]。独石城长一千三十一丈有奇,砌以石,累以砖。视旧城增一丈二尺,共高三丈五尺。外增敌台一座,并墙共五十八丈。大小城楼十六座,厅事十八楹。南门楔棹一座[16]。省粮二千五十六石八斗有奇,银一千五百十二两八钱。半壁店长一百十七丈,高如之。本堡产石,尽以石易砖,增修大小城楼八座。猫儿峪长二百九十三丈九尺,高如之,增修大小城楼十座。省粮七十九石有奇,银二百十三两五钱有奇。以万历十二年某月工竣。屈指而工,仅三年也。

报成,疏闻。蒙别有优录。兵宪刘公属参将麻承勋砻石驰材官檀州以记请。惟兹三城之议,不谷实创之。幸观厥成,安得无言?

尝闻春秋重力役,有城必书,有筑必书,凡以明不得已尔[17]。边城为华夷大防,所谓不可已者,莫大于是。今三城之役,完不俟期,用不尽财。楼橹雉堞,翚飞鼎峙,辟之家然。独石,藩篱也,宣府堂皇也,京陵奥室也。一固举固,谓独石系天下安危非耶!夫中国而城,外夷所忌,往不谷驰使虏王俺答。则对使者言,为我谢太师。闻内地亟治边墙,墙犹堤也,以数千百里计,安能尺寸而固之,一溃皆溃,莫若缮城,城固我虏卒未易破也。不谷心德之。

又闻筑三城时,虏酋青把都与其姊太松,咸具牛酒享士。夫虏人以所尝试者,而授我以要领;以所深忌者,而乐为之劝事。前代城边者多矣,以诗书所称,不谷则未之闻。

猗欤休哉!筚篛蓝缕[18],以启兹城,实惟诸大夫将军拮据之力[19]。然非国威震叠[20],令夷狄革心,恐诸大夫将军,亦无所措手,不谷且有私忧焉。古之言曰:"怀德维宁,宗子维城。"盖言险不胜德也。今三城城矣,其将以边事归城耶?抑将因城以治内也。如城可恃,为漆为金,至今安在!又如天以堑之,美山河以固之,南北斗以形之,曾不救于败亡之数。惟是诸大夫将军,毋忘文德,洽此武功,则古人所称申伯良翰,李绩长城[21],不谷诚望之矣!

是役也,制府郑公洛[22],始终持议,克壮大猷[23];中丞萧公大亨[24],威怀茂彰,文武用命[24];兵宪刘公葵,夙夜经营,心力独劳,故将军麻公锦,与其子参将承勋,父子戮力,虏畏军怀;户部郎中赵公以康、韩公取善,先后给饷,鼓舞众心;其他效忠趋事,不尽纪,别具碑阴,铭曰:

> 北蔽上都,南引上谷。维石岩岩,而名曰独。内夏外夷,兹焉绾毂[25]。三城不备,其破若竹。以经以营,乃事版筑。阁阁登登,万堵斯兴[26]。一城二堡,为鼎为朋。龙门金阁,高厚并称。在《易》有言,设险守国。众心成城,天府四塞。大镇雄图,屏翰朔北[27]。所恃伊何,武功文德。毋曰来王,弛而不张。龙盾交帐,厹矛鸟章[28]。虎臣纠纠,小戎彭彭[29]。百具孔武,莫之敢侮。石乎千秋,城乎万古。敬告边臣,同心报主。

【作者简介】

张佳胤(1526—1588),字肖甫,号庐山,自号崾崃山人,重庆府铜梁县(今重庆铜梁)人。嘉靖二十九年(1550)进士,授滑县令,升任户部郎中。隆庆五年(1571),升右佥都御史,巡抚保定。万历七年(1579),巡抚京师宣府镇,升兵部右侍郎。十年春,兼右佥都御史,署浙江巡抚,因镇压浙江兵变之功,迁兵部左侍郎,旋加右副都御史,总督蓟、辽、保定军务,以功加太子少保、太子太保衔,升任兵部尚书。卒,赠少保,谥襄宪。工诗文,为"嘉靖五子"之一。有《崾崃集》等。

【注释】

[1]不啻:如同。锁钥:开锁的器件。喻指在军事上重要的地方。
[2]宣德:明宣宗朱瞻基年号,1426—1435年。
[3]草昧:犹创始。
[4]正统:明英宗朱祁镇年号,1436—1449年。

[5] 土木之变:正统十四年(1449)二月,蒙古族瓦剌部落首领也先遣使2 000余人贡马,向明朝政府邀赏,由于宦官王振不肯多给赏赐,并减去马价的五分之四,没能满足其要求,瓦剌开始制造衅端。这年七月,瓦剌分四路大举进犯明疆。七月十六日,英宗和王振率20余万大军从北京出发,一切军政事务皆由王振专断,随征的文武大臣不使参预军政事务,军内自相惊乱。八月一日,明军进到大同。也先为诱明军深入,主动北撤。王振看到瓦剌军北撤,继续北进,后闻前部惨败,遂惊慌撤退。至宣府,瓦剌大队追兵随之而来,明军3万骑兵被杀掠殆尽。十三日,狼狈逃到土木堡,瓦剌把明军团团围住,会战,明军全军覆没,王振被部下杀死。明英宗被瓦剌军俘虏。史称土木之变。

[6] 隆庆辛未:1571年。

[7] 款塞:叩塞门。谓外族前来示好。

[8] 稽颡:古代一种跪拜礼,屈膝下拜,以额触地,表示极度的虔诚。

[9] 嗾:音sǒu,教唆,指使。

[10] 不谷:古代王侯自谦词。

[11] 仡仡:音yì,高耸貌。

[12] 肇基:谓始创基业。

[13] 区脱:匈奴语。指管辖不到的地带。《汉书·苏武传》:"区脱捕得云中生口。"王先谦补注引曰:区脱犹俗之边际,匈奴与汉连界,各谓之区脱。

[14] 贰:指任兵部侍郎。

[15] 万历十年:1582年。

[16] 楔棹:音xiē zhào,门旁表宅树坊的木柱。

[17] 句侧有:"筑边墙不如修城堡,此不易之论也。"

[18] 筚路蓝缕:驾着简陋的车,穿着破烂的衣服去开辟山林。形容创业的艰苦。筚路:柴车。蓝缕:破衣服。

[19] 拮据:劳苦操作,辛劳操持。

[20] 震叠:使震惊,恐惧。

[21] 申伯:周宣王之元舅也。西周著名政治家、军事家,申国(今河南南阳市)开国君主。西周宣王(前827—前782)时,为遏制"南土"楚国势力的崛起,又能"封建亲戚以蕃屏国",周宣王改封其舅申伯于南阳,建立申国。申伯就国时,宣王为其举行了盛大的欢送仪式,大臣尹吉甫作《崧高》(后收入《诗经》)。申伯就国南阳后,改进石、陶生活用具,发展金属生产工具,扩大黄牛饲养,鼓励国人垦荒。同时调整防御思想,加强战车与水军建设,有效地阻止了楚国势力的北进,为南阳农业、手工业的发展奠定了基础,为"宣王中兴"作出了贡献。良翰:贤良的辅佐。李绩(594—669):原姓徐,名世绩,字懋功。后赐姓李,因避太宗名讳,去"世"字。曹州离狐(治所今山东菏泽牡丹区西北)人。隋末从瓦岗军起义,失败后降唐。太宗李世民即位后,任命他为并州总管。贞观三年(629),李绩与李靖分道击溃东突厥颉利可汗之众。次年,平定东突厥,从而安定了北方。兵还,任并州都督府长史。十一年,改封英国公。李绩在并州共十六年,李世民称:"朕委任李绩于并州,胜数千里长城耶!"李绩一生历事唐高祖、唐太宗、唐高宗三朝,出将入相,谦虚谨慎,能谋善断,灭东突厥、平薛延陀、征高丽,深得朝廷信任和重任。去世时,高宗李治悲痛欲绝,7天不上朝。下葬日,亲率百官送葬。

[22] 郑洛(1530—1600):字禹秀,号范溪,安肃遂城(今属河北徐水)人。少事寡母,以孝著名。嘉靖三十五年(1556)中进士,授登州府推官。后晋为御史,专主纠察。万历二年(1574),转任右佥都御史、兵部右侍郎。万历七年(1579),鞑靼酋长俺答率部骚扰边城,掠夺贡

市,民不聊生。郑洛命沿偏关经老牛湾至雁门500里防线修屯堡,建观敌台,故军望而生怯,不敢妄犯,后俺答降服。郑洛戍边有功,进为兵部尚书。万历十四年,诏为戎政尚书。后因诬而谢病归里。卒赠太保,谥襄敏。制府:明清两代的总督,均尊称为"制府"。

[23] 大猷:谓治国大道。

[24] 中丞:明清时称巡抚为"中丞"。萧大亨(1532—1612):谱名应文,字夏卿,号岳峰。山东肥城人。幼年家贫。嘉靖四十一年(1562)进士。初授山西榆次知县,以功擢户部主事。历户部陕西司郎中、河南按察司佥事、陕西按察司佥事、山西布政司右参议。于边陲之地抚民备兵,参与督师出边,打败南侵鞑靼军队。并把握时机,达成"款贡"之礼,促成贡市。万历八年(1580),任宁夏巡抚,翌年改任宣府巡抚,后加兵部右侍郎。十七年(1589),擢升右都御史,总督宣府、大同、山西三镇。次年,鞑靼发生"洮河之变"。力排众议,反对妄开边衅,召会鞑靼酋长,责其背德之罪,顺义谢罪请归,还所掠洮河人口。二十年(1592),宁夏将领勾结鞑靼反叛,为明军击破。因平叛有功,升任兵部尚书太子太保。后又任刑部尚书,兼理日本犯朝、倭寇南侵福建沿海、平息西南边陲兵端诸事。任兵、刑两部尚书13年。有《泰山小史》《醈檀集》等。

[25] 绾毂:控扼。指交通要冲之地。

[26] 阁阁登登:均为象声词。言热烈的劳动场面。堵:墙。

[27] 屏翰:屏障辅翼。

[28] 龙盾:画有龙的盾牌。交帐:指弓箭。帐:音chàng,弓袋。厹矛:有三棱锋刃的长矛。厹:音qiú。鸟章:鸟形图饰。将帅以下衣皆著。

[29] 纠纠:亦作"赳赳"。威武雄健貌。小戎:兵车的一种。《国语·齐语》:"十轨为里,故五十人为小戎,里有司帅之。"韦昭注:小戎,兵也。此有司之所乘,故曰小戎……古者戎车一乘,步卒七十二人,今齐五十人。

明·张佳胤

【提要】

本诗选自《明诗别裁集》(上海古籍出版社1979年版)。

函谷关是中国历史上建置最早的雄关要塞之一,地处"长安古道",紧靠黄河岸边。因关在谷中,深险如函,故称函谷关。这里曾是战马嘶鸣的古战场,素有"一夫当关,万夫莫开"之称。这里又是老子著《道德经》的地方。

自古函谷一战场。楚怀王举六国之师伐秦,秦依函谷天险,使六国军队"伏尸百万,流血漂橹"。秦始皇六年,楚、赵、卫等五国军队犯秦,"至函谷,皆败走";"刘邦守关拒项羽","安史之乱"时唐军与叛军的"桃林大战"也在这里上演;更有"紫气东来""老子过关""鸡鸣狗盗""公孙白马""唐玄宗改元"等传说与这座雄关紧紧相连。

正因为如此,张佳胤"登高远眺乡心起,关树重遮万岭西"。

楼上春云雉堞齐[1],秦川芳草自萋萋。

黄看雨后河流急,青入窗中华岳低[2]。

客久独凭三尺剑,时清何用一丸泥[3]。

登高远眺乡心起,关树重遮万岭西。

【注释】

[1]雉堞:城墙上掩护守城人的矮墙。亦泛指城墙。

[2]华岳:华山。在函谷关西。

[3]一丸泥:《东观汉记·隗嚣载记》:"元(王元)请以一丸泥为大王东封函谷关,此万世一时也。"谓函谷关地势险要,易于防守。后用于比喻以极少的力量,可以防守险要的关隘。《晋书·四夷传·吐谷浑》:"以一丸泥封东关,封燕赵之路,迎天子于西京,以尽退藩之节。"

豫 园 记

明·潘允端

【提要】

本文选自《园综》(同济大学出版社 2004 年版)。

豫园位于上海老城厢东北部,近黄浦江,是老城厢仅存的明代园林。

豫园园主潘允端,是明刑部尚书潘恩之子。嘉靖三十八年(1559),潘允端以举人应礼部会考落第,随后回家,在家宅世春堂西的菜畦上"稍稍聚石凿池,构亭艺竹",动工造园。嘉靖四十一年,潘允端出仕外地,园子营构停了下来:"垂二十年,屡作屡止,未有成绩。"万历五年(1577),他自四川布政司解职回乡,集中精力再度经营扩修此园,"每岁耕获,尽为营治之资",并聘请园艺名家张南阳担任设计并叠山。此后,园子越辟越大,池也越凿越广。万历末年竣工,总面积称 70 余亩,"时奉老亲觞咏其间,而园渐称胜区矣"。潘允端"匾曰'豫园',取愉悦老亲意也"。

豫园里布满亭台楼阁,曲径游廊相绕,奇峰异石兀立,池沼溪流与花树古木相掩映,规模恢宏,景色旖旎。玉华堂、乐寿堂、会景堂、凫佚亭、醉月楼、纯阳阁、玉茵阁、大假山、玲珑玉、挹秀亭、望江亭……大假山由明代江南叠石名家张南阳设计建造,高约 4 丈,用数千吨武康黄石堆砌。假山峰峦起伏,磴道纡曲,洞壑深邃,清泉若注。山上花木葱茏,山下环抱一泓池水。游人登临,宛若置身山岭之间。清末王韬曾描绘:"奇峰攒峙,重峦错叠,为西园胜观。其上绣以莹瓦,平坦如砥;左右磴道,行折盘旋曲赴,或石壁峭空,或石池下注,偶而洞口谽谺,偶而坡陀突兀,陟其巅,视及数里之外。循径而下又转一境,则垂柳千丝,平池十顷,横通略约,斜露亭台,取景清幽,恍似别有一天。于此觉城市而有山林之趣,尘障为之一空。"400 多年中,豫园景物时废时兴,而大假山仍保持旧观。大假山上有二亭,一在山麓，名"挹秀亭"，意为登此可挹园内秀丽景色；一在山巅，称"望江亭"，意为立此亭中"视黄浦吴淞皆在足下。而风帆云树，则远及于数十里之外"。昔重阳节时，游人来此登高望远，浦江帆樯，历历在目。

按照潘允端的记载，当时园中"高下纡回，为冈、为岭、为涧、为洞、为壑、为梁、为滩，不可悉记，各极其趣"。明代中后期，江南文人纷起而造园，上海附近私家园林不下千数，豫园"陆具岭涧洞壑之胜，水极岛滩梁渡之趣"，其景色、布局、规模的幽深曲折、小中见大特色足与苏州拙政园、太仓弇山园媲美，公认为"东南名园冠"。

由于潘恩在园刚建成时便亡故，这个园子实际成为潘允端自己退隐享乐之所。由于长期挥霍无度，加上造园耗资，潘允端在世时，便已靠卖田地、古董维持生计。他死后，园林日渐荒芜。明末以后，豫园先后易手，园址屡被分割。

国难时期，更难幸免。鸦片战争时，道光二十二年（1842）农历五月十一，英军从北门长驱直入，驻扎豫园和城隍庙，司令部设在湖心亭，豫园"风光如洗，泉石无色"。咸丰五年（1855），小刀会起义失败，清军驻扎豫园，香雪堂、点春堂、桂花厅、得月楼、花神阁、莲厅皆遭损毁。咸丰十年，太平军东征，清政府请洋枪队入城防守，豫园又作兵营，"西园石山，尽拆填池"，建造西式营房。

豫园新生在建国后。1956年开始，豫园陆续修缮，其中以1986年开始的修缮最为宏大。这年3月，上海市投资600余万元，聘请园林专家陈从周主持，分三期工程整修豫园。修缮后的豫园占地30多亩，初始规模大半恢复，园内亭台楼阁、假山水榭、古树名花，布局井井有致，景物疏密得当，规模颇似当年。

余舍之西偏，旧有蔬圃数畦。嘉靖己未[1]，下第春官[2]，稍稍聚石[3]、凿池、构亭、艺竹，垂二十年，屡作屡止，未有成绩。万历丁丑[4]，解蜀藩绶归，一意充拓[5]，地加辟者十五，池加凿者十七，每岁耕获，尽为营治之资，时奉老亲觞咏其间，而园渐称胜区矣。

园东面，架楼数椽，以隔尘市之嚣。中三楹为门，匾曰"豫园"[6]，取愉悦老亲意也。入门西行可数武[7]，复得门，曰"渐佳"。西可二十武，折而北，竖一小坊，曰"人境壶天"。过坊，得石梁穹窿跨水上。梁竟而高埠，中陷石刻四篆字，曰"寰中大快"。循埠东西行得堂，曰"玉华"，前临奇石，曰"玲珑玉"，盖石品之甲，相传为宣和漏洞[8]，因以名堂。堂后轩一楹，朱槛临流，时饵鱼其下，曰"鱼乐"。由轩而西，得廊，可十余武，折而北，有亭翼然覆水面，曰"涵碧"，阁道相属，行者忘其度水也。自亭折而西，廊可三十武，复得门，曰"履祥"，巨石夹峙若关。中藏广庭，纵数仞，衡倍之，甃以石，如砥；左右累奇石，隐起作岩峦坡谷状，名花珍木，参差在列；前距大池，限以石阑；有堂五楹，岿然临之，曰"乐寿堂"，颇擅丹腹雕镂之美。堂之左室，曰"充四斋"，由余之名若号而题之，以为弦韦之佩者也[9]。其右室，曰"五可斋"，则以往昔待罪淮漕时，苦于驰驱，有书请于老亲曰："不肖自维：有亲可事，有子可教，有田可耕，何恋恋鸡肋为？"比丁丑岁首，梦神人赐玉章一方，上书："有山可樵，有泽可渔"，而是月即有解官之命，故合而揭斋焉[10]。嗟嗟！乐寿堂之构，本以娱奉老亲，而竟以力薄愆期[11]，老亲不及一视其成，实终天恨也。

池心有岛横峙,有亭曰"凫佚"。岛之阳,峰峦错叠,竹树蔽亏[12],则南山也。由五可而西,南面为介阁,东面为醉月楼,其下修廊曲折,可百余武。自南而西转而北,有楼三楹,曰"征阳",下为书室,左右图书,可静修;前累武康石为山,峻嶒秀润,颇惬观赏[13]。登楼西行为阁道,属之层楼,曰"纯阳阁",阁最上奉吕仙[14],以余揽揆[15],偶同仙降,故老亲命以"征阳"为小字;中层则祁阳土神之祠,盖老亲守祁州时[16],梦神手二桂,携二童至,曰:"上帝以因大夫惠泽覃流[17],以此为而子",已而诞余兄弟,老亲尝命余兄弟祀之,语具《祠记》中。由阁而下,为留春窝,其南为葡萄架。循架而西,度短桥入经竹皋,有梅百株,俯以蔽阁,曰"玉茵"。玉茵而东,为关侯祠。

出祠东行,高下纡回,为冈、为岭、为涧、为洞、为壑、为梁、为滩,不可悉记,各极其趣。山半为山神祠,祠东有亭,北向,曰"挹秀"。挹秀在群峰之坳,下临大池,与乐寿堂相望,山行至此,藉以偃息。

由亭而东,得大石洞,窅窱深靓[18],几与张公、善卷相衡[19]。由洞仰出,为大士庵,东偏禅堂五楹,高僧至此,可以顿锡[20]。出庵门,奇峰矗立,若登虬,若戏马,阁云碍月,盖南山最高处,下视溪山亭馆,若御风骑气而俯瞰尘寰[21],真异境也。自山径东北下,过留影亭,盘旋乱石间,转而北,得堂三楹,曰"会景堂",左通雪窝,右缀水轩。出会景,度曲梁,修可四十步,梁竟,即向之所谓广庭,而乐寿以南之胜,尽于此矣。

乐寿堂之西,构祠三楹,奉高祖而下神主,以便奠享。堂后凿方塘。栽菡萏,周以垣,垣后修竹万挺。竹外长渠,东西咸达于前池,舟可绕而泛也。乐寿堂之东,别为堂三楹,曰"容与",琴书鼎彝,杂陈其间。内有楼五楹,曰"颐晚楼",楼旁庵湢咸备,则余栖息所矣。容与堂东,为室一区,居季子云献,便其定省[22],其堂曰"爱日",志养也。大抵是园不敢自谓辋川、平泉之比,而卉石之适观,堂室之便体,舟楫之沿泛,亦足以送流景而乐余年矣。第经营数稔[23],家业为虚,余虽嗜好成癖,无所于悔,实可为士人殷鉴者[24]。若余子孙,惟永戒前车之辙,无培一土、植一禾,则善矣。

【作者简介】

潘允端(1526—1601),字充庵,上海人。明嘉靖四十一年(1562)进士,曾任刑部主事、四川右布政使等职。万历五年(1577)解职回乡,在宅西营豫园。生平擅诗文、通园艺、爱好戏曲、收藏古玩。现存其61岁后写的《玉华堂兴居记》中,记有收购古书、文物事,且有价格。

【注释】

[1]嘉靖己未:嘉靖三十八年,1559 年。

[2]下第:科举时代指殿试或乡试没考中。春官:礼部。唐睿宗光宅年间,曾改礼部为春官,后春官遂成为礼部的别称。其组织的举子考试称"春闱"。

[3]稍稍:渐渐。

[4]万历丁丑:1577 年。

[5]充拓:扩充开拓。

[6] 豫:欢喜,快乐;安闲,舒适。

[7] 武:半步,泛指脚步。

[8] 宣和漏洞:北宋徽宗宣和年间,朝廷大兴花石纲,童贯、蔡京等遍搜天下奇石以营艮岳,此石居然漏网,故称。言其石之奇。

[9] 弦韦:《韩非子·观行》:西门豹之性急,故佩韦以自缓;董安于之心缓,故佩玄以自急。后因以为喻缓急。后又借"弦韦"为自警的事物。

[10] 揭:标示。

[11] 愆期:失约,误期。

[12] 蔽亏:谓因遮蔽而半隐半现。

[13] 武康石:又名花石,主要产于浙江湖州德清武康东郊的丘陵山地。质地坚硬,颜色深赭,表面有许多细小的蜂窝眼,状似朽木,古朴秀丽,千姿百态。崚嶒:音 líng céng,高耸突兀。

[14] 吕仙:即吕洞宾,号纯阳子。唐末道士,后为道教八仙之一。

[15] 揽揆:生日的代称。揽,通"览"。《离骚》:皇览揆余于初度兮,肇锡余以嘉名。

[16] 祁州:今为河北安国市。

[17] 惠泽:恩泽。覃流:深广流布。覃:音 tán,深广,延及。

[18] 窅窱:音 yǎo tiǎo,幽深貌,曲折貌。亦作"窅窕"。

[19] 张公:洞名,在今江苏宜兴。又名庚桑洞,为石灰岩溶洞。有大小洞穴 72 个,各洞温度不同。相传汉张道陵曾在此修道,唐张果老在此隐居,故称张公洞。善卷:洞名。亦在宜兴。相传远古时期,有位善卷先生避虞舜禅让,在此隐居,故名。此洞分上下三层,洞洞相通,宛如一座地下宫殿。

[20] 顿锡:谓僧人住止。锡,锡杖。

[21] 御风骑气:谓乘风、骑跨云气飞行,飘飘欲仙。

[22] 定省:谓探望问候父母亲长。《礼记》:"凡为人子之礼,冬温而夏清,昏定而晨省。"郑玄注:"定,安其床衽也;省,问其安否何如。"后因称子女早晚向亲长问安为"定省"。

[23] 稔:音 rěn,年。古代谷一熟为一年。

[24] 殷鉴:泛指可作为后人鉴戒之事。殷商纣王肉林酒池,穷奢极欲,终致亡国。

游金陵诸园记(节选)

明·王世贞

【提要】

本文选自《古今图书集成》考工典卷一一七(中华书局　巴蜀书社 1986 年版),参校《园综》。

金陵(今南京)在明朝地位重要,但园林营造却在百余年的时间内不甚兴盛,这是因为朱元璋持"台榭、苑囿之作,劳民费财以事游观之乐,朕决不为之"(《明太祖宝训》卷四)的态度。王世贞写的这篇《游金陵诸园记》中所记录的东园、西园、南园、魏公西圃、四锦衣东园、万竹园、三锦衣家园、金盘李园、徐九宅园、莫愁湖园等大都为明开国功臣徐达后裔所有,总计36处园子反映的就是明朝早期南京造园大致情形。

东园又称太傅园、中山园、东花园等。明《正德江宁县志》载:"徐太傅园,在县正东新坊北。太傅讳达,开国元勋,赠中山王,谥武宁。永乐年间,仁孝圣后赐其家为蔬圃。正德三年(1508),东园公子天赐,遂拓其西偏为堂,曰心远。又购四方奇石于堂后,叠山凿渠,引水间山曲中。乃建亭阁,环杂山上,下通以竹径。其幽邃,为金陵池馆胜处。"

徐天赐是成化年间魏国公徐俌(徐达五世孙)所钟爱的次子(官锦衣卫指挥)。天赐在其家蔬圃内大兴土木,构成东园。继而传给他的第六子徐缵勋(官锦衣卫指挥),故正德以后东园又称徐锦衣东园。徐天赐在正德年间构筑的东园,到万历时仍风采奕奕。

再说魏公西圃。初为徐达的国公府花园,也是明清以来,在南京所建的最著名的园林。因在魏国公府第之西,习称"西园",后为区别于当时亦称西园的凤台园,又称"魏公西圃"。明初,朱元璋因念功臣徐达"未有宁居",特给中山王徐达建了这处府邸花园,清代乾隆南巡时,题书"瞻园"二字,故现今习称瞻园。1853年太平天国定都南京后,先后为东王杨秀清和夏官副丞相赖汉英的王府花园。

江南四大名园之一的瞻园是南京现存历史最久的一座园林,已逾600高龄。园子约两万平米,共有大小景点二十余处,布局典雅精致,有宏伟壮观的明清古建筑群,陡峭峻拔的假山,闻名遐迩的北宋太湖石,清幽素雅的楼榭亭台,勾勒出一幅深院回廊、奇峰叠嶂、小桥流水、四季花香的美丽画卷,犹如南京繁闹都市中的一处世外桃源。瞻园底蕴深厚,堪称"百年古碑,天下第一"的虎字碑,世界上最早的空调建筑——铜亭。

西园,宋朝名凤台园,明中叶半入徐达后裔魏国公徐傅别业,称"魏公西园"。该园的水石极一时之胜,如"六朝松石"。园中有凤游堂、心远堂、来鹤亭、海鸥亭、芙蓉沼、小沧浪凤凰泉、茶轩、桃花坞等。至清中叶,"松枯死,而石于乾隆年间为有势者取去"。咸丰兵乱后,此园"榛芜蔽塞、瓦砾纵横,兵燹以来,杳无人迹"(邓嘉缉《愚园记》)。清同治十三年(1874),胡恩燮辞官归里购得此园。经两年构筑,更名愚园。园子面积约2公顷,古木丛篁,莲池亭榭,园景清雅而幽邃。全园由住宅与园林两部分组成。园林部分可分为南部的外园、中部的内园两部分;北部的住宅区错落分布为二进二路,并辟有幽房小院。内园以假山为中心,外园以愚湖为中心,景点多依水而筑,西部的山岗是全园制高点,贯穿于全园的植物造景构成园内景观的主体内容。园子成后,胡恩燮尤喜在园中招待四方名人,一时间李鸿章、张之洞等都成其座上宾。

明魏公南园位于今南京赐第(瞻园路)对街。园主徐维志袭魏国公。园坐南朝北,有堂五楹,极为宏达。前面建有月台,缀有峰石杂卉之属。右堂四周围廊,廊后一楼,朱甍画栋,绮疏雕题。下俯一池,三面皆为叠石,池中红鲤长达二尺。顺假山左侧逶迤而下,馆榭亭台阁宇,奇石怪树,绣错牙互。峰峦百叠,状如狻猊(狮子)攫饮,变化万端。

明四锦衣东园在大功坊东端。园主徐继勋,嫌西园太远,不能常至,又筑园于宅第左地,以便经常游玩,十年园成。入园门,为厅堂。月榭南北排列,甚华丽。向西见广庭廊落,榭前群峰中一峰,嵌空玲珑,莫可名状,传为古吴郡之物。北为高楼,启窗南看,报恩寺塔当窗耸立,楼北华轩三楹,峰峦环列,不胜窈窕。有石洞三曲,幽深冥远不可窥测,即使白天也需点灯引路。山周广不过五十丈,行走距离近一里,"维摩丈室,容大世界,不妄也。"

此外还有金盘李园、莫愁湖园、同春园、徐九宅园、武定侯园、杞园、市隐园……不一而足。王世贞的《游金陵诸园记》为我们保存了珍贵的明代园林资料,其对所见园林的批评同样弥足珍贵。

李文叔记洛阳名园十有九[1],洛阳虽称故都,然当五季兵燹之后,生聚未尽复[2]。而所置官司,自留守一二要势外,往往为倦宦之所寄秩[3],其居第亦多寓公之所托息[4],顾能以其完力置为园池,皆极瑰丽宏博之观。金陵自高皇定鼎二百年来[5],江山之雄秀,人物之妍雅[6],岂弱宋故都可同日语?而园池不尽称于通人[7],何也?予以召,陪留枢[8]。职务稀简[9],得侍诸公燕游于栖霞、献花、燕矶、灵谷之胜,约略尽之。既而染指名园,若中山王诸邸,所见大小十余,若最大而雄爽者[10],有六锦衣之东园;清远者,有四锦衣之西园;次大而奇瑰者,则四锦衣之丽宅东园;华整者,魏公之丽宅西园;次小而靓美者,魏公之南园、与三锦衣之北园,度必远胜洛中。盖洛中有水、有竹、有花、有桧柏而无石,文叔《记》中,不称有叠石为峰岭者,可推也。洛中之园,久已消灭,无可踪迹,独幸有文叔之《记》以永人目,而金陵诸园,尚未有记者。

予幸得游,安可以无记?自中山诸邸之外,独同春园可称附庸,而武定竹园,在万竹园上,因并志之。

【作者简介】

王世贞(1526—1590),字元美,号凤洲,又号弇州山人,明朝太仓(今江苏太仓)人,文学家、史学家。中进士后,授刑部主事,屡迁员外郎、郎中,又为青州兵备副使。迁浙江右参政、山西按察使,又历广西右布政使,入为太仆寺卿。万历二年(1574)以右副都御史抚治郧阳,数奏陈屯田、戍守、兵食事宜。因忤张居正罢官。屡起屡罢,久之,起为南京兵部右侍郎,擢南京刑部尚书,以疾辞归。"后七子"领袖之一。有《弇州山人四部稿》《弇山堂别集》《艺苑卮言》《史乘考误》等。

【注释】

[1] 李文叔:即李格非,有《洛阳名园记》。本书宋辽金元卷录选部分文字。

[2] 生聚:人口增加,积累。

[3] 倦宦:指身心疲惫的官员。寄秩:谓替官员寻的拿俸禄的衙门。

[4] 寓公:谓寓居外地的官员、士大夫。托息:谓栖止、居留之所。

[5] 高皇:指明朝开国皇帝朱元璋。定鼎:定国都。传说夏禹收九州之金,铸为九鼎,作为传国之器。国都即鼎之所在,故称。二百年:明定都南京为1368年,王任南京兵部侍郎为1588年,其时明朝已历二百余年。

[6] 妍雅:美丽高雅。

[7] 通人:学识渊博、贯通古今之人。

[8] 留枢:谓南京。明移都北京后,南京成为陪都。

[9] 稀简:稀少简略。谓清闲无事。

[10] 雄爽:雄健高爽。

东　园

东园者,一曰:太傅园,高皇帝所赐也。地近聚宝门。故魏国庄靖公备爱其少子锦衣指挥天赐,悉橐而授之[1]。时庄靖之孙鹏举甫袭爵而弱,天赐从假兹园,盛为之料理,其壮丽遂为诸园甲。锦衣自署号曰"东园",志不归也。竟以授其子指挥缵勋。

初入门,杂植榆、柳,余皆麦垅,芜不治。逾二百武[2],复入一门,转而右,华堂三楹,颇轩敞,而不甚高,榜曰[3]"心远"。前为月台数峰,古树冠之。堂后枕小池,与小蓬莱山对,山址潋滟,没于池中,有峰峦洞壑亭榭之属,具体而微。两柏异干合杪[4],下可出入,曰"柏门"。竹树峭蒨[5]。从左方窦而进,堂五楹,榜曰"一鉴",前枕大池,中三楹,可布十席;余两楹以憩从者。出左楹,则丹桥迤逦,凡五六折,上皆平整,于小饮宜。桥尽有亭翼然,甚整洁,宛宛水中央[6],正与一鉴堂面。其背,一水之外,皆平畴老树[7],树尽而万雉层出[8]。水尽,得石砌危楼[9],缥缈翠飞云霄[10],盖缵勋所新构也。画船载酒,由左溪达于横塘,则穷园之衡[11],袤几半里,时时得佳木。长辈云:武庙南幸[12],尝于此设钓,乐之,移日不返,即此亭也。

【注释】

[1] 橐:悉,全部。

[2] 武:步。

[3] 榜:题名。

[4] 杪:树梢。

[5] 峭蒨:鲜明貌。

[6] 宛宛:真切可见貌。

[7] 平畴:平坦的田野。

[8] 雉:矮墙。

[9] 危:高。

[10] 翠飞:《诗经·斯干》:如鸟斯革,如翠斯飞。朱熹集传:"其栋宇峻起,如鸟之警而革也;其檐阿华采而轩翔,如翚之飞而矫其翼也,盖其堂之美如此。"谓其檐如鸟振翅欲飞。

[11] 衡:横,与后文"袤"相对。

[12] 武庙:明武宗朱厚照(1491—1521)。一生荒淫无度,不喜呆在宫中,置豹房、宣室淫乱,数次南巡。最后一次南巡途中,因学渔人撒网,失足落入水中,并因此患病,不久死去。

西　园

西园者,一曰"凤台园",盖隔弄有凤凰台,故以名。亦徐锦衣天赐所葺,今以分授二子,析而为二,当别称西园矣。

　　园在郡城南,稍西,去聚宝门二里而近[1]。折径以入,凡三门,始为凤游堂,堂差小于东之心远堂,广庭倍之。前为月台,有奇峰古树之属,右方栝子松[2],高可三丈,径十之一,相传宋仁宗手植以赐陶道士者,且四百年矣,婆娑掩映可爱。下覆二古石,一曰"紫烟",最高垂三仞,色苍白,乔太宰识为平泉甲品[3],一曰"鸡冠",宋梅挚与诸贤刻诗[4],当其时已赏贵之,有建康留守马光祖铭[5]。堂之背,修竹数千挺,来鹤亭踞之。从凤游堂而左,有林数屏,为天桃、丛桂、海棠、李、杏,数十百株。又左曰"挈秀阁[6]",特为整丽。阁前一古榆,其大合抱,不甚高,而垂枝下饮芙蓉沼,有潜虬渴猊之状[7]。沼广袤十许丈,水清莹可鉴毛发。沼之阳,垒洞庭、宣州、锦川、武康杂石为山[8],峰峦、洞穴、亭馆之属,小于东园,而高过之。其右侧"小沧浪",大可十余亩,匝以垂杨,衣以藻苹,儵鱼跳波[9],天鸡弄风,皆佳境也。南岸为台,可望远,高树罗植,畏景不来[10]。北岸皆修竹,蜿蜒起伏;奇卉名果,错杂繁茂。

【注释】

[1]聚宝门:即今天南京的中华门。明朝都城的正南门。洪武二年(1369)始在建康府城南门的基础上,历数年扩建而成。门东西宽118.5米,南北长128米,占地面积15 000余平方米。共设3道瓮城,由4道券门贯通,首道城门高21.45米。

各门均有可以上下启动的千斤闸和双扇木门,现在仅存闸槽和门位遗迹。瓮城上下设有藏兵洞13个,左右马道下设藏兵洞14个,可在战时贮备军需物资、埋伏士兵,据测算可容纳3 000士兵。

城门瓮城东西两侧筑有宽11.5米、长86.1米的马道,马道陡峻壮阔,是战时运送军需物资登城的快速通道,将领亦可策马直登城头。不仅如此,遇有敌人强攻时,可将敌兵放进城门,然后关起各道城门,把敌军截为3段,分而歼之,犹如"瓮中捉鳖"。

城门南面有雨花台作为天然屏障,门前后有两支秦淮河水横贯东西,前临长干桥,后倚镇淮桥,地势险要,为城南交通咽喉所在。

城门的兴建前后历时21年,采用巨型条石、大砖与糯米汁、石灰、桐油拌合后砌成。砌城墙所用城砖,每块长约40~50厘米、宽20厘米左右、厚10厘米上下,每块重15~20公斤,烧制难度颇大。城砖的制作由南京工部、京师驻军及长江中下游的湖南、湖北、江西、安徽、江苏5省共125个县承担,烧成后由水路运送到南京。为了保证城砖的质量,采取了严密的检验制度,每块砖上都在侧面印有制砖工匠和监造官员的姓名,一旦发现不合格制品,立即追究责任。因此,城门历经6个世纪的风风雨雨,仍然完好如初。

聚宝门(中华门)建筑宏伟,结构复杂,设计巧妙,是我国古代防御性建筑的杰出代表作品,在世界城垣建筑史上占有重要地位。

[2]栝子松:即栝松。松叶三针,今所谓华山松。

[3]乔太宰:即乔宇(1457—1524),字希大,号白岩,乐平(今山西昔阳)人。号白岩山人,成化(1465—1487)间进士,授礼部主事,官至兵部尚书,参赞机务。因平息宁王朱宸濠谋反有功,加太子太保、少保。世宗即位,召为吏部尚书(明清时一般称吏部尚书为太宰)。后因力谏,忤帝意,被夺官。隆庆初复官,赠少傅,谥庄简。善诗文,通篆籀,有《乔庄简公集》《游嵩集》等。

[4]梅挚(994—1059):字公仪,北宋成都府新繁县人,宋仁宗天圣五年(1027)进士,历官

大理评事,殿中侍御史,江宁府、河中府知府等。梅挚为官 30 余年,清正廉洁,政绩卓著。《宋史·梅挚传》评论他:"性淳静,不为矫厉之行,政绩如其为人。平居未尝问生业,喜为诗,多警句。有奏议四十余篇。"

[5] 马光祖(1200—1273):字华父,号裕斋,南宋婺州金华(今浙江金华)人。先后出任蓝田上元知县,苏州通判,陕西都转运使,昭州、滑州、杭州知州;以宝章阁、焕章阁、资政殿、观文殿学士,沿江制置使、江东安抚使、行宫留守等身份,三次兼任建康知府,累计任期 12 年。在建康,他一方面加强防守,以固边境;一边减除租税,宽养民力;还兴废起坏,知无不为,其中包括疏浚城壕、青溪,修建长干、武定、镇淮、饮虹等十几处桥梁并亲自书榜桥名,修复包括赏心亭、折柳亭、白鹭亭、新亭、通江馆、横江馆、东南佳丽楼等一批著名历史建筑,同时在青溪旁建堂馆亭榭三十余处,使九曲青溪成为游览胜地。史书载,1259 年春,朝廷调马光祖任江陵知府,建康"民众思之不已,理宗闻,令再知建康府",消息一出,建康民众"士女相庆"。

[6] 挈:音 qiè,领、带。

[7] 猊:音 ní,狮子。

[8] 宣州:今安徽宣城。锦川:今属辽宁。产美石,称锦州石、松皮石。石属沉积岩,细长如笋,上有层层纹理和斑点,纳五彩于一石之上;更有一种纯绿者,纹理如松树皮,古朴苍劲。多数低于一丈,以高丈余、宽超一尺者为珍贵。武康:在今浙江湖州德清县。武康石质地极为坚硬,颜色深赭,表皮有很多细小的蜂窝眼,状似朽木,古朴秀丽,千姿百态,为修造园林的佳品。用于园林叠山的武康石习称"武康黄石",纹理不清,块状形态不规则,著者如豫园大假山等。

[9] 鯈鱼:小鱼。鯈:chóu,小白鱼。

[10] 畏景:夏天的太阳。

南 园

魏公南园者,当赐第之对街,稍西南,其纵颇薄,而衡甚长[1]。入门,朱其栏楯,以杂卉实之。右循得二门,而堂,凡五楹,颇壮。前为坐月台,有峰石杂卉之属。复右循得一门,更数十武,堂凡三楹,四周皆廊,廊后一楼,皆高靓瑰丽,朱甍画栋,绮疏雕题相接也[2]。堂之阳,为广除,前汇一池,三方皆垒石,中蓄朱鱼百许头,有长至二尺者。拊栏而食之,悉聚若缋锦[3]。从左逶迤而下,甲馆、修亭、复阁、累榭[4],与奇石怪树,绣错牙互[5]。左折而下,新治一轩,其丽殊甚,而枕水,西、南二方,峰峦百叠,如虬攫猊饮[6],得新月助之,顷刻变幻,势态殊绝。

【注释】

[1] 衡:见前《东园》注[11]。

[2] 绮疏:指雕刻成空心花纹的窗户。

[3] 缋锦:色彩艳丽的织锦。缋:音 huì,亦作"绘"。

[4] 甲馆:上等宅第。

[5] 绣错:色彩错杂如绣。牙互:谓如牙齿般咬合在一起。

[6] 攫:音 jué,抓。

金 盘 李 园

徐氏两西园之外,复有称西园者一,曰"金盘李园",去石城门可一里而近[1],门俯大街,有堂三楹,后为台。循台而东北转,可三十武,椰榆夹之,高杨错植,绿阴可爱。复有堂三楹,其南为台,堂之阴,叠石为山,其址皆凿小沟,宛曲环绕,可以流觞,而不知水所从出。山麓为亭,亭下为洞,倚墙而窦[2],竹扉蔽之,墙后复有山,山之中有池,当是流觞之水之委也[3]。左右老栝八株,大者合抱,偃蹇婆娑,生意道尽。垣外竹万个,杂高榆数十,与落照相鲜新。东北高阜,亭其上,曰"碧云深处",可以东眺朝天宫,北望清凉、瓦官浮图[4],乌龙之灵应观[5],亦佳处也。大约魏氏诸园,此最宽广,而不为伦列,得洛中遗意。

【注释】

[1]石城门:南京的汉中门广场位于明代石城门瓮城处,地近楚金陵邑城、六朝石头城。史载:公元前333年,楚威王熊商灭越之后,视此山川形势不凡,有"王者都邑之气",便铸造一对金人分别埋藏于钟山和幕府山下,以镇"山川灵异"。楚威王还看中临江陡峭的石头山(今清凉山),于是,在山上修筑城寨,取名金陵邑。211年,孙权自京口(今镇江)徙治秣陵(今南京)。第二年,下令在楚金陵邑的基础上加建石头城。筑城长7里100步,南开二门,北开一门,最南端之门名曰"石城门"。1366年,明太祖朱元璋扩建金陵城,在此基础上加筑瓮城,并沿袭东吴时故名,仍称"石城门"。1931年,民国政府在此北侧正对汉中路另辟一门,称"汉中门"。

[2]窦:孔,洞。

[3]委:末,尾。

[4]清凉寺:建在南京城西长江边的清凉山(又称石头山、石首山)上,始建于唐代中和四年(884),是汉传佛教禅宗中法眼宗的发源地,相传为文殊菩萨道场。明洪武35年(1402),明成祖朱棣重修,并题额"清凉禅寺",法眼宗也在明代至鼎盛。太平天国时,清凉寺遭毁坏。恢复重建前,仅存殿堂一座、瓦房5间,且年久失修。瓦官:即瓦官寺,位于南京凤凰台。东晋兴宁二年(364),因僧人慧力的奏请,诏令施舍陶官之旧地以建寺,掘地得古瓦棺,因称瓦官寺。至明初,寺基废灭,一半成为徐魏公之私园,一半则成骁骑之卫仓。嘉靖年间,在徐公园傍建积庆庵,称为古瓦官寺,然已非旧址。万历十九年(1591),僧圆梓等募资在凤凰台之右建丛桂庵,并赎台地,据崇冈、临江面而大兴殿宇,号为上瓦官寺,改积庆庵为下瓦官寺。浮屠:佛塔。

[5]灵应观:位于清凉山乌龙潭南。现已不存。

魏公西圃瞻园

魏国第中西圃,盖出中门之外,西穿二门,复得南向一门而入,有堂翼然,又复为堂,堂后复为门,而圃见。右折而上,逶迤曲折,叠磴危峦,古木奇卉,使人足无余力,而目恒有余观。当赐第初,皆织室马厩[1],日久不治,悉为瓦砾场。太保公除去之,征石于洞庭、武康、玉山[2],征材于蜀,征卉木于吴会,而后有此观。后一堂,极宏丽,前叠石为山,高可以俯群岭。顶有亭,尤丽,所植梅、桃、海棠之类甚多,闻春时烂熳,若百丈宫锦幄也[3]。

【注释】

[1]织室:织女织作处。

[2]洞庭:太湖洞庭山,产太湖石。有水、旱两种,"瘦、皱、漏、透"是其主要特点,颜色多为灰色,少见白、黑色。玉山:玉山石产于江西上饶玉山县。《云林石谱》:信州玉山县地名宾贤乡。石出溪涧中,色清润,扣之有声,采而为砚,颇锉墨。比来裁制新样,如莲杏叶,颇适人意。

[3]百丈宫:勾践被夫差释放回国后,一献美女西施、郑旦,再献名树神木,以供吴王馆娃,吴王相继建起梳妆台、玩花池、西施洞、划船坞、馆娃宫,扩建姑苏台。其台高数百丈,广近百丈,其上宫宇连绵,尽览方园数十里内湖光山色、田园风光。诗有:"晨曦初见越溪女,暮锁吴王百丈宫。"

锦 衣 东 园

尽大功坊之东[1],为四锦衣东园。入门折而东南向,有堂甚丽,前为月榭。堂后一室,垂朱帘,左右小庭、耳室翼之[2]。折而西,得一门,则广庭廓落[3],前亦有月榭,以安群峰,中一峰高可比"到公石"[4],而嵌空玲珑,莫可名状,云故吴郡物也。北有危楼,凡二十余级而登。前眺报恩寺塔当窗而耸,得日而金光漾目,大司寇陆公绝叫以为奇[5]。北有华轩三楹,北向以承诸山。蹑石级而上,登顿委伏,纡余窈窕,上若蹑空,而下若沉渊者,不知其几。

亭轩以十数,皆整丽明洁,向背得所,桥梁称之。朱栏画楯,在在不乏[6]。所尤惊绝者,石洞凡三转,窈冥沉深,不可窥测,虽盛昼亦张两角灯导之,乃成步,鳞处煌煌,仅若明星数点。吾游真山洞多矣,未有大逾胜之者。水洞则清流泠泠[7],旁穿绕一亭,莹澈见底。朱鳞数百头,以饼饵投之,骈聚跃唼[8],波光溶溶,若冶金之露芒颖。兹山周幅不过五十丈[9],而举足殆里许,乃知维摩丈室容千世界,不妄也。

【注释】

[1]大功坊:位于今南京南城的瞻园路。

[2]耳室:正屋两边的小室。

[3]廓落:空阔貌。

[4]到公石:指南朝梁到溉家的奇石。《南史·到溉传》:溉第居近淮水,斋前山池有奇礓石,长一丈六尺,帝戏与赌之,并《礼记》一部,溉并输焉……石即迎置华林园宴殿前。移石之日,都下倾城纵观,所谓"到公石"也。

[5]大司寇陆公:疑为"大司马陆公"。陆公即陆宪,字全卿,长洲(今江苏苏州)人,正德(1506—1521)间,为兵部尚书,吏部尚书。朱宸濠反,就执,因功减死。卒于福建靖海卫。富于古书、字画收藏。工书。王世贞《国朝名贤遗墨》有其手迹。

[6]在在:到处。

[7]泠泠:音 líng líng,谓清凉。

[8]唼:音 shà,水鸟或鱼吃食。

[9]周幅:周长。

莫 愁 湖 园

莫愁湖园,亦徐九别业也。

出三山门,不数百步而近,其景为最胜,盖其阴即莫愁湖。衡不能半里,而纵十之,隔岸坡陀隐隐[1],不甚高而迤逦有致。登楼纵月无所碍,每夕日将堕,山水映幕,宛若李将军《金碧图》[2]。

【注释】

[1]坡陀:台阶。

[2]李将军:即李思训(651—716,一作653—718)唐代书画家。字建睍,一作建景,陇西成纪(今甘肃天水市)人。唐宗室。唐高祖从弟长平王李叔良孙。唐高宗(650—683)时为江都令,唐玄宗开元(713—741)初年,官至左武卫大将军,任左羽林大将,晋封彭国公,因玄宗时官至右武卫大将军,画史上称他为"大李将军"。擅画青绿山水,受展子虔的影响,笔力遒劲。传其作品有台北故宫博物院藏的《江帆楼阁图》轴,画游人在江边活动,以细笔勾勒山石轮廓,赋重青绿色,富于装饰性。此画虽今被认定为宋人手笔,但可以反映他的画风。明代和董其昌等人提出绘画上的南北宗论,则将他列为"北宗"之祖。

宝 山 堡 记

明·王世贞

【提要】

本文选自《康熙嘉定县志》卷二二(上海书店据康熙十二年刻本影印)。

宝山堡,在今上海高桥镇一带。朱元璋建都南京后,长江口成为捍卫京都的第一道屏障。洪武年间,这里建起了清浦旱寨,有四百名驻军。永乐元年(1403),因率水军降迎燕王朱棣有功的陈瑄被封为平江伯,任总兵官,总督海运。《明史》载:"永乐元年,命瑄充总兵官,总督海运,输粟四十九万余石,饷北京及辽东……"而水道咽喉的长江口,水道复杂,暗沙阻隔,且历来无航海标记,严重影响水运效率。

为海运的安全和效率,陈瑄上言:"嘉定濒海地,江流冲会。海舟停泊于此,无高山大陵可依。请于青浦筑土山,方百丈,高三十余丈,立堠表识。"永乐皇帝迅即责其择址建造航海标志。永乐十年(1412),陈瑄率士卒,日夜开工,用不到十天的时间,在今天的浦东高桥东北十五里外的海滨累土成山。土山百丈见方,高三十余丈,山上筑墩(烽火台),昼则举烟,夜则明火。土山的位置正好又与老百姓所见的海市蜃楼中的"宝山山影"相符。于是大家就叫这座人工堆就的土山为"宝山",宝山成为长江口的重要航海标志。

烽墩建成,永乐皇帝亲自撰文并勒石。《明成祖御制宝山碑记》曰:

> 嘉定濒海之墟,当江流之会,外即沧溟,浩渺无际。凡海舶往来,最为冲要。然无大山高屿,以为之表识。遇昼晴风静,舟徐而入,则安坐无虞;若或暮夜,烟云晦冥,长风巨浪,帆樯迅疾,倏忽千里。舟师弗戒,瞬息差失,触坚胶浅,遄取颠踬,朕恒虑之。今年春,乃命海运将士,相地之宜,筑土山焉,以为往来之望。其址东西各广百丈,南北如之,高三十余丈。上建烽墩。昼则举烟,夜则明火,海洋空阔,遥见千里。于是咸乐其便,不旬日而成。周围树以嘉木,间以花竹,蔚然奇观。先是未筑山之前,居民恒见其地有山影,及是筑成,适在其处,如民之所见者。众曰:是盖有神明以相之,故其兆先见,皆称之曰宝山。因民之言,仍其名而不易,遂刻石以志之。并系以诗曰:沧溟巨浸渺无垠,混合天地相吐吞。洪涛驾山岌並奔,巨灵赑屃声嘘喷。挥霍变化朝为昏,骇神褫魄目黯窀。苍黄拊髀孰为援,乃起兹山当海门。孤高靓秀犹昆仑,千里示表郁烽炖。永令迅济无忧烦,宝山之名万古存,勒铭悠久同乾坤。

后在清浦镇东桥北堍建御碑亭(永乐御碑今存浦东高桥中学校园)。永乐皇帝依照百姓的称呼,命名此山为"宝山"。这是有史以来第一次有宝山的称呼。

"宝山"建成后,又在山上广种花草竹木。后又在山上建龙王庙、观音殿、宝塔等。每当晨昏,日出日落云蒸雾绕。进香时日,游人如织。"宝山"成了一个颇有名气的景点。

永乐十三年(1426),会通河、清江浦相继凿通,运河南北通航;而东南沿海倭寇日渐猖獗,朝廷决定停止海运,以运河为漕运主体。于是"宝山"的航运作用渐失。明嘉靖三十四年(1556),"宝山"建成143年时,倭寇曾占山为巢。朝廷调兵进剿,久攻不克。

万历四年(1576),朝廷派兵备右参政王叔杲在"宝山"西麓筑城,作为军事要塞。经两年修筑,一座周长四百九十五丈、高二丈六尺二寸的宝山城建成了。这是历史上第一座宝山城,也称宝山城堡。城"为门四,楼如之,月城三之,敌台之在角四,楼如之;他敌台十二,中丞署一,兵备署一,副帅署一,海防丞厅一,练兵厅一,千户所厅一,军营舍六百五十楹。"驻军两千,设宝山守御千户所。

陈瑄筑的"宝山"、王叔杲筑的第一座宝山城都在万历十年(1582)的风暴潮中被大雨狂涛卷入海水,山无踪,城失东北角。康熙八年(1669),第一座宝山城被波涛彻底卷入大海。

康熙三十三年(1695),苏州府海防同知李继勋因屯兵之需,奉旨在原宝山城址约3里处再建宝山城。城筑成,方圆六十四亩,雉堞楼橹咸具,驻兵三百名。这是历史上的第二座宝山城,在今浦东外高桥老宝山城。雍正十年(1732),遭海潮没城,今只有南门城洞残垣依稀可见。

宝山者何,海墩也[1];其称堡者何,志海防也。前文皇之十三年[2],而平江伯瑄,上书言:嘉定南百里而遥,其海多沮洳[3],不利漕艘,宜衷土若山者以识之。

诏曰:可。俾以漕卒筑,其高为丈者三十,其方为丈者百。天子至勒碑以记之。而中贵人和等海舶之收启亦取标焉[4]。

至万历之四年,整饬兵备右参政王公叔杲与副帅都督黄公应甲谋,以其地南距川沙、北距吴淞二镇,皆五十里而近,吾吴门户也。初有旱寨,兵额四百余属,寨废而徙在故寨左,曰,新城。去山十余里,不足以瞭望;去民家远,缓急不足以收聚;城隘而出入仅一门,樵采之路,厄守不足以坚。其便毋若依山为堡,广其隍,崇其墉,坚其鐾,既以北控川沙,而南控吴淞。诸戈船骠姚校尉诣幕府,受约束,分水陆出哨,而宝山之瞭指掌于数百里外,于形势最便。乃奏记中丞宋公仪望、侍御邵公陞合疏主之[5],下大司马议报,可。

俾郡丞施君之藩总之城成,而版筑陶冶、伐材采石诸琐屑,则以委百户过聚辈。凡为岁者再,而工告成。延袤四百九十五丈,为门四,楼如之,月城三之,敌台之在角四,楼如之;他敌台十二,中丞署一,兵备署一,副帅署一,海防丞厅一,练兵厅一,千户所厅一,军营舍六百五十楹。费金若干。一不以烦民。于是施君记其凡,而命辞于余,俾示永永。

余窃惟兹堡为东南最要害,汤信公之娴兵修海戍[6],自越以至燕齐,且百而不及之。至平江伯而始请为堠。后平江伯以至今百五十年,倭事起,首尾三十载,增戍者又百而不及之。至王公而始请为镇,乃今屹然保障矣。君予谓兹役也,真远猷哉[7]。

【注释】

[1] 海堠:海边用来瞭望敌情的土堡。

[2] 文皇:指明成帝朱棣,其年号永乐(1403—1424)。

[3] 沮洳:指低湿。

[4] 中贵人和:指太监郑和。其下西洋船队由此水道入海。

[5] 合疏:指联名上疏。

[6] 汤信公:即汤和(1326—1395)。字鼎臣,濠州(今安徽凤阳)人。洪武十一年(1378),封信国公。十七年,巡视海防。二十年,在浙江沿海先后设卫所城59处,倭寇不得轻入。娴兵:犹精兵。

[7] 远猷:长远的打算,远大的谋略。

新建外城记

明·张四维

【提要】

本文选自《天府广记》(北京古籍出版社 1984 年版)。

"皇上临御之三十二年,廷臣有请筑京师外城",张四维所说的北京外城修筑发生在明朝嘉靖三十二年(1553)。外城为何修筑?

明朝的北京外城,即今北京城宣武门、正阳门、崇文门一线以南部分,其范围包涵今宣武区、崇文区之大部。

永乐十八年(1420),明成祖朱棣下诏兴建的北京宫殿城池告成。次年正月初一正式迁都北京。但明朝北方多边患,蒙古多次南侵,骑兵时常迫近北京城。嘉靖二十九年(1550),蒙古俺答曾率兵攻至京城近郊。嘉靖帝命筑正阳、崇文、宣武三关厢外城,不久停止。两年后,给事中朱伯宸建议修筑外城,以固城防。起初设想在元大都旧址,向东、西、南、北四面展开,将内城和先农坛、天坛环绕起来,并在城之四角建筑角楼,以利警戒和防守。嘉靖帝朱厚熜采纳了这个建议,三十二年开始修建外城,亦称外罗城。

工程开始后不久,发现实际工程量比原设想要大得多,人力、物力、财力不足,经与严嵩及工程负责人陈圭重新计议,决定分期施工,先筑南城墙一面。在筑好南墙 7 437 米之后,东端折向北又筑一段(3 580 米),与内城东南角抱接,西端一段(3 313 米)同样也和内城西南角抱接。南城墙四角建有角楼,但比内城角楼小得多。角楼为单檐十字脊,向外两面,一面开上下两排箭孔,每排 3 孔;另一面辟门。筑城时就地在墙外侧挖土夯筑,外皮包砖。城墙外修护城河。嘉靖四十三年,外城全部工程结束,北京城从正方形变成"凸"字形。北京内、外城就此定型。

"崇庳有度,瘠厚有级,缭以深隍,覆以砖埴,门墉蟲立,楼橹相望,巍乎焕矣",张四维歌咏道。据测算,北京外城城垣的实际高度、厚度都不统一。东北城角附近的北段城垣,外侧高 7.15 米,内侧高 5.8 米,顶宽 10.4 米,基厚 13.3 米,垛口高1.72 米,女儿墙高 1 米;东南角附近的东垣、南垣正中的永定门附近的城墙,尺寸递减。西垣的规制与东垣相同。各处垛口和女儿墙的高度相等。很明显,面对北方的城墙更为高大厚实。同时,为了增加墙体的牢固性和守城士兵的活动方便,在城墙外侧每隔一定距离筑一敌台,高度和墙高相同。敌台上有供守城士兵休息的小房,称为"铺舍",大都为硬山式屋顶。城墙外侧用砖砌有雉堞,俗称垛口。墙顶内侧砌有 1 米多高的女儿墙,女儿墙的厚度约0.7 米。

新筑的外城城墙开有 7 座城门,即永定门、左安门、右安门、广宁门、广渠门、东便门和西便门。永定门与正阳门相对,永定门之西是右安门,俗称南西门。永定门之东为左安门。外城西墙开一门叫广宁门。清道光年间,因避道光皇帝名

(旻宁)讳,改称广安门。东墙开一门叫广渠门,与广安门相对,为出入方便,在南城西北角和东北角各又开一北向的小城门,称为西便门和东便门。城门上都建有门楼,门楼坐落在墩台上。墩台外砌城砖,内填黄土,一次夯成。墩台内侧左、右两边有两条砖砌的上城马道,墩台顶部和左右城墙相通。墩台下部正中有拱形门洞。

皇上临御之三十二年,廷臣有请筑京师外城者,参之佥论[1],靡有异同。天子乃命重臣相视原隰[2],量度广袤,计工定赋,较程刻日。

于是京兆授徒,司徒计赋,司马献旅,司空鸠役,总以勋臣,察以台谏,与夫百官庶职,罔不祗严[3]。乃遂画地分工,授规作则,制缘旧址,土取沃壤。僚藩输镪以赞工[4],庶民于来而趋事。曾未阅岁,而大工告成。崇庳有度,脩厚有级,缭以深隍,覆以砖埒,门墉矗立[5],楼橹相望[6],巍乎焕矣,帝居之壮也。

夫《易》垂“设险守国”之文,《诗》有“未雨桑土”之训[7]。帝王城郭之制,岂以劳民?所以固圉宅师[8],尊宸极而消奸伺者也。国家自文皇帝奠鼎燕畿,南面海内,文经武纬,细大毕张,而外城未逮者,非忘也。都城足以域民[10],而外无阛阓[11],边氛时有报急,而征马未息,故有待于我皇上之缵绪而觐扬之耳[12]。

夫以下邑僻陬[13],即有百家之聚,莫不团练垣寨,守望相保。况夫京师天下根本,四方辐辏,皇仁涵育,生齿滋繁[14],阡陌绮陈,比庐溢郭,而略无藩篱之限,岂所以巩固皇图[15],永安蒸庶者哉[16]?故议者酌时势之宜,度民情之便,咸谓外城当建。夫亦思患预防顺时之道当然耳。昔宋中叶,武备弛矣,而汴京平衍,又非形胜之区,其谋臣范仲淹议洛阳之城非可后者,乃不见用。我国家方当全盛,将帅如云,重关外峙,而控山带海,又非汴京者比,外城之缓急可知也。

我皇上一闻廷臣之议,即命共工建此丕业[17],是岂群臣之见越于仲淹?实我皇上轸念民瘼[18],忧勤国体,其视宋君之忽于忠计者,万万不侔。以隆王者居重之威,以奠下民安土之乐,以绝奸宄觊觎之念,丰芑贻谋,苞桑定业,不亦永世滋大也哉[19]!

呜呼!此固圣人因时之政,不得不然者耳。要我皇上之心固将率土为城,寰海为池,怙冒八荒而无此疆彼界者[20],岂一外城之建能为限量者哉!臣谨记。

【作者简介】

张四维(1526—1585),字子维,号凤磬,明蒲州人(今山西芮城)。嘉靖三十二年(1553)进士,授编修。隆庆间,张四维以熟悉边防事务,促成与俺答议和而为内阁首辅高拱器重,历官翰林学士、吏部左侍郎。万历十年(1582)张居正逝世,遂代为内阁首辅,力反居正改革措施,起用一些反对派人士,以迎合时议,收拢人心。次年,以父丧离职,卒谥文毅。有《条麓堂集》。

【注释】

[1] 佥论:大家(众人)的议论。

[2] 原隰:平原和低下的地方,地势起伏的地方。

[3] 祗严:庄敬貌。

[4] 僚藩:谓官员、州县。镪:钱串,引申为成串的钱。后多指银子或银锭。

[5] 门墉:指门和墙。

[6] 楼橹:守城或攻城用的高台战具。

[7] 未雨桑土:出自《诗经·鸱鸮》:迨天之未阴雨,彻彼桑土,绸缪牖户。意思是:趁天之未阴雨,取些桑根皮,修补窗户。后常作"未雨绸缪"。

[8] 固圉:使边境安静无事。

[9] 域民:限制人民。域,界限。《孟子》:域民不以封疆之界,固国不以山溪之险,威天下不以兵革之利。

[11] 阛阓:音 huán huì,街市,街道。

[12] 缵绪:继承世业。特指君主继位。觌扬:谓恭谨扩之。

[13] 僻陬:荒远偏僻的角落。

[14] 生齿:小孩长出乳齿。借指人口、家口。滋繁:滋生繁多。

[15] 皇图:皇位。

[16] 蒸庶:民众,百姓。

[17] 共工:古代官名、工官。丕:大。

[18] 轸念:悲痛地思念。民瘼:民众的疾苦。

[19] 丰芑:《诗·大雅·文王有声》:"丰水有芑,武王岂不仕;诒厥孙谋,以燕翼子,武王烝哉。"孔颖达疏:"丰水是无情之物,犹以润泽而生菜为己事,况武王岂不以功业为事乎。言实以功业为事,思得泽及后人,故遗传其所以顺天下之谋,以安敬事之子孙。"芑:音 qǐ,粱、黍或草木植物。苞桑:《易·否》:"其亡其亡,系于苞桑。"孔颖达疏:"若能其亡其亡,以自戒慎,则有系于苞桑之固,无倾危也。"后因用"苞桑"指帝王能经常思危而不自安,国家就能巩固。

[20] 怙冒:犹丕冒。谓广被。怙:音 hù。

请建空心台疏

明·戚继光

【提要】

本文选自《明经世文编》(中华书局 1962 年影印本)。

北境边防始终为明朝的心头大事,挥之不去。因此,筑城、修墙、修墩台就成为各代皇帝必须面对的现实。隆庆年间,修边固疆活动中,有一项最重要的工程,那就是空心敌台的修筑。这一工程的创意者是谭纶和戚继光。

谭纶、戚继光在平定倭寇的过程中长期共事,建立了深厚的友谊,互相了解,互相信任,时人称为"谭戚"。穆宗即位时,东南倭患已平,北方边防形势却依然严峻。隆庆元年(1567),给事中吴时来请帝召谭纶、戚继光到蓟镇练兵,于是谭纶

"寻以左侍郎总督蓟、辽"。谭纶到任后即奏上《定庙谟以图安攘疏》，得到批准后便"造战车百乘，鸟铳、佛郎机五千，修沿边壕堑二千余里，敌台三千余所，先募南兵，大修战守之具，立三大屯营，以前戚将军专领其事。蓟自是称雄镇，而东西虏相戒不敢犯矣"(深箕仲《谭司马公行状》，载《明文海》卷三，中华书局影印本)。

修筑敌台工程的策划者是戚继光。戚继光在隆庆元年被召为神机营副将，及至谭纶督师蓟、辽，戚继光受命"为总兵官，镇守蓟州、永平、山海诸处"。任总兵官期间，戚继光提出了修建空心敌台的创意。史称"自嘉靖以来，边墙虽修，墩台未建。继光巡行塞上，议建敌台"(《明史·戚继光传》)。为此，他写了这份《疏》："东起山海，西止镇边地方，绵亘二千余里，摆守单薄。宜将塞垣稍为加厚，二面皆设垛口。计七八十垛之间，下穿小门，曲突而上。又于缓者百步、冲者五十步或三十步，即骑墙筑一台，如民间看家楼，高五丈，四面广十二丈，虚中为三层，可住百夫，器械馊粮，设备俱足。中为疏户以居，上为雄堞，可以用武，虏至即举火出台上。瞭虏方向高下，而皆以兵当垛。其台之位置，视山之形势，参错委曲，务处台于墙之突，收墙于台之曲。突者受敌而战，曲者退步而守，所谓以守而无不固者也。"

他还根据自己沿边境考察推算："以台数计之，每路约三百座，蓟、昌十二路，共三千座。每台给银五十两，通计十五万两。每岁解发五万，完台一千，三年通毕。"待到空心台筑成，"边关有磐石之固，陛下无北顾之忧矣"。

由踏勘而兼采民间看家楼的设计思想，将空心墩台移植于边墙之上，并优化设计为适合战守的堡垒。这一设想得到穆宗的批准："总督蓟辽兵部侍郎谭纶奏：蓟、昌二镇东起山海关，西至镇边城，延袤二千四百余里，乘障疏阔，防守甚艰，宜择要害、酌缓急，分十二路，或百步、三五十步，犬牙参错，筑一墩台，共计三千座许。计每岁可造千座，每座可费五十金，高三丈，阔十二丈，内可容五十人，无事则守墙守台之卒居此瞭望，有警则守墙者出御所分之地，守台者专击聚攻之虏，二面设险，可保万全。请下户部发太仓银三万五千两，兵部马价银一万五千两，以给工费。兵部复：纶所言诚守边便计。得旨：允行。"(《明穆宗实录》卷二九，"隆庆三年二月癸未"条)

但是，工程刚刚开始不久，由于费用浩大，京师流言四起。修台工费太巨，清理台址砍伐树木，等等，都成为廷议的焦点，于是谭纶上疏请罢、请勘，并独担其责。而穆宗则表示："修筑敌台已有明旨，纶宜坚持初议，尽心督理，毋惑人言，如有造言阻挠者，奏闻重治。"(《明穆宗实录》卷三六，隆庆三年八月戊午条)由于穆宗的坚定支持，总督、巡抚等边疆官员齐心协力，敌台的修筑工程进展顺利，原计划三年的工程了两年半就全部竣工了。戚继光本传称："五年秋，台工成。精坚雄壮，二千里声势联接。"

空心敌台的筑成，是隆庆时期北边防务最重要的成果，它对明朝有巨大的意义，它使明朝的北边防线相对巩固起来，成为京师北边的一道雄伟屏障，对于减轻蒙古对北京的压力起了巨大作用。

御戎之策，惟战守二端，除战胜之事，别有成议外。以守言之，东起山海，西止镇边地方，绵亘二千余里，摆守单薄。宜将塞垣稍为加厚，二面皆设垛口，计七八十垛之间,下穿小门,曲突而上[1]。又于缓者百步、冲者五十步或三十步,即骑墙筑一台。如民间看家楼,高五丈,四面广十二丈。虚中为三层[2],可住百夫,器械馈粮,设备具足。中为疏户以居[3],上为雉堞,可以用武。虏至即举火出台上,瞰虏方向高下,而皆以兵当埠。

其台之位置,视山之形势,参错委曲,务处台于墙之突,收墙于台之曲。突者受敌而战,曲者退步而守,所谓以守而无不固者也。

以台数计之,每路约三百座。蓟、昌十二路[4],共三千座。每台给银五十两,通计十五万两。每岁解发五万,完台一千,三年通毕。如此则边关有磐石之固,陛下无北顾之忧矣。

【作者简介】

戚继光(1528—1588),字元敬,号南塘,晚号孟诸,山东登州人。初任登州卫指挥金事。嘉靖三十四年(1555)调往浙江抗倭。十余年间,率军于浙、闽、粤沿海诸地抗击来犯倭寇,大小八十余战,终于扫平倭患。世人称其带领的军队为“戚家军”。隆庆二年(1568),调往蓟州,加高加厚长城,修建空心敌台,创立步、骑、车、辎重诸营,边境得以安宁。万历十一年(1583)调往广东,后罢归登州,不久病卒。卒谥武毅。有《纪效新书》《练兵实纪》《止止堂集》等。

【注释】

[1] 曲突:指烟囱。
[2] 虚中:中空。
[3] 疏户:门扉。
[4] 蓟:今天津蓟县。在北京东北。昌:昌平。在今北京西北。

附:筑台规则

明·戚继光

相基之法,要在内外合一。山平墙低,坡小势冲之处则审之,高坡陡墙之处则疏之。固为一定之势,但就其湾环远对之状,各有相宜之势。当必建不可已之处,即不合丈尺,亦当建筑,不可移之。而必就于合式之地,又有内山,虽不甚高,看之似冲。而口外横山远峙,只有鸟道,仅通属夷。其余通马处所,相隔千峰万障,似冲而缓者;又有山高万仞,其外梁颇平,虽有墙坡险处,而直对大举正路,似缓而冲者。于此酌处,又难一律也。

一、定台基以十三丈,收顶以十丈为则,二百四五十人可完一座,每年可完台七十座。此其大较也。

一、台制尤当随地置形。如墙外地宽,则台当多出;如地狭,则台当少出。如脊尖削,内外俱狭,则当稍阔其两面,险其两傍,以无失周围十二丈之意。则制度如指诸掌矣。

一、边墙多就外险。故外下而内高,其上当以外面临房处,计高三丈;内面但随山势,不必拘于三丈。其外既险,又系低下,则台不必出,止就高处起基,不复拘以低处,而台在墙之外;况山势迂回,自有湾突处:是又在相基者有活法耳。

一、台基用石矣,但方石恐难猝得,碎石势必不固。如石便用石,不便则用砖。有胶粘好土,则以三合土为之,各从便求坚。但三合土须厚,至顶亦得二尺乃坚也。

一、台下暗门,未免稍虚其中。而边匠率愚拙弗省,恐造不如法。及不坚固,意台下筑实,台门移而上。外置一梯,虏至则抽去其梯,似亦稳便。然台用跨墙,则下层止用实筑。至第二层,则从城墙开门而上即便矣,不必如前式。拘定在台之中也。

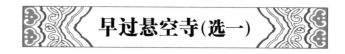

早过悬空寺(选一)

明·郑 洛

【提要】

本诗选自《中国旅游名胜古代题咏诗词选释》(中国新闻出版社1986年版)。

郑洛所记的悬空寺在山西浑源恒山。该寺始建于1500多年前的北魏太和十五年(491),北魏将道家的道坛从平城(今大同南)移至此,工匠们根据道家"不闻鸡鸣犬吠之声"的要求建了悬空寺。

恒山悬空寺是国内现存的唯一的佛、道、儒三教合一的独特寺庙。它修建在恒山金龙峡的悬崖峭壁间,面对恒山、背倚翠屏、上载危岩、下临深谷、楼阁悬空、结构巧奇。在152.5平米的面积上,建有大小房屋40间。悬空寺的总体布局以寺院、禅房、佛堂、三佛殿、太乙殿、关帝庙、鼓楼、钟楼、伽蓝殿、送子观音殿、地藏王菩萨殿、千手观音殿、释迦殿、雷音殿、三官殿、纯阳宫、栈道、三教殿、五佛殿等。

该寺利用力学原理半插飞梁为基,巧借岩石暗托梁柱上下一体,廊栏左右相连,曲折出奇,虚实相生。全寺为木质框架式结构,殿楼的分布对称中有变化,分散中有联络,曲折回环,虚实相生,小巧玲珑,空间丰富,层次多变,小中见大,不觉为弹丸之地,布局紧凑,错落相依,其布局既不同于平川寺院的中轴突出,左右对称,也不同于山地宫观依山势逐步升高的格局,均依崖壁凹凸,审形度势,顺其自然,凌空而构,看上去,层叠错落,变化微妙,使形体的组合和空间对比达到了井然有序的艺术效果。

悬空寺初建时,其最高处的三教殿离地面90米,其建筑特色可以概括为"奇、悬、巧":

奇——远望悬空寺,像一幅玲珑剔透的浮雕,镶嵌在万仞峭壁间,近看悬空寺,大有凌空欲飞之势。

悬——全寺共有殿阁40间,表面看上去支撑它们的是十几根碗口粗的木柱,其实有的木柱根本不受力。据说在悬空寺建成时,并没有这些木桩,人们看见悬空寺似乎没有任何支撑,害怕走上去会掉下来。为了让人们放心,所以在寺底下安置了些木柱。

巧——寺因地制宜,充分利用峭壁的自然状态布置、建造各个建筑,将一般寺庙平面建筑的布局、形制等安排在立体的空间中,山门、钟鼓楼、大殿、配殿应有尽有,设计非常精巧。

悬空寺不仅外貌惊险、奇特、壮观,建筑形态也颇具特色,屋檐有单檐、重檐、三层檐,结构有抬梁、平顶、斗拱,屋顶有正脊、垂脊、戗脊,形成一种窟中有楼、楼中有穴、半壁楼殿半壁窟、窟连殿、殿连楼的独特风格,既含有园林建筑艺术因子,又显传统建筑的格局特点。

"山川缭绕苍冥外,殿宇参差碧落中。"当年的郑洛登临悬空寺,攀悬梯,跨飞栈,穿石窟,钻天窗,走屋脊,步曲廊,几经周折,忽上忽下,左右回旋,仰视一线青天,俯首而视,峡水一脉长流,能不兴怀赋诗?

作者所写此诗共两首,刻在寺壁之上。

石壁何年结梵宫[1]? 悬崖细路小溪通。
山川缭绕苍冥外,殿宇参差碧落中[2]。
残月淡烟窥色相,疏风幽籁动禅空[3]。
停车欲向山僧问,安得山僧是远公[4]!

【作者简介】

郑洛(1530—1600),字禹秀,号范溪,明遂城(今河北徐水)人。博览好学,少事寡母,以孝闻名。嘉靖三十五年(1556)中进士,授登州府推官。稽查、复审案件,冤屈昭雪,深得民心。遂被诏为御史,专主纠察。转任右佥都御史、兵部右侍郎。鞑靼酋长俺答率部骚扰边城,郑洛命沿边修筑屯堡,建观敌台,终使俺答降服。擢兵部尚书。后以鞑靼火落赤再犯边,受诬告,谢病归里。卒,赠太保,谥襄敏。

【注释】

[1]梵宫:佛寺。此指悬空寺。
[2]苍冥:苍天。碧落:天空。
[3]色相:佛教名词。指事物的形状、外貌。禅空:禅家空门。句谓悬空寺的清幽境界让人动了遁入空门的念头。
[4]远公:即慧远(334—416)。东晋时高僧,雁门楼烦(今山西宁武)人。居庐山东林寺三十余年,结白莲社,净土宗推尊为初祖。有《法性论》等。

栈道图考

明·王圻

【提要】

　　本文选自《古今图书集成》职方典卷五三四(中华书局　巴蜀书社影印本)。

　　栈道,是指在悬崖绝壁上凿孔架木而建成的窄路。以供行人、物资运输。栈道又称阁道、复道。战国时,秦惠王始建陕西襃城襃谷至郿县(今眉县)斜谷的襃斜栈道,长235公里。秦伐蜀时修了金牛道,被后世称为南栈道,长247.5公里。

　　王圻所描述的栈道始自宝鸡,通向成都,全长1 000余公里。大散关、偏桥、凤岭、斜谷、陈仓口、柴关、紫柏署、鸡头关,这些名字从先秦到近代,许多行走在栈道上的行旅之人都印象深刻。"前列双峰,左山深处有寺,树石苍翠错落,栈中第一胜地也。"

　　中江县,正当入成都之道,"当两川、云贵、秦陇行旅之冲"。余祺在中江县令任上五年,不为苛政,县以无事,于是修栈道。嘉靖四年(1525)十一月,"刊木移秽,鉴两河蛮洞之道而通之"。虽上下连延才二十里,但道直了,景美了,行旅之人还可在双鱼、飞黄、芳基三亭中休息,所谓"取南之直以易北,不伤于民;撤旧亭之材以为新,不费于材"。并且,他还在两河上创构两座石桥,桥之阳建了亭子一座。余祺修栈道,实为古代栈道修筑的缩影。

　　两千多里的蜀道,有三分之二修筑在峻岭深谷悬崖之上。为了在深山峡谷通行道路,且平坦无阻,便要在河水隔绝的悬崖绝壁上开凿出棱形孔穴,孔穴内插石桩或木桩。上横铺木板或石板,以利通行。为了防止栈道的木桩、木板被雨淋而朽腐,又在栈道的顶端建起房亭(亦称廊亭),称栈阁。栈道的凿孔、架梁、立柱、铺板等,几乎全部是在绝壁上凌空作业,其修筑的艰辛可想而知。所以,古蜀栈道被后人视为奇迹,将之与长城、运河并举。

　　蜀中古称益州、天府,明兴则四川辖也。汧、渭之墟,本秦属,乃入蜀,咽喉故,益门镇在焉。记入蜀者,当自宝鸡始。宝鸡,古陈仓县也。出县南门,度渭水,十五里至镇关,尹喜故宅在焉[1]。又十里而登山,则入栈道矣。

　　高坪插云,颜以陈宝重关,即大散关也。关下水北流入渭,南流入汉。堪舆家谓为"中龙过脉",云此为虎豹昼夜伏。道傍二十余步,则起独楼,杂以槛井,即二三烟突聚落[2]。亦斫木为城,环避之。又过偏桥,路绝处,插栈崖壁间,遍山架木,下临白水江源,始真栈也。自宝鸡至此,覆屋咸以板,真西戎俗矣。

又上凤岭,上下五十里,岭南北水各入白水江,是为三岔者。一去凤,一去褒,一去郿也。郿道在丛山枯礐中,众谓孔明出斜谷,即此。三岔十里,水自松林北流,亦合白水,抵陈仓口,路险峨,仅容单人。西行二百里,可径达沔之百丈坡。韩淮阴[3]"明修栈道,阴度陈仓"者是。又三十里,至松林。十里,上柴关。五里,至其巅。复下十里,为紫柏署。前列双峰,左山深处有寺,树石苍翠错落,栈中第一胜地也。平砂如砥,晴雨皆可人。青山夹驰,绿水中贯,丰林前拥,叠嶂后随,去来杳无其迹。倘非孔道,真隐居之适矣。关上流北仍白水,南入黑龙江,水深处约二丈余。然皆巨石激湍,汉张汤欲从此通漕于渭[4],不知当时水石何似。又行三十里而上七盘,盘尽为鸡头关。一石如鸡冠起,逼汉下,俯江水。出白石岔,两崖突兀,为出栈最奇处。郑子真耕焉[5],称郑谷。

【作者简介】

王圻(1530—1615),字元翰,号洪洲,上海人,祖籍江桥(时属青浦县)。嘉靖四十四年(1565)进士,授清江知县,调万安知县,升御史,黜为福建按察金事,继又降为邛州判官。张居正逝后,复起任陕西提学使、中顺大夫资治尹,授大宗宪。万历二十三年(1595),辞官回里,赐建十进九院府第。王圻在村里植梅万株,谓之"梅花源",自号"梅源居士"。学问渊博,著述宏丰,有《洪洲类稿》《三才图会》《两浙盐志》《海防志》《续文献通考》《谥法通考》《稗史类编》《云间海防志》等,并主纂万历《青浦县志》。

【注释】

[1]尹喜:字文公,号文始先生。甘肃天水人,周朝楚康王(前559—前545)大夫。自幼究览古籍,精通历法,善观天文,习占星之术。周昭王二十三年(前493),眼见天下将乱,辞去大夫之职,请任函谷关令,以藏身下僚,寄迹微职,静心修道,或称"关尹"。一日,见东方紫气东来,知有圣人将至。不久老子驾青牛薄板车至,迎入馆舍,北面师事之,并请老子著书,以惠后世。于是,老子乃著道德五千言以授之。之后,尹喜弃绝人事,著《关尹子》九篇。在今灵宝市函谷关望气台偏西,鸡鸣台正南,遗址面积一万平方米。内有春秋战国时代各种建筑盖瓦、古砖。地表下有庭院遗址,相传为关令尹喜寓所。

[2]烟突:烟囱。

[3]韩淮阴:指韩信。西汉开国功臣。后遭忌被安"谋反"罪名处死。

[4]张汤(？—前115):西汉杜陵(今西安东南)人。古代著名的酷吏,又以廉洁著称。

[5]郑子真:名朴,以字行。汉成帝时,隐耕于此,修身自保。

附:中江县余岭新道记

明·张 翀

中江当两川、云贵、秦陇行旅之冲,实剑外剧县。县西二十里,有山曰:高崖。壁立云矗,俯瞰群峰。势等青城、大峨、五山之麓,故有铺曰:双鱼。逾双鱼五里,溪水自北下,夏秋之交,辅以行潦,其悍滋其。有司者常桥之,号曰:高桥。桥西上数里为铺,曰:飞黄。出飞黄之上十里,曰:芳基。又十里曰:走马。自双鱼而上,逆坂重现,时相勾连。巨细石铓,嶻嶻齿齿,行者必择地然后可投步,至走马稍已。又所在乏水泉,当海暑时,公私往来无以济,渴不死则病。

循县西五里,出双鱼,北历两河口蛮洞,直距芳基、走马之间,一径弦直,可通辙迹,而少纡回演迤、艰难攀跨之状。夹径有井,或寒泉错出石罅,汹湧漫羡,其声淙淙,所谓井渫不食者。官道不出于此而出于彼,何也?

新建余侯祺来令之五年,不为苛敹之政,县以无事。乃属其土人而告之,曰:"吾闻道茀不治,司空不视涂;泽不陂,川不梁,周单子所以知陈之亡也。今官道之利害,前人之智非不能及此,而不肯一举手。或有意举手而夺于群咻,惮而不为,智及之而不为不仁,惮于人言而不为不勇。吾无以令为也,兹将舍其迂而就其直,弃其险而从其易,佥其谓何?"皆应之,曰:"然。"

遂以嘉靖四年十有一月庚申,刊木夷秽,鉴两河蛮洞之道而通之。上下连延,仅二十里,广加故道三之一。并徙双鱼、飞黄、芳基三亭于形势之便区。取南之直以易北,不伤于民;撤旧亭之材以为新,不费于财。首尾两阅月,厥告成功。而县之人忘其劳,途之人始得便,周行之安也。

两河当高桥上游十里,其患差小。乃废高桥旧址,改创石桥二于其上。桥之阳为亭一,不侈不陋,亢爽可喜。榜之曰:仰止。以休行役之士大夫。凡所规画,动适人意。旄倪欢呼,如出一口。按察使君李道夫适以入觐,过而嘉之,遂更旧铺之名"双鱼"者曰"余岭""飞黄"曰"易平","芳基"曰"便民",用慰山林而示后来君子。予于是知余侯之善为政也。

予方成瞿门县,博士李载阳不惜二千里走书曰:"愿有记。"按《周礼》:"合方、野庐二氏皆以道路为职,凡舟车辇毂互叙而行之,不使室阂。"而《月令》以"季春之月,周视原野,开通道路"为训。三代之有司,治其职以待四方之宾旅者,详矣。盖秉礼立制,而授之官司;细大毕举,而纤悉无憾。此所以为先王之法,非后世所及也,去古未远。士之工于取名者,赢绌之不知,而敝所恃,以侈耳目之观;其媕婀者,视民之利害恬然不以动其心,媮得避嫌以苟朝夕。要之二者,其操心之私均也。然则为今之吏能举事以贻百世之利,非役志干誉以求益也,而民不以为病,盖仁者之勇矣。于先王之法,又深得其遗意。虽欲不记,可乎!

侯字原贞,宋尚书襄靖公之后。丁卯乡进士。其兴学、慎狱慑奸、惠民之政,皆有明法。往岁宁贼之乱,洁身以去,志操凛凛,荐绅间多能诵之者。载阳字时和,云南赵州人。及典史徐朝进,皆尝赞是役,法得附书。时嘉靖五年丙戌。

按:本文选自《古今图书集成》职方典卷六二四(中华书局 巴蜀书社影印本)。

【作者简介】

张翀,生卒年月不详。字习之,潼川人(今属四川三台)。正德六年(1511)进士,选庶吉士,刑科、户科给事中。屡上疏,帝遂震怒。先逮诸曹为首者8人于诏狱,翀与焉。寻杖于廷,谪戍瞿塘卫。翀居戍所十余年,以东宫册立恩放还,卒。

嘉靖十年清查匠役著为定额

【提要】

本文选自《古今图书集成》考工典卷三(中华书局 巴蜀书社影印本)。

工部为中国古代官署名,六部之一。其长官为工部尚书。周代为冬官,秦汉属少府。曹魏自少府分置水部曹,隶尚书台,掌水利工程,兼领航运之政。晋置屯田曹、起部曹,掌农垦(军垦由屯田中郎将领之)和水利事。南北朝时期,南朝沿置不改,北朝损益不定。隋朝将前述诸曹合并置为部,掌管各项工程、工匠、屯田、水利、交通等事,沿用北周工部的名称,列为尚书省六部之一。明代,工部掌管全国屯田、水利、土木、工程、交通运输、官办工业等。工部下设工部司、屯田司、虞部司、水部司。工部司为工部头司,掌营建之政令与工部庶务;屯田司掌天下田垦;虞部司掌山川水泽之利;水部司掌水利。长官称工部尚书,正二品;置工部侍郎一人,从二品。洪武二十六年,改尚书二十四部为二十四清吏司,工部各属部分别改为营缮清吏司、虞衡清吏司、都水清吏司和屯田清吏司,职掌、设官仍前。清代工部尚书官阶为从一品。

工部规模多大?嘉靖年间的这份工部职员编制表表述得一清二楚:"嘉靖十年,奏准差工部堂上官及科道官、司礼监官各一员,会同各监局掌印官清查军民匠役,革去老弱残疾、有名无人一万五千一百六十七名,存留一万二千二百五十五名,著为定额。"其中,司礼监1583人,尚衣监1249名,御马监416名,印绶监61名,司设监1435名,内承运库315名,供用库401名,织染局1317名,铁工局690名,银作局274名,兵仗局3163名,巾帽局442名,工部织染所195名,钦天监21名,等等。

因为定编定员事关重大,所以制度极严。首先是,"内承运库并木厂二处夫匠,俱以今次点到查明册定数目存留,其余悉从开除"。军人发回原卫所,民发原籍,等到册内有缺编情况,再"指缺行文",次第取补。

还以诏书的形式,明确规定了技艺再学习的办法。凡是清查出的技艺达不到要求的军民匠役,成化以前参加工作的,"许送各监局上工习学,不许关支直米"。"待艺业精熟,遇缺收补,照旧关支"。

不仅如此,因为管理编制是一项各方面要求极高的工作,所以"清匠主事,责以久任,照俸序迁,仍管前事,不必限年更替"。即如"各监局行支工匠直米,每月开立旧管新收,开除实在,备注花名,送光禄寺查对明白,方许开支"。凡有问题,一律依律治罪。

中国古代从事手工业生产的专业人户,唐代有番匠,即工匠在官手工作坊内服番役二十天。番匠亦称蕃匠、短番匠。番匠服役期满后,如接受其他应上番工匠的"帮贴钱",继续代人应役,称长上匠。番匠在官府工少匠多时也可输钱代役。宋代匠户往往为官府以强差为强雇方式役使。元代以后,匠户成为官府户籍统计中的一类。

元代匠户的总数已不可考。元政府在大都设立了大量局、院,因而聚集的匠户也最多,总数应在二十万户以上。

明代对匠户的管理主要是从编定匠籍入手。洪武二年(1369),明政府下令"凡军、民、医、匠、阴阳诸色户,许各以原报抄籍为定",不许妄行变乱。明代官营手工业中的生产者有民匠、军匠和灶户。军匠和灶户只从事特定产品军器和盐的生产,而民匠则充斥于官营手工业的各个部门中,生产各类手工业产品。因而民匠是官办手工业赖以存在的重要基础,是生产者中的主力。编入匠籍的人,一是元代遗留下来的手工业者,这是最主要的一部分;二是非手工业者因各种原因充匠的。各色人等一旦编入匠籍,便世役永充,子孙承袭,生活的最主要内容就是为官营手工业从事劳作。这正是政府编匠籍的目的所在,也是工匠制度最基本的内容。匠籍是政府对工匠的全部管理的基础。

继匠籍之后,朝廷为协调好生产,推行了又一项工匠管理制度,即轮班。洪武十九年,在工部的建议下,实行了议而未行的工匠轮班制,将各地工匠按照其丁力和路途远近,定以三年一班,轮流赴京服役,时间为三个月,役满更替。三年一班的规定很快就遇到了"诸色工匠岁率轮班至京受役,至有无工可役者"的问题,为此明政府重新制定工匠轮班的制度。洪武二十六年"上令先分各色匠所业,而验在京诸司役作之繁简,更定其班次,率三年或二年一轮"(《明太祖实录》卷二三○)。此次更定旧制,增加了两个新的参考因素,一是工匠的专业,二是役作的繁简。新的轮班制,实际上制定的班次是五种,即五年一班,四年一班,三年一班,二年一班和一年一班。

轮班匠是京城以外的各地工匠,在京城中还有大批的工匠,这些工匠在永乐以后称为住坐匠,以区别于轮班匠。永乐迁都将南京、苏、浙等处大量工匠带至北京,于是"设有军民住坐匠役"。宣德五年(1430)将从南京、浙江等处起至北京的工匠附籍于大兴、宛平二县。这是住坐匠管理的一项重要措施。北京住坐匠人数永乐时民匠至少有二万七千户,成化时额存六千余名,嘉靖十年的定额为一万二千二百五十五名。

明政府对工匠的行业管理主要有优免及月粮直米政策。这种政策各时期把握的尺度不甚一致。如优免政策,洪武十九年规定工匠家的其他杂役一概免除,但事实上,宣德以后,随着逃匠问题的日益突出,优免政策形同虚设,官府勾补尚且不足,优免政策之被搁置实属自然。

月粮直米。在京工匠每月由户部支给月粮,上工时由光禄寺支给直米。这是政府为保证在京工匠生活实行的一项政策。这项政策最早施行于洪武时期。洪武十一年朱元璋命工部"凡在京工匠赴工者,日给薪米盐蔬。休工者停给,听其营生勿拘"(《明太祖实录》卷一一八)。永乐十九年令内府各监局南京带来人匠每月支米三斗,无工住支。这个规定将月粮直米合而为一,而且数量只给三斗,比之洪武时的一石六斗少了许多。此后各朝多循三斗之数。

明代进入中期以后,工匠制度有两次较重要的变化,一次是工匠班次的更定,二次是班匠征银。更定工匠班次。班匠的班次自洪武二十六年定为五种以后,沿用了六十多年没有改变,直至景泰五年情况才出现了变化,五班轮流,被一律改为四年一班。

四年一班的轮班制大大地减轻了"一年一班者,奔走道路,盘费罄竭"(《明英宗实录》卷一五三)的负担,而班匠征银则是轮班制瓦解的条件和象征。所谓班匠银,就是以工价代替劳役,成化二十一年(1485)全国范围内的班匠征银开始实施:

"轮班工匠,有愿出银价者,每名每月:南匠出银九钱,免赴京,所司赍勘合赴部批工;北匠出银六钱,到部随即批放。"同时还规定,"不愿者,仍旧当班"(《大明会典》卷一八九)。虽然这只是一个建议性政策,但它从政策上允许班匠以银代役,只要按规定出办工价银,班匠本身可以不去服役。这个规定是对旧班匠制度的一次革命。全国范围的班匠完全征银是在嘉靖四十一年(1562)完成的。这意味着班匠与明代官营手工业已无直接关系,匠籍只是为政府税收提供了一个新税种,嘉靖时属于北京的班匠银为六万四千一百一十七两八钱。

需要指出的是,工部作为明代管理工匠的最高机构,其职责主要有:管理各地造送的班匠册,工部专设管册主事负责此项事务;负责逃匠的清勾,"弘治元年奏准添设主事,清理内外衙门军民住坐轮工匠"(《大明会典》卷一八九);负责到京轮班匠的分拨派遣和放归工作,班匠到上工时将勘合"赍至工部听拨"(《明太祖实录》卷一七七)。除工部外,各地官府要负责本地班匠的管理事务。这些事务包括:一是起送班匠。二是清理工匠,在班匠征银以后,这是各地有司的主要管理内容,"每年奉府帖发匠班花名文册,各年不等,行准清匠官审追班银"(《海瑞集》之《兴革条例》)。为此各地均设有清匠官。三是造送班匠或班匠银征收情况文册。在行政部门之外,朝廷还派御史监督和帮助管理工匠。

顺治二年(1645),清政府宣布废除匠籍制度。

按《会典》:嘉靖十年,奏准差工部堂上官及科道官[1]、司礼监官各一员,会同各监局掌印官清查军民匠役,革去老弱残疾、有名无人一万五千一百六十七名,存留一万二千二百五十五名,著为定额。遇缺,该部清匠官止于额内佥补[2],各该管内外官员不许奏请招收,违者听本部并科道官劾治。

又奏准内承运库并木厂二处夫匠[3],俱以今次点到查明册定数目存留,其余悉从开除。军发原卫差操[4],民发原籍当差,候册内人数有逃绝者,指缺行文,清匠官转行各该衙门取补。

计存留军民匠一万二千二百五十五名。

司礼监一千五百八十三名:

笺纸匠六十二名,表背匠二百九十三名,折配匠一百八十九名,裁历匠八十一名,刷印匠一百三十四名,黑墨匠七十七名,笔匠四十八名,画匠七十六名,刊字匠三百一十五名,铁匠二十五名,销金匠二十五名,合香匠八名,木匠七十一名,瓦匠六名,油漆匠六十七名,象牙匠二十五名,镟匠一十名,砚瓦匠七名,绦匠一十名,石匠八名,锯匠六名,神帛匠一名,裁缝匠五名,罐儿匠五名,铜匠四名,雕銮匠二名,钉铰匠二名,竹篦匠一名,铸匠一名,卷胎匠二名,桶匠二名,双线匠四名,锡匠二名,镀金匠二名,鈒花匠二名,减铁匠二名,锁匠一名,毡匠一名,锉磨匠一名。

尚衣监一千二百四十九名:

双线匠六十七名,绣匠三百六十六名,裁缝匠一百八十五名,毛袄匠六十九名,碾玉匠三十名,冠帽匠五十三名,漆匠一十三名,草帽匠七名,钻珠匠五名,穿珠匠一十一名,泥水匠七名,箍桶匠二名,斜皮匠一十七名,绵线匠三名,竹匠三名,毡匠二十四名,卷胎匠一十四名,麻鞋匠七名,钉带匠一十五名,履鞋匠二十五名,镟匠一十一名,缠棕匠一十六名,画匠二十三名,油伞匠三名,销金匠四名,棕巾匠二十二名,锉磨匠一名,熟皮匠六十六名,网巾匠三十二名,石匠一名,凉胎匠二十五名,边儿匠九名,绵匠一十九名,磨镜匠二名,锡匠二名,铁匠一十二名,刺金匠四名,浣衫匠八名,木匠九名,油漆匠二名,钉铰匠二名,绦匠八名,表背匠九名,打线匠一名,锯匠一名,香匠一名,皮匠一名,钉底匠一名,镜儿匠一名,妆銮匠二名,抹金匠三名,刺金匠一名,鞭子匠一名,刺金线匠一名,花匠一名,毽子匠一名,鬃巾匠一名,帮巾匠一名,楦头匠六名,打角匠一名,索匠一名。

御马监四百一十六名:

裁缝匠五十五名,鞭子匠六十三名,缨子匠五名,锉磨匠三名,油漆匠一十二名,砍轿匠七名,铁匠九名,绣匠一十六名,弓匠二名,背什物官军八名,络丝匠一十六名,水绳匠三名,弦匠一名,护衣匠三名,索匠二十五名,描金匠三名,副千户一员,毡匠八名,表背匠三名,雕銮匠二名,绦匠六名,铺箸匠七名,肚带匠五名,打线匠五名,减铁匠二十一名,五墨匠三名,事件匠三名,铜匠一十八名,木匠六名,腰机匠四名,油鞒匠二名,双线匠二十名,熟皮匠一十三名,斜皮匠三名,抹金匠三名,砑磨匠二名,鞍辔匠二名,拔丝匠二名,鞦辔匠六名,穿珠匠一名,罕答肤匠一名,镟匠一名,饯金匠二名,钉铰匠二名,钉带匠一名,绳匠二名,画匠一名,挣磨匠一名,镀金匠一十一名,骨作匠二名,拈棕匠一名,烧珠匠一名,彩漆匠一名,鈒花匠一十名,鞒匠二名。

印绶监六十一名:

木匠五名,熟皮匠三名,铜匠二名,表背匠二十五名,油漆匠四名,饯金匠二名,铰钉匠二名,双线匠三名,绦匠五名,打线匠一名,挽花匠三名,染匠一名,攒丝匠一名,络丝匠四名。

司设监一千四百三十五名:

销金匠二十三名,络丝匠四十四名,锯匠一十七名,绣匠一百五名,打线匠一十名,腰机匠二十名,饯金匠一十三名,描金匠一名,锉磨匠一十五名,裁缝匠一百八十二名,竹匠五十一名,花毡匠三名,鞭子匠三名,双线匠六十八名,帘子匠六十五名,川字匠四名,索匠三十四名,缨匠五名,熟皮匠一十名,漆匠六十五名,绦匠二十四名,穿交椅匠九名,毯匠三十八名,毡匠八十六名,绵匠一十五名,木匠八十六名,拔丝匠四名,抹金匠七名,雕銮匠三十六名,铜匠二十六名,卷胎匠四名,洗白匠四名,油鞒匠五名,表背匠一十三名,鞍辔匠一十名,镟匠一十一名,钉铰匠一十二名,铁匠四十五名,车匠一十一名,背金匠六名,减铁匠一名,弓弦匠一名,交椅匠一十一名,搭材匠五名,妆銮匠三十名,伞匠二十名,草席匠三十九名,针匠六名,藤枕匠九名,棕篷匠四名,银匠二十三名,鱿灯匠二名,瓦匠五名,棉花匠一十三名,铸匠二名,蒸笼匠一名,石匠一名,事件匠一名,锡匠一名,锁匠一名,砍轿匠一十二名,护衣匠四名,弓匠一十四名,木桶匠二名,冠帽匠三名,刷印匠二名,五墨匠一名,画匠一十四名,扇匠九名,折配匠八名。

内承运库三百一十五名：

染匠五十二名，颜料匠九名，木匠一十九名，刷印匠一十六名，表背匠一十四名，金箔匠五名，折配匠八名，索匠一十四名，棉花匠一名，银匠一十四名，织匠二十二名，挽花匠三十一名，牙匠四名，秤匠五名，五墨匠六名，缨匠七名，络丝匠二十五名，漆匠三名，纸匠一名，裁历匠三名，裁缝匠三名，腰机匠四名，攒丝匠二名，打线匠二名，铁匠一名，宛平县铺户二十一名，大兴县铺户一十九名。

供用库四百零一名：

浇烛匠一百五十五名，香匠一百一名，医兽一名，油户一百四十四名。

织染局一千三百一十七名：

缨匠二十三名，络丝匠一百四十一名，打线匠六十名，腰机匠二十二名，折配匠一名，织匠八十七名，揭䋲匠一十四名，挑花匠八十三名，刻丝匠二十三名，染匠二百六十三名，染纸匠一十一名，纺棉花匠一十二名，缉麻匠一名，拈棉线匠五名，织罗匠二名，拈金匠一十八名，篗匠二名，捶纸匠三名，络纬匠五十三名，裁金匠六名，背金匠一十七名，包头匠一十三名，木匠三名，胭脂匠九名，洗白匠一十七名，三梭布匠一十六名，篦匠一十四名，画匠一十九名，驼毛匠二十六名，挽花匠二百二十名，攒丝匠一百二十三名，结棕匠一十名。

针工局六百九十名：

绣匠二百三十二名，驼子匠一名，裁缝匠二百一十一名，表背匠一十一名，线匠二名，木匠七名，毛袄匠二十七名，碾玉匠一十四名，弹棉花匠二名，锁匠一名，熟皮匠三名，拈金匠二名，双线匠一名，锉磨匠一名，搭材匠一名，刊字匠二名，络丝匠六十九名，油漆匠八名，毡匠一名，画匠八名，销金匠一十七名，旗匠一十三名，打线匠二十名，冠帽匠一十四名，穿珠匠八名，绦匠一十三名，皮匠一名。

银作局二百七十四名：

鈒花匠五十名，火器匠四十二名，厢嵌匠一十一名，抹金匠七名，金箔匠一十四名，磨光匠一十五名，镀金匠三十五名，银匠八十三名，拔丝匠二名，累丝匠五名，钉带匠五名，画匠一名，表背匠四名。

兵仗局三千一百六十三名：

弓匠一百六十三名，箭匠一百二十九名，锉磨匠二百二十名，木匠一百七十七名，皮帽匠六十九名，表背匠九名，铁匠一百六十九名，漆匠一百七十四名，棉花匠二十二名，刷牙匠二十四名，剪子匠八名，刀匠五十三名，锁子匠二十一名，针匠六十七名，星儿匠七名，泥水匠七名，绳匠七十七名，钉铰匠一十五名，络丝匠九十九名，拔丝匠五名，窑匠八十七名，弦匠八十四名，铜匠五十五名，铸匠三十九名，鞓带匠一百四十一名，裁缝匠二百一十五名，减铁匠三十九名，木梳匠一十一名，缨匠一百五十九名，镟匠六十八名，绣匠八名，戗金匠一十二名，线子匠二名，银匠二十七名，锡匠三名，拔丝匠六名，弩匠一十七名，笙匠二名，镀金匠九名，箭匠六名，喇叭匠四名，表背匠一十二名，神箭匠五十二名，甲匠一百六十四名，火药匠八十四名，画匠八十一名，篦子匠七名，球棒匠五十五名，彩漆匠一十三名，鼓匠一十九名，竹匠二十二名，雕銮匠一十六名，刊字匠三名，砍轿匠四名，铜鼓匠二名，毡匠二十七名,染匠六十四名,响铜匠一十一名,牌匠一名,锉匠二名,窑匠五名。

巾帽局四百四十二名:

打角匠一十一名,雕銮匠一名,双线匠一百八十名,棕鞋匠一十九名,裁缝匠一十九名,油漆匠六名,凉胎匠一十四名,毡匠五十一名,草帽匠三名,冠帽匠六十六名,钉带匠四名,镟匠二名,表背匠六名,楦头匠四名,绦匠四名,木桶匠一名,熟皮匠一十五名,斜皮匠三名,银朱匠一名,毛袄匠三名,履鞋匠三名,竹匠一名,络丝匠五名,索匠四名,销金匠一名,铜匠一名,铁匠三名,拔丝匠二名,银匠一名,绣匠四名,五墨匠一名,妆銮匠三名。

工部织染所一百九十五名:

染匠八十六名,机匠二名,织匠二名,挽花匠一十五名,络丝匠六十二名,打线匠一十五名,缨匠一名,攒丝匠一十二名。

钦天监二十一名:

裁历匠二名,表背匠一名,刷印匠一十八名。

崇文门外大木二厂六百八十三名。

十年奏准“凡清查未称军民匠役,系成化以前,许送各监局上工习学,不许关支直米[5]。其月粮除民匠月支三斗以下照旧外,军匠系各卫原支一石以下者,俱各量给四斗。待艺业精熟,遇缺收补,照旧关支。若弘治年以后招收者,尽行查革。”

又令“清匠主事,责以久任,照俸序迁,仍管前事,不必限年更替。本部亦不得别项差委,以妨本等职务。”

凡匠役事故,各该衙门查照成化七年事例,即用手本行清匠官揭册,查取户下应补亲丁,验送上工。若清匠官迁延误事,及各监局径拘卫所;并宛平、大兴县官勒逼私补,雇人买免[6],俱听本部该科参究,罪坐所由。如系洪武、永乐年间已绝人数,清匠官查取今次未称项下,习艺已精者补尽,方许呈部行文,原籍清勾[7]。

十年题准各监局行支工匠直米,每月开立旧管新收,开除实在,备注花名,送光禄寺查对明白,方许关支。如有虚冒,许诸人攀首巡视,科道官从重究治。又户部关给工匠月粮[8],务照新定文册姓名查对,见在,方许支给。其或替补清勾等项,必须清匠司官开具缘由,方许准理。违者,听该部指实参究治罪。

【注释】

[1]堂上官:明代各衙署长官因在衙署大堂上处理公务,故称。简称堂官。六部尚书、侍郎均称堂上官。科道官:明清时期,六科给事中与都察院各道监察御史统称“科道官”。

[2]该部:这个部。佥:同“签”。签署。

[3]承运库:明官库名。属户部。掌贮存缎匹、金银、宝玉、齿角、羽毛,为内库。

[4]差操:犹差使,差遣。

[5]关支:领取。

[6]买免:指花钱免除役使。

[7]清勾:清理勾补。

[8]关给:发放。

附：工部职掌

工部：尚书、侍郎之职，掌天下百工、山泽之政令。其属有四，曰：营部、虞部、水部、屯部。

营部：郎中、员外郎、主事，掌经营兴造之众务。

内府造作：凡内府宫殿门舍墙垣，如奉旨成造及修理者，必先委官督匠度量材料，然后兴工。其工匠早晚出入姓名数目，务要点闸，关察机密。所计物料并各色人匠，明白呈禀本部，行移支拨。其合用竹木隶抽分竹木局，砖瓦石灰隶聚宝山等窑冶，朱漆彩画隶营缮所，丁线等项隶宝源局，设若临期轮班人匠不敷，奏闻起取撮工。

城垣：凡皇城京城墙垣，遇有损坏，即便丈量明白见数计料，所用砖灰行下聚宝山黑窑等处关支。其合用人工，咨呈都府行移留守五卫，差拨军士修理。若在外藩镇府州城垣，但有损坏系干紧要去处者，随即度量彼处军民工料多少，入奏修理。如系腹里去处，于农隙之时兴工。

坛场：凡天地坛场，若有损坏去处合修理者，督工计料修整。合漆饰者，行下营缮所，差工漆饰。所用木石砖灰颜料等项，行下抽分竹木局等衙门，照数关支。

庙宇：凡历代圣帝明王、忠臣烈士及名山岳镇，应合祭祀神祇庙宇，务要时常整理，如遇新创，及奉旨起造功臣享堂，须要委官督工计料，依制建造。

公廨：凡在京文武衙门公廨，如遇起盖及修理者，所用竹木砖瓦灰石人匠等项，或官为出办，或移咨刑部、都察院差拨因徒，着令自办物料人工修造，果有系干动众，奏闻施行。

仓库：凡在京各衙门仓库，如有损坏应合修理者，即便移文取索人匠物料修整。如本处仓库不敷应合添盖者，须要相择地基，计料如式营造。所用竹木砖石灰瓦丁线等项，行下抽分竹木局等衙门关支。如是工匠物料不敷，预为措办足备，以俟应用。

营房：凡在京各卫军人营房，及驼马象房，如有起盖修理，所用物料，官为支给。若合用人工，隶各卫者，各卫自行定夺差军。隶有司者，定夺差拨因徒，或用人夫修造。果有系干动众，奏闻施行。

土墙营房每间合用：桁条五根，椽木五十根，芦柴一束半，钉二十五枚，瓦一千五百片，石灰五斤。

按：选自《中国历代建筑典章制度》之《兵刑工都通大职掌·工部·营部·营造》。

工 部 箴

明·朱瞻基

虞舜之世，垂若百工。暨于成周，乃设司空。汉置水衡，将作少府。备物致用,必谨其度。我朝建官,列次六卿。率属有四,各底于成。凡诸缮作,仪品有秩。辨其楛良,去华就实。凡厥有位,宜慎其官。顺理而治,勿苛以残。山泽之利,羽毛齿革。金矿丹漆,暨木与石。为所当为,毋耗于材。逸所当逸,毋殚其力。毋纵己私,纵则召菑。毋溺于贿,溺则取败。必祗必勤,必施以公。百役具宜,惟尔之功。其懋敬哉,视古仁智。率履勿愆,用保禄位。

按:选自《古今图书集成》考工典卷四(中华书局　巴蜀书社影印本)。

工 典 总 叙

有国家者,重民力、节国用,是以百工之事尚俭朴而贵适时用,戒奢纵而虑伤人心,安危兴亡之机系焉,故不可不慎也。

六官之分,工居其一,请备事而书之。

一曰:宫苑。朝廷崇高,正名定分;苑囿之作,以宴以怡。

次二曰:官府。百官有司,大小相承;各有次舍,以奉其职。

次三曰:仓库。贡赋之入,出纳有恒;慎其盖藏,有司之事。

次四曰:城郭。建邦设都,有御有禁;都鄙之章,君子是正。

次五曰:桥梁。川陆之通,以利行者;君子为政,力不虚捐。

次六曰:河渠。四方万国,达于京师;凿渠通舟,轮载克敏。

次七曰:郊庙。辨方正位,以建皇都;郊庙祠祀,爰奠其所。

次八曰:僧寺。竺乾之祠,为惠为慈;曰可福民,宁不崇之。

次九曰:道宫。老上清净,流为祷祈;有观有宫,有坛有祠。

次十曰:庐帐。庐帐之作,比于宫室;于野于处,禁卫斯饬。

次十一曰:兵器。时既治平,乃韬甲兵;备于不虞,庀工有程。

次十二曰:卤簿。国有大礼,卤簿斯设;仪繁物华,万夫就列。

次十三曰:玉工。

次十四曰:金工。

次十五曰:木工。

次十六曰:抟埴之工。

次十七曰:石工。天降六府,以足民用;贵贱殊制,法度见焉。

次十八曰:丝枲之工。

次十九曰:皮工。

次二十曰:毡罽之工。服用之备,有丝有枲;有皮有毛,各精厥能。

次二十一曰:画塑之工。

次二十二曰:诸匠。像设之精,缔绘之文;百技效能,各有其属。

按:选自《古今图书集成》考工典卷四(中华书局　巴蜀书社影印本)。

金工部文(节选)

【提要】

本文选自《古今图书集成》考工典卷八(中华书局　巴蜀书社影印本)。

明代,炼铁竖炉及其熔炼技术有进一步发展。据朱国桢《涌幢小品》和孙承泽《春明梦余录》记载,遵化炼铁炉"深一丈二尺,广前二尺五寸、后二尺七寸,左右各一尺六寸。前阔数丈为出铁之所,俱石砌,以简千石为门,牛头石为心,黑沙为本,石子为佐。时时旋下,用炭火,置二韝扇之,得铁日可四次。石子产于水门口,色间红白,略似桃花,大者如斛,小者如拳,捣而碎之,以投于火,则化而为水。石心若燥,砂不能下,以此救之,则其砂始销成铁"。这里所说的"色如桃花"的石子应即莹石,用作熔剂可降低熔点,使炉况顺行,是炼铁技术的重要进展,文献记载以此为最早。炼铁所用鼓风器多为双动作的活塞式木风箱。由于箱体结构和活门的巧妙设置,使得正、逆行程都能送风,为炼炉提供连续风流。四人拉拽的大型木风箱,风压可达三百毫米汞柱,在当时世界上是一种先进的鼓风设备。有些铁场还使用了机车,如屈大均《广东新语》记载,广州铁场装填矿料"率以机车从山上飞掷以入炉",节省了劳力,提高了工效。

不仅如此,焦炭至迟于明代已用于炼铁。方以智《物理小识》说:"煤则各处产之,奥者烧焙而闭之成石,再凿而入炉曰礁,可五日不绝灭,煎矿煮石,殊为省力。"而英国焦炭炼铁始于1709年。

明代把生铁炼成熟铁的工艺亦相当先进。《天工开物·五金》所载将炼铁炉和炒铁炉串联使用,以提高生产效率,减少能耗的做法,工艺思想上是很先进的。方以智《物理小识》对此法亦有相似记载:"凡铁炉用盐和泥造成。出炉未炒为生铁,既炒则熟,生熟相炼则钢。尤溪毛铁,生也。豆腐铁,熟也。熔流时又作方塘留之,洒干泥灰而持柳棍疾搅,则熟矣。"这种搅炼制熟铁的工艺,近代仍在四川、云南等地使用。

此外还有灌钢技术、锌及黄铜的冶炼、各种器皿的铸造,其工艺均相当先进。

明代,大型金属器件的铸造工艺亦十分先进。如:兰州铁柱。洪武五年—九年(1372—1376)造。供黄河浮桥缚系铁缆之用,南北岸各立两根。现存两根柱长6.3米,直径0.6米,重约14吨;永乐大钟铸于永乐十八年(1420)前后,现存北京大钟寺,钟高近7米,口径33米,重约46吨,钟体内外铸有经文22万余字;武当山金殿位于武当主峰天柱峰巅,建于永乐十四年(1416),为现存最大的铜建筑物,为重檐庑宫殿式仿木结构,高5.5米,宽5.8米,进深42米,全部用铜构件由榫卯装配而成,除正面门扇外,构件表面均鎏金。类似的铜建筑物有北京万寿山铜殿、五台山铜殿、昆明铜殿等。这些大型金属铸件,在铸造技术和生产规模方面,都可说是领先于世界的。

本文所选文字,介绍了部分铜器件的成分配比、领料程序及配套对象的采办等等。

铸　器

洪武二十六年定:凡铸造铜锅、铜柜等器,及打造铜锅、铜灶、铁窗、铁猫等件[1],行下宝源局定夺[2]。模范及计算合用铜、铁、木炭等项明白[3],具数呈部行下丁字库抽分[4],竹木局放支督工,依式铸造。永乐间,设局崇文门内,地名"沟头",今称南宝源局,专铸内外衙门铜铁器皿。嘉靖三十一年[5],改造新局于东城,明时坊即今宝源局,专铸制钱及铜铁器皿,行令武功三卫各委官一员,摘余丁各十名,与该局官吏、匠作人等,轮流在局,昼夜巡逻搜检。三十八年[6],令新旧二局铸过器皿,如有铜铁、炸炭等项,余剩造册,每月申报,工部查考。

铸　造

生铜一斤,用炭一十二两;黄熟铜一斤,用炭一斤;红熟铜一斤,用炭一斤;生铁一斤,用炭一斤。

打　造

红熟铜一斤,用炭八斤;黄熟铜一斤,用炭八斤;瓜铁一斤,用炭一斤八两。

亲王印符、金牌,并上直守卫官军金牌

工部及礼部计料委官,带领宝源铸印二局官,会同尚宝监铸造。

守 卫 金 牌

额设"仁义礼智信"字五号,共该一千三百三十余面,后损失数多。隆庆元年[7],题准照号补铸,五十面增号添铸二百面,将所损牌面送部镕销。

外国信符金牌

凡历代改元,日本等国符牌俱另铸,当代年号给用,合用物料、人力,行顺天府办解。其装盛袱匣等件原无年号字样,仍于原造见存内拣用。隆庆元年,印绶监题铸阴阳文信符、金牌七十面,每面各有朱红戗金匣。

凡 铸 造 朝 钟

用响铜于铸钟厂铸造。嘉靖三十六年[8],题准行内官监造,合用物料响铜于本监,熟建铁于工部,各支用生铜等料,召商买办及镕铸下炉,用八成色金花银于内承运库关领铸匠,行兵马司,召募二百名。本部照例支给工食,同本监官匠相兼做造,仍于工所摘拨官军应用[9]。

隆庆五年,题造朝钟,合用生铜数多,恐措办不及,将本厂见贮试音不堪大钟五口及裂墨废钟三口,改毁添辏朝钟一口。通高一丈四尺二寸五分,身高一丈一尺五寸五分,双龙蒲牢[10],高二尺七寸,口径七尺九寸五分。备用钟一口,制同前。计钟二口,物料八成色金一百两,每口五十两;花银二百四十两,每口一百二十两;响铜九万五千

斤,熟建铁二万斤,生铜四千斤,红熟铜二万一千斤,锡八千三十斤。钟槌长五尺至四尺,径二尺至一尺七寸,合用柚木,派行浙江、湖广、四川、福建采解。

凡铸造铜壶滴漏

嘉靖三十六年,题准行内官监造,每副物料四火黄铜三千三百五十斤,红熟铜二百五十斤,木箭一十九枝,行内灵台,开写节候时刻安设。

凡铸造收放钱粮法马

俱宝源局造。隆庆四年,题准旧法马轻重参差,令户、工二部公同校勘,行该局铸造。节慎库[11]、太仓、光禄寺、太仆寺、荆杭抽分两厂、两直隶、十三省及七边郎、七钞关、五运司各法马一样四十副[12]。仍行抚按转行各府州县,照依新降式样铸造。

《春明梦余录》之炼铁

遵化铁炉,深一丈二尺,广前二尺五寸、后二尺七寸、左右各一尺六寸。前阔数丈为出铁之所,俱石砌,以简千石为门,牛头石为心,黑砂为本,石子为佐。时时旋下,用炭火,置二鞲扇之,得铁日可四次。石子产于水门口,色间红白,略似桃花,大者如斛,小者如拳,捣而碎之,以投于火,则化而为水。石心若燥,砂不能下,以此救之,则其砂始销成铁。生铁之炼,凡三时而成,熟铁由生铁五六炼而成,钢铁由熟铁九炼而成。其炉由微而盛而衰,最多至九十日,则败矣。

【注释】

[1] 铁猫:古代的一种攻城器具,或为一种救火的器具。

[2] 宝源局:明清管理铸造钱币的官署。

[3] 模范:制造器物的模型。

[4] 丁字库:明官库名。属户部。掌贮存铜铁、兽皮、苏木,为内库之一。抽分:指领取物料。

[5] 嘉靖三十一年:1552年。

[6] 搜检:搜索检查。

[7] 隆庆:明穆宗朱载垕年号,1567—1572年。

[8] 嘉靖三十六年:1557年。

[9] 摘拨:调派,挑选。

[10] 蒲牢:古代传说中的一种生活在海边的兽。传说其吼叫的声音非常宏亮,故古人常在钟上铸上其形象。

[11] 节慎库:明代工部所属掌工部四司所入银两。

[12] 法马:天平上作为重量标准的物体。今多写作“法码”。

明·曾省吾

【提要】

本文选自《四川历代碑刻》(四川大学出版社1990年版),参校《重刻确庵曾先生西蜀平蛮全录》(书目文献出版社2001年版)。

这篇碑文是当时身为西川巡抚的曾省吾撰写的,讲述的是明朝剿灭僰人的经过。

明初天下方定,"西南夷来归者,即用原官授之",不过,仍"时时盗边,侵略旁小邑"(《明史·土司传》)。都掌蛮盘踞的凌霄城,曾是南宋军民抗击蒙古军依山修筑的城堡,四周绝壁,奇险无比。加上叙州(治所今宜宾)地处云、贵、川三省咽喉,战略位置极为险要,都掌蛮每一骚动,三省为之震动,明王朝视之为心腹大患、洪水猛兽。

明成祖年间,都掌蛮更是攻占劫掠高、珙、筠连、庆符诸县,而到了明朝中叶,四川土地兼并日盛,大量失去耕地的汉人等沦为流民,纷纷加入都掌蛮,与之并肩作战。因此,让"改土归流"回归制度设计的初衷成为明王朝的当务之急。

所谓"改土归流",就是要在少数民族聚集地委派明朝官员,建造兵营,兴办学校,编造户口。但始于洪武六年(1373)的"改土归流",随着吏治的日益腐败,派遣到叙州的官员也多是横征暴敛、中饱私囊之辈,都掌蛮不满情绪日渐强烈,数十年后,双方兵戎相见。景泰元年(1450),高、珙、筠、戎四县的都掌蛮起兵反叛,杀死征粮的公差,随后攻占郡县,屠长宁(今四川长宁县),劫庆符、江安、纳溪,史载长宁"庐舍千余区,县之公宇,既皆灰烬"。

虽然是剿灭还是招降在朝廷存在长期的争论,但最终还是主剿派占了上风。先是成化三年(1467)明朝大军的疯狂绞杀,但退守九丝城(今四川珙县)、凌霄城(今宜宾兴文县)的都掌蛮,依靠天险依然顽强地与明军周旋,导致明20万大军的"成化之征"历经数年却无功而返。再次绞杀已是万历元年(1573),明朝再派大军围剿"擅抬大轿,黄伞蟒衣,僭号称王"的都掌蛮,这次14万明军的元帅是曾省吾推荐的刘显。

刘显指挥的明军一路高歌猛进,凌霄城、都都寨很快易主。都掌蛮失此二险,只得退守九丝城。九丝山"周围30余里,四隅峭兀。上有九岗四水,地面极广,可以播种,下唯一径可通东北,连峰鼎峙,峻壁皆数千仞"(《辞源》)。僰人依山筑城,建有48个哨楼、3道城门和一座"大王宫",囤粮仓库多处。

万历元年七月起,明军兵分五路扑向九丝城,不分昼夜地攻打,都掌蛮以死相拒,"乘城转石发标弩,下击栩栩如电霰不休",明军伤亡惨重。九月九日是蛮人的"赛神节",这天,天降大雨,山路湿滑,都掌蛮酣战方休,认为明军绝不可能来袭,于是在九丝山上杀牛庆祝,尽情痛饮。谁知明军乘夜攀岩,杀入九丝城,四处放火,杀声撼天,疯狂的屠戮中被火烧死、坠崖者不下万人,酋长阿大、阿二、方三皆为明军擒杀。

"僰明大决战"之后,明军刻立大石碑立于建武寨内的崇报祠前,叙述了征剿九丝山全过程,文字全部阴刻:四川巡抚曾省吾撰文并书《宗功小记碑》,国史馆修撰李长春《平蛮碑》,翰林院经筵讲官陈翰《平蛮碑记》,潼关兵备道周文《平蛮碑》,《戎平行并序碑》。

都掌蛮僰人作为一个民族从历史中消失。

如今,九丝城已成为旅游景点。

昔人有言:自古用兵,未有大得志于西南夷者,从来久矣!山都介在川、贵间,汉府土司,周遭捕获,而蛮独陆梁其中[1],往往出没为寇。明兴二百年间,盖十有一征,而最大者,无如天顺、成化之际[2],至烦大司马提出兵,合三省汉土官兵十八万,越四年,仅克大坝[3]。盖其地去九丝不二十里,竟阨塞难进,以故遗患至今。

嘉、隆间[4],猖獗甚矣,语在诸使臣奏议中。其蹂躏惨酷,未易名状,然所为,稔恶斯积[5]。小小挞伐,辄不利,彼程尚书、李襄城率大军征讨[6],岂其才能智力不足吞蛮哉!庙堂靡主断,疆场鲜成功。岂惟不成?匪挑衅速祸之惧[7],则劳师费材之虞,故未征而先与其败,少挫而遽夺其成。任事之臣,纵有决胜之谋而奏绩亦浅。

不佞往备员闽寺,会言官追论贵州安酋先年阻兵状,廷议欲有所连治[8]。一日,偕寺僚谒今元相张公[9],言及斯事。公云:贵州介在夷窟中[10],籍第令羁縻不动[11],斯可矣。若蜀之都蛮,密通叙、泸[12],侵暴我内地,殆六七州县,赤子无辜受戮者,历年何算?而竟不问罪,此孰与贵州!

未几,不佞谬抚蜀,既入境,警报日数至,乃上书请讨之。自五月视师,九月报捷。中间克凌霄,克都都,克九丝,计大小寨以首数,俘馘及所焚坠死者以万数,山都遂平。斥境四百余里[13],腴田沃野十八万有奇,今张置官吏[14],列嶂乘城,分田授地,已屹然新巨镇。自不佞而下,蒙朝廷爵赏有差。

嗟乎!此岂不佞所能幸致哉,实由我祖宗功德冠乎宇宙,皇天申佑,景祈无疆惟休。是以诞生明主,妙龄御极,深维之长治久安之道,眷倚元辅张公至笃。公又本孤忠扶日月,勤思海内,不以蜀在万里外弃而不讲。其于征蛮一事,图度于未征之前,筹算于遣将之际[15],鼓舞一时而经略百世者,盖既竭其密勿之心思[16],即益部诸缙绅长老欣欣相告,亦庶几称一方绥靖矣!以此见相道之所系于治乱者,犹影响之于形声。昔韩魏公有言[17]:"须臾慰满三农望,却敛神工寂似无。"夫敛若无者,相道大而忘言也。顾不佞与三农同慰,纵莫能言其详,可无纪其略,以俟载笔者采拾乎?

方隆庆改元,蜀抚按以都蛮肆掠,蜀南不宁,变章告急。公即偕内阁诸老视草,有叹者曰:都蛮不灭,蜀叙、泸赤子,且无噍类矣[18]!安得俾一巡抚往任之[19]。公曰:吾楚一士,足办此,第名未著耳。问曰:何?公以不佞对。当是时,不佞督学关中,盖去今六七年所,而公已收之药笼中如此,近以平蛮,方得闻悬记之详因[20]。忆曩者举贵、蜀事并论,公毋亦有深意存焉。迨万历元年三月,不佞甫至叙州[21],会言官有以闽事论刘显者,罪且不贷[22]。公曰:临敌易将,兵家所忌,倘蜀事不效,并闽事逮治之未晚。于是,言者意始解,而显以此惧且感,竟奋不顾身以平蛮自效。有如显不可留,蛮祸亦叵测。所领标兵[23],多浙、闽、粤间乌合之雄[24],如郭成之罢[25],剽掠几内讧者,恐又甚矣。事特预卜于无形不觉耳,况敢望平蛮哉?

先是大征疏上中朝,公卿大夫谓不便者十九,大略以蛮若可征,岂俟今日,不如抚之便。公曰不然,不剿而抚,此向来所以滋患也。且观蜀中经画,虏已在吾目中,诸公但倾耳以俟捷音之至耳。乃其后,果以数月告成功。至于公所为,手教者有曰:刘显功名著于西蜀,取功赎罪,保全威名,在此一举。郭成虽废,然有必报之仇,宜用以佐显。余因持以激显,亟起成于家。二帅感铭特知,莫不鹰扬虎视,自计不反顾[26]。

有曰:六县人心,怨恨既深,宜因其机而使之。余因募六县丁壮,旬日间一呼响集,莫不争先效死斗者。有曰:攻险之道,必以奇胜。弈家布置虽多,成功者一路而已。今可征兵绩饷[27],为坐困之形[28],而募死士从间道捣其虚,先年破香垆取洮岷,皆用此道。若不奋死出奇,欲以岁月取胜,此自困之计,兵闻拙速[29],未睹巧之迟久也[30]。其后九月九日,卒用奇,取一路登城,遂大捷。总之,公所惓惓无虑千数百言,而大旨若此。

以故,人徒见成功之易,而岂知正本之地,发踪指示若斯之勤也。自今回视,兵间次第,宁有不任将设谋,运筹帷幄,即能决胜千里哉!此虽蕞尔戎寇,不足数,自非公主断,岂疆场之臣所可尝试?而况深劳于猷者[31]。虽在万里外,未尝不日夜往来帷幄中也。捷至,公喜动颜色,报书曰:都蛮自擅,不讨之日久矣。岂知王师动于九天之上,从衽席攫取之乎[32]!捷音远闻,不觉履齿之折[33];叙泸赤子,自是可安枕而卧矣。此时宜力为久远计,必毋使衅复萌也。嗟乎!公之心上为社稷,下为生民,盖不遗余力。而不佞得奉以从事,藉率业于坤维[34],何幸之厚也。至于不佞先后所条上便宜[35],即虽谫谫无高论[36],然无一不入告主上报可者。故尝念前此抚蜀者,其才视不佞奚啻十倍[37],乃其遭际似不同日而论矣。公则又间语公卿大夫曰:诸若此者,非余之能,明主委心之力也。于戏休哉[38],惟明惟良,庶事以康。

方今朝野亨嘉[39],文武戮力,南靖粤,北驯胡,辽左反面,兵不留行[40],亦既威震乎殊俗,而化浃于方内矣[41]。不佞乃独指一隅而述之,盖以见硕辅之赞化调元[42],其功诚不朽耳。

万历二年中秋安边同知吴文全勒石。

【作者简介】

曾省吾(1532—?),字三省,号确庵,晚年自号恪庵。湖广承天府钟祥县(今属湖北)人。隆庆(1567—1572)末年,以右佥都御史巡抚四川。万历元年,四川叙州土司都掌蛮起事,曾省吾荐四川总兵刘显率领官兵14万出征,"克寨六十余,俘斩四千六百名,拓地四百余里,得诸葛铜鼓九十三"。万历三年,升兵部左侍郎。张居正死后,受牵连,被勒令致仕。万历十二年(1584)十月,籍没家产,削籍为民,永不叙用。《明史》无传。

【注释】

［1］陆梁:跳跃貌,横行无阻。

［2］天顺:明英宗朱祁镇年号,1457—1464年。成化:明宪宗朱见深年号,1465—1487年。

［3］大坝:明初为都掌蛮辖地,范围包括今贵州仁怀市、兴文县、珙县、筠连县及云南威信县、盐津县等,面积广大。

［4］嘉隆间:嘉靖、隆庆。嘉靖,明世宗朱厚熜(cōng)年号,1522—1566年;隆庆,明穆宗朱载垕(hòu)年号,1567—1572年。

［5］稔恶:丑恶,罪恶深重。稔:音rěn。

［6］程信(1416—1473):字彦实,号晴洲钓者,人称晴洲先生。安徽休宁人。中进士,入仕途累官四川参政、太仆卿、都察院左金都御史。成化时,历兵部右侍郎、兵部左侍郎。四川、贵州山都掌乱,进兵部尚书,提督军务,率师平蜀,破诸寨。晚岁还居休宁,优游山水之间。年六十三卒。有《晴洲集》《容轩稿》《榆庄集》《尹东稿》《南征录》等。李瑾(?—1489):直隶和州(今安徽和县)人。襄城伯李浚季子,嗣爵位。成化三年(1467),充任总兵官征讨四川都掌蛮叛,有功,军还,封侯,累加封太保。性宽弘,礼贤下士。弘治二年死。赠芮国公。

［7］速祸:招致祸害。

［8］闶寺:指太仆寺。掌舆马及马政。安酋:贵州大土司之一。因不服明朝统治,屡次起事。著者如天启间(1621—1627)的"奢(崇明)安(邦彦)之变"。

［9］元相:丞相。张公:张居正。湖广江陵(今属湖北)人。明代政治家、改革家。内阁首辅。当国10余年,实行了一系列改革措施。

［10］介:同"界",疆界、界限。

［11］籍第:户籍次第、次序。明朝普遍实行里甲制,并在此基础上编造黄册,摊派赋役。羁縻:《史记·司马相如传·索隐》:"羁,马络头也;縻,牛缰也。"谓笼络控制。唐朝对西南少数民族采用羁縻政策,承认当地土著贵族,封以王侯,纳入朝廷管理。宋、元、明、清各朝称土司制度。

［12］叙:叙州。治所四川宜宾。泸:泸州。位于今四川东南部,川渝黔滇结合部。

［13］斥境:开拓国境。

［14］张置:安排设置。

［15］筹算:筹划谋算。

［16］密勿:勤勉努力;机要,机密。

［17］韩魏公:指韩琦。北宋名将,多有功业。

［18］噍类:此特指活着的人。噍:音jiào,嚼,吃东西。

［19］安德:安养德行,巩固德行。

［20］悬记:指佛遥记修行者未来证果、成佛的预言。后亦泛指预言。

［21］不佞:谦称。犹言不才。甫至:刚到。

［22］显:指刘显(1515—1581)。本姓龚,字惟明,江西南昌人。明朝名将。协守江、浙时,倭贼由闽三沙来,时遂谓责在卢镗及显。显遭解职,待罪。

［23］标兵:谓老兵。古时部队操练时布置在一行士兵之前作为操练动作示范的兵。

［24］乌合:暂时凑合的一群人。

［25］郭成:生卒年月不详。四川叙南卫(治今四川宜宾市)人。万历征都掌蛮,明大军总兵刘显、副总兵为郭成。后官至四川总兵官。

[26] 感铭:感激而铭记于心。特知:特别赏识、重用。鹰扬虎视:如鹰飞扬,似虎雄视。形容威武奋勇。反顾:回头看。喻反悔;后退。

[27] 绩饷:谓收集粮饷。

[28] 坐困:谓坐守一处,苦无蹊径。

[29] 拙速:谓用兵宁拙于机智而贵在神速。

[30] 迟久:犹长久。

[31] 猷:音 yóu,谋划。

[32] 衽席:亦作"袵席"。泛指卧席、坐席。攫取:抓取,拿取。

[33] 履齿之折:谓喜讯传来,步履忙乱,履齿为之折断。慕喜不自禁之情状。

[34] 坤维:指西南方。时曾省吾巡抚四川。

[35] 便宜:便当,合宜。谓相机行事。

[36] 谫谫:音 jiǎn jiǎn,十分浅薄。自谦词。

[37] 啻:音 chì,但,只。

[38] 于戏:感叹词。呜呼。

[39] 亨嘉:亨会,谓众美之会,良臣云集。

[40] 留行:阻挡,阻碍。

[41] 化浃:谓教化而使融洽。

[42] 硕辅:贤良的辅弼之臣。指张居正。赞化:赞助教化。调元:谓调和阴阳,执掌大权。多指宰相。

寄 畅 园 记

明·王稚登

【提要】

本文选自《园综》(同济大学出版社 2004 年版)。

寄畅园,又名"秦园",坐落在无锡市西郊东侧的惠山东麓,惠山横街的锡惠公园内,毗邻惠山寺。园址在元朝时曾为二间僧舍,名"南隐""沤寓"。明正德年间(1506—1521),曾任南京兵部尚书的秦金购惠山寺僧舍"沤寓房",并在原址上扩建,垒山凿池,移种花木,营建别墅,辟为园,名"凤谷行窝"。

秦金殁,园归族侄秦瀚及其子江西布政使秦梁。嘉靖三十九年(1560),秦瀚修葺园居,凿池、叠山,亦称"凤谷山庄"。秦梁卒,园改属秦梁之侄湖广巡抚秦耀。万历十九年(1591),秦耀因座师张居正被追论而解职。回无锡后,寄抑郁之情于山水之间,疏浚池塘,改筑园居,构园景二十,每景题诗一首。取王羲之《答许椽》诗"取欢仁智乐,寄畅山水阴"句中的"寄畅"两字名园。

秦耀死后,将寄畅园作为家产分给他的几个儿子。他虽在遗嘱要求保持寄畅园的完整,但儿子们终违其意,一个园被分成了 4 块。这种局面从明末延续到清初,到秦耀的曾孙秦德藻手中才得以改变。秦德藻本人没有做官,但6个儿子、24个孙子中,10人进了翰林,所以他有能力统一寄畅园,并进一步加以修缮。他请了当时最有名望的造园高手张涟、张钺叔侄。此二人进一步发挥了寄畅园借景的特色,精心布置园中的一草一木,使锡山、惠山之景与园中景色浑然一体。他们还巧妙地叠石引水,在园中增加了八音洞、七星桥、九狮台等著名景点,此后"由是兹园之名大喧,传大江南北。四方骚人、韵士过梁溪者,必辍棹往游,徘徊题咏而不忍去"(清·秦国璋《寄畅园诗文录》)。

寄畅园经二人之手臻入佳境。康熙、乾隆两帝各六次南巡,每次必到此园,是为寄畅园的鼎盛期。

寄畅园属山麓别墅类型的园林,其成功之处就在于它"自然的山,精美的水,凝练的园,古拙的树,巧妙的景"。园景布局以山池为中心,巧于因借,混合自然。全园大体上可以分为东西两个部分,东部以水池、水廊为主,池中有方亭;西部以假山树木为主。东部的"锦汇漪"由惠泉两支伏流汇聚而成,波光潋滟,形成园中开朗明净的空间。池中有一座九脊飞檐的方亭,名"知鱼槛",游人可倚栏观赏鱼藻。池的周围山石嶙峋,建筑林立,各种景物点缀配置,勾勒出曲折窈窕的水面轮廓。西面,假山依惠山东麓山势作余脉状。又构曲涧,引"二泉"伏流注其中,潺潺有声,世称"八音洞",洞水汇入"锦汇漪"。而郁盘亭廊、知鱼槛、七星桥、涵碧亭及清御廊等则绕水而构,与假山相映成趣。不仅如此,园内大树参天,竹影婆娑,一派苍凉廓落、古朴清幽之态。

寄畅园布局得当,妙取自然,体现了山林野趣、清幽古朴的园林风貌,具有浓郁的自然山林景色,是现存的江南古典园林中叠山理水的典范。园内登高眺望惠山、锡山,山峦叠嶂,湖光塔影,一幅"虽由人作,宛自天开"的绝妙境界。寄畅园以高超的借景,洗炼的叠山、理水手法,创造出自然和谐、灵动飞扬的山林野趣,寄托了主人的生活情趣和对自然人生的哲学思考。

6次入园的乾隆认为"江南诸名胜,唯惠山秦园最古",且"爱其幽致",绘图带回北京,在清漪园(今颐和园)万寿山东麓仿建一园,命名为"惠山园"(1811年改名为"谐趣园"),"惠山园"今天仍完好地保存在颐和园里。

寄畅园者,梁溪秦中丞舜峰公别墅也[1],在惠山之麓。环惠山而园者,若棋布然,莫不以泉胜;得泉之多少,与取泉之工拙,园由此甲乙[2]。秦公之园,得泉多而取泉又工,故其胜遂出诸园上。园之旧名,曰"凤谷行窝",盖创自其先端敏公,一转而属方伯,再转而属中丞公,皆端敏之裔也。中丞公既罢开府归[3],日夕徜徉于此,经营位置[4],罗山谷于胸中,犹马新息聚米然[5],而后畚锸斧斤、陶冶丹垩之役毕举[6],凡几易伏腊而后成[7]。

辟其户东向,署曰"寄畅",用王内史诗[8],园所由名云。折而北,为扉,曰"清响",孟襄阳诗[9]:竹露滴清响。扉之内,皆筼筜也[10]。下为大陂,可十亩。青雀之舫、蜻蛉之舸,载酒捕鱼,往来柳烟桃雨间,烂若绣缋,故名"锦汇漪",惠泉支流所注也[11]。长廊映竹临池,逾数百武,曰"清籞[12]"。籞尽处为梁,屋其上,中稍高,曰"知鱼槛",漆园司马书中语。循桥而西,复为廊,长倍清籞,古藤寿木荫之,云

“郁盘”。廊接书斋,斋所向清旷,白云青霭,乍隐乍出,斋故题“霞蔚”也。廊东向,得月最早,颜其中楹曰“先月榭”。其东南重屋三层,浮出林杪,名“凌虚阁”。水瞰画桨,陆览彩舆,舞裙歌扇,娱耳骋目[13],无不尽纳槛中。阁之南,循墙行,入门,石梁跨涧而登,曰“卧云堂”,东山高枕,苍生望为霖雨者乎? 右通小楼,楼下池一泓,即惠山寺门阿耨水[14]。其前古木森沉,登之可数寺中游人,曰“邻梵”。邻梵西北,长松峨峨,数树离立,“箕踞室”面之,王中允绝句诗也[15]。傍为含贞斋,阶下一松,亭亭孤映,既容贞白卧听,又堪渊明独抚[16]。松根片石玲珑,可当赞皇园中醒酒物[17],主人每来,盘桓于此。出含贞,地坡陀,垒石而上,为高栋,曰“雀巢”,亦王中允诗语。阁东有门入,曰“栖玄堂”,堂前层石为台,种牡丹数十本。花时,中丞公宴予于此,红紫烂然如“金谷”,何必锦绣步障哉! 堂后石壁倚墙立,墙外即张祜题诗处[18],茫然千古,沧耶! 桑耶! 漫不可考矣。出堂之东,地隆隆如丘,可罗数十胡床,披云啸月,高视尘埃之外,曰“爽台”。台下泉由石隙泻沼中,声淙淙中琴瑟[19],临以屋,曰“小憩”。拾级而上,亭翼然峭蒨青葱间者[20],为悬淙。引悬淙之流,梵为曲涧,茂林在上,清泉在下,奇峰秀石,含雾出云,于焉修褉,于焉浮杯,使兰亭不能独胜。曲涧水奔赴锦汇,曰“飞泉”,若峡春流,盘呐飞沫[21],而后汪然淳然矣[22]。西垒石为涧,水绕之,栽桃树十株,悠然有武陵间想[23]。飞泉之浒,曲梁卧波面,如蟒蜷雌霓[24],以趋涵碧亭,亭在水中央也。涵碧之东,楼岿然隐清樾中,曰“环翠”。登此则园之高台曲树,长廊复室,美石嘉树,径迷花、亭醉月者,靡不呈祥献秀,泄秘露奇,历历在掌,而园之胜毕矣。

　　大要兹园之胜,在背山临流,如仲长公理所云[25]。故其最在泉,其次石,次竹木花药果蔬,又次堂榭楼台池籞,而淙而涧,而水而汇,则得泉之多而工于为泉者耶? 匪山,泉曷出乎? 山乃兼之矣。

　　夫园之丽兹山者,不知凡几家? 历几世? 更几姓? 如昔平泉、金谷之比,不翅传舍逆旅若耳[26]! 且也主人振缨驰毂[27],勤劳王事,终其身不一窥,按图问监奴:“此某堂,此某亭,此某楼阁池台耶? 青铺不圮,朱扉不生苔,仓琅根无恙,可下葳蕤之锁乎[28]? 无使游者阑出入扑吾树头梨枣[29],折砌上花,捕池中舫鲤也!”更几十年然后归,归而龙钟以老,济胜无具[30],不能出五步之内矣,此不邯郸华胥之梦且幻欤[31]? 秦之先,自五先生迄今,诗书轩冕相蝉联[32],由端敏而方伯、而中丞,园之主虽三易矣,然不易秦也。秦不易,即主不易耳。

　　中丞公为逸人所螫,中岁解官,园成,日涉其中,婆娑泉石,啸傲烟霞,弃轩冕,卧松云,趣园丁抱瓮[33],童子治棋局酒枪而已,其得于园者,不已侈乎? 客乃谓:“方今东师虽罢,朝政如秋荼也者[34],以中丞公之雄才大略,又富于春秋,不登三事九列[35],徒令云卧一立,疏泉艺石,消其胸中块磊,即县官奚赖焉?”余谢客曰:“子言在用世,非‘寄畅’之者也,姑置勿论!”

　　己亥闰四月既望[36],太原王稚登记并书。

【作者简介】

　　王稚登(1535—1612),字百谷、百毂、伯毂,号半偈长者、青羊君、广长庵主等。少有文名,善书法,4 岁能属对,6 岁善书擘窠大字,10 岁能作诗。万历十四年与屠隆、汪道昆、王世贞等组织"南屏社"。王稚登文思敏捷,著作丰硕,一生撰著的诗文有 21 种,共 45 卷。主要有《王百谷集》《晋陵集》《金闾集》《弈史》《丹青志》《吴社编》《燕市集》《客越志》等。

【注释】

[1] 秦燿(1544—1604),字道明,号舜峰。隆庆五年(1571)中进士。因戡乱有功擢副都御史、湖南巡抚。他拥护张居正主张改革、整顿吏治的意旨,在湖南大力推行法治。万历十九年(1591),湖广旱灾,饿殍载道,瘟疫流行,死人无数,他动用国库钱粮赈济灾民。因诬告,他遭革职回籍,其时 47 岁。回乡后,他继承了"凤谷行窝",开始寄情山水,一心营造。十年间,他在园内建成锦汇漪、邻梵阁、含贞斋、卧云堂、知鱼槛、悬淙涧、环翠楼等景点。秦燿极喜爱王羲之《答许椽》诗里的旨趣和意境,取其"寄畅山水阴"诗句,将园子命名为"寄畅园"。

[2] 甲乙:谓优劣(分明)。

[3] 开府:古代指三公、大将军等建立府署并自选僚属。此谓有权开府的官员。

[4] 位置:处理,安置。

[5] 聚米:《后汉书·马援传》:援因说隗嚣将帅有土崩之势,兵进有必破之状。又于帝前聚米为山谷,指画形势,开示众军所从道径往来,分析曲折,昭然可晓。后因以"聚米"喻指划形势,运筹决策。马援封新息侯。

[6] 畚锸:谓挖运泥土的工具。畚:音 běn,盛土器。锸:音 chā,起土器。陶冶:烧制陶器,冶炼金属。丹垩:谓油漆粉刷。

[7] 伏腊:寒署。

[8] 王内史:即王羲之。曾任会稽内史。

[9] 孟襄阳:即孟浩然。其诗《夏日南亭怀辛大》:山光勿西落,池月渐东上。散发乘夜凉,开轩卧闲敞。荷风送香气,竹露滴清响。欲取鸣琴弹,恨无知音赏。感此怀故人,中宵劳梦想。

[10] 筼筜:音 yún dāng,一种皮薄、节长而竿高,长在水边的大竹子。陕西洋县筼筜谷所产为盛。

[11] 青雀之舳:即青雀舫。因船首画有青雀,故称。后泛指华贵游船。舳:音 zhòu,船头。蜻蛉:音 qīng líng,蜻蜓的别称。此谓形如蜻蜓的小船。舸:音 gě,大船。

[12] 籞:音 yù,本谓帝王的禁苑,此谓墙垣、篱笆。

[13] 駘:音 tái,舒缓荡漾。

[14] 阿耨水:古印度有阿耨达池,意译为"无热恼"池。《扪虱新话》称:"池中有水,号八功德水,分派(脉)而出,遂有青黄赤白之异,今黄河盖其一派(脉)也。"

[15] 王中允:即王维。曾任太子中允。其《与卢员外象过崔处士兴宗林亭》:科头箕踞长松下,白眼看他世上人。

[16] 渊明独抚:陶渊明不谙音乐,而常抚无弦之琴。

[17] 赞皇:李德裕曾封赞皇县伯。

[18] 张祜:唐诗人。字承吉,清河武城(今河北邢台清河)人。初寓姑苏,后至长安,被元稹排挤,遂至淮南。爱丹阳曲阿地,隐居以终。有"故国三千里,深宫二十年"等句。

[19] "声淙淙"句:谓流水声叮叮淙淙颇似琴瑟合鸣。

[20] 峭蒨:鲜明貌。左思《招隐诗》:峭蒨青葱间,竹柏得其真。

[21] 盘涡:即"盘涡",水旋转形成的深涡。

[22] 汪然:水漫漾貌。淳然:水明净清澈貌。

[23] 武陵:陶渊明有《桃花源记》,描述理想之国,其地在武陵郡(属古荆州)。

[24] 蟺蜷:盘曲貌。雌霓:即彩虹。

[25] 仲长公:即仲长统(179—220),字公理,山阳高平(今属山东微山县)人。《后汉书》本传载其对居宅的要求:"使居有良田广宅,背山临流,沟池环匝,竹木周布,场圃筑前,果园树后。"后遂成为阳宅选择的基本法则。

[26] 平泉:即李德裕所营之平泉山居。金谷:晋石崇所营之园名金谷。不翅:犹"不啻",不仅,何止。传舍:古时供行人休息住宿的处所。逆旅:客舍,旅店。

[27] 振缨驰毂:谓出仕。

[28] 仓琅根:装在大门上的青铜铺首及铜环。仓:同"苍"。葳蕤:枝叶下垂貌。借指锁。

[29] 阑:擅自。

[30] 济胜具:指攀越胜境、登山临水的好身体。典出《世说新语》。无具:谓身体不行。

[31] 邯郸:指黄粱美梦,典出《枕中记》。华胥:《列子·黄帝》:(黄帝)昼寝,而梦游于华胥之国……其国无帅长,自然而已;其民无嗜欲,自然而已……黄帝既寤,怡然自得。后用以指理想安乐之境。

[32] 轩冕:古时大夫以上官员的车乘和冕服。借指官位爵禄。

[33] 端敏:指秦金。方伯:指秦梁。秦梁曾官江西右布政使,因称"秦方伯"。中丞:指秦燿。

[33] 趣:古同"促",催促,督促。

[34] 东师:明嘉靖中,海寇曾一本、梁本豪等,纠众横行闽、广间,俞大猷会闽师夹击,三战皆捷,沉其舟三百余,斩首七百余,死水火者万计。秋荼:荼至秋而繁茂,因以喻繁多。

[35] 三事:三种官职。《书·立政》:任人、准夫、牧作三事。王引之:三事,三职也。九列:九卿的职位。

[36] 既望:十六日。

蓬莱阁并登州城记(五篇)

宋应昌 等

【提要】

本文选自《古今图书集成》职方典卷二八〇(中华书局 巴蜀书社影印本),《蓬莱金石录》(黄河出版社 2007 年版)。

登州(今蓬莱市)"东扼岛夷,北控辽左,南通吴会,西翼燕云",而蓬莱阁所处位置"艘运之所达,可以济咽喉;备倭之所据,可以崇保障;封豕靡所渔,长鲸罔敢吸",是"可以观要"之地,所以圮坏者当然要整修。

蓬莱阁是古代登州府署所在地,辖九县一州,是当时中国东方的门户。久负盛名的登州古港,是古代北方重要的对外贸易口岸和军港,与东南的泉州、明州(宁波)和扬州,并称为中国四大通商口岸,是我国目前保存得最好的古代海军基地。

蓬莱阁同洞庭湖畔岳阳楼、南昌滕王阁、武昌黄鹤楼齐名，被誉为我国古代四大名楼。蓬莱阁踞蓬莱市区西北丹崖山巅，由蓬莱阁、天后宫、龙王宫、吕祖殿、三清殿、弥陀寺六大单体及其附属建筑组成规模宏大的古建筑群，面积32 800平方米，统称蓬莱阁。

蓬莱与秦始皇访仙求药、八仙过海的传说连在一起，蓬莱阁也被抹上了一层神秘的色彩，因而古来便有“仙境”之称。

蓬莱阁的修筑始自宋代朱处约，并写下《蓬莱阁记》：“因思海德润泽为大，而神之有祠俾，遂新其庙（指龙王庙），即其旧以构此阁，将为州人游览之所。层崖千仞，重溟万里，浮波涌金，扶桑日出，霁河横银，阴灵生月，烟浮雾横，碧山远列，沙浑潮落，白鹭交舞，游鱼浮上，钓歌和应。仰而望之，身企鹏翔；俯而瞰之，足蹑鳌背。听览之间，恍不知神仙之蓬莱也，乃人世之蓬莱也。”苏轼来此任知州五日，留下“东海如碧环，西北卷登莱。云光与天色，直到三山回”。“郁郁苍梧海上山，蓬莱方丈有无间”等脍炙人口的诗文及手迹刻石，登州海市、蓬莱仙阁从此名扬天下。

宋代以来，蓬莱阁多有附建与增修。府、县《志》载：蓬莱阁第一次修缮在洪熙元年（1425）；第二次修缮在成化七年（1471）；第三次修缮、扩建在万历年间，山东巡抚李戴发起捐资，修缮增建，乡宦戚继光积极赞助，历时3年，万历十七年（1589）完工，约请曾任山东巡抚、时任兵部右侍郎的宋应昌作《记》。后又有三次小修：一修于都督卫青，再修于永安侯徐康，三修于左都御史宋应昌。崇祯时，登州参将孔有德叛明败走，其残部王秉忠仍固守登州水城，城破又退据蓬莱阁，蓬莱阁遭到严重破坏。崇祯九年（1636），新任太守陈钟盛进行了修缮。入清以后，蓬莱阁先后修建了三次，一是嘉庆二十三年（1818），知府杨本昌、总兵刘清，见高阁欲坠，危梯不登，筹划进行了加固重修。杨本昌作《重修蓬莱阁记》：“阁基凭旧，而壮丽逾前。阁外有回廊，东偏作室如舫，为登降所由。前两翼对启数楹，为憩息之所，皆昔无而今增。阁之东西宾日楼、海市亭皆久废而更立。唯避风亭不改旧贯，第易檐以为新。其他位置点缀，悉出总戎心裁指画，结撰自成。”二是同治五年（1866）七月，“风雨暴作，阁前山城忽坠十余丈，阁亦岌岌欲坠焉”，已调任沂州知府的豫山听说此事，“亟商之同志寅好，捐廉若干，并募诸绅商修之”。一年多以后，工程结束，“经一载有余，而城工毕，阁亦焕然一新焉。以苏公之旧祠狭隘也，移之三清殿后，又建屋三楹于避风亭西，名之曰‘澄碧轩’，盖以碧海澄清，金瓯巩固，乃可与文人学士歌咏升平也”。三是同治七年（1868），登州府同知雷树枚，建为“南北商舶而设”的灯塔于阁东北，取名“普照楼”，因为“郡城蓬莱阁，据丹崖山上，北与大小竹岛及长山庙岛遥遥对峙，为南北商船必经之路。每逢阴雨之夜，云雾渺茫，沙线莫辨，情惧夫误入迷津者之失所向往也”。此灯设立后，“庶几明光所在，帆樯宵渡可无迷途之虞”。灯塔后毁，1958年重修，加高过阁。

明朝的沿海诸省，经常遭受日本的海盗骚扰，海盗甚至侵入内地，所以从明朝初年起在沿海设立防御据点。海防据点的制度，分卫、所、堡、寨，重要地带设关隘，各营堡之间也设烽候报警。明朝初年，南起广东，北起辽东，共设卫、所181处，下辖堡、寨、墩、关隘等1 622所。明代中叶海盗入侵加剧，更增筑不少据点。山东蓬莱的备倭城即登州卫，是一座水军驻防地的水城，也是一座典型的海防城堡，城在丹崖山下。崖上临海建高阁——蓬莱阁，构成全城制高点。水城沿丹崖绝壁向南筑起，周围约3华里，中间是一个人工湖。水城的南门与陆路相通，北门叫水门，是出海口。水门设有巨大的闸门，平时闸门高悬，大小航船进出无阻；有事则放下闸门,切断海上通道。水门外东西两侧,各有炮台一座,互为犄角,控制着附近海面。水城初建于明洪武九年(1376),后经多次整修扩建,形成了一个完整严密的海上防御体系。戚继光曾在这里训练水军,指挥沿海的抗倭斗争,肃清了倭患。

蓬莱阁近代以来多灾多难,建国以后,国家多次拨款维修,至1965年,蓬莱阁古建筑群基本恢复原貌。

重修蓬莱阁记

明·宋应昌

按史,秦皇东游海上,登之罘[1],以冀与神仙遇。汉武时,燕、齐迂怪之士扼腕言:海上有蓬莱、方丈、瀛洲三神山之属,仙人可致[2]。帝欣然,庶几遇之[3],即其地以望蓬莱,则蓬莱阁之名实昉此焉[4]。

说者曰:兹名也,秦汉之侈心也[5],胡为乎沿之而以重修烦也?考郡乘,宋嘉祐时[6],守臣朱处约氏实创构之[7]。谓上德远被,致俗仁寿,此治世之蓬莱也。语具贞珉中[8],余览而旨之,叹曰:"知言哉!"古人一丘一壑不废登咏,矧此阁首踞丹崖[9],眺瞰沧溟[10],千折之槛,三至之阶,恍然出人间世,固域内一奇胜也,乌可无修。

在昔尧天海涵[11],寅宾日出[12],周波不扬,肃慎东来[13],爽鸠氏之所宅[14],管敬仲之所官[15],升降不知凡几,于海王之国仅一瞬也,可以观世。

风雨晦暝之潮汐万状,沙门、鼍矶、牵牛、二竹之楼台闪忽,鱼、龙、犀、蟒、象罔之出没无常[16],安期、羡门、紫芝、瑶草之若有若无[17],凭栏一睇,恫心骇目[18],斯诧奇吊诡之囿也[19],可以观变。

而乃观海褫襟[20],登高作赋,或明风于爰居[21],或辨物于楛矢[22],或寓言于齐谐[23],或侈谈于稗海[24],或赋子虚于见奇[25],成祷海市于志感[26],秀色雄乎涛声,逸思巧于蜃气[27],可以观材。

至若东扼岛夷,北控辽左,南通吴会[28],西翼燕云[29]。艘运之所达,可以济咽喉;备倭之所据,可以崇保障;封豕靡所渔[30],长鲸罔敢吸[31],可以观要。

抚时察变,度材修要。四者备,天下之大观矣,乌可无修。

'语有之'台以察氛祲、节劳佚[32],微独于目观美也。盖古之仁人君子,遐思逖览[33],罔不在民。记超然台则起物外之想,登岳阳楼则勤先忧之思,宁独骋盼望流光景为旷已乎[34]!若乃登兹阁者,纪纲之臣[35],肃其宪令;封疆之臣,宜其慈惠;文学之臣,藻其馨悦[36];将帅之臣,振其武略。俾物无疵厉、民无夭折[37],跻斯世而蓬莱之,庶几仁人君子之用心哉!

无论世无神仙,蓬莱政使有之,以方我大明盛治,摹唐型周[38],海静风恬,真人天境界,果何若也。抑方丈、瀛洲,君子固掩口不欲道耶!然则是阁也,修于治世尤亟矣。余固曰:知言哉,宋臣也。卑卑秦汉[39],从谀者流[40],奚置喙焉[41]。

是役也,前抚李公宪橄[42],经始稽费[43],则公课百余缗[44],乡官戚总戎输资百余缗,预办材辽左。会巡抚辽东顾公海檄兵道郝,返其值金,输木千金,艘运三年,财靡帑出[45],力靡民劳,规画宏敞,视旧贯什倍之矣。阁入国朝,一修于洪熙间[46],二修于成化七年[47],凡兹三修也。阁事竣,适不谷建节之初[48]。郡吏具状,守巡以请,金谓材美制巨,地胜名远,不可以不记也。于是乎记。

【作者简介】

宋应昌(1536—1606),字桐冈,明仁和(今杭州)人。嘉靖四十四年(1565)进士。历官山西、河南、山东、福建,后巡抚山东,逆料倭寇将有侵朝之举。万历二十年(1592),诏拜兵部右侍郎经略蓟辽、山东、保定等处防海御倭军务,赐尚方剑,仗钺援朝。宋应昌带兵踏冰渡江,二十一年二月六日兵围平壤,堵住三城门,布置铁蒺藜数层。经过两天激战,光复平壤。因为和战立场不同,宋应昌回国后请求解职回杭,隐居孤山。万历三十四年殁,但17年犹未葬,其功终不得白。丹心虽在,明史无传。生前编有《经略复国要编》。

【注释】

[1]之罘:山名。在今山东烟台市北。

[2]致:招致。

[3]庶几:或许可以,表示希望或推测。

[4]昉:起始。

[5]侈心:奢侈之心。

[6]嘉祐:北宋仁宗年号,1056—1063年。

[7]朱处约:生卒年不详。原为司封员外郎,嘉祐五年(1060)知登州。第二年首建蓬莱阁。

[8]贞珉:石刻碑铭的美称。

[9]矧:音shěn,况且。

[10]沧溟:大海。

[11]海涵:如海一样的包容。比喻人度量大。

[12]寅宾日出:敬迎日出。

[13]肃慎:古国名。中国古代东北民族。

[14]爽鸠氏:史载,少昊时爽鸠氏居营丘(今山东昌乐)。《太平寰宇记》载:"昌乐东南五十里营丘,本夏邑,商以前故国。当少昊时有爽鸠氏,虞夏时有季则,汤时有逢伯陵,周以封太公于营丘。"

[15]管敬仲:即管仲。名夷吾,谥曰敬仲。春秋时期齐国颍上(今安徽颍上)人,史称管子。经鲍叔牙推荐为齐国上卿(即丞相),辅佐齐桓公成为春秋时期的第一霸主,被称为"春秋第一相"。

[16]象罔:典出《庄子》,寓言中的人物,没有器官、声色和思虑。此指说不出名字的水生动物。

[17]安期生:一名安期,人称千岁翁,安丘先生。琅琊人,秦汉期间燕齐方士活动的代表人物,黄老哲学与方仙道文化的传人。道教视安期生为重视个人修炼的神仙。羡门:古代传说中的神仙。《史记·秦始皇本纪》:"三十二年,始皇之碣石,使燕人卢生求羡门、高誓。"裴骃集解韦昭注:"古仙人。"紫芝、瑶草:古人想象中仙境的花草。

[18]恫心骇目:犹心惊目跳。形容震动非常大。

[19]诧奇:惊奇,诧异,吊诡:奇异,怪异。

［20］摅襟：犹摅怀。抒发情怀。

［21］爰居：海鸟名。《尔雅·释鸟》："爰居，杂县。"邢昺疏："爰居，海鸟也。大如马驹，一名杂县。汉元帝时，琅邪有之。"

［22］楛矢：用楛木作杆的箭。楛：音 hù。《国语·鲁语》："有隼集于陈侯之庭而死，楛矢贯之。"

［23］齐谐：书名。《庄子·逍遥游》：齐偕者，志怪者也。

［24］稗海：犹杂说、见闻录之类书籍。

［25］子虚：指不真实的事情。

［26］志感：记述所感。

［27］蜃气：指海市蜃楼。

［28］吴会：指吴、会稽二郡。

［29］燕云：泛指华北地区。

［30］封豕：大猪。喻贪暴者。渔：谋取，掠夺。

［31］长鲸：大鲸，喻巨寇。

［32］氛祲：雾气。喻战乱，叛乱。祲：音 jìn，不祥之气。

［33］遐思迭览：遥想远望。遐、迭：远。

［34］旷：开朗，心境阔大。

［35］纪纲之臣：犹帝王辅佐之臣。

［36］藻：绘饰。鞶帨：音 pán shuì，腰带和佩巾；又喻指雕饰华丽的辞采。

［37］疵厉：粗劣。

［38］摹唐型周：犹可比盛唐姬周。

［39］卑卑：平庸，微不足道。

［40］溲：音 xiao，小。

［41］置喙：插嘴，参与议论。

［42］宪檄：旧称上官所发檄文的敬词。

［43］稽费：核计费用。

［44］公课：指赋税收入。

［45］帑：音 tāng，指国库。

［46］洪熙：明仁宗朱高炽年号，1424—1425 年。

［47］成化七年：1471 年。

［48］不谷：自谦词。建节：执持符节。古代使臣受命，必建节以为凭信。

蓬莱阁阅水操记

清·徐 绩

登州北濒大海，其山曰丹崖，其最胜者曰蓬莱阁。士大夫晏游歌咏必集其处。盖不独海市幻形，荡摇万象，有珠宫贝阙之奇[1]，而风帆沙屿灭没于沧波浩淼之区，云物诡殊，顷刻百变，意古高世隐德之士[2]，若安期、羡门之徒[3]，犹有往来栖息于是中者。

明季，倭犯朝鲜。登州外接重洋，距朝鲜不远，故御倭之制为特备，既于城北增筑水城。而水师兵额最广,至分营为六[4]。近制但有前营,设兵六百余名,分南、北、东三汛[5]。

百数十年来,海波安息,民生不见有犬吠之惊,反得依巨浸为天堑,而鱼盐蜃蛤不待他仰而足[6],黄发垂髫[7],皆熙然自遂其生[8],岂非国家声灵遐暨[9],寰海咸宾,吾民父子祖孙,其涵濡于郅治之泽者[10],为已深哉!

闲尝按图考志,得故学使施闰章《海镜亭记》[11],谓此亭先朝台使者阅水师处,而讶今武备之不讲也久矣,辄为之低徊三复,感二百年来前后事势之异,而叹本朝之治化为独隆[12],又念吏兹土者荷圣化之骈蕃[13],得优闲岁月,苟禄以冒迁者[14],亦复不乏其人。是则登览之余,又可以动旷官之戒也[15]。

三十七年秋,余以阅兵至此,得游所谓蓬莱阁者,于焉勤习水师,纵观诸战艘扬帆捩舵[16],往来驶疾之纷纷。而总戎窦公复募善水士,教以蹴波列阵[17],跃入深潭,计三四丈余,而腰以上不没,藏火药具于帽檐旁侧。忽焉炮声四起,与洪涛声砰訇互答[18],烟幕重溟,回风环卷,云瀚雾乱[19],满望迷离。已复各出牌刀,相斫击撇[20],复左右出没如神,余为目眩者久之,爰加厚赏,以旌其能。窦公特请余为文记之。余既际本朝治化之隆,幸斯民得生海不扬波之盛世,又嘉窦公之勤于其职,而余得藉是以讨军实[21]。时训练庶非无事而漫游者,公又检得大小炮位五十四[22],具为故时兵琐所不载[23],一一稽其在处而籍书之。此皆海防军政所关,于事为可书者,遂不辞其请,而为之记。

若夫写云涛之壮观,而肆登览之奇怀,前人之所述者侈矣,余又何以加焉。

按: 本文选自《蓬莱金石录》(黄河出版社2007年版)。

【作者简介】

徐绩,汉军正蓝旗人。乾隆十二年(1747)举人。入仕途累迁山东按察使、工部侍郎、乌鲁木齐办事大臣、山东巡抚、河南巡抚、礼部侍郎、大理寺少卿等。嘉庆十年(1805)辞官,享年80余。

【注释】

[1]珠宫贝阙:用珍珠宝贝做的宫殿。形容房屋华丽。

[2]意:想。高世:出尘离世,清高脱俗。

[3]安期、羡门:指安期生和羡门。均为古代传说中的仙人。

[4]按:原注:明季,登州水师有左营、右营、中营、游营、平海营、火攻营。

[5]汛:清代兵制名称。清代军队分为八旗兵和绿营兵。绿营兵以"镇"为基本单位,作为全国各大镇戍区的基础,设总兵1员,为镇的主将。总兵之上设有提督,用以节制一省或数省区域内的各镇总兵;又有巡抚,其兼提督者有权节制各镇。巡抚、提督之上,又设总督,用以节制一省或数省区域内的巡抚、提督和总兵,为该区域的最高军事长官。各镇绿营兵按协、标、营、汛编制。总督、巡抚、提督和总兵,都各有直属亲兵,统称本标,分称总督标、巡抚标、提督标、总兵标。标辖2—5营,分称中、左、右、前、后营,居中镇守,以备征调。凡副将所属之兵称协,是协守要地的部队,按防守地的重要程度编配数十至千余人不等的营,以守备地命名,由参将、游击、都司、守备分别统领。次要地区设汛,每汛数人至数百人不等,由千总、把总统带。

[6]他仰:指仰依他人、他处。

[7]黄发:老人。垂髫:古代儿童不束发,头发下垂,故称。

[8]熙然:和乐貌。

[9]声灵:声势威灵。遐暨:及于远方,到达远方。

[10]涵濡:滋润,沉浸。郅治:大治。

[11]施闰章(1619—1683):字尚白,一字屺云,号愚山等,后人也称施侍读、施佛子。宣城(今属安徽)人。顺治六年(1649)进士,授刑部主事,历员外郎,擢山东提学佥事,调江西布政司参议。康熙十八年(1679),授翰林院侍讲,纂修《明史》。康熙二十年(1681),任河南乡试正考官,二十二年(1683)转侍读。有《学余堂文集》《试院冰渊》等。

[12]治化:谓治理国家,教化人民。

[13]軿幪:音píng méng,本指帐幕。后亦引申为覆盖。

[14]苟禄冒迁:犹尸位素餐,徒有其官。

[15]旷官:空居官职。指不称职。

[16]捩:音liè,扭转,转动。

[17]蹴:踏。

[18]砯訇:音pēng hōng,大水声。

[19]云瀚:云气四起。

[20]斫击撇:均为搏击动作。

[21]军实:军队中的器械和粮食。

[22]奅位:炮位。奅:音pào,此同"炮"。

[23]兵琐:记载海防军政的册子。

重修登州府城记

清·谢肇辰

咸丰十一年二月[1],余奉简命[2],知登州府事。时颍、亳捻众数万,渡河北犯,骎骎逼登界[3]。郡人大震,余既受事,周视城垣,则圮坏者过半。乃率属吏集士民告之曰:"贼且暮且至,城坏曷以守[4],今必新之,诸君家室皆在焉,请各输资助工。"太守且捐俸为倡,士民踊跃从命。

于是量袤延,度高卑,揣厚薄,购物料,计财用,募徒役。至孟夏始克兴工。城周九里,以事之急也,画分为四,并力修筑。及秋,南捻两寇登郡,时城已完十之九。守卫粗具,人恃以无恐。乡民避寇至城下者,悉开门从之,人所全活以数万计。贼窥伺者,屡以城坚,不敢逼,遂走。至十月城竣,十一月楼橹完缮。计其用,凡为钱二万三千余缗,其出入皆以郡士大夫主之,胥吏不得预,故工长巨而费省。

既蒇事[5],郡人请为之记。余曰:"斯城之修,所全实大,夫岂余功,抑亦士大夫之力。虽然,余之志不仅是也。余奉天子命,来守郡。郡之属邑凡十,皆余责也。余欲十邑之民,相与戮力[6],度地势而筑之堡,简丁壮而授之兵;教之以忠义,申之以节制;无事则散而耕,有事则聚而守;缓则各备其地,急则互为声援。使寇不敢窥吾境,而民不失其业。然后上有以供正赋,而大义明;下可以保室家,而生养遂。为民至计,无以逾比!而受任仓卒,大寇逼至。不得已,先其近且急者,而托始于斯城。逮城之竣也,余已奉讳去官[7],不得竟吾志。后之人,必有以处之。士大夫若思报国恩,惩毖后患,率其子递奉上之令,以善其后,则所望也。若矜矜焉侈[8],一城以为功,岂余之意哉?"众曰:"敢不奉教,请即书此于石。"乃记之。

按:本文选自《蓬莱金石录》(黄河出版社 2007 年版)。

【作者简介】

谢肇辰,生平不详。

【注释】

[1]咸丰十一年:1861 年。

[2]简命:选派任命。

[3]颖、亳:今属安徽。捻众:指捻军。駸駸:音 qīn,马跑得很快,迅疾。

[4]曷:音 hé,怎么。

[5]葳事:谓事情办理完成。葳:音 chǎn,完成,解决。

[6]戮力:协力,通力合作。

[7]奉讳:谓居丧。

[8]矜矜:自大、自夸貌。

附:重修蓬莱阁记

清·杨本昌

登州北门外有水城,水城北垣跨丹崖绝壁,俯看潮汐,女墙内有若城楼者,曰蓬莱阁,实与首县同名。盖昔人摭取三神山名以名县,又名阁云。神仙之说,诚不可为典要,然而天海空明,岩岫窈冥,人烟缥缈,自是尘外异境,名亦宜之。

嘉庆戊寅,余自刑部来为郡守。一日,与县令谈君共陪总戎刘松斋将军跻丹崖,望瀛海,而高阁欲坠,危梯不登,盖创建八百载,零落二百秋。总戎慨然倡议修旧。余对曰:"守土之责,固其废坠是为。"谈君亦曰:"属在邑境内,敢不良图。"遂参语许诺。商功庀材,克日经营,输木镪金,无间远迩,择人赋事,广集贤能。惟是余与谈君皆有民事,不获朝夕视功;而总戎以操防余晷,上下丹崖,躬亲监造,寒暑不休,于己卯六月初一经始,至本年九月初九日告成,总戎未尝间一日不来。阁基凭旧,而壮丽逾前。阁外有回廊,东偏作室如舫,为登降所由。前两翼对启数楹,为憩息之所,皆昔无而今增。阁之东西宾日楼、海市亭,皆久废而更立。唯避风亭不改旧贯,第易檐以为新。其他位置点缀,悉出总戎心裁指画,结撰自成,美哉功乎!

总戎今海内伟人,壮岁以文名为循良吏,而常论兵传剑,嘎喑戎马之郊。至白首请缨,开幕府,拥貔貅,而更儒衣缓带、雍容雅歌云海之间,始为文臣而能武,晚为武臣顾好文,岂贤者顾不可测欤!

余谓登州,地僻而民风淳,土薄而人情厚,士贵诗书无奇邪之说,民安农贾无险诐之行,车马不远通于淫物,酒浆不夜聚于灵巫,富民不结客于千里,豪杰不著名于图书。是以巷无居人,狗吠不惊,而总戎得以优游坐镇,燕处超然。讪指生平宦游所至,无如蓬莱阁上最乐,虽自谓神仙中人不啻也。然则总戎虽贤,若非驻蓬莱之乐土,亦犹未必能纵情文雅若此,此其可美也。

阁甫告成,总戎奉命移镇曹州,出南门,回首望云中栋宇,如从三神山侧风引而去,宾从惝况,马足踟蹰,岂为一阁恋若此? 毋亦怀乐民风之美,不胜言别之难也? 总戎虽不治民,而受代当去,尚犹顾念民风,怀乐而已,况余与谈君得与民休息而至今留者欤? 于是览杰阁之新作,怀名贤之旧游,而喜斯民之可与经始,可与乐成,可与相保于无穷,遂援笔而记之云。

诰授朝议大夫己未科进士前刑部郎中登州府南宁杨本昌撰。大清嘉庆岁次己卯九月。

按:选自《蓬莱金石录》(黄河出版社 2007 年版)。

重修蓬莱阁记

清·豫 山

郡城之北有城焉,明之备倭城也。城北面踞丹崖山,下临大海,高凡十余丈。上有蓬莱阁焉,旧为海神广德王祠,苏文忠公守登州时,祷于此而见海市者也。阁建于宋嘉祐中,太守朱处约就海神祠旧基构之。明洪武九年,始因阁下丹崖山为城,城周匝不过三里,而与郡城相犄角。筹海防于此,盖有深意焉。自朱太守建阁为州人游览之所,而苏公以一代名贤为之提唱《海市》一诗及《海上书怀》诸作,翰墨流传,更为海山增色,一时缙绅先生咸爱惜而珍重之。有明三百年间,一修于大都督卫公青,二修于永康侯徐公安,三修于大中丞宋公应昌。迄崇祯五年,毁于兵,太守陈钟盛又重建之。虽其时兵燹频仍,海氛不靖,而名卿大夫讲武之余,犹谈风雅,此蓬莱阁所以至今存也。

方今海宇廓清,四夷宾服,士君子来游于此,睹其山川之壮丽,声名文物之美且都,未尝不太息久之,窃羡文忠旧泽,千载下犹有存者。顾令野蔓荒榛,日滋芜秽,烈风淫雨,时肆摧残,致使登此阁者慨叹。夫陵谷变迁,不等于磐石苞桑之固;词章湮没,莫留夫吉光片羽之遗,非惟坐镇是邦,昧昔人安不忘危之旨,抑何以振兴文教上绍眉山遗徽耶?

余以壬戌仲冬来守是郡,公余之暇登斯阁,谒苏公祠宇,见其丹青零落,轩宇倾颓,为之耿耿于怀,思有新之,而病其工程浩大,力有未逮也。上年七月,风雨暴作,阁前山城忽堕十余丈,阁亦岌岌欲坠焉。郡人来告于余,余恐城坏而阁亦坏,一方之名胜既湮,一方之潘篱且因以不固也。亟商之同志寅好,捐廉若干,并募诸绅商修之。择城中绅士之公正者陶、王二君董其事,以参军章君嗣曾、少尉倪君□监理之。经一载有余,而城工毕,阁亦焕然一新焉。以苏公之旧祠狭隘也,移之三清殿后。又建屋三楹于避风亭西,名之曰"澄碧轩"。盖以碧海澄清,金瓯巩固,乃可与文人学士歌咏升平也。落成之后,因以是记之。

知登州府事世襄二等轻车都尉前工部郎中长白东屏豫山撰并书。

大清同治六年岁次丁卯嘉平月立。

按: 选自《蓬莱金石录》(黄河出版社 2007 年版)。

游泗上泉林记

明·于慎行

【提要】

本文选自《济宁运河诗文集萃》(山东济宁市政协文史资料 2001 年编)。

"城东十里,舣于鲍庄之泉。泉出山下,曲折北流,得磐石,数十武平如驰道。水布其上,可罗胡床八九。置几而饮,水声如鸣玉出于床下,固一奇观也。"这就是泗上泉林。泗上泉林胜景自古以来吸引了大量观者。周游列国的孔子来到泉林,站在陪尾山下的泉源上,面对昼夜川流不息的泉水,慨然叹曰,"逝者如斯夫,不舍昼夜"(《论语》)。

泗水诸泉当中流量最大的为泉林泉群,有"名泉七十二,大泉数十,小泉多如牛毛",昼夜涌流不息。据测算,泉群流量 1.35 立方米/秒,还有潘坡、石漏、东岩店、鲍村、安山、珍珠、玉沟等泉群,总涌流量达 4 立方米/秒,是名副其实的"中国泉乡"。"盖泗水之东至于陪尾,泉之籍都水者,以数十计。其上皆有高柳数行,参差萦绕,与水石争秀",作者感叹,"不可遍观,观亦不能记也"。

自古胜景处必有寺庙,泗上泉林亦不例外,"泉林者,出陪尾山下,其中为寺,山之左右出泉,夹寺环之一匝"。

明清以来,到此揽胜的皇帝、官员络绎不绝。据南巡《盛典》载,1684 年,康熙东巡至曲阜朝圣,曾来泉林驻跸。后南巡,在此建泉林行宫。而乾隆南巡、东巡共9 次来泉林。每次到泉林驻跸,少则 5 天,多则 10 天,常趁酒后余兴,赋诗咏泉,共作诗文 150 多篇,楹联 15 副。除建泉林行宫外,康、乾还在泗水城北中册村东修建行宫一处,该建筑群咸丰年间毁于火灾。

1994 年起,当地政府为了保护泉林泉群,开始投资进行保护开发建设,恢复了大量景点。赑屃碑、石舫、御桥、古银杏树、子在川上处、古卞桥、古卞城遗址等多处遗迹得到恢复,红石泉、珍珠泉、响水泉、黑虎泉、趵突泉、双睛泉、淘米泉、朝阳泉、洗钵泉等又开始喷涌。

万历辛巳四月[1],予从孟淑孔柱史东谒阙里[2],展礼既竣[3],乃游泗上。出曲阜故城百武,杜宪伯从殷父自东方来[4],车从甚都[5],适与客遇。客从驴背上厉声呼:"下车!"问主人避客状。从殷大笑:"君即幸而过泗上,不呼主人,安能飞度[6]? 客第行矣[7]。"已[8],予等东行,憩于少昊之陵[9],而杜君从西返,过谓余等:"吾且先驱,为客治十日具,客毋庸辞。"薄暮,至泗水,投袂而入杜君舍也[10]。盖是日,杜君为客驰百二十里未敢尝食,而予与杜君别且十年,相见道故旧,为欢若梦寐[11]。孟君悫甚,犹能鼓一再行而寝[12]。

厥明[13],同如泉林,杜氏二从长君太学、季君茂才同行[14]。杜君亦舍车乘驴,踉跄欠伸[15],状如飞鸟,且行且相顾笑。出城东十里,觞于鲍庄之泉,泉出山下,曲折北流,得磐石,数十武平如驰道,水布其上,可罗胡床八九[16]。置几而饮,水声如鸣玉出于床下,固一奇观也。又东数里,觞于石窦之泉,其状:山下一坎[17],坎石壁立,横衔一窦,大如瓮口,水喷其中,雪涛矢激,如出车毂下欤[18],石窦旁有折峡[19],孟君悬绠而下[19],取蠡承窦中水,一漱而出[20]。又东数里,觞于赵庄之泉,其状平地为一石池,深广丈许,泉出其中,泓渟无声[21],其色绀碧[22],流而出池。又为石渠,曲折宛转,可数十步。滥觞而饮,援琴鼓之,有鳝长尺,凝然出听。土人曰:"泉故无鱼。"异之。此去泗水二十里,日已下春[23],三醉而抵长君别业宿焉[24]。盖泗水之东至于陪尾,泉之籍都水者以数十计[25],其上皆有高柳数行,参差萦绕,与水石争秀,不可遍观,观亦不能记也。

厥明东行,道旁诸泉不及瞩目,日中息嘉树之阴。又东数十里,过卞子之城[26],城不高大,居人繁殖[27]。城东有桥,而东溯水三里,则泉林也。

泉林者,出陪尾山下,其中为寺,山之左右出泉,夹寺环之一匝。泉之名二十有五,厥数倍之。寺右为山之西面,泗渊之泉出焉。其状为石洞,洞门高二尺许,其水渍瀑沸腾[28],汹汹礚礚[29],如决渠堰,汇而为池,渰漫黝深[30],颒溶滉漾[31]。折而西流,趵突之泉出焉,由洞门直泻,埒石窦而大[32]。又流而西,玉波之泉出焉,从平地上起,如浡水之源而小[33],汇而为渠,悠然长迈,其清见底;水中小石平布,赪丹缥碧[34],五色耎炽[35],与水争奇,日光射之,如绘如织。泉多石刻,予庋其一[36],梁之,解衣而枕其上。水声淙淙,籔如转轮[37],泠如鸣玉,溅如珠万斛,悬如匹练[38];人影下窥,如入玉壶,若有若无;木叶萧森,天光沉浮。急呼大白[39],啸歌沉冥,不知有人间世矣!

起而过寺之左,泉出平地,或三或两,布如列星,各为一溪,更相灌注,纵横交互,绮错脉分[40]。林麓黝儵[41],大木千章,非楸非梧,轮囷离奇[42],拥肿附著,如芝如菌,如鸟雀巢,效奇呈巧,务为相胜。而其支干下垂,又往往如虬龙盘蟉[43];其根上搏,又若相噬。或横架溪上以通往来,曰"浮槎渡";或出面临水,房蹲鼎峙,上坐数人,水流其下,曰"蟠木矶"。予与杜君坐蟠木上,二仲与客坐浮槎。或卧,命仆从上流放杯,折枝钩之;夕阳满川,藉以砂石,映为红流,与霞相混,而旁顾乃不见。孟君则从一客校射林中[44],薄往观之,射颇得隽[45]。已而罢酒,佛子导余蹩蹂行蔓草中[46],遍走诸泉,如紫英、白石、莲花、鸣玉、琵琶、五星之类,皆为说其名义,至不可记,而寺则颓矣!主人肃入使馆[47],饭而命榻。予不能舍泉,出卧庋石之上,水声咙耺[48],月光在波,如流华灯,煜煜不定[49]。返而就寝。

明旦,再酹泉上,命仆取文石怀之[50],溯游而出,洲渚合沓[51],林木翳蔚,矩旋句曲[52]。将穷,复有林尽天开,回首茫然,如出桃花源也。

过下桥,西三十里,觞于杜曲之泉,泉即长君别业。南岸大木四本[53],可蔽牛马。杜君酌而属客[54]:"此吾家泉,请供卮酒。"又西二十里,觞于珍珠之泉。泉大盈亩,其深没枪,氿沤自中出于水上[55],状如吐珠,至是醉矣。日暮,过泗城南,宿于季君别业。

于子曰:予游泗上,问水所从来,盖出雷泽云[56]。泽方数十里,春夏水拍空,秋冬则涸。其涸也,如雷鸣,一夕而竭。水溢陪尾山下,为泗诸泉,常有泽中器物浮出,斯已神矣。我国家都冀,泗上诸泉北接汶洸,南接河淮,通漕数百里,厥功茂焉,故设都水使者主之。然其祇不列于渎,故无秩祀[57],环堵之宇,夷于丘榛,斯河臣所宜讲也[58]。辛巳四月十日记。

【作者简介】

于慎行(1545—1608),字可远,又字无垢。山东东阿人(今属平阴县)。中进士后,授翰林院编修官。万历初年,升为修撰,参编《穆宗实录》,遂破例以史官充日讲官,侍讲侍读学士。万历年间任礼部尚书、东阁大学士。一生笃实、忠厚、正直,受到朝野上下的尊重。"学有原委,淹贯百家,博而核,核而精"(《明史·于慎行传》)。有《史摘漫录》《谷城山馆文集》42卷,《谷城山馆诗集》20卷,《读史漫录》14卷,《谷山笔尘》18卷。

【注释】

[1]万历辛巳:万历九年,1581年。

[2]孟淑孔:名一脉(1535—1616),别号连珠。平阴县(今属山东济南)人。于慎行同乡。隆庆五年(1571)进士,授山西平遥知县。均土地,减赋税,组织开垦荒地800多顷。在平遥为官5年,开荒积粮10万石。他还修学宫,培养选拔人才,以廉洁能干升任南京御史。万历六年(1578),上书请召直谏诸臣回京,被削职为民。万历十一年官复原职,又上书皇帝"减宫女,开言路,重教化,禁淫侈,习战守",贬为建昌推官。到任后,他丈量土地,梳理屯政,救济饥民,政绩卓著,迁南京右通政。因病回乡后,常与于慎行一起游山玩水,写诗论文。万历四十一年(1613),任为右金都御史,巡抚南赣。3年后,迁左副都御史。还未任命,有人告其纵子骄横,以病辞归。柱史:此谓监察御史。孟曾任南京御史。阙里:孔子故里。在今山东曲阜城内阙里街。因有两石阙,故名。

[3]展礼:犹行礼,施礼。

[4]杜宪伯:字从殷。父:同"甫"。刚刚。

[5]都:美好。

[6]"飞度"句:意谓到我们泗水游玩,不叫上我这个主人能去得成吗?

[7]第:次第。此谓客人先行,我马上回来。

[8]已:谓会面毕。

[9]少昊陵:在曲阜城东。少昊:相传为黄帝之子,华夏部落联盟首领,也是东夷族的首领。

[10]投袂:甩袖,谓立即行动。作者称赞杜君办事神速。

[11]梦寐:梦中、梦境。

[12]鼓:弹。行:行列。此谓曲调、乐曲。

[13] 厥:其。

[14] 长君:犹言老大。季君:犹言老小。

[15] 欠伸:疲倦时打哈欠、伸懒腰。借指扬手伸臂的动作。

[16] 胡床:一种可以折叠的轻便坐具。又称交床。

[17] 坎:坑。

[18] 折峡:曲折的峡谷。

[19] 绠:音 gěng,汲水用的绳子。

[20] 蠡:瓠瓢。漱:含水荡洗口腔。

[21] 泓淳:水深貌。

[22] 绀碧:天青色,深青透红色。

[23] 下春:谓日落之时。

[24] 三醉:指在鲍庄泉、石窦泉、赵庄泉三次饮酒。

[25] 籍:籍册。此谓登记在册。都水:官名。秦有都水长、丞,掌管陂池灌溉、保守河渠。

[26] 卞子:春秋时人,名庄。以勇武著名。食邑于卞,位于泗水县东。

[27] 繁殖:谓众多。

[28] 濆瀑:指水喷涌跌落。濆:音 pēn,古同"喷"。

[29] 汹汹:水腾涌貌。

[30] 盒漾:音 yūn wān,水回旋貌。

[31] 澒溶:音 hòng róng,水深广貌。滉瀁:音 huàng yǎng,水深广貌。泛指光、影等摇动、晃荡。一说谓(水)广阔无涯。

[32] 埒:音 liè,齐,等。

[33] 泺水之源:指济南市的趵突泉,泉水北流为泺水,泉又名泺源。

[34] 赪丹:鲜红。赪:音 chēng,红色。

[35] 炜炽:形容光采赤红如火。炜:音 xì,大红色。

[36] 庋:音 guǐ,放器物的架子。此作动词。

[37] 欻:音 xū,快速。

[38] 匹练:谓成匹的长幅白绢。

[39] 大白:酒杯名。《说苑》:"饮不釂者,浮以大白。"刘良注:大白,杯名。

[40] 绮错:纵横交错。

[41] 蓼儵:茂盛貌。儵:音 yǒu。

[42] 轮囷:盘曲貌,硕大貌。

[43] 盘蟉:蜷弯盘曲。蟉:音 liú,蜷曲。

[44] 校射:比试射技。

[45] 隽:鸟肉肥美。

[46] 蹩躠:音 bié xiè,盘旋起舞貌。

[47] 使馆:客馆。

[48] 哤聒:嘈杂。

[49] 煜煜:音 yù yù,明亮貌。

[50] 文石:色彩美观的石头。

[51] 合沓:聚集,重叠。

[52] 矩旋句曲:谓道路曲折。矩:曲尺。句:同"勾",弯曲。

[53] 本:棵。

[54] 属:通"嘱"。

[55] 氿泅:泉中气泡。

[56] 雷泽:亦称漏泽。在泗水县东,"泽方十五里,渌水澄渟,石穴通透,酾为灵渎,发于陪尾。今在泉林寺内,四泉同发,故谓之泗水"。(《四库全书·山东通志》)

[57] 衹:音 zhǐ,通"只"。秩祀:依礼分等级举行之祭。

[58] 讲:指反映情况。

议义州木市疏

明·李化龙

【提要】

本文选自《明经世文编》(中华书局 1962 年影印本)。

义州木市,万历二十三年(1595)设,木市地址在大康堡、太平堡。蒙古人的一支敖汉部驻牧地,位于距义州(今辽宁省义县)西边墙约 200 千米的地方。二十三年开始,敖汉部之祖岱青杜楞(史料中常称"小歹青")所部经常在义州西边墙的大康堡同明朝进行互市贸易,持续三年,二十六年停止。

万历二十三年(1595)四月,小歹青派遣使者到义州,要求重开木市。为论证重开木市的可行性,辽东巡抚李化龙疏述道,嘉靖三十年(1552),小歹青伊祖栢哥已在义州之"大康、大平二堡边外住牧年久,以为地方属夷"。当时还与明朝进行贸易,"大虏达贼头目得知,怒其内向,带领众贼将栢哥等杀回",木市贸易因此停止。到万历二十三年小歹青要求重开木市的时候,已经时隔 43 年。

察哈尔万户敖汉部的首领小歹青一直是辽东边外明朝最头痛的对手之一。"小歹青者,素以凶狡雄长诸酋。且其巢穴当众虏之中,北结土酋,为其心腹耳目。西助长昂,东助秒花诸虏。大举动以数万,无所不窥。小窃则飞骑出没于锦、义之间,如鬼如风,不可踪迹。该地将领自周之望、栢朝翠战殁,继之者摇手相戒,无敢以一矢相加遗。年来,凌河上下方数百里,野多暴骨,民无宁宇,连阡沃壤,弃为瓯脱。"李化龙甚至说:"小歹青不死,辽左之忧且未艾。"

万历二十三年事情突然有了转机,"自今岁入春以来,此酋数数遣使叩关求市"。小歹青欲用车运木至广宁关市贸易,但是由于山路崎岖,运输不便,希望顺大凌河放木到义州大康堡交易。李化龙遍询将领、居民及熟悉边事的士人,都认为木市可行。原因主要有:第一,有"旧例"可循,小歹青"伊祖"嘉靖三十年曾经在在大康堡进行过相同的贸易。第二,木市于明朝有利,木市对于"河西之材木贵于玉"的锦、义地区有利无害。第三,小歹青之"求款"真诚,"无他"企图。第四,也是最重要的,木市贸易可以让小歹青不再抢掠,不再帮助土蛮等其他蒙古。他还说,木市地点"宜在义州大康堡以近凌河,且先年故处也。其期岁春秋各一,春以三四月,秋以七八月,水方盛,便放木。且非大举之时,无他变也。每季市不过三五次,人不过五六百,便防闲也"。

神宗同意了李化龙的请求。

本年四月内,据通事胡以平于礼禀称西夷酋首小歹青,要赴广宁关市买卖领赏,仍采取木植用车装运[1]。因山阻赴关市不便,要从大凌河顺水放至义州大康堡边墙开市场,与军民交易等情。随经备行分巡道会同锦义将领查议去后,令据分巡辽海东宁道、兼理广宁等处兵备、右参政王邦俊呈称行准管义州参将事副总兵李如梅手本[2]开称,行据义州备御卢得功会同本营中军杨应元呈称,查得嘉靖三十年间,小歹青伊祖栢哥带领达贼二千余骑,在千大康、大平二堡边外住牧年久,以为地方属夷,上边讲易木植买卖。当有前任参将王重禄因栢哥原系属夷,本城尚有三千精健兵马,足堪防御,准令军民人等各驮米粮与栢哥止换木植二三次。原无设立关口市圈,亦无请动官钱,后前夷被大虏达贼头日得知,怒其内向,带领众贼将栢哥等杀回,至今再无买卖。

今照小歹青既要从大康堡凌河放木买卖,似亦旧例,但诸夷入市。不当散乱,须有一定关口。其关口应设大康堡久安台迤西风口岭地方,亦当有木场马圈,应设本堡正西门河东岸。其驾驭官应添提调官一员,即驻本堡专管木市事务。防范兵马,本城育马官军家丁,除公差塘砲等项外,见在不满八百,委属不足,请乞合无于别营量拨劲兵一枝以防不虞。每岁春秋二季,每季按月三五次,准其出入交易,以复先年旧例等因。

又准锦州前任游击刘仲文手本,开称查得锦州嘉靖初年夷人互市,在于大镇堡镇边山大福堡、卧佛寺二处,通夷买卖。后遇年荒,大虏屡犯,屯民十室九空,夷市禁止。及查锦州各边山险陡峻,树木稠密,兵马单弱,防护不便,似难开市等因,各回复到道,并将缘由回报到臣。

又经移文镇守总兵董一元查议相同,及称抚赏酒肉等物,责令守堡官备办,不必另设提调缘由。回复前来,该臣会同总督蓟辽保定等处军务兼理粮饷经略御倭都察院右都御史兼兵部右侍郎孙𬭁,镇守总兵官太子太保左都督董一元,巡按山东监察御史宋兴祖,议照环辽而穴者皆虏也。迤比土蛮种类多不可数勿论,即近边者,直宁前则长昂[3],直锦义则小歹青,直广宁、辽沈则把兔儿抄、花花大诸酋,直开铁则伯言儿、煖兔诸酋;其在东边海西,则猛骨孛罗、那林孛罗、卜寨诸酋;建州则奴儿哈赤、速儿哈赤诸酋[4]。以上酋虏无虑数万,凡皆与辽地相错如绣,人项昔相望,并墙围猎则刁斗剑戟之声相闻。盖肘腋腹心之忧也。

自那卜二酋被剿,奴速两儿受抚,数年来东垂无事。去岁把兔伯言儿战死,抄花花大一败涂地,今年伯言之子宰赛受罚,入市广宁、辽、沈、开、铁间警报渐希,所未驯伏者惟有长昂小歹青耳。而小歹青者素以凶狡雄长诸酋,且其巢穴当众虏之中,北结土酋,为其心腹耳目,西助长昂,东助抄花诸虏。大举动以数万,无所不窥,小窃则飞骑出没于锦、义之间[5],如鬼如风,不可踪迹。该地将领自周之望、栢朝翠战殁[6]，继之者摇手相戒，无敢以一矢相加遗。年来凌河上下方数百里，野多暴骨，民无宁宇，连阡沃壤，弃为瓯脱[7]。远虑者每以河西不保为虞。

臣化龙在事以来，数为之辍食而叹，谓"小歹青不死，辽左之忧，且未艾也[8]。"

乃自今岁入春以来，此酋数数遣使叩关求市，每来则献人口二三十名，最后以其喇嘛僧送被虏生员薛天成来。臣与镇臣庭诘其僧，僧言歹青厌兵矣，今且从佛教，愿不复为贼，第求两家一家耳。臣等未敢信，复阴询其生员，言"歹青自去冬遣使唁东虏归，而言东虏帐半空，多寡妇，日携其胡儿啼，远近声相闻也。其妻心动，惧且为穿庐孷[9]，日夜垂涕泣而道之和。歹青亦心怦怦怔怔然[10]，进则虞有高平之辱，居恐复有拴道之举，日夜驰游骑四出侦我，若旦夕加兵者。然其所为求款者，即将来不可知，目前似无他矣。"于是臣等乃问喇嘛虏所愿者何，曰："愿无出兵捣其巢；愿夷人来降者，留其马归其人；愿汉人回乡者留其人，归其马；愿得于凌河卖木以养穷夷之不抢则无以为生者。"臣等谓尔无入则我无出，谁复捣尔巢，广宁降夷多不可胜用矣。且内地所不足非马也，惟回乡而归其马则无利，恐流人遂不复回乡。自后降夷来人马皆无受回乡，而有马者马给其人，不复归尔。凌河卖木事至重需后命，虏使唯唯。

臣等因谓"我亦有所愿，愿自关门以西锦义沿边十五堡，尔无以一人一骑入。若他虏从此入者尔拒之；拒之不得，则以实报，俾得早为备。大虏来尔止之，不得亦以实报，俾得早为备。愿尔无阴随诸虏入犯，而阳为报以匿其名；愿尔无勾连大虏且为之向导，冀以大举偿零窃。"虏使亦唯唯。因令之赴关，关将吏监之，杀马牛钻刀说誓盟于天[11]。因报箭入市，卖马以去。无何，而关西报长昂聚兵三千谋犯宁前，居久之，歹青遣使来报，长昂且犯锦义。既而长昂果犯锦义，以先知副总兵李如梅待之于边，击却之。半日而出，阴遣逻者尾之。至营向西南去，果长昂贼也。于是，臣等始信此酋之求款者。将来不可知，目前果无他矣。

始为行查卖木事，据镇道将领，皆谓有利无害，可行无疑。臣等犹未敢信，复召彼地居民之有知者，及士人之习边事者，遍问之，皆曰："可。"大约谓其便有五：河西无木，木皆在边外。自属夷叛乱以来，辽人无敢出边一步者。材木之费，止仰给河东。道远又时有虏警。不时至，至亦不多，故河西之材木贵于玉。自市通而河西材木不可胜用也，一。所疑于虏者，犬羊无信耳。第虏重市以为金路，当市之时，多不肯抢。一日市则一日不抢，一处市则一处不抢。即今日市而明日抢，抢非有加于往日也，而我已收今日不抢之利；即今年市而明年抢，抢非有加于往年也，而我已收今年不抢之利，二。辽东马市，成祖文皇帝所开也。无他赏，赏即以市税。无他市本，听商民与之交易[12]，官第为之治其争而防其变。故虏以市为命，而民亦以市为利。木市与马市等耳，有利于民，不费于官，三。大举之害酷而希，零窃之害轻而数。小歹青不抢锦义之零窃少矣，而又西不助长昂，东不助矽花，则虏势渐分，即宁前、广宁之患亦渐减。且大举先报，又得以预为之备，四。所恶于和戎者，微独以多费也，盖亦弛备之害大焉。今大举不绝，必不至弛备而零窃顿希，益得以修备，五。此五者利害较然如白黑。一二可指数也。于是，臣等乃知木市果可行无疑也。

臣等又恐此特其酋长畏死求和,或未必能戢其下,姑少延之。自夏及秋,果无零贼内入者。又恐夷人或假入市有他举,或即于市中生事,亦未可知。因以便宜与约市期,匿盛兵待之,而令副总兵李如梅、通判俞方策与之为市,且令虏不许多至,致生他虞。至九月二十日,虏果以百余放木三百五十零至堡前临河与军民交易,不终日而毕。即以市税、市酒、食量赏之,市夷与居民各大欢悦而退。于是,臣等益信此酋目前果无他,而木市果可行无疑也。

其地宜在义州大康堡以近凌河,且先年故处也。其期岁春秋各一,春以三四月,秋以七八月。水方盛,便放木。且非大举之时,无他变也。每季市不过三五次,人不过五六百,便防闲也。守堡官即加以提调衔,听臣等劄委,不必铨除[13]。既便弹压又省事,且省官也。届市期仍发正兵营劲兵一千防护,毕市而归去镇城,远不盛兵不足以待变也。市夷止犒以酒食,不必他赏。赏在马市,不重山。且木税无多,难浮费也。庶几乎制驭有完策,而木市无他虞乎!

臣等又惟辽左事体,与他镇不同。他镇皆贡虏也,市必不抢,抢必不市。盖其费内帑金钱以数万,计明以此为饵钓之,彼亦中吾之饵而不敢变,亦不肯变,势则然也。若辽之马市,止可当他镇之民市耳。民以为利,故虏虽有顺有逆,市终不为之罢。费不在官,故市之或开或塞,官亦不任其责。盖犬羊之性,喜则人,怒则兽。而制驭之法,来不拒,去不追,战守和交发而互用。成祖文皇帝所为经理辽左[14],法至善也。

今之木市与马市等,偶尔虏慑于战胜之余威,耳就笼络,故臣等亦啗以交易之微利[15],暂与休息。今而后其以为香饵一吞而不复吐乎?所不敢知。其以为鸡肋,暂食而旋复弃乎?所不敢知。自山、陕诸边抚赏数万,不能保其终不渝盟,臣等以郊丘一市欲其守空约而长无后患[16],一何其所持者狭,所欲者奢乎!惟是其市也,利可牧于目前;其不市也,害不加于往日。择福于重,择祸于轻,臣等固已言之矣。是故自今以后,虏情少变,则当罢。罢而虏复输款,则又当开。开而或阳顺阴逆,或东市西抢,则不直罢,或剿其众,或捣其巢。当惟其所为而不得谓之启衅。总之防抚者惟盛兵为备,不必以市否为弛张综核者[16],惟随事考成,不必以市否课功罪。一切制驭机宜,皆听臣等督抚镇道竟自主张,不必琐琐渎闻。一如马市故事。庶边臣得以展意设施,无所疑虑,虏虽悍且黠,当不复出吾笼络中矣。

伏乞勅下兵部查议覆请行臣遵奉施行,地方幸甚!

按:本疏原题为"黠酋求市随便抚防敬陈制驭机宜以顺夷情以安边镇事"。

【作者简介】

李化龙(1554—1611),字于田,长垣(今河南长垣县)人。万历二年(1574)进士。20岁任嵩县知县,累官南京工部主事、通政使、右佥都御史、工部右侍郎、兵部尚书。二十二(1594)年,巡抚辽东,与总兵董一元定计痛击来犯之敌,大捷。后总督湖广川桂军务,又以工部右侍郎总理河工。累加柱国少傅。卒,谥襄毅。有《场居策》《田居稿》《河上稿》《平播全书》《治河奏疏》等。

【注释】

[1] 木植:木材。

［2］手本:公文。

［3］直:谓正对。

［4］奴儿哈赤(1559—1626):常作"努尔哈赤"。姓爱新觉罗。后金政权的建立者。其子皇太极称清帝后追尊其为太祖高皇帝。皇太极子顺治帝福临率清军入关,明朝灭亡。

［5］锦:锦州。

［6］按,原文(竖排)句侧有:"此速把孩入阳河之口也。"

［7］瓯脱:边境荒地。

［8］未艾:未尽,未止。

［9］嫠:音lí,寡妇。

［10］怦怦:心急貌。怔怔:呆愣貌。

［11］钻刀:以刀穿刺。指歃血盟誓。

［12］按,原文(竖排)句侧有:"宣大二边外之虏地,无他产。汉人与款市,止以弭患,无他利也。若辽左诸夷,则有貂、珠、参、木,开市之后,不特饵虏,兼可足边。"

［13］札委:旧时官府委派差使的公文。铨除:犹选授。

［14］成祖文皇帝:指朱棣。

［15］啗:音dàn,吃或给人吃;拿利益引诱人。

［16］按,原文(竖排)句侧有:"款事一败,中朝议论必深责首事之人,故须详言之。"

［17］综核:谓聚总而考核之。

重修蔚郡城楼碑记

明·邹　森

【提要】

本文选自《古今图书集成》职方典卷一五九(中华书局、巴蜀书社影印本)。

位于河北省西北部的蔚县古城是一座战略位置重要、历史积淀深厚、亟需加大保护力度的明清城池。

东魏孝静帝天平二年(535)始置蔚州(治今蔚县城),"蔚"自此始。但是,蔚县自古就是燕山南北长城地带为中心的北方农牧交错带,这里是连接中原与北方草原的桥头堡,不同的文化在这里交流冲突。秦始皇沿九原、云中、雁门、代郡、上谷、渔阳至碣石一线开辟的北方交通干线,途径蔚县,蔚县成为秦朝北方大道上的一个重要节点;汉唐以来,道路不断拓展,唐朝长安北行至河中府的驿路再次选中蔚县,这条驿道通往蒙古和东北。

不仅如此,蔚县还扼守交通要道飞狐峡。太行八径之一——飞狐峡是恒山因飞狐水切穿山谷而形成的谷道,在今蔚县南至涞源县间恒山北口沙河河谷,在此设立关隘,便能很好地控制古道北段出口,关隘名为"飞狐"。北魏时,飞狐道又向西延伸,修成唐河河谷道,并与飞狐道南向接通。这样一来,飞狐径的重要性愈加突出,蔚州也就成了"襟带桑干,表里紫荆""畿辅肩背,云谷襟喉"的"锁钥重地"(光绪《蔚州志》)。

正因为如此,蔚州城的兴建历来受到重视。蔚州城选择壶流河河水相对稳定和充足的南部山地冲积扇,营建城池。这里地下水补给充足,城壕南部周边曾经泉眼密布。明朝时期,由于蒙古鞑靼、瓦剌部落逐渐强大起来,对北方安全造成了极大地威胁,所以有九边之置。守护京师西大门的蔚州设立了蔚州卫,属万全都司,并在境内大修城堡。

洪武七年(1374)设卫,于是,蔚州城撤旧更新,凿砖采石,构筑城池:城周七里三十步,城墙高三丈五尺,堞宽六尺,墙脚阔四丈,垛口七百一十八个,门楼三座,各五间、高三层,北设玉皇飞阁,角楼四座,敌楼二十四座,各三间、高三层。城门有三,东为安定门,上建景阳楼;南为景仙门,上建万山楼;西为清远门,上建广运楼;无北门,而在北城垣上建玉皇阁,与其他三楼并峙。三城门外均建二级瓮城,与城门连为一体,城外挖有护城河,深三丈三尺、宽七丈有余。河水环绕城池一周,分东西两路注入城北的壶流河。河里水深鱼跃,凫飞蛙唱,芦苇茂密,水草葳蕤,是一道美丽的风景线。三门外横跨护城河各建吊桥一座,一有战情,将桥吊起,阻敌越河。不仅如此,城外东西南还各设一座关城,"东关城周二里二百一十步,西关城一里三百三十四步,南关城周三里二百七十步,各四门"(参见崇祯《蔚州志》)。

到了嘉靖年间,"当北纪山河之曲"的蔚郡,"岁引月长,渐就颓蔽;间罹兵燹,坏逾二三"。嘉靖庚戌(1550),梅林胡宗宪以北直隶巡按监察御史的身份来到蔚郡视察,见其破败景象,立刻命州牧主持重修城楼等。

由于"京师之肘腋""宣大之喉襟"的特殊地理位置,蔚州建城时多从军事上考虑,使其成为一座防御功能完备的军事城池,号称"铁城"。其城池形状有别于一般古城的方正端庄、经纬分明、中轴对称等特点,城墙将城池圈筑成既不对称、又非直正的形状。护城河随城取形,顺地势水势而建。为何如此,史书并无记载,现已成谜。但蔚州城又称"兔城",其渲染的建城故事颇具传奇色彩:传说当初建城时遇到麻烦,城墙屡筑屡倒,知州无可奈何,按一只野兔在雪地里奔跑踩出的印迹才将城墙顺利圈筑成功。因此,蔚州又称为"兔城"。现存蔚州古城,空中俯瞰还隐约现"兔"形。

有趣的是,蔚州城内的筑建寺庙、衙署位置的选择也违反常态。按照礼制,寺庙应体现"左文右武"或"东文西武"的布局,但蔚州城却建文庙于州衙正北、县衙正西,建武庙于州衙正南;古制衙署要"择中而立",体现"东大西小"的特点,而蔚州城内,州衙却坐落在古城西南,县衙则在古城东侧;还有,古城一般都方正端庄、中心突出、中轴强化,而蔚州城却南面开阔、北面狭窄,只建东西南三门,不建北门,而在北城垣上建靖边楼,东西门亦不对称。靖边楼与南门、鼓楼都不在一条中轴线上。即使宽阔的南北大街也不居城中间,而整体偏向古城东侧,于是城内就没有明显的中轴线和城市中心。此外,建筑群落也没有遵守经纬交织、井井有条的分布秩序,全城的四大街、八小街、24条蚰蜒巷分布也不规律。为何采取这些违反常规的建筑形制?是战备需要,还是别的,有待破解。

《蔚州志》载,蔚州城垣有楼阁24座,独玉皇楼最为宏整高峻、雄伟壮观。玉皇阁,又称靖边楼,位于蔚县城北城垣上。坐北朝南,总面积2 000余平方米,分上下两院,从南向北依次为天王殿、小门、玉皇阁大殿。天王殿和玉皇阁大殿分布在同一条中轴线上。下院由天王殿、东西配殿和正禅房组成。天王殿面宽三间,进深二间,系硬山布瓦顶。脊檩下题:"大明万历二十八年(1600)岁次庚子孟冬朔月旦元吉创立。"天王殿东西两侧各有小式硬山布瓦顶角门一座,由此经十八级石砌台阶跨入小门进入上院。小门两侧左为钟楼,右为鼓楼。建筑格式均为重檐歇山布瓦顶。上院正面是玉皇阁大殿,面宽五间,进深三间,为三重檐歇山琉璃瓦顶。大殿正脊为琉璃花脊,两端砌盘龙大吻,脊上为琉璃八仙人,边脊砌大吻跑兽,四角脊梢装有兽头,下悬铁铎,微风拂过,叮当作响。大殿外观三层,实为二层,在第二层楼阁的中间又向四外兀突一檐,下设游廊一周,顺游廊四顾,北俯见壶流河迤逦如带,南眺望翠屏山云雾环绕,西则山明水秀,东则村落疏离,山川阡陌如棋枰。大殿内,北东西三面绘玉皇大帝、王母娘娘及雷公等,帝王威严,雷公狰狞,侍者秀朗,场面宏大,色彩艳丽,人物形象栩栩如生。玉皇阁大殿前檐廊下立石碑八幢,其中明、清重修碑七幢,一一记录此阁重修的原委经过。

此外,蔚州城内还有南安寺古塔、鼓楼、100多座牌楼、数十处寺庙,颇值探寻。

不仅城内,处于前线的蔚州大地上,古来有"八百庄堡"之说,有村便有堡,见堡则是村,庄堡数量之多、分布之广堪称奇观。登上五台山顶,放眼望去,从南山脚下,到北部丘陵,城连着城,城中建城,堡套着堡,连堡成镇,边关风景,蔚为壮观。据统计,蔚县庙、宫、观、寺、院、庵、祠、塔的数量位居河北省之首。

蔚,古代郡也。当北纪山河之曲,为负险用武之国。邻常山而号宝符之地[1],封城境而名无穷之门。距飞狐而形制之势成,润丰滋而美良之川擅。然汉高以为吾所急[2],韩信以为当天下精兵之处[3],裴潜以为户口殷众之所[4],盖边郡要处也。

自离枝侵而代子服,齐强寇围而王喜窜汉,灵兽启途而党头建国,伏鳌感运而处月奋庸,石郎之进揖乎阿保机,马扩之见侮于粘没喝,固弃天险亦失人谋[5]。是故壮士抚剑而弗膺[6],谋臣请缨而浩叹,有由然也。

昔贾谊告文帝[7]曰:"代北界敌,人与强寇为邻,能自完足矣!"呜呼!兹南仲城彼朔方之命[8],尹铎保障晋阳之策,不可不豫图而审处之也[9]。矧中都之王既分[10],而泽中之版自立,直道之除已久[11],而大象之筑甫兴[12],迁徙合散,非有攸宁[13]。

逮自圣武遐彰[14],神威外畅。夏荒式廓,生民载休[15]。会宁经略而国勋聿昭[16],德庆来城而吾圉用辑[17]。指挥同知周房掌圉颁守,任民用财;经涂相规[18],均程赋丈[19];载揪载度[20],是广是极,而蔚之城遂甲于天下。戍人无勤[21],敌患远屏;父兄缓带[22],稚子咽哺,房之力也[23]。

原起楼橹,回绕列峙;树干飞梁,仰接俯瞰。岁引月长[24],渐就颓敝。间罹兵燹,坏逾二三。

庚戌岁,梅林胡公以御史按节观风[25],叹曰:"夫楼橹者,所以堠塞徼[26],望烽燧,眠氛祲[27],通警斥[28],置军实,藏守具,节劳佚,拊巡缉者也[29]。颓敝者,是毋亦司守者之过乎?"于是,令经者、有财役者、有时而主者,有人乃俾。州牧三溪王侯董其役。侯乃警其惰赢[30],饬其都鄙[31],率其行列,颁其职事,均其财用,程其功绩[32]。不日而楼橹之颓敝者,咸揭揭矣[33]。

昔者周公营洛,百步一楼。而墨子论城备,其置堞楼、木楼、立楼之法,盖用是道也,历代因之。勾践备吴而有飞翼[34],魏击陈旅而有丽谯,吴飨戍刚而有落星,齐警昏旦而有却敌[35]。蔡模之北,固德裕之筹边[36]。载诸史册,班班可考[37]。

　　矧蔚为边郡哉,赵充国亦[38]曰:"今留步兵万人屯田,部曲相保[39],为堑垒木樵[40],校联不绝[41],以逸代劳,兵之利也。于戏! 予于是知周将军之保民立极,大不泯于蔚人之德矣;胡梅公之持危存旧[42],大不泯于周将军之德矣;三溪大夫之能,微福假灵于周将军[43]。效绩报成于胡梅公,其德又何可泯乎哉? 大夫名一鸣,字子默,济南齐东人,治行为蔚郡最[44]。

【作者简介】

　　邹森,生卒年月不详。号渐斋,蔚州人。嘉靖辛卯举人(1531),未仕卒。有《观心约》一卷。

【注释】

　　[1]宝符:古代朝廷用作信物的符节。《史记·赵世家》:"简子乃告诸子曰:'吾藏宝符于常山上,先得者赏。'诸子驰之常山上,求,无所得。毋恤还,曰:'已得符矣。'简子曰:'奏之。'毋恤曰:'从常山上临代,代可取也。'简子于是知毋恤果贤,乃废太子伯鲁,而以母恤为太子。"后遂以"宝符"为称美赵之地势或赵氏子孙的典实。

　　[2]汉高:即汉高祖。

　　[3]韩信(约前231—前196):淮阴(今江苏淮安)人。汉初三杰之一。韩信为汉朝立下汗马功劳,累为大将军、左丞相、相国,封齐王、楚王,后被削为淮阴侯。汉高祖刘邦战胜主要对手项羽后,韩信因军事才能卓异引起猜忌,其势力被一再削弱。最后,被控谋反,吕雉(即吕后)及萧何骗其入宫内,处死于长乐宫钟室。韩信是中国军事思想"谋战"派代表人物,被后人奉为"兵仙""战神",暗渡陈仓(出陈仓定三秦之战)、京索之战、安邑之战、井陉之战(背水一战)、潍水之战、垓下之战都是他指挥的战例。

　　[4]裴潜:生卒年月不详。字文行,河东郡闻喜(今山西闻喜)人。曹操平定荆州时,裴潜归附并出任丞相府军参谋,后入京任丞相府仓曹掾、代郡太守。《三国志·裴潜传》:"时代郡大乱,以潜为代郡太守。乌丸王及其大人,凡三人,各自称单于,专制郡事。前太守莫能治正,太祖欲授潜精兵以镇讨之。潜辞曰:'代郡户口殷众,士马控弦,动有万数。单于自知放横日久,内不自安。今多将兵往,必惧而拒境,少将则不见惮。宜以计谋图之,不可以兵威迫也。'遂单车之郡。"

　　[5]此数句列举史实说明此地为"要处",历来为兵家必争之地。离枝侵代:典出《管子·轻重》。桓公问于管子:"代国之出,何有?"管子对曰:"代之出,狐白之皮,公其贵买之。"代人喜其贵买,舍农而居山林之中。离枝闻之,侵其北。代王闻之,大恐,将其士卒愿以下齐。齐未亡一钱币,终使三年而代服。王喜窜汉:指的是汉王刘邦的哥哥刘喜弃城跑回洛阳之事。西汉建国之初,刘邦封哥哥刘喜为代王(治所即在今张家口市蔚县代王城一带),想让他抵御匈奴的侵扰。代国辖云中、雁门、定襄、代郡4郡53县,在当时是一个相当大的诸侯国,是汉朝与匈奴争夺的重点地区之一。白登事件发生后不久,匈奴又大举入侵代地。刘喜本没有带兵打仗的本领,再加上刘邦刚刚被匈奴围困,听说匈奴又来进犯,立刻魂不附体,连忙弃城脱逃,跑回洛阳。刘邦将其废为合阳侯。处月:以朱邪为氏。原是西突厥十姓部落以外的一部,其祖为北匈奴。石郎:即石敬瑭。太原沙陀族人,五代时后晋王朝的建立者,936—942年在位。他出卖燕云十六州并以儿皇帝为许,借耶律德光之手以阻后唐李从珂讨伐大军,后攻洛阳。臣下劝李从珂亲

征,他答道:"卿辈勿说石郎,使我心胆坠地!"陷城之日,李从珂与曹太后、刘皇后等携传国玉玺上玄武楼,举族自焚而死。阿保机:创建契丹国。后耶律德光继位,建国号为"辽",史称辽太宗。马扩(?—1151):字子充,狄道(今甘肃临洮)人。南宋武将、抗金义军首领。宣和七年(1125)十月,金命斜也为都元帅,粘没喝为左副元帅,自平州入燕山,两路分道南侵,宋徽宗令童贯往议索回山后诸州,童贯派马扩至金军营。粘没喝严装高坐,怒目道:"尔还想我两州两县么?山前山后,俱我家地,何必多言!尔纳我叛人,背我前盟,当另割数城界我,还可赎罪!"

[6]膺:接受。

[7]贾谊(前200—前168):洛阳人。西汉初著名政论家。20余岁被文帝召为博士。后因忧伤而亡。

[8]南仲城:指周文王时南仲所筑的抵御猃狁(后称匈奴)之城。据王国维考证,在今陕、甘两省边界地带。

[9]尹铎,春秋末季晋国人,赵卿简子的家臣。顷公时,赵鞅派尹铎治理晋阳(今太原市),修建晋阳城。尹铎问,是让晋阳城成为提供赋税的城邑,还是作为保护的屏障?赵鞅说,要将晋阳城建成固若金汤的城池,并劝告儿子日后若有难,必去避难。并要求铎削去旧城围墙,尹铎没有听从他的话,而是将城墙增高了许多。赵鞅发现后勃然大怒,要先杀尹铎而后进城。众大夫力劝,赵鞅幡然醒悟并嘉奖尹铎。赵简子临终之时,尚且不忘再三地告诫继位者——小儿子毋恤:"晋国有难,而无以尹铎为少,无以晋阳为远,必以为归。"(《晋语九·十五卷》)此城之建,促成了后来的"三家分晋"。豫图:预先筹划。审处:审慎处理。

[10]中都:元帝国建立后,张家口是元帝两都巡幸的必经之路,连接上都和大都的重要枢纽。元武宗海山大德十一年(1307)夺取帝位后,下令撤消开平的上都称号,调离军队,遣散工匠,拆毁了开平城。同时下令建行宫于旺兀察都(今张北县城北)之地,立宫阙为中都。七月正式动工,第二年(元武宗至大元年)令枢密院发卫军8 500人,动用数万民工修建中都。中都地处塞外,砖石木料均需由内地运进,工程十分艰巨,在修建的过程中,累死了许多民夫和士兵。就是在老百姓的白骨上,坝上高原崛起一座金碧辉煌的都城。元武宗在中都设留守司、光禄寺、虎贲司等数十官府,还设库存放钱币、金银器,中都一时成为元朝的又一个政治、文化中心。但元武宗短命,中都尚未修成,就一命呜呼了。武宗死后,其弟爱育黎拔力八达一即位,就命停止修建中都,并将中都监工司徒萧轸拘禁起来。元中都毁于元末农民起义的战火。

[11]直道:直的路。犹今之国道。

[12]大象:指城。

[13]攸宁:安宁。攸:文言语助词,无义。

[14]遐彰:犹远播。

[15]夏荒:指域外蛮荒之地。式廓:范围。此作动词。载休:谓得以休息繁衍。

[16]国勋:指为国家建立的功勋。

[17]圉:边陲。辑:和睦,安宁。

[18]经涂:南北向的道路。《周礼·考工记》:"国中九经九纬,经涂九轨。"

[19]均程赋丈:指认真测量设计。程:道路的段落。

[20]捄:音jū,盛土于器。

[21]无勤:谓城修好后,戍边将士不用再辛勤劳苦了。

[22]缓带:谓宽衣休息。

[23]房:指周房。明朝洪武七年(1374),怀远将军周房任蔚州卫第一任指挥使。蔚州卫,辖左、右、中、前、后五所,隶属大同府。永乐十二年(1414),蔚州卫改辖中左、中右、中中三所,

归万全指挥都司辖,隶属宣府镇。宣德五年(1430),为加强对京师的防卫,设万全都指挥使司,治所设在宣府镇城。下领开平卫、万全左卫、万全右卫、宣府左卫、宣府右卫、宣府前卫、怀安卫、隆庆左卫、隆庆右卫、龙门卫、保安卫、保安右卫、蔚州卫、怀来卫及兴和、美峪、广昌、四海冶、长安岭、云州、龙门(今龙门所)等千户所。

明代卫所制度。朱元璋统一全国后,为防止军人专权,创立了一种新的军事制度——卫所制。大体以5 600人为一卫,管辖五个千户所。以1 120人为一个千户所,分为十个百户所;每个百户所120人左右,下辖二个总旗,十个小旗。卫所负责平时管理训练兵士,而无调兵权。有了战事,朝廷派总兵官领兵打仗。战事结束,将还帅印,兵回卫所。

明建国初期,朱元璋设立都指挥使司,为省级军事机关,与布政使司、按察使司共称"三司"。在万全都指挥使司设置前,全国已有17个都指挥使司。万全都指挥使司是宣德皇帝增设的唯一一个都指挥使司,可见宣宗皇帝对宣府镇的重视。

都指挥使司,简称都司,掌一方军政,各率其所属卫所,隶于五军都督府,而听命于兵部。万全都司隶属于后军都督府。置都指挥使一人,正二品;都指挥同知二人,从二品;都指挥佥事四人,正三品。卫的领导机构为卫指挥使司,简称卫司,下领千户所。每卫设指挥使一人,正三品;指挥同知二人,从三品;指挥佥事四人,正四品。

明朝在九边部署80余万军队,平均每镇10万左右。九边中,宣府镇部署的军队最多。永乐年间,九镇驻军总数约为86.3万人,而宣府镇驻军就达15.1万人,为九镇之首。大同镇驻军13.5万人,为九镇第二。最少的是山西镇(也称太原镇,治所山西偏头),驻军只有2.5万人。所以曾任宣府巡抚的叶盛说:"朝廷今日边防重镇,其大者大同、宣府。"马文升说:"我之所持以捍御北虏者,惟大同、宣府二镇,以为藩篱。"

[24] 岁引月长:常作"日引月长"。谓时光流逝。

[25] 按节:停挥马鞭。表示徐行或停留。

[26] 堠:音hòu,古代瞭望敌情的土堡。塞徼:障塞,要塞。

[27] 眹:音zhěn,同"聆"。听,告。氛祲:指预示灾祸的云气。喻战乱,敌情。

[28] 警斥:警戒斥候。指敌患。

[29] 劳佚:劳苦与安逸。拊:同"抚"。安抚,抚慰。巡缉:巡查缉捕(之人)。

[30] 惰窳:懒惰。窳:音yǔ。

[31] 饬:命令,动员。都鄙:城乡。

[32] 程:衡量,考核。

[33] 揭揭:长貌,高貌。

[34] 飞翼:即飞翼楼。《越绝书》:范蠡为勾践立飞翼楼以像天门;为两蠼绕栋,以像龙角。

[35] 丽谯、落星、却敌:均为楼名。

[36] 筹边:即筹边楼。位于四川省理县杂谷脑河岸的薛城镇,始建于唐文宗太和元年(830)。当时,唐朝与吐蕃边境战事频仍,时任剑南西川节度使的李德裕为加强战备、激励士气、筹措边事,在当地修建了"筹边楼"。但他并未把筹边楼当成纯粹的军事要塞,而是赋予其交际功能,与少数民族首领勾兑关系,联络感情。他在任上两年间,唐朝与吐蕃在川西因此相安无事。唐代女诗人薛涛曾来此登楼凭吊,写下:"平临云鸟八窗秋,壮压西川四十州。诸将莫贪羌族马,最高层处见边头。"筹边楼因此名扬天下。

[37] 班班:明显貌,显著貌。

[38] 赵充国(前137—前52):字翁孙。西汉武帝时著名军事家。在屯田上贡献尤著。前119年,汉武帝第三次大举征讨匈奴获胜,移民70万。东起朔方,西至令居(今甘肃永登)的地

区内,设团官,供牛犁谷种,变牧场为农耕区。赵充国就是这一年全家移居令居的。

[39] 部曲:古代军队编制单位。借指军队。

[40] 堑垒:深壕高垒的防御工事。木樵:木结构谯楼。

[41] 校联:谓营垒相连。

[42] 持危:扶持危局。

[43] 徼福:企求福祉。

[44] 治行:为政的成绩。

重建养济院记

明·郑伯栋

【提要】

本文选自《古今图书集成》职方典卷九二九(中华书局 巴蜀书社影印本)。

养济院和育婴堂、安济坊、居养院、福田院、漏泽园等都为我国古代的福利慈善机构。养济院,古代收养鳏寡孤独的穷人和乞丐的场所。"我太祖立国之初,拳拳制有司存恤鳏寡。月给米三斗,岁与布一匹。"养济院遍及全国各地,一般是由政府出资修建。但也有养济院以私人名义捐修的。如《宋史·赵崇宪传》:"初,汝愚捐私钱百余万创养济院,俾四方宾旅之疾病者得药与食。"又《宋史·魏了翁传》:"了翁乃奏葺其城楼橹雉堞,增置器械,教习牌手,申严军律,兴学校,蠲宿负,复社仓,创义冢,建养济院。"由此可知,当时地方官绅也创立养济院,容留疾病无依之人,对慈善事业较为热心。

到明朝,由于朱元璋的关注和督促,养济院更是遍及全国,南康自不例外。"南康为南安属邑,穷民不多。"但在成化甲辰年(1484)也建了养济院,"离郭门五步"。然而岁久颓圮,且地基还被邑中豪富王氏侵占立祠。宪副王公来此巡查,"亟命有司毁王氏祠,措金六十两,以偿原价,以复故址;又措金五十三两三钱,以备木石砖瓦;又措十两,为佣工之需"。命义民赖养庆、郭曰纯管理监督养济院的建造,"工兴于庚辰(1520)六月,告成于是年十月"。养济院的模样:中为观音祠,后为厨三间,大门揭以匾额,四周蔽以垣墉。左右为寝室各十间,前为赁店六间,若蜂房焉。

明朝人沈榜《宛署杂记》中,记载宛平县养济院的规模:万历纪元,收萧俊等一千八百名。(万历)七年……又收刘真等五百名。(万历)十年……又收李聪等五百八十五名。一个宛平县的养济院,收容人数前后居然达两千余人,可见当时执政者花了多么大的代价安置鳏、寡、孤、独、残者。

正德庚辰冬,予承乏南康,暂行令尹事。两阅月,适义民赖养庆、郭曰纯自赣归,领宪副西蜀王公命,谓邑之养济院落成,属余言以记其事。

遂叹曰:"仁矣哉!公之心也。夫唯天地者,吾之父母;万民者,吾之同胞;鳏寡孤独、疲癃残疾者[1],吾之同胞中之无告者也。吾岂忍于秦人视越之肥瘠,恝然不加之意哉[2]。大木将颠,一枝犹茂。元气自尔贯彻,穷民无依一息。犹存至仁,自尔覃敷,此盖古圣王之心也。

我太祖立国之初,拳拳制有司存恤鳏寡,月给米三斗,岁与布一匹。百六十年来,恪遵祖训,罔有攸易。

南康为南安属邑,穷民不多。成化甲辰[3],大参钱公创是院于北郭之外,离郭门五步。岁久颓圮,且没于兵燹,地基间为邑豪王氏侵鬻立祠[4],甫两载。以致孤贫无依,栖息于荒丘古梵之内。

王公巡兹土,一见而痛之,亟命有司毁王氏祠,措金六十两,以偿原价,以复故址;又措金五十三两三钱,以备木石砖瓦;又措十两,为佣工之需。命能事之义民赖养庆、郭曰纯,辰夜展力以督是役。民如子来。兴工于庚辰六月,告成于是年十月。悉王公区处得宜,不待出诸官帑、劳民伤财也。又得本郡司理徐公文英来署邑事,共成王公之美,故厥院落成之速,新敞坚致。中为观音祠,后为厨三间,大门揭以匾额,四周蔽以垣墉,左右为寝室各十间,前为赁店六间,若蜂房焉。

余公暇往视之,以散给衣粮,则见孤老杂处其中,晨烟暮火,人声阗然有喜色[5]。相告曰:"王公匪仁,其居曷成。王公匪措,孰还之士。"呜呼!公之仁其溥矣哉!真能体周先王与我朝之化,被比之大,参钱公尤有光焉者也。夫自世之酷吏胡越,斯民设计以鱼肉者无所不至。吾民不幸凛凛寄躯命,残喘于十羊九牧之中。安者激而使之流,流者可复冀其能安之耶?王公今日仁及穷民,而酷吏闻者,感而兴焉,化而循良焉,则不但两郡之民无告者有所依,而一省之民皆被其泽矣。抑岂但仁一省哉,将来宰铨衡[6],居鼎鼐,惠鲜子惠[7],为天下属员法[8]。天下皆依公之心,则天下无不被其泽也。

余恐邑民不知是院重建之由,故详其始末,勒诸石以俟将来。

【作者简介】

郑伯栋,生平不详。

【注释】

[1]疲癃:曲腰高背之疾。泛指年老多病之人。古代亦以成年男子高不满六尺二寸者为疲癃。

[2]恝:音 jiè,无愁貌。此谓无动于衷。

[3]成化甲辰:1484 年。

[4]侵鬻:侵占使用。

[5]阗然:亦作"哄然"。繁盛貌。

[6]铨衡:品鉴衡量;考核,选拔(人才)。

　[7]惠鲜:犹惠赐。
　[8]属员:旧指统属下的官吏。

拓 城 记

明·郭 𤲞

【提要】

　　本文选自《古今图书集成》职方典卷一一五五(中华书局　巴蜀书社影印本)。

　　襄阳古城位于汉水中游南岸,三面环水,一面靠山,为历代兵家必争之地。襄阳城池始建于汉,现存古城周长7公里,有阳春、西城、文昌、临汉、拱宸、震华(今称大、小北门,长门,东门,西门和南门)等六座城门,护城河最宽处250米,堪称华夏第一城池。

　　襄阳最辉煌的时代是东汉末。汉献帝初平元年(190),刘表为荆州刺史,将州治从汉寿迁至襄阳,使襄阳由县成为州治,襄阳地辖今湖北、湖南两省及河南、广东、广西、贵州等省的一部分,成为当时中南地区的政治、经济、军事、文化中心。唐代,襄阳城为山南东道治所,辖区扩及今陕西、四川的部分地区。唐代著名诗人王维泛舟汉江,写下《汉江临泛》:楚塞三湘接,荆门九派通。江流天地外,山色有无中。郡邑浮前浦,波澜动远空。襄阳好风日,留醉与山翁。明洪武初年,襄阳属湖广行中书省襄阳府。洪武九年(1376),属湖广承宣布政使司襄阳府。

　　与其他诸多古城一样,襄阳城也在不断变化之中。嘉靖辛亥(1551),上任一年的郝廷玺碰上大水,"舟以居人,市以行舟,其压没漂流不减于唐乾元之二年、元至大之三年"。生者全赖"城西百步许"的山岗。于是,当地百姓对来此察看灾情的官员说:"架城西岗,乃可避水。"

　　郝廷玺亲自谋划督理这次拓城之役,"以西城旧址募民,欲得地者以资版筑之费,而架于岗。辟之门,以大观焉;建之楼,以明远焉;开之道,以利由焉。其旧临水而致坏者,厚之基以御冲焉,崇之防以捍溢焉,横之桥以便涉焉"。这项工程前后持续的时间仅仅4个月,就将城拓为"广七十丈,袤加六倍,高二寻奇,厚亦称是"的大城。郝廷玺采取的用旧城土地换取筑城费用的做法颇类似于今日之"土地出让金"。

　　明清时期,襄阳城因汉水多次溃堤坏城而数度重修。现存城墙基本上是明代的墙体,东面长2.2公里、西1.6公里、南1.4公里、北2.4公里;墙高7—11米,宽5—15米。周围环绕着护城河,河道宽180—250米。城门共有6座。万历四年(1576),襄阳知府万振孙题额:东门曰"阳春",南门曰"文昌",西门曰"西成",大北门曰"拱宸",小北门曰"临汉",东长门曰"震华"。但现仅剩临汉、拱宸和震华等三座城门。在临汉门上尚保留有一座始建于唐、重筑于清的重檐歇山式城楼,经维修后完整无缺。

郧之旧城，东南北三面俱临汉水，每泛滥辄为所伤。城西百步许，有冈焉，求避者涉此。虽少奠而犹阻于壕，或奔涉不及，亦用艰咨。先之君吾郧者，虞其沼也，欲架城于冈以为民便，第谋而未举，举而未就者，屡屡焉。

郝公下车之明年，为嘉靖辛亥。秋七月大水，舟以居人，市以行舟，其压没漂流不减于唐乾元之二年、元至大之三年也[1]，惟藉是冈以生者无虑数千人[2]。公矍然[3]曰："郧之藉是也旧矣，必其甲穷支反[5]，后之人乃因就简陋，故置城于其傍耶。不然，胡地之相去孔迩，而固苟且于一时也。盖拯民于溺，而奠吾郧于不湮者，惟斯得之。"

时分巡陈公、分守雷公以眚伤至县[5]，父老拥而告曰："架城西冈，乃可避水。"二公即上其事于抚治郧阳都御史沈公，金可其议。公乃慨然任之，亲董其役。

以西城旧址募民，欲得地者以资版筑之费，而架于冈。辟之门，以大观焉；建之楼，以明远焉；开之道，以利由焉。其旧临水而致坏者，厚之基以御冲焉，崇之防以捍溢焉，横之桥以便涉焉。

未几，事用攸集，民弗告劳。郧士民相告曰："迁殷者，《商书》播其烈[6]；筑瓠者，《汉史》扬其休[7]。我公拓斯城也，遂其先所欲为之心，而成其人所未成之务。休显弘硕，湛恩汪泧[8]。愿记诸石，以志不忘。"余曰："俞哉[9]！夫造物之设，吾郧久矣。使徒为嵁岩屹塘于郊邑之中，以为国险，则必辇山石，沟涧蜜，岐绝险，阻疲极，人力可以有为。然而，求天作地生之状，或无得焉。逸其人，因其地，全其天，昔之所难，今于是乎在。嗟乎！草茇识召伯之留[10]，岘山忆羊侯之泽[11]。维城屹屹，吾郧之所天固，公之草茇、岘山存焉！其能忘于江汉之思也哉？是可记矣。"

兹役也，经始于嘉靖辛亥八月[12]，落成于是年十二月。广七十丈，袤加六倍，高二寻奇，厚亦称是。

公名廷玺，字邦信，云池别号也。中丁酉乡试，西蜀宜宾人。

【作者简介】

郭豼，生平不详。

【注释】

[1] 乾元二年：759年。至大三年：1310年。

[2] 无虑：大约，大概。

[3] 矍然：惊惧貌，惊视貌。

[4] 甲穷支反：犹总有办法。

[5] 眚伤：指灾难损失。眚：音 shēng，灾难，疾苦。

[6] 迁殷：指盘庚迁殷。《尚书·盘庚》详述其事。

[7] 筑瓠：指汉武帝筑瓠子堤事。休：美善。

[8] 汪泧：亦作"汪秽"。深广。泧：音 huì。

[9] 俞：文言叹词。表示允许。

[10] 草芟:草根。召伯:即姬奭(shì),也称召康公。周文王姬昌庶子,周武王姬发的异母兄弟。他先辅佐父兄消灭了商纣,建立了周朝,继之又辅佐成王姬诵和康王姬钊,创建了"四十年刑措不用"的"成康盛世"。他经常到民间乡邑巡行,并且在棠树之下裁决狱讼、处理政事,而处理结果常常使公侯伯爵信服、庶民百姓满意。

[11] 羊侯:指羊祜(221—278)。字叔子,泰山南城(今山东费县西南)人。西晋开国元勋。为朝廷公车征拜。司马昭建五等爵制时以功封钜平子,与荀勖共掌机密。司马炎有吞吴之心,乃命羊祜坐镇襄阳,都督荆州诸军事。镇守襄阳的十年里,羊祜屯田兴学,以德怀柔,深得军民之心;一方面缮甲训卒,广为戎备,做好了伐吴的军事和物质准备,遭到众大臣的反对而罢。岘山:在襄阳。

[12] 嘉靖辛亥:1551 年。

改建丹凤楼记

明·秦嘉楫

【提要】

本文选自《上海碑刻资料选辑》(上海人民出版社 1980 年版)。

上海豫园旅游商城东,有一条名为"丹凤路"的小路。丹凤路北起人民路,南迄方滨中路(即上海老街)。路名的由来,皆因昔日这里有"丹凤楼"。乾隆《上海县志》载,当时上海有"沪城八景",其中的"凤楼远眺"即指丹凤楼。"丹凤楼者,故顺济祠楼也。祠与楼相继废之矣,而楼之名犹存。考之邑乘,盖创于宋咸淳间。"南宋咸淳七年(1271),进出上海的福建海运商人,在"襟带江海,控扼雄胜"的黄浦江畔,建造了一座"顺济庙",供奉"惠灵夫人"。"惠灵夫人"即航海护佑神——天后。庙中有杰阁"丹凤楼",匾额为时任上海市舶司提举三山人陈珩所书。取名"丹凤",一因该楼"栋宇轩翔,丹腹照江水,若长离欲矗然"。另因"楼以祀女鬟云尔"。天后为女,当以凤为贵。

元末屋朽楼毁。明嘉靖三十二年(1553),为抵御倭寇,上海始筑城墙,不久又在北面的城墙上增筑四座高层箭台,最东面的叫万军台。万历年间,倭患平息。万军台下面正好是"丹凤楼"的遗址,邑人秦嘉楫倡议在万军台上重建"丹凤楼",获士绅支持。工程自万历十二年始,至万历十五年竣工,秦嘉楫为此作《记》。重修的丹凤楼为三层杰阁,陈珩的"丹凤楼"匾额又被重新安置于上面,还仿原样在门楣上刻了元末诗人杨维祯的诗,并且恢复了赵孟頫的碑文。"加缀层轩于楹,洞三面以供瞻眺"。从此,丹凤楼成为登高眺望浦江百舸的最佳景点,"川原之缭绕,烟云之吐吞,日月之出没,举在眉睫;而冬之雪,秋之涛,尤为伟观"。

清咸丰三年(1853),丹凤楼毁于战火,经两江总督和总理衙门批准,光绪十年(1884),上海另择苏州河河南路桥北堍重建天后宫。

天后是上海最受尊重的神之一,每年三月二十三日的祭奠天后诞辰活动,成为仅次于城隍出巡——三巡会的全市性宗教风俗活动之一。清人毛祥麟在《墨余录》中描述："我邑岁于三月二十三日为天后诞辰,先期,县官出示,沿街鸣锣,令居民悬灯结彩以贺。前后数日,城外街市,盛设灯彩。自大东门外之大街,直接南门,暨小东门内外洋行街(今阳朔路),及大关(即江海大关,址在今新开河)南北,绵亘数里,高搭彩棚,灯具不断。店铺争胜赌奇,陈设商彝、周鼎、秦镜、汉匜,内外通明,遥望如银山火树,兰麝伽南,氤氲馥郁,金吾不禁,彻夜游行;百里外船楫咸集,浦滩上下,泊舟万计;各班演剧,百计杂陈,笙歌之声,昼夜不断。十九、二十始齐,至二十四、五日止。"

辛亥革命第二年(1912年)7月,上海拆城墙、填城濠、筑马路,城墙上的万军台与丹凤楼残迹亦随之拆除,同时拆掉的还有万军台下的雷祖殿。丹凤楼今已无存,唯其东侧留下一条小路,名"丹凤路"。现在上海市历史博物馆珍藏着一幅后人临摹的《丹凤楼图轴》界画,今人能从中看到当年丹凤楼盛时景象。

丹凤楼者,故顺济祠楼也。祠与楼相继废久矣,而楼之名犹存。考之邑乘,盖创于宋咸淳间。其地襟带江海,控扼雄胜,而一时鸿巨,若三山陈珩、吴兴赵孟頫、会稽杨维祯为之颜,若碑若诗,其赫奕盖可想见。

曰丹凤者,谓栋宇轩翔,丹腹照江水,若长离欲翥然[1]。或曰:楼以祀女嬃云尔。兵燹以来,惟见青莎白鸟,迷离于崩涛缺岸间,其碑板亦销蚀无复存者,仅楼颜三字,为陆文裕公藏无恙。迄数十载,而兴复之议,让弗遑也[2]。

盖自邑以倭难始有城,城东北陬为楼[3],以侦敌者。三楹凌睥睨而出,下直丹凤遗址。先封公登览徘徊,即其所楹而拓之,用为复古权舆[4]。顾视以为公者,毁弗惜也;视以为私者,镵弗启也。公谢宾客无几何,而楼就圮矣。

不佞慨古迹之渐湮,幸先猷之可绍[5],乃捐橐装[6],卑道士顾拱元鸠工庀材,重为饰治,加缀层轩于楹,洞三面以供瞻眺。从文裕公孙都事君,请"故颜"颜之,书杨诗于楣,且谋复文敏碑,以悉还其旧。

于是川原之缭绕,烟云之吐吞,日月之出没,举在眉睫;而冬之雪,秋之涛,尤为伟观。远而世所称方壶、员峤、岱舆三神山者,亦若可盱衡见也[7]。而楼之胜,遂冠冕一邦矣。既讫工,则为之书其岁月,且以谂于后[8],曰:

于戏!吾于斯楼,始惜其废之易,而叹其兴之难也;继因其兴之难,而益虞其废之易也。虽然,物吾自有之,则吾为主;吾有尽,而物亦有尽。物吾不自有之,举而付之人人。俾人为主人无尽,而同此心者亦无尽,则物亦无尽。借令毋胡越之,而私毋室庐之,间损其一朝享,以沾溉羽人,俾日守而月新焉[9]。则斯楼也,讵但称胜一时而已哉[10]。嗟乎!余发渐短,第知移胡床[11],呼斗酒,时一凭栏纵目,以相羊自适[12],且无忘先封公之意已尔。若夫为斯楼久远计,令永为吾邑胜区者,请以属诸后之君子。

赐进士第、奉议大夫、浙江按察司佥事、前江西道监察御史、邑人秦嘉楫撰,万历十五年十月吉旦立[13],仙人胡守之书丹。

【作者简介】

秦嘉楫,生卒年月不详。字少说,号凤楼。嘉靖二十八年(1559)授行人。拜侍御,出任浙江佥事。累官光州判官、江西道监察御史、南京工部主事。有《凤楼集》。

【注释】

[1] 长离:即凤。

[2] 讠襄:请。遑:闲暇。弗遑:犹连续不断。

[3] 陬:音 zōu,隅,角落。

[4] 权舆:起始。

[5] 先猷:先世圣人的大道。

[6] 橐装:囊中所盛之物。指珠宝财物。

[7] 盱衡:扬眉举目。

[8] 谂:音 shěn,规谏,劝告。

[9] 胡越:犹无动于衷。沾溉:沾濡浇灌。喻恩典、德泽。羽人:道士。

[10] 讵:岂,怎。

[11] 第:但。胡床:一种可以折叠的轻便坐具。

[12] 相羊:亦作"相佯"。徘徊,盘桓。

[13] 万历十五年:1587 年。

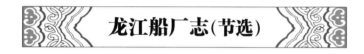

龙江船厂志(节选)

明·李昭祥

【提要】

本文选自《龙江船厂志》(江苏古籍出版社 1999 年版)。

龙江船厂,常称龙江宝船厂、宝船厂。因地处当时南京的龙江关(今下关)附近,故名。龙江宝船厂位于今南京市西北三汊河附近的中保村一带,西接长江,东邻秦淮河。

唐宋以来,随着航海事业的发展和海外贸易的增多,我国的造船技术也愈加发达起来。明朝初年,明太祖朱元璋比较重视造船和发展海运。据《洪武京城图》记载,为了准备造船用的桐油、棕缆等原料,特在南京钟山开辟了漆园、桐园、棕园等园圃,植树数万株。还在南京城西设立了龙江宝船厂,征调各地工匠四百余户来到南京,广造海舶。永乐初年,明成祖朱棣更是派遣郑和率领庞大船队下西洋。

郑和下西洋的船队完全按照海上航行和军事组织编成,下西洋船队人数在 27 000 人以上。《明史·郑和传》载,郑和航海宝船共 63 艘,最大的长四十四丈四尺,宽十八丈,是当时世界上最大的海船,折合现今长度为 151.18 米,宽 61.6 米。

船有 4 层,船上 9 桅可挂 12 张帆,锚重达几千斤,要动用 200 人才能启航,一艘船可容纳千人。《明史·兵志》载:"宝船高大如楼,底尖上阔,可容千人。"郑和下西洋的船队中,有五种类型的船舶。第一种类型叫"宝船"。最大的宝船长四十四丈四尺,宽十八丈,载重量八百吨。这种船可容纳上千人,是当时世界上最大的船只。它的体式巍峻,巨无匹敌。它的铁舵,须要二三百人才能举动。第二种叫"马船"。马船长三十七丈,宽十五丈。第三种叫"粮船"。它长二十八丈,宽十二丈。第四种叫"坐船",长二十四丈,宽九丈四尺。第五种叫"战船",长十八丈,宽六丈八尺。船队的船只,有的用于载货,有的用于运粮,有的用于作战,有的用于居住。船只分工细致,各司其守,船队船只总数超过百艘。这些远航西洋的海船,除了在福建等地建造外,有很多是在龙江宝船厂建造的。

能建造这样的海船巨舶,既显示了明初我国发达的造船技术和劳动者的高度智慧及创造力,也充分反映了龙江宝船厂巨大的造船规模和能力。明代初年,龙江宝船厂规模巨大。其范围"东抵城濠,西抵秦淮卫军民塘地,西北抵仪凤门第一厢民住官廊房基地,南抵留守右卫军营基地,北抵南京兵部首蓿地及彭城伯张田"。东西横阔 138 丈,南北纵长 354 丈,面积达 50 余万平方米。

船厂后因承平日久,弘治时遂分为前厂和后厂。两厂各有通往龙江的溪口,并设有可以启闭的石闸,用以控制水量。造船时将水排出,关上闸门,在船坞里施工;船造好后,开闸进水,浮起船体,放船入江。船厂内除设有提举司、帮工指挥厅和一所专门打造海船风篷的篷厂外,还设有细木作坊、油漆作坊、捻作坊、铁作坊、篷作坊、索作坊、缆作坊等七个作坊及看料铺舍等。其中仅是坐落在厂区东北部的篷厂就有房屋十排六十间。

《龙江船厂志》载,船厂的督造官员,除五品的工部郎中外,还有员外郎、主事、提举,帮工指挥等人员。仅下设的厢长、作头等低级班头就将近百名。造船制舶的船户工匠分别来自浙江、江西、湖广、福建及江苏等省,分工细致,下编四厢,每厢分为十甲,每甲设甲长,统管十户。一厢分为船木、梭、橹、索匠;二厢分为船木、铁、缆匠;三厢为艌匠;四厢分为棕、篷匠。另外,还有内官监匠,御马监匠、看料匠、更夫、桥夫等人员。

但自从明朝海禁以后,龙江船厂逐渐废弃,终沦为农田及水塘。建国后,龙江船厂的考古发掘发现,当地人称之为"作塘"的就是当年的船坞。现在,遗址中尚有第一作至第七作的具体方位可以辨识。各作均呈长方形,东西向并排分布。其中,四、五、六作保存尚好,尤以四作为最,是今天所能见到的当年遗留下来的最大的船坞,现长约 300 米,宽约 30 米,水深约 1 米余,水下积有很厚的淤泥,由此可见当年船坞之规模。

考古人员陆续在遗址中发现了舵杆、绞关木等。此舵杆很可能是用于郑和宝船上的,又称大舵杆,是 1957 年 5 月在六作塘中发现的。舵杆全长 11.07 米,上端略方,下端略呈扁平状,舵杆质地坚硬,褐色,并有蔗渣纹。据推测,这样的舵杆应在四十八丈到五十六丈之间的巨型船舶上使用,即用于郑和最大的"宝船"上。舵杆现陈列在北京中国历史博物馆。

2005 年,当地政府在遗址上建成的南京宝船厂遗址公园建成开放。作为中世纪世界最大的造船厂,龙江宝船厂也是目前世界上仅存的中世纪造船厂遗址,国内目前保存面积最大的古代造船遗址。它是一本 600 年前世界造船工业的文化遗产宝书。

【作者简介】

李昭祥,生卒年月不详。字元韬,上海人。嘉靖二十六年(1547)进士。初授兰溪令,后历南京工部主事,转工部郎中。任工部主事驻龙江船厂,专理船政。因船厂管理混乱,岁无定法,遂以两年时间,于嘉靖三十二年(1553)撰成该书。《龙江船厂志》分训典、舟楫、官司、建置、敛财、孚革、考衷、文献等共8卷,附各种船图26幅。该书为研究龙江船厂历史、郑和下西洋等,提供了不可多得的史料。

序 言

明·欧阳衢

我圣祖奄有四海,定鼎金陵。环都皆江也,四方往来,省车挽之劳,而乐船运之便。洪武初年,即于龙江关设厂造船,以备公用,统于工部,而分司于都水[1]。然官无专主,岁惟部堂札委司官一员,监督提举司官造焉。后定都燕京,南北相距水程数千余里,百凡取办于南畿。船日多,工役日繁,奸弊日滋。正德十三年[2],议准咨吏部注选本司主事一员[3],居厂专理。然岁无定法,损益因革,或同或异,未有成志。

嘉靖庚戌[4],李子元韬由名进士出宰剧邑,更历老练,擢任斯职。慨规制之弗一,患记载之靡悉,是上无道揆[5],下无法守也。财殚力疲,利未见而害有甚焉者矣,岂国家建官之初意哉!于是潜心尽力,博考载籍,名物度数、沿革始末,一一书之。越两寒暑,萃成为志。授予读之,予观其目录有八:首之以《训典》,曰《谟训》、曰《典章》,具载焉,尊王命政令自上行者也。然《训典》者何?故次之以《舟楫》,曰《制额》、曰《器数》、曰《图式》,具载焉。而非人孰尸之[6],故次之以《官司》,曰《郎中》、曰《主事》、曰《提举》,凡役于厂者具载焉。然人非周知其所苣,亦奚以从事?故凡厂以内曰《山川》、曰《道里》、曰《署宇》、曰《坊舍》,具载焉。动资于财,故次之以《敛财》,曰《地课》、曰《木价》、曰《单板》、曰《杂料》,凡厂之所需者具载焉。财聚弊生,故次之以《孚革》,曰《律己》、曰《收料》、曰《造船》、曰《收船》、曰《佃田》、曰《看料》,具载焉。然处之过不及其失均也,故次之以《考衷》,曰《稍食》、曰《量材》,具载焉。七者备矣,而曰《创制》、曰《设官》、曰《遗迹》,有一弗详,亦焉得为全书?故次之以《文献》终焉。纲目相属,先后有伦。上不得以立异,下不得以行私;财不告匮,人不告劳,触之迎刃而解矣。岂非司厂者之一大快哉!

昔周公相周[7],以大圣人之才智,岂不有余裕哉?而著为《周礼》。无亦曰:"文武之政,布在方册",举而措之,易易耳!我朝《诸司职掌》《大明会典》《周礼》也。此志固一船事耳,然非元韬之才识宏远,思虑周密,亦安得补遗典于百年之余哉?即微以占巨[8],由今以观后,予于李子将来之树立得之矣。李子名昭祥,云间人,予丁酉主试应天取士也。因序之。

嘉靖癸丑日长至[9]。赐进士及第、奉政大夫、南京尚宝司卿、前翰林院侍讲、国史编修、司经局洗马、经筵讲官、校正历朝《宝训》《实录》、同修《会典》《宋史》,泰和欧阳衢撰。

【作者简介】

欧阳衢(1490—?),字崇亨,号龙沙。江西泰和人。嘉靖五年(1526)进士探花。授翰林院编修。九年后,升为翰林侍讲。后任应天府乡试主考官,因严嵩弹劾下诏狱,贬为南雄府判。嘉靖三十二年(1553),以南京礼部郎中升为南京尚宝司卿。

【注释】

[1]都水:官名。明清时工部四司之一。都水清吏司,掌估销工程费用,主管制造诏册、官书等。

[2]正德十三年:1518 年。

[3]注选:注授官职。

[4]嘉靖庚戌:1550 年。

[5]道揆:准则,法度。

[6]尸:指占其位。

[7]周公:周公旦。西周初杰出的政治家、军事家和思想家,被尊为儒学奠基人。

[8]占:犹预测,推测。

[9]长至:指夏至。

谟　　训

洪武年敕
明·朱元璋

昔圣人也朴,民俗亦厚,制不饰华。六曹之设内[1],工官居数中之一耳。其所司之工者,皆无异伎,国无奇役。然而公务虽简,其成也必精,其废也必当。一举而无再为,一废矣无复造。所以民逸者多,劳者少,因是而官贤,称君圣德。今之人受职任事,则又不然矣。凡临事之际,必因公而役私,因私以弊上。于国则不利,于民为害。是以神人共怒,祸及身家,往往有之,未尝有福臻而愆消者也。然罪者已往,存者复为,是不隔禽兽也。所以古人重其事而选人,在福民之福,固国以奉天地。是以前贤能体君心,而以务事工,得家保而国昌。今朕设工部,实法古制,特以尔某为工部某官,当敬事信工,无弊上下,咸合汝贞。良哉!

宣德三年敕
明·朱瞻基

朕惟工部掌天下百工、山泽之政令,度民力、因地利、天时,以成国家之务。夫天地生人,虽有贵贱之分,而好逸恶劳,情无不同。过用人力,则不堪命。惟以身体人,用人之力如己力,斯民不病焉。国家用度,皆出于民,过用于上,必过取于下,财匮民贫,何以为国? 惟以身体国,用民之财如己出,斯财不竭焉。凡所举作,审度缓急,为之节制,以息民力,以纾国用[2],斯为良哉!古者役民于农隙,当思用之以时;古者山林川泽有厉禁,当思用之有制。今天下工匠,数倍祖宗之世,而畏避卜逸者日多,当思抚绥安养之道[3]。至若屯田、水利之政,皆有成法。比年因循废弛,罔闻实效,当思兴举作新之方。尔其懋哉!夫侈用伤财,掊克之端[4];厉民循欲,敛怨之阶。《书》曰:"民为邦本,本固邦宁。"节用所以爱民,爱民所以爱国。臣之职,以道事君。尚率尔属,惟公惟清,辅予于治,庶几明良相成之美尔!惟钦哉。故谕。

嘉靖六年旨
明·朱厚熜

访得南京进贡船只,起数甚多。管运内官,廉靖守法者固有[5],贪刻害人者不无[6]。沿途多索人夫,勒要折乾银两[7],不遂所欲,动辄搜求。甚至殴打职官,绑缚夫役,里河一带俱被其害[8],甚非朝廷恤民之意。便着兵部行南京内外守备,查进贡起数,可省则省,可并则并。如起数系定额,难以省并,装运之时,照例着科道、兵部官监视[9]。务要尽船装载,不许多拨,听其夹带私货,搭人索钱。其管运内官,务选老成安静的去。凡奸贪刻剥[10],好生事端之人,俱不许差遣。都察院还出榜禁约,人夫照例上水二十名,下水十名。合用廪给口粮,俱照关文应付[11]。敢有似前多索夫役,掯要折乾银两[12],生事害民的,抚按、巡河、兵备等官,将本船为首一人,拿与被害之人对问明白,干碍应参官员[13],指实具奏。

按[14],舟楫之务,冬官之一端耳。然敬事信工,节财爱民,则无异道焉。窃尝伏读仰窥,我祖宗及皇上惓惓之意[15],惟欲损上益下,俾家国俱昌,公私并利,以臻至治而已。至于洞察留都贡献船只之扰民,并省从约,严禁运官,谆谆不已如此,其节爱盛心,即虞廷咨[16]。吁,交儆之义,何以加焉!方今造船者,能无成之不精,废之不当,因公营私,病国而害民乎?能无侈用伤财,厉民徇欲[17],而不知以身体国乎?拨船者,其无不稽厥实,多与以滋夹带之弊乎?圣灵孔赫,国典于昭,有一于此,知不免矣。《书》曰:"率作兴事,慎乃宪[18]。钦哉!屡省乃成。"《诗》曰:"王之荩臣[19],无念尔祖。"敬揭首卷,相与佩服焉!

【注释】

[1]六曹:即六部。东汉设六曹治事,唐定为吏、户、礼、兵、刑、工六部。

[2]纾:犹供给。

[3]卜逸:选择逃逸。抚绥:安抚。

[4]掊克:搜括。

[5]廉靖:逊让谦恭。

[6]贪刻:贪婪刻剥。

[7]折乾:旧时称馈赠。犹言白送。

[8]被:音 pī,受。

[9]科道官:明清时六科给事中与都察院各道监察御史统称科道官。

[10] 刻剥:侵夺剥削。

[11] 关文:旧时官府间的平行文书,多用于互相查询。

[12] 揹要:强行索要。

[13] 干碍:牵连,干连。

[14] 按者为李昭祥。

[15] 惓惓:依恋反顾貌。

[16] 虞:古同"娱",安乐。

[17] 厉民:盘剥百姓。

[18] 兴事:兴建政事。孔颖达疏:率领臣下为起政治之事。宪:法令。此谓依法度行事。

[19] 荩臣:忠臣。

典 章

李昭祥

《诸司职掌》 凡在京并沿海去处,每岁海运辽东粮储船只,每年一次修理。其各卫征战、风快船只等项,若缺少损坏,当修理者,务要会计木、钉、灰、油、麻、藤及所用工具,依数拨用。如有不敷,亦当预为规画,或令军民采办,或就客商收买,或外处拨支。审度利便,定拟奏闻。行下龙江提举司计料明白,行移各库放支物料。其工程物件,照依料例文册,然后兴工。如或新造海运船只,须要度量产木各便地方,差人打造。其风快小船,就京打造者,亦须依例计造。木料等项,就于各场库支拨。若内外有船只,务要周知其数,设或需索运用,酌量劳逸多寡拨与。其各河泊所带办鱼油、鳔,每岁催督进纳备用。

《大明律》凡造作不如法者,笞四十。若造军器不如法者,笞五十。若不堪用及应改造者,各并计所损财物及所费工钱,重者坐赃论。其应供奉御用之物加二等。工匠各以所由为罪,局官减工匠一等,提调官吏又减局官一等,并均赔物价、工钱还官。

凡造作局、院头目、工匠,多破物料入己者,计赃以监守自盗论,追物还官。局官并覆实。官吏知情符同者,与同罪;失觉举者,减三等罪,止杖一百。

《会典》 国初造黄船,制有大小,皆为御用之物。至洪熙元年[1],计三十七只。正统十一年,计二十五只。常以十只留京师河下听用。成化八年[2],本部奏准:照快船事例,定限五年一修,十年成造。其停泊去处,常用厂房苫盖,军夫看守。

新江口战船,永乐五年[3],额设一百三十一只。宣德以后,增至三百一十九只。至成化十年,堪操者止一百四十只。拆卸未造内三、四百料者,俱改二百料快船。

洪武初,置江淮、济川二卫马快船,及南京锦衣卫等风快船,以备水军进征之用。既建北京,遂专以运送郊庙香帛、上供品物、军需器仗及听候差遣,俱属南京兵部掌管。

又,永乐五年,改造海运船二百四十九只,备使西洋诸国。

正统七年,令南京造遮洋船三百五十只,给官军由海道运粮赴蓟州等仓。

登州卫每年装送花、布、钞锭,原设海船一百只,正统间,止存三十一只。

《职掌条例》 凡修造战巡等船,先年,本部札委司属官一员,前去龙江提举司督造。正德十三年[4]，本部会议题准:注选本司主事一员驻扎管理。

又,凡留京预备黄船一十只,例该五年一修,十年一造。如遇该修造之年,官军领驾,咨送本部,札付督造主事,督同提举司官吏、匠作料计合用物料。会有者,行龙江抽分竹木局等衙门关支[5];会无者,行拘上、江二县铺户买办,给作修造。遵照钦限完工,仍付原差官军领驾。料价支芦课[6],工食支班匠银两。

又,南京各卫,永乐年间,额设大黄船二十四只,内渡江并千料远年朽烂在坞、不堪修造船九只,止有一十五只。又设小黄船三十六只,俱照例五年一修,十年一造。先年,该修理者,就行督造主事并提举司官吏、匠作会办修理。结申到部[7],奏行工部,转行本部,覆查明白,奏奉钦依,然后改造。

正德十四年,该南京外守备衙门题准:今后大小黄船例该改造者,南京工部委官覆勘明白,即便会计工料,奏行本部,转行成造,不必覆查回奏。其会有、会无物料,工价俱同前。

又,嘉靖七年[8],咨送到预备黄船五只,内三只该修舱者系是楠木[9]。内二只该改造者,系是川杉等木。本部差官赍价四路收买,绝无川杉木植。题奉圣旨:这船只既限期紧急,准暂用楠木改造,钦此[10]。

又,新江口战船,原额一百七十八只,划船三十七只,三板船三十只,巡船九十只。

正德九年奏添哨船一百只[11],造完九十七只,除正德十五年行取四十只赴京,见在五十七只。通共三百九十二只。该五年一修,十年一造。

先年,修理物料以五分为率,官出三分,军出二分。

成化二十三年[12],南京内外守备题称:会同南京工部议得,巡船冲冒风浪,易于损坏,比之战船不同。除修理战船仍照原拟事例遵行外,其见今及以后巡船并在船浮动什物,但遇损坏,俱行南京工部支给官料修理。如各官军不行看守用心撑驾,以致不久损坏并遗失器具者,痛加惩治、追赔等因。

工部覆奏:备行本部从公查照,如果前项巡船曾经会议,相应修理,别无违碍,就将该用物料查会,关支采办。仍委官一员,严督龙江提举司官吏匠作,及南京中军都督府差拨官军,同原船旗军相兼用工。如或本部虽经会议,事有窒碍者[13],宜从径自奏请定夺等因。到部时,本部右侍郎黄,因曾经会议,不复奏请,即将战巡等船概与出料修理,自后各船官军不复出办。

弘治十六年,本部因料价不敷,题准将改造战巡等船会无物料,分派直隶苏、松等一十二府,广、和二州征解应用。其匠作工食:系修理者,本司随宜斟定;系改造者,定立则例榜示,俱于班匠银内支给。

又,嘉靖七年[14],为议处重大事宜,请圣裁以裨修省事,南京礼部等衙门条陈内,一严点闸[15],减修造,以纾财用[16]。据督造船只主事方鹏呈称:本职督造新江口战巡等船四百只,每船一只,成造费银二百余两,修理亦不下五十余两。例约五年一修,十年一造,动费料银数万两。切见船之所以速于修造者,其弊在于撑驾官军视为官物,不加爱惜,及将随船什物私相借贷,以致易坏故耳。合无比照先年题准正阳等门查点军器事例,本部委官时临泊船处所点闸,及将前船十只编作一帮,每日轮流一军看守等因。

该工部覆:看得前项处置,甚切时弊,相应依拟。但事干兵务,恐非工属一官所宜独任。又一月二次点闸,不无烦琐。合无添差兵部委官一员,公同兵科给事中一员,每遇季终会同点闸。如有官军不行爱惜,抛弃磕损及将随船什物私相借贷,轻则责令赔修,重则公同参究提问。其编帮轮守之规,亦依所议施行,仍每季终,取具管船官军不致遗失损坏结状查较。如此则法令既严而战具常完,修造亦有节矣。

奉圣旨:是,依拟行。钦此。

又,嘉靖十三年,为条陈操巡急务,以修职业,以靖江洋事,该操江兼管巡江、南京都察院右副都御史潘题称:新江口战船,见在两班止用一百二十二只,余船无军领驾,置之无用。欲于一百二十二只之外,添存二十八只,共凑作一百五十只。外,再欲将原船改造轻浅利便船五十只,共定作二百只,发营驾操。其余船只俱要除革等因。该本部修造战船,虽系本部职掌,其应添应减事体,例系兵部掌行,本部难以议拟,复咨兵部议处。今该前因通查案呈到部。臣等看得南京兵部尚书刘龙等议开[17],操江都御史潘所奏,裁革新江口战巡等船事情,与先年南京工部右侍郎何塘所奏大略相同[18]。但船料大小[19],船只名色各异。操演取用之际,亦各有所宜。必须斟酌应用多寡,量为去留。要将四百料战座船量留二只,二百料者量留三十八只,一百五十料者量留十二只,一百料者量留十六只,三板船量留十一只,巡船量留十五只,巡沙船量留五只,一颗印四百料巡座船量留一只,划船量留十五只,浮桥船量留五只,哨船量留三十只,共一百五十只。就将见堪用者存留,应造应修者照数补完。其余不堪应用船只木料,发回提举司改造轻浅利便船,务合式样,大小适中,可以遇风、可以容众、便于撑驾者五十只,共二百只。比与本官原奏减数目相同。及仍要遵照旧例修造一节,为照前项船只,既经南京各官会同议处,事体已为允当,相应依拟。合候命下本部,一咨兵部转行南京兵部,将前项战巡等船,悉依原议大小名色,照数存留并修造二百只,其余船只尽行裁革;一行南京工部查照旧例,照依年限修造。其该管官员务要严督,造作如法,不许板薄钉稀。仍令领驾各军小心爱惜。若不及年限损坏者,照例责令看守之人赔修还官。如此则船非虚设,财无妄费,江防不弛而警急有备矣。

【注释】

[1]洪熙元年:1425年。

[2]成化八年:1472年。

[3]永乐五年:1407年。

[4]正德十三年:1518年。

[5]关支:领取。

[6]芦课:明清时,江南、湖广、江西沿江海河湖地区划作芦田。芦田分稀芦、密芦、上地、中地、下地、草地、水影滩等若干等级,由民工种芦,按等级纳课额,有正项、耗羡等名目。朝廷设有专员主持芦课事务,后改由州县征收芦课。

[7]结申:申款交结;申好结合。

[8]嘉靖七年:1528年。

[9]艌:音niàn,用桐油和石灰填补船缝。

[10]按:原文下有"以上黄船例"。

[11] 哨船:巡逻警戒的船只。

[12] 成化二十三年:1487年。

[13] 窒碍:障碍,阻碍。

[14] 嘉靖七年:1528年。

[15] 点闸:查点。

[16] 纾:缓和。

[17] 刘龙(1476—1554):字舜卿,号紫岩。山西襄垣(今属山西长治)人。弘治己未(1499)进士。正德间,官居侍讲学士。两任顺天府乡试官。嘉靖六年,升为南京礼部尚书,官至南京兵部尚书。有《紫岩集》等。

[18] 何塘(1474—1543):字粹夫,号柏斋,又号虚舟。累官太常寺正卿、工部右侍郎、户部右侍郎、南京右都御史。明代著名文学家、理学家、音乐家、数学家。

[19] 料:明代载重单位,一料约等于今九十二千克左右。

露 香 园 记

明·朱察卿

【提要】

本文选自《古今图书集成》职方典卷七〇三(中华书局巴蜀书社1986年影印本)。

露香园在名园迭出的江南只是中等规模,且今已不存。但露香园没被忘记,三林书院创始人秦荣光称颂已经消失的露香园:“露香池石子昂书,万竹山居东凿渠。名士风流多巧技,绣精墨雅芥成蔬。”其中的绣,即顾绣;墨,为顾墨;蔬,乃顾蔬。

露香园,是明代上海三大名园之一,在今上海人民路环内,老城隍庙西北,露香园路和万竹街“丁”字交叉围合,周边环有青莲街、东青莲街、阜春街就是当年露香园的地界。

明代的道州(今湖南省零陵)太守顾名儒,湖南卸任归来,在上海城北黑山桥购地建园,称“万竹山居”。他的弟弟顾名世中进士后,官升至尚宝司司丞,职掌皇家的玉玺、符牌、印章之类,地位颇为显赫。晚年归里,买下万竹山居相邻的一块地营造园林。相传建园挖池时挖到一块赵孟𫖳所题“露香池”碑石,遂名新建花园为“露香园”。

文中描述:“堂之前,大水可十亩,即露香池,澄泓渟澈,鱼百石不可数,间芟草饲之,振鳞捷鳍食石栏下。”露香园布局以池为中心,四周构露香阁、碧漪堂、潮音庵、分鸥亭、独莞轩、积翠冈等。露香池内种植红莲,花开时,池水欲赤。坐在分鸥亭中,“尽见西山形胜”,就只见“亭下白石齿齿,水流昼夜,滂濞若咶,群鸦上下,去来若驯”,可谓是“盘纡澶漫,擅一邑之胜”。

但在当时,露香园无论在规制和园林造诣上都不能称"最"。让它驰名海内外的是它的园中物产,就是秦荣光所说的:"绣精墨雅芥成蔬。"

顾绣,全称为"顾氏露香园绣",亦称"露香园顾绣"。今天存世的作品或钤或绣有"露香园""清碧斋"款。顾绣源自露香园主人顾氏的女眷之手,她们是缪氏、韩希孟(又名媛)、顾玉兰。顾绣以名画为蓝本,又称"画绣",顾绣有文化艺术涵养、题材高雅、画绣合一、用材精细、针法灵活创新、择日刺绣与锲而不舍等六大秘籍。绣品技法精湛、形式典雅、艺术性极高,是当时文人雅士圈中的奢侈艺术品。清代苏绣、湘绣、粤绣、蜀绣四大名绣皆得益于顾绣。中国第一名绣——"顾绣"真迹存世作品目前不到 200 件,大多为各地博物馆作珍品典藏。

"明代顾名世之子顾振海(名斗英)诗善画,得有造墨秘法,以松烟和油脑、金箔、珍珠、紫草、鱼胞捣两万杵合成墨,每锭有'海上顾振海墨'印记,一般只送不卖。制法早已失传。"(《上海二轻工业志·专记》)顾振海不但琴棋书画皆功,其制墨只为是因个人喜好,故产出极少,只送不卖,即便好友也一人只赠一锭,不再送第二次,因此极为珍贵,以致无人知晓其成分组合。

"银丝芥种邑中专,岁首辛盘供客筵。顾氏露香园制美,芥菹一味可经年。"这便是顾菜——银丝芥菜。银丝芥也称"佛手芥",是一种细茎、扁心、细叶子的芥菜。露香园顾家特制酸菜,鲜香酸辣,可放一年不变味,佐酒尤为爽口,被称为"顾菜"。后来世人广为仿制,成为本地人的春节宴菜。今顾菜制法已失传。

露香园物产还有藕粉、蜜桃。"水蜜桃推雷震红,闻雷见一晕红工。露香园种今难觅,都向黄泥墙掷铜。"相传露香园水蜜桃大者如小瓜,皮薄浆甘,入口即化,每经一次雷雨便生出点点小红晕,得名"雷震红"。露香园在康熙初荒废,蜜桃种植转移到上海南汇、浙江奉化、江苏无锡等地,以龙华最为闻名。鸦片战争后,水蜜桃先后被英国、美国、日本引种,并选育出新的品种群,名字分别为"上海桃""上海水蜜"等。

陈植选注《露香园记》说:"古人有因为家有名园而传名的,也有园林因主人而知名的,要说园以物名,'露香园'是少见的一例。"

明朝末年,顾氏家庭渐渐衰落,露香园"台榭渐倾,园林亦废",至清初只剩"古石二三,池水亩许"。清道光年间,上海知县黄冕动员士绅捐款重修,将"万竹山房"也并入园中。鸦片战争时,露香园中设火药局,1842 年火药库失火爆炸将园子夷为平地,露香园从此消失。

上海为新置邑,无郑圃、辋川之古[1],惟黄歇浦据上游[2],环城如带,浦之南,大姓右族林立,尚书朱公园最胜;浦之东入西,居者相埒,而学士陆公园最胜,层台累榭,陆离矣[3]。太守顾公筑万竹山居于城北隅,弟尚宝先生因长君之筑[4],辟其东之旷地而大之,穿池得旧石,石有"露香池"字,篆法蝶扁[5],为赵文敏迹[6],遂名曰:露香园。

园盘纡澶漫[7],而亭馆崿岉[8],胜擅一邑。入门,巷深百武,夹树柳、榆、苜蓿,绿荫葰楙[9],行雨日可无盖。折而东,曰:阜春山馆,缭以皓壁,为别院。又稍东,石累累出矣。碧漪堂中起,极爽垲敞洁,中贮鼎鬲琴尊[10],古今图书若干卷。堂下犬石棋置,或蹲踞,或陵耸,或立,或卧,杂艺芳树,奇卉、美箭,香气苾苏[11],日留枢户间。堂后土阜隆崇,松、桧、杉、柏、女贞、豫章,相扶疏蓊茭[12],曰:积翠冈。陟其脊,远近绀殿黔突俱出[13],飞帆隐隐移雉堞上,目豁如也[14]。一楹枕冈左,曰:独莞轩,登顿足疲,藉稍休憩,游者称大快。堂之前,大水可十亩,即露香池,澄泓淳澈,鱼百石不可数,间艿草饲之,振鳞捷鳍,食石栏下。池上跨以曲梁,朱栏长亘,池水欲赤。下梁则万石交枕,谼谽峈葛[15],路盘旋,咫尺若里许。走曲涧入洞,中可容二十辈[16]。秀石旁挂下垂,如笋、如乳。由洞中纡回而上,悬磴覆道,嵾嵯戭巀[17],碧漪堂在俯视中,最高处与积翠冈等。群峰峭竖,影倒露香池半,风生微波,芙蓉荡青天上也。山之阳,楼三楹,曰:露香阁。八窗洞开,下瞰流水,水与露香池合,凭槛见人影隔山历乱[18],真若翠微杳冥间有武陵渔郎隔溪语耳[19]。楼左有精舍,曰:潮音庵,供观音大士像,优昙花、贝叶经杂陈棐几[20]。不五武,有青莲座,斜榱曲构,依岸成宇,正在阿堵中[21]。造二室者,咸盥手露香井,修容和南而出[22]。左股有分鸥亭,突注岸外,坐亭中,尽见西山形胜。亭下白石齿齿,水流昼夜,滂濞若哤[23],群鸦上下,去来若驯,先生忘机处也[24]。

先生奉长君日涉广园,随处弄笔砚,校雠坟典以寄娱[25],暇则与邻叟穷《弈旨》之趣[26],共啜露芽[27],嚼米汁,不知世有陆沉之苦矣[28]。昔顾辟疆有名园,王献之以生客径造,旁若无人,辟疆叱其贵傲而驱之出[29]。先生懿行伟词,标特宇内,士方倚以扬声,以先生亲己为重,贤豪酒人欲窥足先生园,虑无绍介,即献之在,当尽敛贵傲,扫门求通[30],非辟疆所得有也。彼郑圃、辋川,岂以庄严雕镂闻于世?以列子、王右丞重耳,露香园不为先生重哉!

先生已倩元美诸先生为诗[31],复命予为《记》,故记之。

【作者简介】

朱察卿,生卒年不详。字邦宪,上海人。慷慨任侠,与沈明臣、王穉登友善。有《朱邦宪集》传世。

【注释】

[1]郑圃:在今河南中牟县西南。相传为列子所居。辋川:在陕西蓝田县城西南约5公里的尧山间,是秦岭北麓一条风光秀丽的山谷。唐王维有辋川别业,其《辋川图》已成为文人理想山川的卧游地。

[2]黄歇浦:上海市境内黄浦江的别称。相传战国时春申君黄歇疏凿此浦而得名。

[3]陆离:形容色彩绚丽繁杂。

[4]长君:对别人长兄的尊称。

[5]蜾扁:谓字笔划中间细,字形扁。蜾,音guǒ,一种寄生细腰蜂。

[6]赵文敏:即赵孟頫。谥文敏。

[7]澶漫:宽长貌,散布貌。澶:音chán,水流平静。

[8]崦岘:音yǒng sǒng,高低众多貌。

[9]葰楙:音jùn mào,茂盛貌。

[10]鼎鬲琴尊:皆博古赏玩之物。鬲:古代炊具,形状如鼎而足部中空。尊:酒器。后来写作"樽""罇"。

[11] 苾茀:按:此为生造之词,强解之,似作“香气浓郁、纷繁”解。

[12] 扶疏:枝叶繁茂纷披貌。蓊薆:音 wěng ài,形容草木茂密多荫。

[13] 绀殿:指佛寺。黔突:因炊爨而熏黑了的烟囱。

[14] 雉堞:城墙。豁如:开阔,阔大。

[15] 谽谺:音 hān xiā,山谷空阔险峻的样子。轇葛:纵横交错的样子。亦作“轇轕”。

[16] 辈:谓“人”。

[17] 嵾嵯:音义皆同“参差”。齴齞:音 zhàn yǎn,指牙齿不齐正,参差外露。此谓不齐。

[18] 历乱:纷乱,杂乱。

[19] 翠微:青翠的山色。杳冥:极高或极远以致看不清的地方。武陵渔郎:典出陶渊明《桃花源记》。谓世外桃源。

[20] 优昙花:神话传说称此花生长在喜马拉雅山,三千年一开花,开花后很快就凋谢。所以佛家说“昙花一现”。优昙花的学名叫山玉兰,落叶乔木,木兰科,花大而白,芳香,气味如同佛寺中的气味,广泛分布于云、贵、川。贝叶经:用铁笔在贝多罗(梵文 Pattra)树叶上所刻写的佛教经文。贝叶经可保存数百年。棐几:条几小桌。

[21] 阿堵:这个。

[22] 修容:修饰仪表。和:向。

[23] 滂濞:音 pāng bì,澎湃。指浪相击声。啮:咬。

[24] 忘机:谓忘却机心智巧、纷扰世事,与世无争。

[25] 坟典:指三坟、五典,后为古代典籍的通称。

[26]《弈旨》:班固所撰我国最早的一篇关于围棋理论的文章。

[27] 露芽:茶名。《本草纲目》:唐人尚茶,茶品益众,有雅州之蒙顶、石花、露芽、谷芽为第一。

[28] 陆沉:谓埋没,不为人知。

[29] 顾辟疆:吴郡人顾辟疆有名园,王献之(子敬)闻之,虽不识辟疆,却径直入园,游览指评一圈,正在宴客的顾辟疆忍无可忍,斥其倚仗高位,无视礼仪,是个粗野之人,将之赶到门外。典见《世说新语·简傲》。

[30] 扫门求通:典出《史记·齐悼惠王世家》:汉魏勃少时欲求见齐相曹参,贫无以自通,乃常早起为齐相舍人扫门。齐相舍人怪而为之引见。后以“扫门”为求谒权贵的典实。

[31] 倩:请。元美:王世贞(1526—1590),字元美,号凤洲,又号弇州山人。官位显赫,文名显赫。

烟雨楼记

明·王元凤

【提要】

本文选自《古今图书集成》考工典卷九五(中华书局　巴蜀书社影印本)。

"风日晴霁,水天一色。登斯楼也,凭高远眺,心目俱旷。"这是王元凤嘉靖壬戌(1562)春正月元宵节后一个雨后初晴的日子,与客泛舟嘉兴南湖、登临烟雨楼看到的情景。

文中,作者以抒情的手法铺叠辞藻,描述南湖烟雨楼的"雨中江南"模样。按照王元凤的说法,烟雨楼源于"浙西欧阳"的倡建。欧阳,即嘉靖时名臣欧阳德。当时他巡抚应天(今南京)等10府,并督理粮储,嘉靖十六年(1537)推行征一法:即将一切应征的粮米,皆计亩均输,并以田定每年之役。而税粮方面,在不公开变更赋税制度的前提下,由地方政府分别修改征收方法。种种措施的实行,让税赋负担趋向均平,极大地调动了农民的积极性。江南一带,疏浚河池,开荒种粮,蔚然成风。

烟雨楼是嘉兴南湖湖心岛上的主要建筑,始建于五代后晋,初位于南湖之滨,吴越王第四子中吴节度使、广陵郡王钱元镣"台筑鸳湖之畔,以馆宾客",为游观登眺之所。后毁。明嘉靖二十七年(1548),嘉兴知府赵瀛疏浚市河,所挖河泥填入湖中,遂成湖心小岛。第二年仿"烟雨楼"旧貌,建楼于岛上,后经过扩建、重建,逐渐成为江南园林特色鲜明的名楼。乾隆下江南,极喜登此楼,备致赞赏,先后赋诗20余首,曾亲画烟雨楼图。并照此楼的样式在热河承德避暑山庄的青莲岛上仿建一所楼阁,亦名烟雨楼。清同治初,烟雨楼又毁于战火,直到1918年才重建主楼,形成现在的格局。

烟雨楼的出名,与张岱的《烟雨楼》关系密切:"楼襟对莺泽湖,空空蒙蒙,时带雨意,长芦高柳,能与湖为浅深。湖多精舫,美人航之,载书画茶酒,与客期于烟雨楼。客至,则载之去,舣舟于烟波缥缈。态度幽闲,茗炉相对,意之所安,经旬不返。"王元凤所撰楼记则知之者寥寥。

1921年,中共一大在南湖的小船上续开,也助这座烟雨楼的声名更加广泛地流传。烟雨楼是南湖湖心岛上的主要建筑,现已成为岛上整个园林的泛称。全园占地11亩,园内楼、堂、亭、阁错列,周围短墙曲栏围绕,四面长堤回环,大可观"微雨欲来,轻烟满湖,登楼远眺,苍茫迷蒙"的江南美景。

壬戌之春正月既望[1],王子与客泛舟于檇李之南湖[2],湖有楼,宛在水中央,以烟雨得名。时风日晴霁,水天一色。登斯楼也,凭高眺远,心目俱旷。王子喟然谓客曰:"夫地以人灵,情因境会。抚今溯昔,眷旧图新,莫不选景留连,送怀浩渺。况乎名垂五代[3],迹炳三吴,踞七邑之奥区[4],揽一方之胜概。星檐耸翠,俨琼阙以翚飞;斗拱流丹,凭碧霄而鼎峙。日薰花气,暖欲生烟。云霭波光,晴偏结雨。斯楼之建,有自来乎?"

客乃穆然而深思,睪然而高望[5],曰:

"天地不能有平成而无倾陷,日月不能有光华而无晦蚀,四时不能有运行而无代谢,盛衰之理相循环,兴废之机相倚伏也。观夫驾长渚,轶平畴,双峡缀其襟,两湖为之带。联远岫于秦峰[6],奇分海市;引洪涛于震泽[7],广纳川流,鳞翰悦而游翔[8]。草木纷其藻绘[9],当其旭日迟迟[10],条风习习[11],柳带朝烟而眉锁,桃含宿雨而粉消。青雀棹来[12],芳草渡摇。人影紫骝,嘶去杏花。村飐酒旗,三春游冶。纨縠云连,四野喧阗[13],笙珴水沸[14]。若乃夕阳栖堞,秋露凝皋。萝薜紫烟[15],芙蓉红雨。或携觞至止,或挟伎来游,或望莲浦以徘徊,或倚桂枝而延竚[16]。浪浴鸥凫,客坐钓鳌之石;风吹苹蓼[17],帆移放鹤之洲。于时翠沼澄鲜,朱楼漾彩;金碧浮图,倒影斜穿;银汉绮罗[18],墙舫回波,宛在瑶台[19]。以至长夏停桡,晴阴并爽;隆冬泛艒[20],雪月皆宜。斯固凭眺之极,观登临之逸致也。

追夫陵谷迁移,海田变易。烽传楚炬,焰烈秦灰。舞榭顿尔丘墟,歌台鞠为茂草,尘埋景歇者三十余年矣[21]。

兹有西浙欧阳禾,邦召伯[22],操澄秋水[23],惠普春台[24]。时行野而劝农桑,每观风而咨疾苦。爰游南浦,自我东郊瞻古迹之久湮,怅荒台之在望。遂乃诛茅故址,荫樾新堤[25]。雕甍绣桷,美轮奂以增华;彩鹢仙凫[26],骋游遨而骈集。更有英流蹑响[27],骚雅循声,靡不摛藻研思[28],敷荣竞艳,律暖寒郊。人分玉楼之句,词胲瘦岛家传、金谷之篇[29]。由兹以观,今昔盛衰之异,后先兴废之殊,不于斯楼概可见欤?”

王子曰:“旨哉言乎[30]!”遂援笔而为之记。

【作者简介】

王元凤,生平不详。

【注释】

[1]壬戌:嘉靖壬戌(1562)。既望:农历十六日为既望。

[2]王子:作者自称。檇李:古地名。在今浙江省嘉兴西南。檇:音 zuì。

[3]五代:五个朝代。常指黄帝、唐、虞、夏、殷。

[4]奥区:腹地。

[5]皋然:高远貌。皋:音 gāo,通“皋”。

[6]秦峰:山名。

[7]震泽:泽名。又名具区、笠泽。位于长江、钱塘江下游三角洲上。

[8]鳞:指鱼等水生物。

[9]藻绘:彩色的绣纹,错杂华丽的色彩。

[10]迟迟:阳光温暖、光线充足的样子。

[11]条风:一名融风,主立春四十五日。《史记·律书》:“条风居东北,主出万物。条之言条治万物而出之,故曰条风。”

[12]青雀:谓桨形。棹:船桨。

[13]喧阗:亦作“喧填”。喧哗、热闹。

[14]笙璈:谓音乐。璈:音 áo,古乐器。

[15]萝薜:指女萝和薜荔。

[16]延竚:亦作“延伫”。久立、久留。

[17]萍蓼:水草名。蓼:音 liǎo,一年生草木植物,叶披针形,花小,白色或浅红色,果实卵形,扁平,生长在水边或水中。

[18]银汉:银河。绮罗:谓华丽柔靡。

[19]瑶台:指传说中的神仙居处。

[20]艒:音 zhāo,行舟。

[21]尘埋景歇:犹颓圮荒芜。景:同“影”。

[22] 邦:谓州县。召伯:周朝大臣。僚属请求其营建召(邵)地居住。召伯说:"为了我一个人而劳苦百姓大众,这不是我们先君文王的志向。"于是暴处远野,庐居树下。百姓大悦,农桑者倍力以耕。此指欧阳德。

[23] 操澄秋水:谓德操如秋水般澄净。

[24] 春台:饭桌。句谓欧阳德的恩惠播撒到千家万户。

[25] 荫樾:犹言植树。

[26] 鹢:音 yì,水鸟名。

[27] 英流:才智杰出的人物。

[28] 摛藻:谓调遣词藻。摛:音 chī,舒展。

[29] 分玉楼之句:犹分韵。古时文人聚会赋诗,常以诗句为韵,分字而得之以赋诗词。瘦岛:指贾岛。其为诗常苦吟,故有瘦岛之称。金谷:指晋石崇所筑的金谷园。借指仕宦文人游宴饯别之所。故有"金谷酒数"之说。晋石崇《金谷诗序》:"遂各赋诗,以叙中怀,或不能者,罚酒三斗。"

[30] 旨:犹美。

辰阳新建参天宝塔记

明·陈性学

【提要】

本文选自《古今图书集成》职方典卷一二六九(中华书局　巴蜀书社影印本)。

陈性学分守地辰州"山河形胜,袤亘盘错,灵爽秀发,若列眉。然惟东北江流泄处,峰峦蹲伏,无峻耸状"。有老者称:"洲起江心,为郡水口,宜建浮图于上,可当奇峰,舒葱郁气。"可是因为"费大力艰,旋议旋罢。"

造塔以镇地气,岂止是"造物者阙其灵秀"？ 于是,陈性学"泛舟以往,敳地度基,敛材程物,首发俸金为之助"。很快造起耸峻大刹。

陈性学所造之塔即是位于今湖南沅陵县城东河涨洲上的龙吟塔。塔因洲旁水声似龙吟而得名,高 42 米,是湖南现存最高、保存最完整的石塔。龙吟塔各层的檐下装饰不拘一格,融合了明、清两代建筑风格及湘西地方特色。塔内置有旋梯直通塔顶,塔身结构严谨,装饰精巧、典雅,整体造型完美,工艺水平很高。

职方氏载[1],楚分野翼轸辰[2],跨大酉,甲五溪,沅水包络,居楚上游。天王二十一年[3],不佞奉简符[4],分藩湖北[5],得从所部。纵观山河形胜,袤亘盘错,灵爽秀发[6],若列眉。然惟东北江流泄处,峰峦蹲伏,无峻耸状。徘徊久之,叹曰:

"是地负艮抱坎[7],上合天市之垣,一方特秀也。稍增而高,不惟民益加殷,更属荐名者大利。独奈何山诎水盈,孰能操造化,权而挽之乎?"

亡何,乡宪副芝阳张公首倡,士大夫与其父老相率以建塔请曰:"吾郡自设学以来,业进士掇巍科者不乏人[8],顷岁寥寥矣!往形家谓和尚[9],洲起江心,为郡水口,宜建浮图于上,可当奇峰,舒葱郁气[10]。顾费大力艰,旋议旋罢。明公下车临政,如丝棼然[11]。而以其暇,询俗察谣,救偏补敝,建长利以惠境内,岂造物者阙其灵秀,有待而兴与?"

余闻言,不啻发之。自吾吻也[12],遂泛舟以往,敱地度基,敛材程物,首发俸金为之助[13]。辰频瘠于岁[14],是秋,在在有登。乐轮者日益[15],普郡邑诸司箕而致之,以佐役。岿然大刹,于兹托始。计费一千六百余金。自此以进,九级累累,次第而举,大势跊如,檐阿翚如,廉隅棘如[16],八窗旷如。遵洞循石梯,跻九级,凌驾峥嵘,直与翼轸相接。因名曰:参天宝塔。

郡人士挐螭踞赑[17],立石纪不朽,则谓"允臧之创[18],在余不佞也。"以记为请。余谛观古人建邦,立邑相土,瀍涧东西,升虚望楚,《诗》《书》所称可镜览焉。乃谈冯翼孝德[19],人文辈出,为邦家光,必以归诸丰芑之培[20]、山水之有,关人国也,讵眇少哉?是塔摩苍穹,接台斗[21],参辰位,排天阊,罗八荒万象,目匝而趾蹑之。第令气数和会,人才长养,历华陕肶[22],巍巍之功,参天而赞化于国家文治之隆,庶有补乎?因为之铭曰:

> 有蠹者阜,中流亘峙。源发酉天,委腾溮濞[23]。列嶂排青,诎其艮位。金谋聿兴,培兹灵秀。伐石硗礐,程虁周备[24]。工者子来,北刹斯萃。江底盘根,层空屹翠。俯瞰仰窥,云汉为丽。神符考祯,地轴潜契。民恬以熙,士蔚而睿。伊谁圬耶[25]?补天之勔[26]。我纪其成,永贻来裔。

【作者简介】

陈性学(1546—1613),字所养,号还冲,浙江诸暨人。万历五年(1577)进士。授行人,不久出任贵州道监察御史。督修武英殿,功成,任粤东佥事,升粤西少参,转贵州副宪,后按察闽南,有政声,升广东左布政使、陕西左布政使等。不久,遭谤归家。有《边防筹略》《西台疏草》《紫英山堂藏稿》等。

【注释】

[1]职方氏:周代官名。掌天下地图与四方职贡。

[2]分野:与星次相对应的地域。

[3]天王二十一年:按:疑有误。考《神宗实录》,当为"万历",时陈性学由贵州副使转湖广右参政。

[4]简符:官府敕命征调文书。

[5]分藩:古代帝王分封自己的子弟,作为王朝的屏藩。后亦称官吏出守地方。

[6]灵爽:指精气。秀发:形容山势秀美挺拔。

[7]艮:西北。坎:西。

[8]巍科:犹高第。古代称科举考试名次在前者。

[9] 形家:旧时以相度地形吉凶,为人择宅基、墓地为业的人。也称堪舆家。

[10] 葱郁:谓旺盛、美好。

[11] 棼然:(政事头绪)纷繁貌,纷乱貌。

[12] 吻:谓衙署。在水边,故称。

[13] 敳:音 ái,治。程:衡量,计量。

[14] 频瘠:谓连年收成不好。

[15] 乐轮者:指愿为造塔劳作者。

[16] 廉隅:棱角。

[17] 挐螭蹦龘:谓象螭龘那样手舞足蹈,盘桓不去。指群情激动(要求立石)。

[18] 允臧:完善,完美。

[19] 冯翼孝德:《诗经·大雅·卷阿》:"有冯有翼,有孝有德,以引以翼。岂弟君子,四方为则。"意为人凭着孝和德,展翅高飞,建四方功业。原诗歌颂并劝勉周王礼贤下士。此言此地乡风淳朴健康。

[20] 芑:音 qǐ,白苗嘉谷。

[21] 台斗:星名。台,三台星。斗,北斗。

[22] 华朊:华贵,显贵。

[23] 瀇灢:谓澎湃汹涌。

[24] 礴:音 bò,《康熙字典》:石可为弋镞。程薆:谓量核谋划。薆:古同"蒦"。音 huò,量度。

[25] 埒:音 liè,等同,匹配。

[26] 勚:音 yì,劳,劳苦。

重建太平桥记

明·周 南

【提要】

本文选自《古今图书集成》职方典卷一三二四(中华书局 巴蜀书社影印本)。

"南雄当岭表首,百粤北门也。"周南开篇即言。唐开元四年(716)冬,张九龄奉命开凿大庾岭路,"成者不日,则已坦坦而方五轨,阗阗而走四通。转输以之化劳,高深为之失险"(《曲江集》卷十七《开凿大庾岭路序》),天堑变通途。从此,大庾岭南北经贸往来日渐频繁。通过梅岭道,或沿赣江,或沿浈江,南北方货畅其流。走出大庾岭,就是粤北第一税关——韶关。

历史上在韶关所置的太平桥关、遇仙桥关、洑洸关等税关都是以浮桥设关,以铁索串连木船东西相接拦江成桥,税讫则开桥放行。而韶关地区境内最早建关征榷的是明天顺二年(1458)设于南雄城南浈江上的太平桥关,以榷盐为主,后又征收由浈江上岸过大庾岭路的货物商税、铁课税等。

正德四年(1509),周南巡抚南赣。这年四月即碰上天降豪雨,水暴涨,"壑谷中泉水沸腾,河溢高丈许;沿河壖为亩、为庐……郡内外城、市廛、廨宇、桥梁,倾圮无限"。上报灾情,修整损坏的城堞廨宇,"惟太平桥,创自宋之开禧,迄今凡数百祀,间尝递废递修,未有如今荡漭殆尽"。周南迅速组织修复桥梁,"檄闻当途,算缗创建,诹吉鸠工,斫木伐石",在旧桥址上重修起"长二十七丈,广二十尺"的新桥,桥七孔,桥上"为庐阴覆之"。这样一来,桥又"通万国之货泉,度四方之车马"了。

嘉靖二十六年(1547),又在"湖广通粤要津"的韶州府城西武江上设遇仙桥关,对过往船舶征收货税和船税。清初康熙九年(1670),南雄太平桥关被移建于韶州府城东北"江西入粤要津"的浈江上,称太平关(后又称太平东关),并以此为总税口,总辖遇仙桥关(又称太平西关)、太平东关、北门旱关(又称太平北关)以及英德的洤洸关(置于连江上,为连山、阳山等与湖南商货往来通道)等四税口,此关归户部直管,称户关。至此,太平关四税口控制了出入粤北的各主要水陆商贸运输通道。往来商贾必经韶州,人称之为"过关"。"韶关"之名由此而得,并沿用至今。

在明清广州一口通商的特定历史时期,太平关为中央财政和地方财政开创了一大财源:乾隆年间全国由户部直管的税关32处,岁额银10万两以上的仅12处,太平关为其中之一;道光年间太平关岁额银达21万两,比当时粤海关55个税口每年征税总额11万两多出近1倍。但随着鸦片战争后清政府被迫开放沿海及内河口岸以及后来粤汉铁路的开通,太平关日渐式微,终于在民国二十三年(1934)八月被裁撤,从此广东最早和曾经最大的税关——太平关退出了历史舞台。

南雄当岭表首,百粤北门也。距联吴楚,控带蛮裔,形胜盘郁,屹然一都会。壑谷间渍,漱出泉众,渐成河,会于凌江,迤演与羊峒下濑合,值天潢,旁江星动。且明,则水瀑,涨溢为害。往牒所纪多有之[1]。

今年夏四月,天垂象则江星益动,而明月且离于毕矣。物征兆则毕方绕,自东南垂翅翔于小梅关侧。十八之夜,欻尔霖雨滂沱[2],峦嶂几颓堕,而洪崖较甚。壑谷中泉水沸腾,河溢高丈许;沿河壖为亩、为庐,若延福、上朔等治地,半被冲陷。延洎郡内外城、市廛、廨宇、桥梁,倾圮无限。噫嘻,祸亦惨哉!

余承守是邦,怀肤恻惕于田庐蓄伤、民命漂溺[3],已为检勘报上。城堞廨宇亦次第修葺矣。惟太平桥,创自宋之开禧[4],迄今凡数百祀,间尝递废递修,未有如今荡漭殆尽[5]。使轺监辖,飞挽沮格,邮马弗迅,帆舸鹢舰无所维纵,军需租税莫可措办,公私均病之。乃檄闻当途[6],算缗创建,诹吉鸠工,斫木伐石,仍旧址兴复。计长二十七丈,广二十尺。砌以石墩,为中流砥柱。设关孔者七,层架巨木于上。奠以平板,树以栏槛,植楯衡桷,为庐阴覆之。悉如旧制,高犹踰尺焉。

是役也,荒度于六月徂暑,鸠僝于隆冬沍寒[7]。因感《瓠子歌》之卒章曰:"归旧川兮神哉沛,宣房筑兮万福来[8]。"注曰:"水还旧道,则群害消除。神佑滂沛,宣房筑则永贞固而福臻也。"噫嘻!是桥告成,即瓠子塞而宣房筑也。将见河不泛涨,壖不改变[9],神其相之而福佑滂沛[10],历千万祀弗摇矣。且也,祥光总至,协气四塞。士立于朝,农歌于野。土宇殷阜[11],奸宄戢伏。来蛮裔之,贡篚应国[12]。帑之储需,通万国之货泉[13],度四方之车马,皆兆祺于是桥也,雄其获福无疆哉!

【作者简介】

周南(1449—1529),字文化,浙江缙云人。成化十四年(1478)进士,初授六合县知县,升监察御史,出按京畿等地。弘治初年,出按广东等地。历任江西右布政使,擢右副都御史,巡抚大同。正德四年(1509),擢总督南赣军务,为首任南赣巡抚。其间,平定大帽山叛变。正德九年,进为右都御史,总督两广军务。卒,赠太子少保。有《白斋稿》《盘错集》。

【注释】

[1]往牒:往昔的典籍。

[2]欻:音 xū,迅疾貌。

[3]恻惕:悲痛惊怵。菑:音 zī,初耕的田地。

[4]开禧:南宋宁宗年号,1205—1207 年。

[5]荡澌:犹荡灭。

[6]当涂:指掌权之人。

[7]荒度:大力治理,统盘筹划。鸠傝:谓筹集工料,从事或完成建筑工程。沍寒:闭寒。谓不得见日,极为寒冷。

[8]宣房:宫名。西汉元光中,黄河决口于瓠子,二十余年不能堵塞。汉武帝亲临决口处,发卒数万人,命群臣负薪以填。功成之后,筑宫其上,名为宣房宫。并作《瓠子歌》。

[9]壖:音 ruán,河边的空地或田地。泛指河沿。

[10]滂沛:水流广大盛多貌。喻指恩泽广大。

[11]殷阜:富足。

[12]贡篚:进贡,贡献。

[13]货泉:货币的通称。指财政。

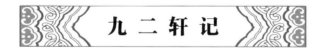

九二轩记

明·范守己

【提要】

本文选自《古今图书集成》考工典卷九一(中华书局 巴蜀书社影印本)。

这是一篇相当有趣且有格的轩记。轩,一种有窗的小屋。范守己在金陵做官时,为自己修了一个小小的轩,轩"二楹,遥对钟阜,紫翠在望"。关键是,他营罗的九件东西:小池种荷、丛篁、杂卉、书三千卷、浑仪、金鲫、图书、围棋、桂树;九件东西加上他"一身一心日游其间",所以名"九二轩"。

有人问:身心二乎哉?他说:人固有身在江湖,心游魏阙者矣;亦有身居廊庙,心游畎亩者矣。而他"心从身同游于此"。

予官金陵,邸舍内有轩二楹,遥对钟阜[1],紫翠在望。

轩左有小池种荷,右有丛篁,前罗杂卉,芬馥可爱。轩内有书三千卷,浑仪一具[2],图书若干,方棋一枰,桂二本,金鲫数十头蓄于盎,总九物[3]。予以一身一心,日游其间。因命之曰:九二轩。而自命为"九二闲人"。

客或谓予曰:"身心二乎哉?"然人固有身在江湖,心游魏阙者矣;亦有身居廊庙,心游畎亩者矣[4],若之何不二予? 进不获廊庙[5],退不在江湖。故以心从身同游于此,谓之曰"九二",孰云不然。

【作者简介】

范守己,生卒年月不详。字介儒,明洧川固贤(今河南长葛市)人。万历二年(1574)登进士。曾任云间(今上海松江)司理,主狱讼。累官南京户曹、山西提学、建昌兵备、兵部侍郎等。晚年升任太仆卿,总理钦天监。曾屡奉钦命,以学院身份主考江南,所以后人称"范学院"。江南富贵家视其如眼中钉,又畏如山中之虎。有"虎去青山在"语,范闻曰:"山在虎还来!"范守己擅长天文,发现观测打春时辰的方法,推算出打春时辰的变化规律,为华夏历法完善作出大贡献。有《御龙子集》《参两通极》《天官举正》等。

【注释】

[1]钟阜:指紫金山。

[2]浑仪:古代一种天文仪器,观测天体之用,又称浑天仪。

[3]盎:音 àng,古代的一种盆,腹大口小。

[4]畎亩:田地,田野。畎:音 quǎn,田地中间的沟。

[5]廊庙:殿下屋和太庙。指朝廷。

霁 虹 桥 记

明·刘庭蕙

【提要】

本文选自《滇志·艺文志》卷第十一之二(云南教育出版社 1991 年版)。

霁虹桥史称兰津桥,位于云南永平县岩洞乡和保山市平坡乡的澜沧江上。霁虹桥素有"西南第一桥"的美誉,是我国最早的铁索桥之一。南诏时兰津渡口已建有竹索吊桥,明成化年间(1465—1487)改建铁索吊桥。随后,屡毁屡修,在明代就有张志淳、郭春震等写过此桥《桥记》。万历丁酉(1597)年,顺宁府土酋猛廷瑞、大候州土酋奉学斌,猛廷瑞取二桥,一把火将霁虹桥烧了。叛乱平定后,皇帝"顾二桥斩然烬余，犹病涉"，即刻派员修复。邵大夫"刻期结构，征工之梓"，"经始于秋仲，讫工于嘉平月之十日，凡五阅月而二桥告成"，二桥名："霁虹"改为"永济"，"云龙"为"永定"。

万历邓原岳《桥记》说："蒲夷再版，大中丞陈公命率总偏师剿之，兵宪杜公监其军，授以方略，军威大振。贼飞走，路绝，计无所出，夜潜出烧桥，欲以断饷道而困永昌，一夜尽为煨烬……而前募建时颇有赢锱，度不足，则捐俸为大役先，巡宪张公割廪余佐之，二三守相及缙绅三老，亦各乐助其成。经始于春二月，而毕役于夏六月。矫若长虹，翻若半月；力将岸争，势与空斗。"碑文记载了霁虹桥遭兵祸焚毁后，在陈用宾等人的支持下重修的经过。

以后，霁虹桥又屡经修缮。清康熙二十年(1681)，霁虹铁索桥建造，光绪年间重修。桥长115米，宽3.8米，净跨56.2米，由9股18条铁链组成，两条为左右扶手，其余为底，上面铺有横直交叉的两层木板。两岸筑成半圆形桥墩，铁链两头铆固于两岸桥台之上。桥南普陀岩壁上刻有"西南第一桥""悬崖奇渡""要塞天成""壁立万仞""沧水飞虹""天南锁钥"等题刻，徐霞客誉其为"迤西咽喉，千百载不能改也"(《徐霞客游记·滇游日记八》)。

霁虹桥为西南丝路之要津。西南丝路在公元前4世纪便已出现，在汉代称为"蜀身毒道"，比西域丝路早数百年。"蜀身毒道"从成都进入今天的滇西博南山，又称博南古道。博南古道的尽头是澜沧江，有兰津渡和霁虹桥，过桥往西，经保山、腾冲，便进入缅甸、泰国，到达印度，再从印度翻山越海抵达中亚，然后直至地中海沿岸。古老的蜀身毒道的路线，与今天的川滇公路、川缅公路、缅印公路的走向大体一致，并且有不少路段完全重合在一起。

500多年的风雨中，霁虹桥屡次遭受灭顶之灾，伤残无数。1942年5月，日本侵略军曾派三十余架飞机在霁虹桥上空轰炸，因地势险要，古桥得以幸免。1986年，古桥被洪水冲毁。

此桥附近的兰津渡崖壁上，诗题石刻颇多。明代永昌(今保山)人张舍的《兰津渡》："山形宛抱哀牢国，千崖万壑生松风。石路其从汉诸葛，铁柱或传唐鄂公。桥通赤霄俯碧马，江含紫烟浮白龙。渔梁鹊架得有此，绝顶咫尺樊桐公。"诗用楷书题于壁上，横幅，每字约10厘米见方。此外，还有嘉靖三十九年(1560)春，监察御史王大任题写的诗联：怪石倒悬侵地隘，长江诘曲盘山多。

霁虹铁索桥在我国桥梁建筑史上有着重要地位。不过，随着该桥以下百里的小湾电站2008年开始蓄水，博南古道一段、霁虹桥遗址、摩崖石刻群消失殆尽。

今澜沧，盖汉博南兰津渡云。源出吐蕃嵯和甸西南，入丽江，度云龙[1]；已，折罗岷[2]，东流顺宁[3]，历车里[4]，下交趾[5]，汇于南海。岸峻千丈，延袤四千余里。倘所称天堑，非耶？世传忠武侯[6]南征，支木渡军，而桥始鼎建，澜沧其遗迹也。余不佞，典校西迤[7]，登睇其上[8]，则见临江石壁，峭立万仞。想侯出隆中，魁垒气节[9]，凛然若在。悬涧怒涛咆吼，如雷声隐隐，有灭汉贼、匡复王家忠愤，低回寓之不能去。亡何，于役归，不数日许，而桥以火闻。其以彼丑之焰，不扑将自焚。抑物力成亏有数，与情形之顺逆适相乘耶？吁！可镜已！

粤惟我高皇帝平定滇南[10]，方内外畏威怀德，二百余年，武功震耀，文教伦浃[11]，西南诸夷，辐凑归顺，埒为郡县[12]。乃重修津梁，冶铁柱以为舟楫，更澜沧曰霁虹，而云龙并峙，严夷夏之防，彰声教之讫，古今称烈焉。承平日久，诸土酋环江而治，屈首袭符，障靡有二也。

万历丁酉春，大侯州奉学夺印谋官，借资顺宁酋长猛廷瑞。廷瑞者，素蓄不轨，惴惴虞其及也，遂取二桥，一日而畀炎火[13]，若曰："示我军无西意。"此不亦叛逆魁渠哉？且足觇顺逆成亏一大较也。大中丞毓台陈公暨侍御宾廷张公赫然会疏，得朝请曰："而其悔祸，献所叛，不践军师，犹生之也。不尔者，执而俘之，伏斧锧。"亡悔。猛辞檄使再三，不奉诏，抗于颜行。师竟大举，俘廷瑞与从逆者。露布以闻[14]，上嘉悦，赍予有差。顾二桥斩然烬余，犹病涉，非可以委土寅射利者[15]。因命所部备兵邵大夫某，优治办檄葺之。而大夫刻期结构，征工之梓，若石者，若所需利用物者，约金钱八十万，类不动公帑，出自大夫以下郡邑、卫、伍、所捐俸及诸部民乐施[16]，亦可若干。工得之丘甸之众[17]，不行筑者，而无弗勉。经始于秋仲，讫工于嘉平月之十日[18]，凡五阅月而二桥告成，规峙犹廓焉。两台且从大夫请，易"霁虹"为"永济""云龙"为"永定"，以示不朽，而属余纪其事。

余惟天下物力无有成而不亏，丑夷情形无有顺而不逆，数也。亏与逆值，成与顺值，亦数也，此不系人事者也。惟知逆而顺之不使复逆，知亏而成之不使复亏，此以人事而回气数，不尽委之数也。释氏称世界为劫灰[19]，而舍利子能以慈航离人苦海之外[20]。夫人一心尔，从逆则灰，助顺则济，无庸以数论也。武侯一腔精诚，盖不待梁沧江而此心已利涉矣[21]，其计及千百年之后，志于石，托于人，感通于中丞陈公之梦寐[22]，纪猛酋焚桥事如目睹。侯岂尽谶纬哉[23]？其忠顺心所相照也，故能预计夫逆贼之不免为灰劫，而又预计陈公之以顺讨逆，其必克有济也，而示之梦，若石意乎！予固曰，不尽委之数也。

是役也，中丞壮猷为宪[24]，侍御雅志澄清，藩臬都阃诸司勰策共念[25]，而邵兵宾尤始终其事，备加劳勚[26]，皆以顺济顺，永销逆萌者也。由今观之，桥其果有成亏乎哉？其果无成亏乎哉？余乐观其成，用志修攘大者[27]，以风来兹，匪徒记二桥颠末云。

【作者简介】

刘庭蕙(1547—1617)，字云嵩，福建漳浦人。中进士后，官云南提督学政，升参议。刘庭蕙与其兄庭芥、庭兰并称为漳浦三刘。曾与张燮等纂修《漳州府志》。

【注释】

[1]云龙：云龙甸。在今云南云龙县。

[2]罗岷：山名。在今云南保山县。

[3]顺宁：府名。元置，治今云南凤庆县。辖境相当今云南凤庆、昌宁、云县等地。

[4]车里：土司名。一作彻里、撒里或车厘。元世祖至元末置军民总管府，明改为军民宣慰使司。治所今云南景洪。

[5]交趾：中国古代地名，位于今越南境。前111年，汉武帝灭南越国，并在今越南北部地方设立交趾、九真、日南三部，实施直接的行政管理。此后的千余年里，这些地方一直受中国

政权的直接管辖。

[6] 忠武侯:诸葛亮的谥号。他曾南征,七擒七纵孟获,平定南中。

[7] 典校:谓主持校勘书籍。此谓任职云南,担任学政。

[8] 登睇:谓攀上岩顶,竭尽目力察看。

[9] 魁垒:形容高超,特出。

[10] 高皇帝:指朱元璋。明洪武十四年(1381)秋至十五年春,朱派傅友德、沐英、蓝玉率步骑30万,消灭了元朝在云南的残余势力。

[11] 伦浃:谓次序井然,深入融洽。

[12] 埒:音 liè,涯际,界限。犹列,划分设置。

[13] 畁:音 bì,给与。此谓点着。

[14] 露布:泛指布告、通告。

[15] 土寅:按:疑为"土酋"。射利:谋取财利。

[16] 乐施:乐于接济别人。此谓善款。

[17] 丘甸:古代划分田地和行政区的单位名称。古井田制,四丘为甸,亦谓之乘。见《周礼·地官·小司徒》。后用以泛指乡村、田野。

[18] 嘉平月:农历十二月的别称。

[19] 劫灰:劫火的余灰。

[20] 舍利子:常作"舍利"。意为尸体或身骨,佛教称释迦牟尼遗体火焚后结成的珠状物。后亦指高僧火化剩下的骨烬。慈航:佛教语。谓佛、菩萨以慈悲之心度人,如航船之济众,使之脱离生死苦海。

[21] 梁:按,疑为"澜"。

[22] 梦寐:睡梦,梦中。

[23] 谶纬:谶书和纬书的合称。谶是秦汉间巫师、方士编造的预示吉凶的隐语,纬是汉代迷信附会儒家经义的一类书。

[24] 壮猷:宏大的谋略。

[25] 都阃:指统兵在外的将帅。阃:音 kǔn,指统兵在外的将军。勰策:协策。勰,同"协"。

[26] 劳勩:亦作"勩劳"。劳苦。勩:音 yì。

[27] 修攘:内修政教,抵御外敌。

附:重修霁虹桥记

明·邓原岳

由永昌北出九十里而近,有山曰罗岷。其下为澜沧江,考之汉志,有《澜津之歌》,杨太史用修曰"即澜沧也"。源出吐蕃嵯和甸,深广莫测,两岸飞嶂插天,不啻千尺,岸陡水悍,不可方舟。其上架飞梁为桥,旧矣,递修递毁,其详不得而闻。猛酋作难,一烈而焚之。主者竭力修建,盖募众缘而成。无何,蒲夷再叛,大中丞陈公命率总偏师剿之,兵宪杜公监其军,授以方略,军威大振。贼飞走,路绝,计无所出,夜潜出烧桥,欲以断饷道而困永昌,一夜尽为煨烬。

惟兹澜沧,在郡治为咽喉,此北走滇云道也,譬如人身然,一扼其吭,则手足痹矣。公曰:"贼敢凭陵,罪在不赦,当灭此而后朝食。"于是,亟檄郡守,期不日而成功。而前募建时颇有赢镪,度不足,则捐俸为大役先,巡宪张公割廪余佐之,二三守相及缙绅三老亦各乐助其成。经始于春二月,而毕役于夏六月。矫若长虹,翩若半月;力将岸争,势与空斗。利涉之功,于是为大矣。守华君勒石于江上,用示永永,则以杜公之命,命不佞纪之。方春之暮也,不佞以校士往来兹江,春水始涨,舟楫戒心。今幸睹兹役,安敢以不文辞也?

夫徒杠舆梁,则王政所有事,又司险知山川之阻而达其道路,古之行师者亦率用此。汉赵营平奏治湟陿以西,道桥七十所,令可至鲜水左右,以制西域,威行千里,如从枕席上过师,前史以为美谈。而魏崔亮治渭水,获巨木数千章,取而桥之,百姓以为便,至目之曰"崔公桥"。盖济人利物,知为政者矣,况在御侮? 是为要害之区,困兽犹斗,何所不至? 拔胡实尾,将狼顾不遑;前茅虑无,若臂指之相使,则兹桥胡可缓也? 初,贼烧桥,势犹猖獗,幕府以为忧,公谓:"贼且困。螳臂何足以当车辙!"乃悬重赏而购之,督战益急。贼穷,竟缚其魁,奸刘殆尽。盖贼平而桥亦告峻。

是举也,不烦管库之士,民毋告劳,财无过费,垂永利而豫军兴。此之为功,即赵营平、崔雍州无能为役矣。今天下津梁称巨丽者,宜莫如吾闽之万安,顾所由不朽,则以蔡君谟之记在。君谟不嫌于自叙其绩,而公乃藉手于刍荛之言,将毋令兹桥以公重也,而以不佞之文轻乎哉!

按:本文选自《滇志》卷十九《艺文志》之二(云南教育出版社 1991 年版)。

大峨山永明华藏寺新建铜殿记

明·王毓宗

【提要】

本文选自《四川历代碑刻》(四川大学出版社 1990 年版)。

峨眉山金顶铜碑为明万历年间妙峰禅师修建铜殿时所铸。正面刻王毓宗《大峨山永明华藏寺新建铜殿记》,背面刻傅光宅《峨眉山普贤金殿碑》。此碑正面碑文集晋代大书法家王羲之字,背面集唐代大书法家褚遂良字。碑高 2.28 米,宽 0.83 米,厚 0.17 米,碑额饰二龙戏珠浮雕图案,碑额光润可鉴,是峨眉全山仅存的古代铜碑。

万历二十九年(1601),妙峰禅师送大藏经往云南鸡足山,事毕,来峨眉山礼普贤,发愿铸三大士渗金像,以铜殿供之。返京复命后,杖锡晋谒潞安沈王朱珵尧。王嘉其愿力,捐资数千金,送往湖北荆州监制,铸造始于明万历壬寅(1602)年,历数载,先后铸造铜殿三处,其一为峨眉山铜殿。明万历乙卯(1615)年秋,铜殿运至峨眉组装,在今金殿位置建成普贤愿王铜殿。铜殿通高二丈五尺(8.33米)、宽一丈四尺四寸(4.8米)、深一丈三尺五寸(4.3米),铜殿上部重檐雕甍,环以绣棂琐窗;殿中祀大士铜像,傍绕万佛,门枋空处雕画云栈剑阁之险,顶部通体敷金,铜殿巍峨浩漾,迢耀天地,故称"金殿"或曰"金顶"。明神宗朱翊钧御题横额"永明华藏寺"。

营造铜殿同时,妙峰请翰林检讨王毓宗作《大峨山永明华藏寺新建铜殿记》,四川提学傅光宅撰《峨眉山普贤金殿记》,镌此铜碑。

清光绪十六年(1890)年,华藏殿毁于火。十八年,寺僧心启、月照和尚新建约180平米的砖木构造殿堂,将火余之铜碑、铜门等法器置其中,殿脊之上置以渗金宝顶,仍不失"金顶"之庄严。

大殿在"文革"时期作为电台的发电机房。1972年4月8日,因该台工作人员在发电中操作不慎,引起火灾,大火肆虐二日,庞大的华藏寺木结构建筑荡然无存,大量文物随之焚灭殆尽。

1986年重修金顶华藏寺,重修后的寺庙主体建筑由弥勒殿、大雄宝殿、普贤殿、祖堂、法堂、方丈室、厢房及回廊楼梯组成。镌刻于明代这尊铜碑置于弥勒殿内,碑虽几经劫难,但字迹仍清晰可读。

2008年汶川地震中,峨眉山金顶华藏寺十方普贤像圆满宝柱受损,接引殿、大雄殿外墙体裂缝。

佛林高僧妙峰禅师名福登,被称为"佛林鲁班"。由于其早年穷苦,学过工匠的手艺。入佛门后,参禅悟道,智慧迸发。芦芽山山顶的七层铁塔是妙峰经营建筑之始;重修蒲州万固寺塔殿,陕西三原的渭河大桥,福建宁化的万佛洞,宣化府的23孔黄河大桥等,都与他关系密切。

太上在宥六合[1],诞育蒸人[2],嘉与斯世,共臻极乐。遣沙门福登,赍圣母所颁龙藏至鸡足山[3]。登公既竣事,还礼峨眉铁瓦殿,猛风倏作[4],栋宇若撼。因自念尘世功德,土石木铁,若胜若劣,若非胜,若非劣,外饰炫耀,内体弗坚,有摧剥相[5],未表殊利。惟金三品,铜为重宝。瞻彼玉毫[6],敞以金地,中坐大士[7],天人瞻仰,眷属围绕。楼阁台观,水树花鸟,七宝严饰,罔不具足。不越咫尺,便见西方。以此功德,迴施一切众生。从现在身,尽未来际,皆得亲近,供养一切诸佛菩萨,共证无上菩提[8]。

既历十年所,愿力有加[9]。沈王殿下,文章河间之瑰奇[10],猷宪东平之乐善[11]。闻登公是愿,以四方多事,恫瘝有恤[12]。久之,乃捐数千金,拮据经始,为国祝厘[13]。会大司马王公节镇来蜀[14],念蜀当兵祲后[15],谓宜洒以法润[16],洗涤阴氛。乃与税监丘公,各捐帑以助其经费。已[17],中使衔命宣慈旨,赐尚方金钱[18],置葺焚修、常住若干[19],命方僧端洁者主之。庀工于万历壬寅春[20],成于癸卯秋。还报,王额其寺曰"永明华藏"云。

遝迹之人,来游来瞻,叹未曾有。登公谒余九峰山中,俾为之记。

惟我如来,弘开度门,法华会中,广施方便,擅相甍云[21],遍周沙界[22],竹林布地[23],上等色天,所以使人见像起信[24]。故信为功德之母,万善所繇生也。法界有情[25],种种颠倒,执妄为真,随因成果,堕入诸趣[26]。

当知空为本性,性中本空,真常不灭[27],六尘缘影[28],互相磨荡。如金在熔,炉冶煎灼,非金之性。舍彼熔金,求金之性,了不可得。十方刹土[29],皆吾法身。一切种智,或静或染,有情无情,皆吾法性。大觉圣人,起哀怜心,广说三乘[30],惟寂智用,浑之为一。然非同像,生信因信,欲求解脱。若济河无筏,无有是处。密义内熏[31],庄严外度。爱辟庙塔,以为瞻礼。馨洁香花,以为供养。财法并施[32],以破贪执。皆以使人,革妄归贞,了达本体而已[33]。正遍知觉[34],善恶念念[35]。

登公号妙峰,力修梵行,智用高爽,法中之龙象[36],山西蒲州万固寺僧也。乃系以赞曰:

世尊大慈父,利益于众生。功德所建立,种种诸方便。

后代踵退轨[37],严饰日益胜。如来说诸相,皆是虚妄作。

云何大兰若[38],福遍一切处。微尘刹土中,尘尘皆是佛。

众生正昏迷,深夜行大泽。觌面不见佛,冥冥罔所睹。

忽遇红日轮,赫然出东方。三千与大千,万象俱悉照[39]。

亦如阳春至,百昌尽发生。本身含萌芽,因法而溉润。

亦如母忆子,形神两相通。瞻彼慈悯相,酌我甘露乳。

唯知佛愿弘,圣凡尽融摄。荧荧白毫相,出现光明山[40]。

帝纲日缤纷,宝珠仍绚烂[41]。栏楯互围匝,扃户各洞启。

天龙诸金刚,拥赞于后先。既非图绘力,亦非土木功[42]。

于一弹指间,楼阁耸霄汉。星斗为珠络[43],日月成户牖。

即遇阿僧劫,此殿尝不坏。愿我大地人,稽首咸三依[44]。

一览心目了,见殿因见性。若加精进力,了无能见者。

佛法难度量,赞叹亦成妄。诸妙楼观间,各有无量光。

各修普贤行,慎勿作轻弃。我今稽首礼,纪此铜殿碑。

佛佛为证盟,同归智净海[45]。

万历癸卯九月之吉,赐进士第、翰林院检讨汉嘉龙鹤居士王毓宗顿首撰,云中朱廷维镌,吴郡吴士端集。

峨眉山铜殿法派(脉):普行澄清海,智镜常照明。闲思修心德,觉遍性圆融。

【作者简介】

王毓宗,生平不详。

【注释】

[1]太上:谓天帝、上帝。在宥:典出《庄子·在宥》。后因以指任物自在,无为而化。

[2]蒸人:民众,百姓。

[3]龙藏:谓佛家经典。相传龙树入龙宫,赍《华严经》。

[4]倏作:突然刮起。倏:音shū,极快地,忽然。

[5]摧剥:犹摧残。

[6]玉毫:指佛像。

［7］大士:佛教对菩萨的通称。

［8］无上菩提:佛教语。谓最高的觉悟境界。

［9］愿力:佛教语。誓愿的力量。多指善愿功德之力。

［10］河间:古称瀛州,今属河北。地居京、津、石三角中心。

［11］猷宪:谓谋划治理。东平:今属山东。

［12］恫瘝:音 tōng guān,谓关怀人民疾苦。瘝:病,痛苦。

［13］祝厘:祝福,祈求福佑。

［14］王公:或谓万历间四川巡抚王维章。

［15］兵祲:兵祸,战乱。祲:音 jìn,不祥之气。

［16］法润:谓佛法雨露。

［17］捐饩:捐赠。饩:音 xì,赠送。

［18］尚方:谓皇家。古代制造帝王所用器物的官署。

［19］焚修:焚香修行。此谓修行之所。常住:谓寺舍。

［20］万历壬寅:1602 年。第二年缮修完毕。

［21］擅相:专相。谓塑像、造像。甍云:高耸入云的屋脊。借指高大的房屋。

［22］沙界:佛教语。谓多如恒河沙数的世界。

［23］竹林:即竹林精舍。佛教史上第一座佛教徒专用建筑,也是后来佛教寺院的前身。

［24］起信:佛教语。谓产生相信正法之心。

［25］法界:佛教语。通常泛称各种事物的现象及本质。

［26］诸趣:六道轮回的别称。

［27］真常:佛、道语。真实常住之意。

［28］六尘:佛教语。即色、声、香、味、触、法。其与"六根"(眼、耳、鼻、舌、身)相接,便能污染净心,导致烦恼。

［29］刹土:佛教语。田土、国土。

［30］三乘:佛教语。谓小乘(声闻乘)、中乘(缘觉乘)和大乘(菩萨乘)。

［31］密义:佛教语。意为"没有迷惑就是解脱的觉醒者"。

［32］财法:谓钱财佛法。

［33］了达:佛教语。彻悟,通晓。

［34］正遍知:佛十号之一。亦名正等觉。谓具一切智,于一切法无不了知。

［35］念念:佛教语。谓极短的时间,犹言刹那。

［36］龙象:谓高僧。

［37］遐轨:法度,规矩。

［38］兰若:寺庙。

［39］三千与大千:均指世界。

［40］白毫相:如来三十二相之一。佛教传说世尊眉间有白色毫毛,右旋宛转,如日正中,放之则有光明,名"白毫相"。光明山:佛教称峨眉山为光明山。

［41］帝纲:帝王治国的纲纪。

［42］图绘:图画,彩绘。

［43］珠络:谓缀珠而成的网络。

［44］三依:佛教语。谓皈依佛、法、僧。

［45］证盟:谓佛教徒传法。

峨眉山普贤金殿碑

明·傅光宅

余读《杂花经·佛授记》[1]，震旦国中[2]，有大道场者三：一代州之五台[3]，一明州之补怛[4]，一即嘉州峨眉也[5]。五台则文殊师利[6]，补怛则观世音，峨眉则普贤愿王。是三大士，各与其眷属千亿菩萨，常住道场，度生弘法。

乃普贤者，佛之长子。峨眉者，山之领袖。山起脉自昆仑，度葱岭而来也[7]，结为峨眉，而后分为五岳。故此山西望灵鹫[8]，若相拱揖授受，师弟父子，三相俨然。文殊以智人，非愿无以要其终；观音以悲运，非愿无以底其成[9]。若三子承乾，而普贤当震位[10]。蜀且于此方为坤维[11]，峨眉若地轴矣。故菩萨住无所住，依山以示相[12]；行者修无所修，依山以皈心。十方朝礼者，无论缁白[13]，无间华夷，入山而瞻相好、睹瑞光者，无不回尘劳而思至道[14]。其冥心入理，舍爱栖真者[15]，或见白象行空[16]，垂手摩顶，直游愿海，度彼岸，住妙庄严城，又何可量、何可思议哉！

顾其山高峻，上出层霄，邻日月，磨刚风[17]，殿阁之瓦，以铜铁为之，尚欲飞去；榱桷栋梁，每为动摇。宅辛丑春暮登礼焉[18]，见积雪峰头，寒冰涧底，夜宿绝顶，若闻海涛，震撼宫殿，飞行虚空中，梦惊叹曰：是安得以黄金为殿乎！太和真武之神[19]，经所称"毗沙门天王"者，以金为殿久矣，而况菩萨乎！

居无何，妙峰登公[20]，自晋入蜀，携沈国主施数千金来谋于制府济南王公，委官易铜于郫都石柱等处，内枢丘公复涓资助之[21]。始于壬寅之春，成于癸卯之秋。而殿高二丈五尺，广一丈四尺五寸，深一丈三尺五寸。上为重檐雕甍，环以绣棂琐窗[22]，中坐大士[23]，旁绕万佛，门枋空处[24]，雕画云栈、剑阁之险及入山道路，逶迤曲折之状，渗以真金，巍峨晃漾[25]，照耀天地。建立之日，云霞灿烂，山吐金光，涧壑峰峦，恍成一色，若兜罗绵[26]，菩萨隐现，身满虚谷。

呜呼，异哉！依众生心，成菩萨道。依普贤行，证如来身。非无为，非有为；非无相，非有相；大士非一，万佛非众。毗卢遮那如来[27]，坐大莲华千叶之上，叶叶各有三千大千世界，各有一佛说法，则佛佛各有普贤为长子，亦复毗卢如来。由此愿力成就，普贤大愿即出生诸佛，宾主无先后，互融十方三世直下全空，亦不妨历有十方三界，杂花理法界、事法界、理事无碍法界、事事无碍法界，此一殿之相，足以尽□之矣，大矣哉！师之用心也，岂徒一米作福缘[28]，一拜一念为信种哉！

师，山西临汾人，受业蒲之万固，后住芦芽梵刹，兴浮图，起住上谷，建大桥数十丈。兹殿成，而又南之补怛，北之五台，皆同此庄严，无倦怠心，无满足心，功成拂衣去，无系吝心[29]，是或普贤之分身，乘愿轮而□者耶！宅敬信师已久，而于此悟大道

之无外,愿海之无穷也。欢喜感叹而为之颂曰:

峨眉秀拔,号大光明。有万菩萨,住山经行。普贤大士,为佛长子。

十愿度生,无终无始。金殿凌空,上接天宫。日月倒影,铃铎鸣风。

万佛围绕,庄严相好[30]。帝纲珠光,重重明了。西连灵鹫,东望补怛。

五台北拱,钟声相和。是一即三,是三即一。分合纵横,非显三密[31]。

示比丘相,现宰官身[32]。长者居士,国王大臣。同驾愿轮,同游性海[33]。

旋风受吹,此殿不改。寿同贤胜,净比莲花。六牙香象[34],遍历恒沙。

威音非遥,龙华已近[35]。虚空可销,我愿无尽。

赐进士第、中宪大夫、四川等处提刑按察司副使、奉敕提督学校、前河南道监察御史聊城傅光宅撰;万历癸卯九月之吉,吴郡吴士端集唐尚书右仆射上柱国、河南郡开国公褚遂良书;云中朱廷雄刻。

【作者简介】

傅光宅(1547—1604),字伯俊,别号金沙居士,山东聊城人。万历五年(1577)进士,初授灵宝县令,改吴县令,升重庆知府、河南道监察御史,擢南京兵部郎中,转工部郎中,升按察副使,仕至提督四川学政。在任安置流亡,饶有政绩。傅光宅文武全才,政绩颇丰。书摹黄庭坚,苍郁有致。尤善榜书,所过祠庙寺院,每为题额。有《奏疏》《四书讲义臆说》《巽曲》《吴门燕市》《蚕丛》等传世。

【注释】

[1]杂花经:《华严经》异名曰《杂花经》。

[2]震旦:古代印度人称中国为震旦。

[3]代州:今山西大同。

[4]明州:今浙江宁波。补怛:在今浙江东部海中有普陀山。普陀洛迦,是梵语"补怛洛迦(POTALAKA)"的音译,意为一朵美丽的小白花。

[5]嘉州:今四川乐山。

[6]文殊师利:即文殊菩萨,佛教四大菩萨之一。

[7]葱岭:即今之帕米尔高原。

[8]灵鹫:山名。在古印度摩揭陀国王城东北。山中多鹫,故名。相传佛陀曾在此讲《法华》等经,故佛教以之为圣地。

[9]要:古同"邀",约请。底:古同"抵",达到。

[10]震位:指东方。《易·说卦》:万物出乎震。震,东方也。

[11]坤维:指西南方。

[12]住无所住:"应无所住而生其心"是《金刚经》中的名句,意为发无上道心的菩萨于世间一切事物都不应当执著。故菩萨扫一切法,离一切相,住无所住。相:物体的外观。

[13]缁白:僧俗人士。缁,僧徒;白,俗人。

[14]回:掉转。尘劳:佛教谓世俗事务的烦恼。

[15]栖真:谓存养真性,返其本元。

[16]白象:佛教中,白象为圣物。寓意吉祥。普贤乘白象,喻其大慈力。

[17]刚风:高天强劲的风。

[18]宅:傅光宅自称。辛丑:1601年。登礼:致礼。

[19]真武之神:武当山道教最高尊神。其奉祀殿宇——武当山金殿始建于永乐十四年(1416)。

[20]妙峰登公:法名福登,俗姓续。明朝高僧。早孤,入寺庙以活命。后受山阴王朱俊栅引导督促,终而佛学精进。与憨山友善,共办祈嗣大会。法会后十个月,明神宗得子(光宗)。妙峰为佛门"鲁班",在芦芽山修七层铁塔,在蒲州重修万固寺,在三原修渭河大桥,在宁化雕凿万佛洞,在宣化修成二十三孔黄河大桥。

[21]内枢:内枢密的省称。为军国重任。涓:同"捐"。

[22]琐窗:镂刻有连琐图案的窗棂。

[23]大士:菩萨。

[24]门枋:门框的竖木。

[25]晃漾:闪烁,闪动。

[26]兜罗绵:一种产于西域的细香棉,非常柔软,色白如霜。此谓山间云气霞光柔软,菩萨隐现其中,柔软如绵。

[27]毗卢遮那:佛有三身,分别是毗卢遮那佛、卢舍那佛和释迦牟尼佛。毗卢遮那佛即大日如来,是遍照一切世间万物而无任何阻碍的法体。大日如来是密宗世界的根本佛,居于中间的位置。

[28]一米:一粒米。谓极微小的功德。

[29]系吝:谓牵挂吝惜。

[30]相好:谓造像面容美好。

[31]三密:佛教术语。指秘密之三业,即身密、口密、意密。主要为密教所用。

[32]宰官:官吏。

[33]性海:佛教语。指真如之理性深广如海。

[34]六牙:谓六牙白象。佛教谓菩萨自兜率天降生,即化乘六牙白象入胎。六牙表示六种神通。

[35]龙华:亦作"龙花",指龙华树。传说弥勒得道为佛时,坐于龙华树下,树高广四十里。因花枝如龙头,故名。

罢采宝井疏

明·陈用宾

【提要】

本文选自《滇志·艺文志》卷第十一之三(云南教育出版社1991年)。

云南与缅甸接壤的蛮莫盛产宝石,矿井甚多。"缅丑阿瓦,其酋雍罕,结连木邦等夷,拥众十余万,直犯蛮莫,蹂三宣而抵腾越之墟。"为的是觊觎大明疆土。蛮莫何地？"三宣之藩篱也。三宣，腾永之垣墉也。腾永，全滇之门户也。"如此类推，"全滇之祸，当自开宝井启之"。开宝井，则蛮莫不可复。

在陈用宾眼里，宝井不足以宝，它只"不过一土屑耳"。所以，作为封疆大臣，他希望"将宝井、采买之役亟赐罢免"，使守边的将军官吏一心一意讲求战守之计，以图光复蛮莫之策。

蛮莫(今缅甸茫冒)明朝时属于中国。其地至三宣(南甸、干崖、陇川三宣抚司)一带盛产翡翠。史料载，明朝中叶腾越州(今德宏和腾冲地区)的珠宝交易几乎占到世界翡翠交易的九成。缅玉铸就了腾越州首府——腾冲，并使其发展为极边第一城。

与宝石相伴而来的，明以来，中国西线战事多发生在八莫一带，起因大多是争夺宝玉矿。当时，滇西勐密出产的红宝石——"光珠"，名扬四海。其中，有一种名叫"印红"的红宝石极为珍贵。明朝廷为采办宝石特在勐密设安抚司，之后历代都派宦官前往坐镇，专门为皇室物色宝石。所以，当时任云南巡抚的陈用宾上疏中称：本年(1602)二月内，阿瓦王雍罩，连结木邦等夷犯边，其出师的理由是："开采汉使令我杀思正，以通蛮莫道路，吾为天朝除害焉耳。"所以他说："全滇之祸，当自开宝井启之，欲开宝井，则蛮莫不可复；欲复蛮莫，则宝井之役不可开：此不两立之势也。"

云南设王自朱元璋始。明初，朱元璋派遣沐英镇守云南，前后共14位统治云南280年。沐英自幼被朱元璋收为养子，多年随军出征，为明朝的建立立下了汗马功劳。明洪武十六年(1383年)三月，明朝收复云南后，由沐英率数万众留守云南，并把云南分为52府，63州，54县。沐英统治云南期间，独镇一方，屡建奇功，云南相当安定，使朱元璋一直"无西南之忧"。洪武二十五年(1392)六月，沐英病死于云南，年仅48岁。朱元璋知道这个消息后，下令将沐英的灵柩拉回南京，赐葬在江宁县长泰北乡的观音山。封王晋爵之后，沐英在云南的爵位由其后人继承，世代镇守云南，直至明朝灭亡，共计12代。

但在设云南王的同时，明朝还设立巡抚等衙门。万历二十一年(1593)，陈用宾为都御史巡抚云南。用兵如神的陈用宾一上任，立即查勘滇西山高水恶的地形地势，题设蛮哈守备。与此同时，用间谍、以夷制夷等计策，擒杀多俺等缅贼。于是，滇西腾冲等许多地方得以平定。但陈用宾并未松懈，在永昌(保山)、金腾等屡遭缅患的地方，于铜壁诸处，设八关二堡；开垦屯田，收米养兵，不但节省军粮转运费用，而且消除远水救不了近火之虑。缅贼为恶成性，复纠集匪卒，欲吞蛮莫，企图攻占思化。陈用宾早有准备，立即择将出兵，大败贼犯，擒贼16人，斩丙测，获战象3只，战马36匹。

万历三十四年(1606)年，税珰杨荣入云南为皇室掘井采宝，既舞弊作奸，又招引西南贼患，引起民恨。陈用宾不畏势，疏陈其罪状，请速将矿税停罢，拘其羽翼爪牙，尽置以法。可是他的奏疏皆留中不发，无法上达天听。无奈，陈用宾几番上疏乞归奉养老母，不允。终因武定土官阿克事件蒙冤入狱，九年后染疾成病，卒，追谥襄毅。

臣惟云南之有缅，犹西北之有虏，东南之有倭，其为中国患，久矣。彼其挟封豕长蛇之势敢与我抗[1]，小则蚕食诸夷，大则寇边。即先年麓川之役[2]，王师百万,三劳而下,卒莫能大创。迩年以来,缅丑不敢饮马金沙,窥我蛮莫,此岂臣之力能制其死命者?良由我皇上以封疆之事一以委臣,臣因得以展布四体[3],内则绸缪牖户之修治以不治,外则联络远交之计以夷攻夷,又严禁中行之辈不使播弄于中外,彼缅欲乘无隙,自救不遑,故狼烟弛儆[4],三宣无恙耳。

乃本年二月内,缅丑阿瓦,其酋雍罕,结连木邦等夷,拥众十余万,直犯蛮莫,蹂三宣而抵腾越之墟。其执词曰:"开采汉使令我杀思正以通蛮莫道路,吾为天朝除害焉耳。"彼时,边疆将吏奉臣令声正酋致寇败北之罪,歼之殉众。使瓦酋而果无他,则当如臣檄,卷甲尽回阿瓦[5],乃留兵据守蛮莫,何为哉?狡缅之假献井而思启疆,藉追思正而垂涎蛮莫,奸谋盖毕露矣。

夫蛮莫,何地也?三宣之藩篱也。三宣,腾永之垣墉也。腾永,全滇之门户也。蛮莫失,必无三宣。三宣失,必无腾永。全滇之祸,当自开宝井启之。欲开宝井,则蛮莫不可复;欲复蛮莫,则宝井之役不可开,此不两立之势也。欲觊宝井,则藩篱必撤;欲保藩篱,则采买当报罢[6]:此不两全之理也。

夫天下之事,一则精神专而事成,二则群枉开而事败[7]。今为陛下之巡抚者,任一将以整饬兵戎;为陛下之督税者,又任一将以总理采买。司兵戎者,当惟边疆是计,有警必报,贼入必击;司采买者,当惟宝石是问。警不欲报,贼不欲击,其势必至掣肘[8];掣肘不已,必至壅蔽[9];壅蔽不已,必至弛备。一至弛备,则缅骑可以长驱,由蛮莫径抵三宣,如入无人之境,腾永一带,恐非陛下有矣。陛下肯使数年怀柔之邦、祖宗金瓯之业,一旦以采井坏之耶?臣知非陛下意也。

夫宝井何足宝哉?不过一土屑耳[10]。石为重乎?土地为重乎?以无用之土屑坏万里之封疆,以采买之虚名贾边疆之实祸,臣又知陛下不为也。

臣受陛下之恩渥矣,封疆安危,在此一举,若坐视不言,是臣误封疆而负陛下也。望我皇上锐发乾断[11],将宝井、采买之役亟赐罢免,旧将吴显忠令速回籍,无再启衅,使边疆将吏得一意讲求战守计,图所以复蛮莫之策。缅去不追,缅人必拒,庶几边事无掣肘之虞,而南服犹可保全乎[12]!

【作者简介】

陈用宾(1550—1617),字道亨,号毓台,福建晋江人。隆庆五年(1571)进士。初授长洲令。礼贤下士,勤政爱民,平赋清狱,案无留牍。催科鸠敛有法,民不烦扰,成绩突出。经考核,入京为御史,巡监河东。累官四川参议、浙江副使,升为按察使、湖广布政使。后长期担任云南巡抚,蒙冤入狱,病卒。

【注释】

[1]封豕长蛇:大猪与长蛇。喻贪暴者。

[2]麓川之役:麓川,在今云南瑞丽县及畹町镇等地区,与缅甸接壤。元朝在其地置有宣慰使司。明太祖朱元璋平定云南后,于洪武十七年(1384)置军民宣慰使司,以其他部族首领为宣慰使。英宗正统二年(1437)十月,麓川宣慰使思任发叛。由此引发了著名的麓川之役。三年冬,思任发攻略孟养,屠腾冲,据潞江(今云南腾冲东),自称滇王。四年春,英宗命镇守云南黔国公沐晟、左都督方政、右都督沐昂率师讨伐,以太监吴城、曹吉祥监军。大兵至金齿(今云南

保山南),思任发命将断江立栅而守,明军初不得渡,后都督方政独率部下渡江击之,斩三千余人,又乘胜攻思任发于上江。而沐晟因其未听节制而拒派援军,致方政孤军深入,为伏兵所杀。沐晟率军奔还,惧罪暴卒。此后,明廷又派沐昂为左都督征南将军率兵征讨。五年七月,败思任发,任发不得已派人入贡,以为缓兵之计。十二月,廷议麓川事,大学士杨士奇等认为不必大兴问罪之师,麓川地方不过数百里,只要派军驻屯于金齿,且耕且守即可。侍讲刘球也上疏请罢麓川兵。但其时宦官王振专权,一意孤行,决策派兵征讨。兵部尚书王骥逢迎其意,也主张用兵,于是麓川之役再起。六年正月,命定西伯蒋贵为征蛮将军,兵部尚书王骥提督军务,发四川、贵州、湖广、南京兵15万,征讨麓川。十二月,思任发渡江逃往缅甸,王骥等班师。七年十月,又命蒋贵、王骥征麓川,大败叛军,思任发又逃脱。十年十二月,缅甸将思任发交给明军,斩首献于京师。十三年春,为讨伐思任发之子思机发,明朝又兴兵13万征剿。思机发多次遣使入贡谢罪,明军与思任发少子立约,许其管理部众,居于孟养(在今缅甸境内),遂罢兵。明朝对麓川的多年用兵,造成了国家财力物力的巨大消耗,也给人民带来极大的灾难。麓川军民宣慰使司于正统九年改置为宣抚司,治所陇把(今云南陇川西南),故名陇川宣抚司,成为明廷在云南设置的三个宣抚司之一。

[3] 展布:显现,施展。

[4] 弛徼:谓警戒缓和。

[5] 卷甲:收兵,撤退。

[6] 采买:采选购买。

[7] 群枉:众奸邪。

[8] 掣肘:拉住胳膊。比喻阻挠别人做事。

[9] 壅蔽:隔绝蒙蔽。多指用不正当的手段有意隔绝别人视听,使人不明真相。

[10] 土屑:谓宝石。

[11] 乾断:帝王的裁决谓之。

[12] 南服:古代王畿以外地区分为五服,南方称为"南服"。

洋河建广惠桥碑记

明·郭正域

【提要】

本文选自《古今图书集成》职方典卷一六〇(中华书局、巴蜀书社影印本)。

洋河发源于内蒙古自治区,流经怀安县、万全县、宣化县,从宣化城南流过,在怀来县夹河村附近与桑干河汇合,注入官厅水库。洋河流经宣化的一段,由于河床松软,两岸平阔,又无山峦挟制,河宽竟达一二里许。每至春暖冰消或秋水陡涨之际,波簇浪涌,大有两岸之间"不辨牛马"之势,商旅、行人往来,极为不便。

明朝,宣化成为抵御蒙古骑兵的北方军事重镇,阔漫的洋河上架桥进入了朝廷的议事日程。隆庆年间(1567—1572),开始在河上架设木桥。但因河底流沙、旋涡太多,桥经常需修理加固,"夏秋水涨,桥与水没。秋冬之交,役四营士数千人,囊沙障之",虽然士兵们"裸衣负土,偃卧流渐,手龟指堕,桥又与水没"。

万历十七年己丑(1589),王象乾"进右参政,分守口北道,驻宣府"(《明史·王象乾传》),"夜分渡河","东方既白,始循冰桥,望郭门而趋";第二年渡河,"河水大至,公与从骑屹立中流,波蠹如山,浪鼓如雷",如此三番"厄于洋"。王象乾誓言建桥,"明年檄下",开始造桥。

"所司造舟为梁,凡数十艘","建白范铁、盘柱、连锁构桥",先是想建一座浮桥,但一旦洪水大至,所夹泥沙很快就会灌满、压沉船只,浮桥毁坏;只有选择建造石拱桥。

王象乾"乃为长锥,直钩巨穴,沙得石错,落如豆。沙尽石出,如卵如瓮,布满中河",于是"河流无涘,河沙无底"的说法不攻自破。恰巧选址时,兔子"从南来,直入河"。于是,定下桥基。桥"为层者二,为级者六,为门者十有七。桥长千尺,广并数轨,高不及广者尺有咫。基之阔九丈有二,阔四丈有八。树华表者四,标题者二,槛楯高六尺有五。岸南北镕金为犀者四,以压水怪。桥南聚沙为长堤,凡千二百武,阔视桥,以通往来;桥巨二千武,以遏狂澜之羡,使不得决溢而南。堤北种柳数万株,俾不侵防而桥以无恐"。这是万历二十三年(1595)夏的事。此时,王象乾已在边7年,数年里,"以修边备功加右布政使,二十二年擢右金都御史,代世扬巡抚宣府,累进右副都御史,加兵部右侍郎兼右金都御史"(《明史·王象乾传》)。

万历二十三年,王象乾"转左侍郎兼前官,代李化龙总督四川、湖广、贵州军务,兼巡抚四川"(《明史·王象乾传》)。王走了,彭国光来了,继续修筑,"复为北岸石坝,长丈百有六十一,南为小桥二"。这一关乎"疆场之功,社稷之利"的长桥终于修成了。

到了清代,随着满蒙和亲,宣化成了治内之邑,边防意义失去,广惠桥也随之失修而渐渐从人们的视线中消失了。

洋河来自塞外,南入桑乾,云谷及漠北诸水皆归焉。流沙善溃,莫利往来。前开府吴公创为木桥,时修时圮。夏秋水涨,桥与水没。秋冬之交,役四营士数千人,囊沙障之,鸰立冰水中[1],裸衣负土,偃卧流渐[2],手龟指堕,桥又与水没。河冰一合冠,盖往来商贾奔走,自冬及春,曳轮濡尾[3],褰裳没趾,履薄恐坠。

中丞王公以己丑冬治上谷,兵行部蔚萝、飞狐间[4],夜分渡河,河冰覆雪,飙轮走沙,咫尺莫辨,盘旋竟夜,东方既白,始循冰桥,望郭门而趋。慨然叹曰:"使者拥旄列骑[5],前呵后从,犹苦于河。其如小民何?"令津吏揭竿悬炬[6],以照夜行。

越明年,夜发市台,走七十里,䏱明[7],暴涨,禹中乃渡[8]。迨旋之日,前旄先登,河水大至,公与从骑屹立中流,渡蠹如山,浪鼓如雷,盖厄于洋者三矣。又慨然叹曰:"居恒犹可,有如敌人渝盟[9],祆神、河伯交相为虐,一苇一刀可渡师乎?洪蔚之警,往事可睹已。"遂一意为桥,凡一瓦一甓、一木一石,指恒屈[10]而首恒算。盖念兹释兹,惟河之故也。

明年檄下,所司造舟为梁,凡数十艘,而河徙靡用,麻大将军建白范铁[11],盘柱连锁构桥。顾浮沙不能载,公乃与孙方伯议石工,众曰:"河流无涘,河沙无底,今且十万,力且十年,未议病涉也。公念塞上无可与计者,直指崔公,至同心殚力,捐廪金助之。"会妙上人福登[12],有戒行,从宁武董将所来,曰:"大事在心,胜缘非偶。欲桥而桥,勿与俗同。"

公乃为长锥,直钩巨穴,沙得石错,落如豆。沙尽石出,如卵如瓮,布满中河,群哗乃定。度地之日,有兔自南来,直入河。众咤为异,占者曰:"兔于辰为卯,木上水下,其象为桥。"遂定基焉。乃发八路工匠及河南戍卒之半,舁沙布桥[13],以砾实之。

为层者二,为级者六,为门十有七。桥长千尺,广并数轨,高不及广者尺有咫。基之阔九丈有二,阔四丈有八。树华表者四,标题者二,槛楯高六尺有五。岸南北镕金为犀者四,以压水怪。桥南聚沙为长堤,凡千二百武,阔视桥,以通往来;桥巨二千武,以遏狂澜之羡,使不得决溢而南。堤北种柳数万株,俾不侵防而桥以无恐。

公被命入蜀,中丞彭公至,复为北岸石坝,长丈百有六十一。南为小桥二,直指黄公、计部郎黄公守道、郭公经理之,以迄于成。凡始自己亥仲夏,越明年孟冬而落之。匠之工三十万,卒之工七十万,桩之株十万,石之丈三万,金之两万有一千,常平子钱十之二,士民捐助十之八。

是役也,宦兹土者,自计部大将军、三兵使以及诸将吏人,协其谋。隶兹土者,自两董、倪、黄、张五将军,刘半剌、胡孝廉,以及缨弁闾阎之间[14],人输其力。董其事者,则参将陈国保,分其务者,则守备刑官宁国栋、姚应龙,千户敬忠等。乃王公实始终之,崔公赞之,彭公、黄公、郭公继之,妙上人经营之。

为桥之初,木渐徙而南,卜吉,导水。先一夕,雷雨大作,破堤应期直奔桥下[15]。厥工告成,地祇从之[16],水哉水哉!昔赵之石桥成,唐大定间默啜破定州[17],南奔石桥,马伏地不进,见桥上青龙狞玃奋怒[18],敌恐遁去。夫精神之极,土石效灵;神明呵护,宁止利涉,且以捍患矣。

短洋河为中国锁钥,边陲门户。壮观中朝,控制百貉[19]。兹固疆场之功,社稷之利乎?其在《周易》弘济艰难必曰:"利涉大川,云雷亨屯。既济。未济,与易终始。"夫有能济之具,必有能济之人。开物成务[20],利见大人。

公家世忠孝,有文武才,云雷事业[21],如此桥矣。王公名象乾,山东新城人。开府彭公名国光,江西德化人。马公名銮,四川内江人。侍御崔公名邦亮,直隶东明人。黄公名吉士,内黄人。汤公名兆京,直隶宜兴人。计部郎王公名成德,山东临清人。黄公名兰芳,湖广应城人。杜公名诗山,东滨州人。大将军麻公名承恩,大同右卫人。梁公名秀,宣府前卫人。分守道方伯孙公名维城,山东丘县人。大参郭公名士吉,直隶□□人。怀隆兵备大参马公名崇谦,山西安邑人。副使马公名维驷,山西阳曲人。分巡道大参张公名国玺,直隶任丘人。副使张公名我续,直隶任丘人。王副戎尚忠,宣府前卫人。

【作者简介】

郭正域(1554—1612),字美命,湖广江夏(今属武汉)人。万历十一年(1583)进士,授编修。万历三十年(1602)任詹事,曾为太子朱常洛讲官。升任礼部右侍郎,常管翰林院。因伪楚王事件得罪首辅沈一贯,"妖书案"狱起,几被陷害死。万历三十一年(1603),代理尚书。官至礼部侍郎。谥文毅。有《批点考工记》《明典礼志》《韩文杜律》等。

【注释】

[1] 鹄立:如鹄延颈而立。谓将士冰水中修桥。

[2] 流澌:江河解冻时流动的冰块。

[3] 濡尾:此谓牛马尾巴被冰水浸湿。指河水深。

[4] 行部:巡行辖区。蔚罗:指蔚县一带。蔚县古称蔚州,又名罗川。

[5] 拥旄:持旄。借指统帅军队。列骖:指仪卫侍从跟随。

[6] 津吏:古代管理渡口、桥梁的官吏。

[7] 朏明:拂晓。朏:音 fěi,天刚发亮。

[8] 禺中:将近午时。

[9] 渝:改变。

[10] 指恒屈:谓掰着指头计算。

[11] 建白:提出建议或陈述主张。

[12] 福登:参见《峨眉山普贤金殿碑》注释[20]。

[13] 舁:音 yú,抬。

[14] 缨弁:仕宦的代称。闾阎:里巷内外的门。后多借指里巷。

[15] 应期:犹如期。

[16] 地祇:地神。

[17] 默啜(? —716):一作墨啜。唐时东突厥可汗。姓阿史那氏,名环。天授二年(691)立,称阿波干可汗。证圣元年(695),受封为迁善可汗。万岁通天元年(696),助唐平契丹,受封为立功报国可汗。随后,自唐取得河曲六州突厥降户及种子、农具、生铁等,势力日盛。自此屡扰唐境,俘掠人口畜产。又攻击契丹、西突厥诸部,拓地至黑海以东。开元三年(715)北征九姓敕勒。次年,负胜轻归,中途为拔曳固溃卒所杀。大定:按,唐无大定年号,当为"大足"。701年一月至十月。

[18] 狞攫:谓狰狞奋爪。攫:音 jué,古同"攫"。

[19] 貊:音 mò,我国古代东北部少数民族。

[20] 开物成务:指通晓万物的道理并按其行事而获成功。语出《易·系辞上》:"夫《易》开物成务,冒天下之道,如斯而已者也。"

[21] 云雷事业:指经纬治理天下。

普陀游记

明·朱国祯

【提要】

本文选自《明人小品集》(北新书局 1934 年版)。

普陀山我国四大佛教名山之一,素有海天佛国、南海圣境之称。

普陀山是东海舟山群岛中的一个小岛,南北狭长,面积约 12.5 平方公里。

唐大中元年(847),有梵僧来谒潮音洞,感应观音化身,为说妙法,灵迹始著。唐咸通四年(863),日僧慧锷从五台山请观音像乘船归国,舟至莲花洋遭遇风浪,数番前行无法如愿,遂信观音不肯东渡,乃留圣像于潮音洞附近民宅中供奉,称"不肯去观音院"。宋元两代,普陀山佛教发展很快。北宋乾德五年(967),赵匡胤遣使来山进香,并赐锦幡,首开朝廷降香普陀之始。元丰三年(1080),朝廷赐银建宝陀观音寺(即今前寺)。当时,日韩等国来华经商、朝贡者,也开始慕名登山礼佛,普陀山渐有名气。绍兴元年(1131),宝陀观音寺主持真歇禅师奏请朝廷允准,变普陀为佛教净土。嘉定七年(1214),朝廷赐钱修缮圆通殿,并指定普陀山为专供观音的道场,与五台山(文殊道场)、峨眉山(普贤道场)、九华山(地藏道场)合称为我国四大佛教名山。

经历代兴建,普陀寺院林立。鼎盛时期全山共有 4 大寺、106 庵、139 茅蓬、4 654 余僧侣,史称"震旦第一佛国"。普陀山佛教传至东南亚及日、韩等国。

《记》中,朱国祯不但记录了眼中的大庙小庵,"五百余所"殿宇皆"窈窕可爱,环山而转",而且还说道,"本山之僧,亦买田舟山"等。本山之僧,为何买田?值得深究。

一

由定海棹舟[1],自北而东,过数小山,可三四十里,为蛟门,北直金堂山。此处山围水蓄,宛然一个好西湖也。将尽,望见舟山,曰横水洋。潮落时,舟山当其冲。其一直贯,其二分左右;左为北洋,右为象山边海诸处。入舟山口,山东西亘七八十里。南夹近海诸山,山断续,望见内洋。舟行其中,如泛光月河可爱。尽舟山为沈家门。转而北,即莲花洋。洋长可三四十里,过即普陀矣。

二

抵普陀之湾,步入一径。过二小山,即见殿宇。本山皆石,吐出润土,蜿蜒直下,结局宽平,可三百。即以右小山为右臂,一小山圆净为案,左一长冈,不甚昂。筑石台,上结石塔。殿三重,甚宏丽,乃内相奉旨敕建[2]。殿之辛隅[3],为盘陀石山,势颇高耸。巽方为潮音洞[4],吞吐惊人。正后迤逦菩萨岩,最高。曳而稍东,一石山,其下即海潮寺也。去前寺不过三里。万历八年所建[5],今已毁。两寺之间,东滨如海,一堤如虹。海水上下,即无潮犹汹涌骇人。东望水面横抹,诸山起伏如带。色黑曰铁袈裟,又东望微茫二山,曰大小霍山。极目闾尾[6],红光荡漾,与天无际。惟登佛头岩,能尽其概。若在半腰牵引,诸山宛如深壑。空处飞帆如织。彼中人了不知其异且险也。

三

大约山劈为前后二支,支各峰峦十余。前结正龙,即普陀寺。转后为托,即海潮寺。二大寺外,依山为庵者,五百余所。皆窈窕可爱,环山而转。除曲径外,度不过三十里。舟山有城、有军、有居民,金堂最近[7]。闻其中良田可万顷,番禁不许佃作。大谢山直舟山之南,田亦不少,此皆可耕之地。然边海之人,都以渔为生,不争此区区粒食计。故地方上下,无有言及者。袁元峰相公欲行之[8],有司以为扰民而止。

四

普陀是明州龙脉最尽处[9],风气秀美。虽不甚险远,而望洋者却步。即彼中士民,罕有至者。凡僧以朝南海为奇,朝海者又以渡石梁桥为奇。梁之南有昙花亭,下数级即为梁。横亘可十丈,脊阔亦二三尺。际北有绝壁,有小观音庙在焉。余坐上方广寺,亲见二十余僧,踏脊于平地。其一行数步,微震慑,凝立。少选卒渡,众皆目之,口喃喃不可辨。问之山僧曰:"几不得转人身也。"普陀一无所产,岁用米七八千石,自外洋来者,则苏松一带[10],出浏河口,风顺一日夕可到。自内河来者,历钱江曹娥姚江盘坝者四,由桃花渡至海口,风顺半日可到。两地皆载米以施,出自妇女者居多。自闽广来者皆杂货,恰勾岁用[11]。本山之僧,亦买田舟山,其价甚贵,香火莫盛于四月初旬,余至则阒然矣[12]。却气象清旷,欲久驻而竟不果,则缘之浅也。细讯东洋诸山,一老僧云:"有陈钱山突出极东大洋,水深难下碇。又无吞可泊[13]。惟小渔舟荡桨至此,即以舟拖搁滩涂。采捕后,仍拖下水而回。马迹又在其西,有小潭可以泊舟。但有龙窟,过者寂寂。一高声,即惊动。波浪沸涌,坏舟。再西为大衢,与长途相对。其西有礁无吞,不可泊舟。大衢在北,长途在南,相对不过半潮之远。潮从东西行,两山束缚,其势甚疾。舟遇潮来与落时,皆难横渡。候潮平然后可行。近昌国为韮山,形势巍峨,岛湾深远。此山之外,俱辽远大洋。船东来者,必望此为准。直上为普陀矣。"

【作者简介】

朱国祯(1558—1632),字文宇,号平涵,又号叫虬庵居士、守愚子。浙江乌程南浔(今属浙江湖州)人。明万历十七年(1589)进士。累官国子监祭酒、右春坊、礼部右侍郎等。天启三年(1623)拜礼部尚书兼东阁大学士,后改文渊阁大学士,累加少保兼太子太保。四年(1624),晋户部尚书,武英殿大学士,总裁《国史实录》,不久加少傅兼太子太保。时魏忠贤窃权,朱国祯旋为魏党所劾,连上三疏,引疾归里。卒,赠太傅,谥文肃。有《明史概》《皇明纪传》《大政记》《涌幢小品》《朱文肃遗集》《平涵诗文钞》等。

【注释】

　　[1]定海:在今浙江舟山。
　　[2]内相:太监。
　　[3]辛隅:西面角落。
　　[4]巽方:东南方。
　　[5]万历八年:1580年。
　　[6]闾尾:水汇聚处。闾:汇聚。
　　[7]金堂:金饰的堂屋,指神仙居处。
　　[8]袁元峰:袁炜(1507—1565)。字懋中,号元峰。浙江慈溪人。嘉靖十七年(1538)进

士及第。久值西苑,以"青词"得宠。历官侍读学士、礼部侍郎,进尚书,入内阁。有《袁文荣公集》等。

[9] 明州:宁波又称明州、庆元府。自唐至明,洪武十四年(1381),改明州为宁波府。

[10] 苏松:指苏州、松江府一带。

[11] 勾:古同"够"。

[12] 阒然:常作"阒然"。寂静貌。阒:音 qù。

[13] 岙:音 ào,山之深奥处。此指海岛边可以泊船的深水湾。

重建云龙桥记

明·叶向高

【提要】

本文选自《古今图书集成》考工典卷三二(中华书局 巴蜀书社影印本)。

"建州郡治之右,溪流湍急,隔溪为孔道,八郡往来之所必由。"要道之上,旧有云龙桥,可是万历乙酉(1585)夏天,随着滔天洪水,桥被冲垮。随后"直指陆公按闽","亟命郡邑鸠工"。数经波折后,还是陆公一锤定音:桥修与否,与科第兴衰无关。

待筹毕三千金后,"人徒木石之具毕集,乃诹日从事,下基上屋,一如旧制。而加崇加饰,惟稍杀其高,以免冲射学宫之嫌"。桥修成。

云龙桥,位于今福建连城罗坊乡下罗村口。云龙桥历史上多次重修,今天的云龙桥横跨青岩河,东西走向,六墩七孔,桥墩上部以圆木分七层纵横叠涩出跳,承架圆木铺设桥面廊屋,长 81 米,宽 5 米,高 20 米。桥中建双层六角尖顶魁星楼,两端置牌楼,属典型的江南古建筑屋桥,桥底下层用花岗岩条石砌成四座大船形桥墩,桥面用各色鹅卵石铺成各式图案,桥顶有一"文昌阁",恍如巨人骑龙。

正如叶向高所说:"余数过建州,知兹桥之必不容已也。其圮也,常为之系念,其复也,甚为之快心。"更何况出作日息,不能一日而不从桥上通过的建州人?

建州郡治之右[1],溪流湍急,隔溪为孔道,八郡往来之所必由。旧有云龙桥,规制宏壮。万历乙酉之夏,洪水泛溢,为百年未有之灾,民之葬于鱼腹无数,桥亦圮废。郡人以昏垫之后[2],物力大诎,谋欲复之而未能也。

直指陆公按闽[3],经其地,亟命郡邑鸠工,而公以行部去[4],因循久之,比公再至,议尚未决。或言:"桥成,将不利学宫。"郡人惑焉。公曰:"杨文敏、李肃愍时桥无恙也,何以有两公。顷无桥矣,何以科第竟寥落乎?"众始释然,曰:"诚如公指。"

然竟难其费,或请募民输赀。公曰:"扰民以兴役,吾不为也。"乃自捐赎锾千余金[5]。诸莅兹土者皆有捐,而郡丞陈君方摄事,与别驾于君搜郡邑帑中,得三千金。

人徒木石之具毕集,乃诹日从事,下基上屋,一如旧制,而加愍加饰[6],惟稍杀其高,以免冲射学宫之嫌。建安令仙君、瓯宁令易君躬自督役。直指公以候代,弭节建州[7],时往临视。藩参戴公、吴公相与佐之,人情竞劝,未浃期而报成事[8]。

凡出途之人皆欣欣相告,曰:"是惟守土诸大夫之功。"诸大夫不敢居,曰:"微直指力安所奉成议而佐下风[9],且以破纷纭之口也。"建州之民则又私相语曰:"微直指念我民,我民即免病涉。其能当此大役而闾里晏若不闻也者。"属其秋大比[10],士士之举于乡者八,举于都下者一。自嘉靖乙卯而后,此为仅见。章缝之子则又喜曰:"微直指何以使我曹之无惑于兹桥而益劝于进。"修公闻之,逊谢曰:"是惟诸大夫与邦人修废举坠,以应徒杠舆梁之义,某乐观厥成,何敢自多?惟是桥名'云龙'而多士[11],云蒸龙变,适逢其会。某得藉手,以有辞于此邦,即文敏、肃愍之业[12],庶几再见,何幸如之!"

于是,新守罗公具其事,走一介都门,命余为记。余数过建州,知兹桥之必不容已也。其圮也,常为之系念;其复也,甚为之快心。以余一人之情如此,则凡往来其地者,其情之不异于余可知,而况于建州之人,出作入息,不能一日而忘兹桥者乎?宜其戴直指与诸大夫之深也。直指在吾郡,改峡江渡,全活人多,其功德尤巨。余业已有记,兹复书以复罗公,俾勒于建溪之上。盖皆吾闽利病之大者,令后世得有所考,不独为颂功报德之私耳。

役始于某年某月,落而成之则某年某月。

【作者简介】

叶向高(1559—1627),字进卿,号台山,晚年自号福庐山人。福建福清县人。神宗万历十一年(1583)中进士,授庶吉士,进编修。累官南京礼部右侍郎、吏部右侍郎。万历三十五年(1607)五月,叶向高晋礼部尚书兼东阁大学士,为宰辅。次年,升为首辅,时人称为"独相"。任上,他安辽民,通言路,清榷税,收人心,数次调解党派纷争,礼遇利玛窦。晚避魏忠贤,致仕。

【注释】

[1]建州:今福建建瓯市。

[2]昏垫:陷溺。此指水灾。

[3]直指:汉武帝时朝廷设置的专管巡视、处理各地政事的官员。亦称"直指使者"。

[4]行部:巡视辖区。

[5]赎锾:赎罪的银钱。锾:音 huán,古代重量、货币单位。

[6]愍:谨慎。此指加固。

[7]弭节:驻节。古代官员巡视途中停留。

[8]浃期:指到期。浃:周匝。

[9]下风:自谦词。谓处于下位,卑位。

[10]大比:明清时指乡试。

[11]多士:古指众多的贤士,亦指百官。

[12]文敏、肃愍:指科举、孝廉之业。

重修镇东卫记

明·叶向高

【提要】

本文选自《古今图书集成》职方典卷一一一〇（中华书局 巴蜀书社影印本）。

"国初,沿海置戍,于塞上絜重。"叶向高所说的国初指的是明洪武时期(1368—1398)。镇东卫为洪武二十一年(1388)设。公署在福清镇东城内。

镇东卫成在抗倭中,既为镇东的绾毂,"以孤城"应迎倭寇"环而攻之者累月,卒不能破"。后来朝廷在此开设大帅府,施公决定对创设已经二百余年的卫署进行整修。多方筹集齐备资金后,他委托吴君应珍负责此事。吴应珍差遣工匠开始撤旧署,却发现"橑题栋桷,朽蠹几尽"。这样一来,原来的预算就远远不够了。

为了让有限的资金办更多的事情,吴应珍亲自到洪江购买大木头,海运而至,费用"计省十之三"。"为堂若干楹,高二十二尺,深倍之,广加深五之一,昂其前楹。及左右库房,咸与堂称。辟寝堂之后垣十余尺,爽垲轩豁。辕门为三,以便军吏趋走。箕张其翼垣,横广其塞垣,以壮瞻视。其他厅、庑、栅、亭、平城、庖湢之属,无不具饬。"

镇东卫司辖左、右、中、前、后5个千户所,俱在卫内,列于两廊前之东西。教场在卫之东门外50步,旱寨3处(松下、大丘、白鹤),烽燧7处(松下、峰前、大丘、后营、白鹤、大壤、垅下)。屯田新旧共18所,共有田地427顷92亩3分8厘,分布于长乐、福清、兴化府莆田等县境内。原有旗军8 687人,万历四十八年减至3 200人(内屯操旗军950人、出海旗军460人、屯种旗军1 432人、种屯军321人、标兵军31人)。镇东卫外辖梅花、万安两个守御千户所。其中,梅花守御千户所为洪武二十一年设于长乐县,原有旗军1 458人,万历四十八年减至731人(内屯操旗军302人、出海旗军429人)。万安守御千户所洪武二十一年设于福清县平南里万安城内,原有旗军1 499人,万历四十八年减至1 008人(内屯操旗军568人、出海旗军440人)。

国初,沿海置戍,与塞上絜重[1]。吾闽自列郡外为卫者四,而镇东为之绾毂[2],最称要害。自倭难兴吾邑,最受其毒,而镇东以孤城,倭环而攻之者累月,卒不能破。其后大师开府于闽,以春秋防汛来莅镇东,即卫署为行营,大纛高牙[3],俨然节镇,重可知已。

署创二百余年,仅于弘治间指挥丘宣一葺治之。迩来倾圮日甚,上下因循,等于传舍。今总戎施公镇闽日久,军政修明,海波无警,凡可为绸缪封疆计者,罔不毕力,顾瞻署宇,慨然有鼎新之意。而属视卫椽者,为指挥吴君应珍,素有干力,勇于任事,乃具议上之施公,施公为请于当道,下其议于邑令汪侯会计经费,为金以两计者七百五十余。施公复缩其六十,取诸秋屯二粮及吴君所征积逋[4],而以屯丁助役。议上,咸报可。

属吴君纲纪其事。吴君自矢兹役也,藉幕府之宠灵[5],修百年之旷典[6],敢不勉旃于是[7]?诹日鸠工,百凡俱瘁[8],始撤旧署,则榱题栋桷[9],朽蠹几尽,度其物力,与前所条上,不啻倍之。

或谓宜量力从事,吴君曰:"一劳永逸,胡可苟也!"乃躬之洪江贸巨木,浮海而至,计直省十之三。

为堂若干楹,高二十二尺,深倍之,广加深五之一,昂其前楹。及左右库房,咸与堂称。辟寝堂之后垣十余尺,爽垲轩豁[10]。辕门为三,以便军吏趋走。箕张其翼垣,横广其塞垣,以壮瞻视。其他厅、庑、栅、亭、平城、庖湢之属[11],无不具饬。丹膊辉煌,赫然改观。

既竣事,吴君请余为之记,曰:"以毋忘督府之功与诸大夫之赐耳,应珍何敢自多?"余读《易》至"蛊"曰:"元亨,利涉大川。"岂非以蛊坏之时,能奋然振作,方可以亨通,可以济险耶?《诗·抑》戒之篇防患深至,乃其大指,不过曰:"夙兴夜寐,洒扫庭内。修(尔)车马,戎兵用戒,戎作而已。"[12]盖古人用心精密,虽庭除之近[13],洒扫必矜。且当平居无事,而兢兢为饬武御戎计,何其慎也?兹卫介山海之交,为吾邑门户,险孰如之。蛊坏而不更,何以利涉堂皇之;不治、洒扫,谓何而安能为戎作之戒乎?

兹役之兴,不逾时,不滥费,不劳民,慎始虑终,事半功倍。蛊之"先甲、后甲"抑之谨,俟度戒不虞者是物也。昔在嘉靖,定远戚公实剪灭岛夷[14],以建节于兹。军府规模,皆公所创定。而又以其余力披荆榛,搜洞壑,为登临宴游之地。其流风余韵,更数十年尚在人口。今施公猷略文雅[15],足嗣前徽。而卫署又藉公力,轮奂一新。此之为法,当并垂不朽。乃当道主其议,汪侯赞其成,吴君任其劳,功皆可纪。余故受而次之,以告来者。

【注释】

[1]絜:音xié,谓相等,等同。

[2]绾毂:指交通要冲之地。

[3]大纛:古代军中或重要典礼上的大旗。纛:音dào。高牙:牙旗(将军之旗)。

[4]积逋:指累欠的赋税,亦谓积欠赋税。

[5]宠灵:恩宠光耀。

[6]旷典:稀世盛典。

[7]旃:音zhān,文言助词,相当于"之"或"之焉"。

[8]瘁:操劳。

[9]榱题:亦作"榱提"。屋椽的端头。通常伸出屋檐,因通称出檐。

[10]爽垲:高爽干燥。轩豁:敞亮。

[11]庖湢:厨房浴室。

[12]《诗·抑》:《诗经·大雅》中有《抑》篇:夙兴夜寐,洒扫庭内,维民之章。修尔车马,弓矢戎兵,用戒戎作,用逷蛮方。《毛诗序》曰:"《抑》,卫武公刺厉王,亦以自警也。"后代研究认为是周朝卫武公忧周平王品行败坏,忧愤不已而写下此诗。

[13]庭除:庭前阶下,庭院。

[14]戚公:指戚继光。

[15]猷略:谋略。

裴村公馆记

明·何乔远

【提要】

本文选自《古今图书集成》考工典卷七十(中华书局 巴蜀书社影印本)。

裴村公馆是为方便官员游览武夷山而修造的。

"崇安一县有驲者三,县中者曰长平,北而上曰太安,南而下曰兴田。"从长平、兴田进出武夷山都在五十里左右,只有"兴田之至长平以七十里,是为官里步计实百里也"。以至于游览武夷山的官员"百里之遥不能日一往返,而陆出武夷山下"。这样一来,那些流连于武夷美景的官员就得有卒役等着他们游山归来。可是,"卒之直,于募者有数,而客过无常"。

这种局面长期下去,必然会导致官员游武夷而无人提供抬轿子、划舟船等服务的尴尬,势必会怠慢,甚至得罪官员们。更何况,"县欲多其募直,则为费不赀,而亦无所出"。游山官员的行踪不定与地方官府养人的经费无着矛盾如何解决?

金坛虞公大复,调研后感叹:"民劳且病,吾何可不为计行?"于是找到裴村古道,以民代卒,"修途道,造桥梁,请客皆由裴村行"。"公置馆垣二于裴村,悉饭其处。"不仅如此,还"置村民为官卒,食于公"。这样一来,兴田方向来的官卒到了裴村就可以替换了,裴村官卒"朝送车暮可归家"。

裴村公馆修成后,"客有往游者,裴村之民皆其近地,亦不患久淹至。所以裴村之卒率节约,其县中官舟、官铺之费而无用者,或减、或罢"。

万历三十五年(1067),裴村公馆开始接待八方官员。

裴村公馆位于崇安古道上。元封元年(前110),汉武帝为平定闽越王余善的叛乱,派大臣朱买臣统领三路军马进攻闽越。大军沿信江溯源而上,经铅山,凿通武夷山北部的分水关,到达温岭(今崇安县城),直捣古粤城。从此,崇安古道,成为闽越与中原经济、文化交流的重要通道,后代沿之设立驿道。崇安驿道沿途设有驿站,县境内有长平水马驿,循此而上有大安驿(亦称太安),由南而下有黄亭水马驿。每距十里有铺。除建制设驿铺外,北增闽王寨(分水关上),南有裴村公馆(武夷宫附近)。因而,崇安县古有"三驿一馆一寨十五铺"之说。

裴村公馆地处武夷山问津亭对面,旧有山前渡承载官宦、商旅、墨客入山游览。明朝军师刘基到裴村时吟道:"饮马九曲溪,遥望武夷峰。"只见"仙崖蓄灵异,鼓石盘空曲,一水隔花村,千峰入茅屋"的迷人仙境。这位风尘仆仆的大臣,立即舍马就舟,泛游九曲,入暮始回,"解衣田舍宿"。那时裴村还没有公馆,所以刘基只能夜宿农家茅屋了。为什么前有石鼓铺,后有中奢铺,还要增设公馆呢?因黄亭驿(兴田水马驿)距县城长平驿有七十里,驿夫从驿站接送过驿者,一日不能往返;而过驿者路经名山胜迹,都不免驻足留连。明朝便增设裴村公馆,便于官宦、墨客游览武夷山,也减轻黄亭驿夫的劳苦。

古代的崇安与中原朝廷以及州府之间往来交通路线有两条:往闽中、建州,水道比较繁盛,城村的"淮溪首济"(崇溪第一渡口)是闽北的商埠,所以上州府,多从水道南下,设有水马驿站。而北上溪窄水浅,水险多阻,不便用舟。则以古道通往铅山、上饶以至京畿。

驿站是古代传递文书的人,调迁的官员、商旅、文人墨客途中休息食住的地方。设有驿吏,下设有马递、水递、步递的兵卒,啬夫、挑夫等少则五十,多则百余人。并备有马、驴车辆,轿兜,舟船,竹筏等交通工具。

兴田水马驿(黄亭驿),是州府入武夷山的第一个驿站。唐代诗人李商隐《初入武夷》:"未到名山梦已新,千峰拔地玉嶙峋。幔亭一夜风吹雨,似与游人洗俗尘。"写的就是这一带的景色。方志载,兴田驿有舟楫 12 艘,竹筏 8 张,卒百人;马 8 匹,驴 5 匹,夫 20 人;轿兜 15 乘,啬夫 30 人,还有担夫 20 人。

大安驿在分水关岭下,位于山峦参差起伏、林深郁路蜒曲处的一家孤村茅店。明洪武初年,设马 8 匹,驴 5 头,步夫百名。后来,农民起义此起彼伏,道路断阻。从中原入闽的人,改道浦城,大安驿从此废弃。改杨庄铺为杨家庄驿。

崇安古道,以县城长平驿的永安铺为起点,每距十里一铺。往南有新阳、梅溪、石鼓、中奢、界牌、兴田等;往北有干溪、举富、杨庄、小浆、大安、望仙等,全程一百七十里,形成一条畅通的古道驿站网。

现今,崇安古道已成为闽赣交通的省际公路。有崇阳线和崇饶线,北通江西与铁路相连,南通福州和海运相通。古道上的驿站、馆铺、亭舍,经过千年沧桑,大部已颓圮无存,仅有城南的余庆桥、汉城遗址的卵石官道、盐阜门浮桥码头、水东渡、赤石渡及"淮溪首济"石碑,尚可见蛛丝马迹。

尤值一提的是,这条古驿道还是从武夷山通往俄罗斯恰克图(地名因茶而起,俄语语意为"有茶的地方")的"茶叶之路"。

崇安一县为驲者三[1],县中者曰长平,北而上曰太安,南而下曰兴田。自长平以至大安,由兴田而又南下至建阳,皆以五十里。独兴田之至长平以七十里,是为官里步计之实百里也。溪险而驶不可,以舟往来之客,或用官舟矣。则率乘春夏,下濑行而溯上流者[2],鲜也,送车之卒,遵陆而趋,百里之遥不能日一往返,而陆出武夷山下。客或游山,不能无流连。卒之直,于募者有数,而客过无常。至其留连,又有不可。以一日计者,卒前后送,车不相应。县欲多其募直[3],则为费不赀[4],而亦无所出。

金坛虞公来县,察而叹曰:"民劳且病,吾何可不为计行?"求古路出于裴村,村中有民可以置卒。于是,修途道,造桥梁,请客皆由裴村行。

先是,以陆遥,饭客中道,自南上者饭中奢,自北下者饭石鼓。公置馆垣二于裴村,悉饭其处。置村民为官卒,食于公,兴田之卒,至裴村而替换。民朝送车暮可归家,道虽不出武夷山下,客有往游者,裴村之民皆其近地,亦不患久淹至[5]。所以食裴村之卒率节约,其县中官舟、官铺之费而无用者,或减、或罢,多置官马以代卒劳。借摄以巡司之闲空者[6],不更请置驲宰,靡朝家俸。其益寡衰多,截长补短,贴然称当[7]。上不加费于公,而下不加赋于民,民以为大便。

于是,使其门人苏琰问记于予,曰:"非敢谓能也,使后之人明于改革之因,庶几旧贯以汔于康[8]。"乃予所以答公。则谓:"治天下之道,惟其平而已矣。大学论治必曰平,治而所以平之之要则出于絜矩[9]。公虑兴田之民往来驿道,动稽一日,不得兼事于南亩[10],而通力于末作。其所以为言于当道者,谓'夫民以八口之家,寄于两肩寸阴之勤,贵于尺璧[11],坐令其掷可用之时光,靡有限之雇直,彼何事不可为而直为此?'任重道远,废日而失务,其所以为兴田民计,愀然其欲悲肃乎? 其若叹即公一端,而所以为县可知,即公为县而他日为天下可知也。公视长平、大安之民,较之兴田若在左右、前后、上下之间,而又以其身自为前后左右上下以处兴田之民,此大学之道而亲民之旨也。则公之宜书岂特足备一县之沿革而已,而深有合于明德、至善之义。予安得不为公记之。"

公名大复,字元见,别号来初,丁未进士。

【作者简介】

何乔远(1558—1631),字稺孝,或称稚孝,号匪莪,晚号镜山,福建晋江人。万历丙戌(1586)进士。为官以不畏强悍、直言疏奏著称,谪归乡居二十余年。后以户部右侍郎致仕。有《名山藏》《闽书》等行于世。

【注释】

[1] 驲:音 rì,古代驿站专用的车。后借指驿站。
[2] 下濑行:指乘船行路。下濑:指下濑船。濑:音 lài,从沙石上流过的急水。
[3] 募直:佣金。直,通"值"。
[4] 赀:犹少。
[5] 久淹:长久滞留。
[6] 巡司:巡检司。职掌地方治安。
[7] 贴然:安然,平静。
[8] 汔:音 qì,接近,庶几。
[9] 絜矩:法度。絜:音 jié,度量;矩:画方形的用具。儒家以絜矩来象征道德上的规范。
[10] 南亩:指田野。谓(从事)农作。
[11] "尺璧":"尺璧非宝,寸阴是竞"的缩语。出《千字文》。意为一寸光阴一寸金。

拟缓举三殿及朝门工程疏

明·孙承宗

【提要】

本文选自《古今图书集成》考工典卷四八(中华书局 巴蜀书社影印本)。

"数年来,朝讲辍而不举,典礼行而几罢。"孙承宗万历三十二年(1604)二月,参加会试,中一百一十五名。殿试一甲第二名(榜眼)。授翰林院编修。殿试时进《廷对策》,不久又上《灾变陈言疏》《拟缓举三殿及朝门工程疏》,对神宗皇帝提出批评。

他说:修三殿,"今天下之财下出而不得入上,入而不肯出"。"夫将作既不可支,而内帑又不肯遽,独有索之百姓尔。"可是天下百姓"大病未苏",正所谓"久张之弓易顿,方骇之马难策也。"他希望万历帝能够缓举这些大工程。

万历二十五年(1597),紫禁城大火,焚毁前三殿(太和殿、中和殿、保和殿)、后三宫(乾清宫、交泰殿、坤宁宫)。复建工程直至天启七年(1627)方完工。

臣闻圣哲之主,不托私于公,以实琼盈之积;老成之臣,不议赢于诎,以袭太平之观。故天下之物力充盈,而因陋就简,非所以肃朝常而为观于天下也[1];天下之民力殚竭,而徇名废实,非所以恤人瘼而弭患于方来也[2]。臣观今天下有易为于上,而不肯为翼幸于下,而不能必徇其名,则以为不可缓核其实,则以为不可急者,如今之三殿朝门工程是已。

夫三殿朝门,陛下所以接群辟而修庶政也[3]。数年来,朝讲辍而不举,典礼行而几罢,则以为是未成之故。即中为大小臣工,咸喁喁曰:"安得不日成之?"

然臣窃以为是可缓也,何也?被绨绤者[4],不苦郁燠[5];袭狐貉者[6],不畏盛寒:有其具者,易其备也。今天下之财下出而不得入上,入而不肯出,将作之开纳悉而民不应,它曹之借索烦而有难给。独有大内之积可以易其备,而臣又窃意陛下之未肯遽也[7],何也?频年来,未尝不托言之而卒无一有也。

夫将作既不可支,而内帑又不肯遽,独有索之百姓耳。秦陇之材,非无胫而至;工役之腹,非画饼而实。陛下诚思今天下百姓,尚堪此乎?唐魏征[8]曰:"'民欲静,上重扰之;民方穷,上重蠹之[9]。'今之谓已。"臣观今天下之民方大病而未苏,调之以参苓[10],摄之以粱肉,尚可以生。即不然而听其自息自便而不扰,亦可以苟延。倘如严家之隶[11],力疾而作,岂惟下不胜其役而上亦不安其适。何也?

久张之弓易顿,方骇之马难策也。

臣不敢摭茅茨之说以久稽大观[12],亦不敢拾壮丽之谈以徇众听。惟愿陛下缓之缓之者,非耽延于今而遗患于后也。执大尊以酌天下之人心,体百姓以培无疆之命脉,勿藉工程之役而为分外之诛求[13],勿信貂珰之口而动已疲之大众[14]。如莹精太平[15],临朝愿治,则文华、武英未尝不可联泰交而布政令于臣民也[16]。且如文皇帝时,物力何如! 今日而三殿之成,尚需于后,岂今日之百姓独不可缓乎?

臣望陛下仰承文皇帝慎重之心,俯察臣民艰难之意,先苏大病之民,徐修寒暑之具,然后一举而成之,未晚也。臣不胜大愿。

【作者简介】

孙承宗(1563—1638),字稚绳,号恺阳,北直隶保定高阳(今属河北)人。万历三十二年(1604),中进士第二名(榜眼),授翰林院编修,入翰林十年。万历四十八年(1621),以左庶子充日讲官,先后充任朱常洛辅导老师、天启帝朱由校老师,逐渐进入明朝后期政治中心。清兵入关后,以身殉国。有《高阳集》《车营扣答合编》等。

【注释】

[1] 朝常:朝廷的常规。

[2] 瘝:疾苦,苦难。方来:将来。

[3] 群辟:谓四方诸侯。庶政:各种政务。

[4] 绤绤:音 chī xì,葛布的统称。细者曰绤,粗者曰绤。引申为葛服。

[5] 郁燠:闷热。燠:音 yù,热。

[6] 狐貉:指狐、貉的毛皮制成的皮衣。

[7] 遽:就。谓不乐意。

[8] 魏征(580—643):字玄成,唐巨鹿(今河北巨鹿)人,一说河北晋州或馆陶人。曾任谏议大夫、左光禄大夫,封郑国公,以直谏敢言著称,是中国历史上最负盛名的谏臣。

[9] 蠹:蛀蚀。指搜刮。

[10] 参苓:中药名。人参与茯苓。有滋补健身的作用。

[11] 严家之隶:本谓王献之书法。《晋书·王羲之传论》:"献之虽有父风,殊非新巧。观其字势,疏瘦如隆冬之枯树;览其笔踪,拘束若严家之饿隶。"此取"饿瘦"之意。

[12] 摭:音 zhí,拾取。茅茨:指茅屋。引申为陋浅,或指乡见途议。

[13] 诛求:诛杀敲诈。

[14] 貂珰:貂尾和金银珰。古代侍中、常侍的冠饰。借指宦官。

[15] 莹精:亦作"精莹"。晶莹,透明光亮。

[16] 泰交:语出《易·泰》:"天地交,泰。"谓天地之气相交,物得大通。后因以谓上下不隔,互通声气。

附：三殿鼎新赋

明·周延儒

三殿者，皇中建三极殿也。初为奉天、华盖、谨身。肃皇帝仰则天垣，远绅禹范，爰锡嘉名。我皇御箓中兴，实鼎新焉，在《易·鼎》之象曰："君子以正位凝命。"盖与《书》维皇建极之旨合，伟哉虖！诚北辰之鸿纬，南面之盛观也。七年中秋，落以《斯干》之雅。敬拜手稽首而献赋曰：

溯维幽燕辟基，黄帝四千余年，明乃继之。昔剪蚩尤，我驱蒙古。天昧再开，王气双吐。当时所为治城阙，缮宫室于奉天出治之地，尤三致意焉。盖已高蟠龙虎，上宪觜陬，笼二仪以为宫枕，万岁而不渝矣。柏梁之厄，盛极而然。

今皇帝通追祖武，堂构是肩。谛殿基作而诏诸中外曰："是成祖宅中之区，而肃祖以畴锡，福之所延也。归会峙其旁，正阳岿其前，东西文武，左右弘宣。冠带万国，龙冕九天。列圣陟降，其可后焉。"

于是命司空契元龟，钦天练日，营缮经初，圭臬揆景，般尔竞趋。发帑则神庙封桩之贻，酿俸则千官邪许之呼。蜀楠吴砖，湾石荆铜。山祇川后，献瑞效功。尔乃神木输厂，黑窑冶璃，台谏纠敏，匠石究奇，百司雷动，万辇云飞，曾未几时而皇极门殿已焕乎其巍巍矣。惟中与建两殿，踵成如彼太乙之宫。前有太乙，后有钩陈，是曰：紫微、帝座、三辰，仿囊规而增丽，浴濛汜而俄新，恢当阳之宝势，快神孙之高门。若夫云栔星桷，重楣飞昂；兰栭藻井，螭桷凤窗；金扉玉铺，丹陛瑶珰；岧峨博敞，蔚驳炜煌；宏宆莫际，皰翕有光。固三殿之所同，羌难得而备方也。

有两班文武进而称曰："斯举也，盖迟之三十年而成之。"不日乘蛊用干，在鼎元吉，当宝顶之晨安，驰露布而生色，敢赋《周诗》，上寿千亿。于是尚宝陈案，教坊奏韶；锦衣设帜，光禄受肴；黄麾明扇，仗鼓排箫；仗马驯象，罗拥蝉貂；鞭鸣帘卷，玉衮以朝。然后七舞入九，曲湛称制，赐沥山呼者三。其或册拜椒掖，封遣桐圭，胪天人之贤隽，受重译之航梯。礼成郊庙，典举耕蚕。颁春小岁，献至日南。升恒进千秋之镜，熊罴叶百堵之占。莫不晴熏春羽，日射天香，剑乌花生，穆穆皇皇。于是屏宓妃，却玉女，咨皋夔，访箕吕，解网除告，吹律回黍。貌言视听被其思，岁月日时厘其序；雨旸燠寒五行司其官，食货宾师八政修其盐。是故庶征应五福绥，而世为竹苞松茂之主也。

昔尧有坞宫，舜有总期，俭德虽章，大壮非时。秦汉诸殿，通光、临华、神仙、增城，门千户万，则侈主之讥也。若卫歌楚室、鲁美灵光，则又诸侯之事也，安足为今日颂哉？帝锡斯畴，肃祖命之。肃祖锡畴，来孝追之。光启中兴，不亦伟乎！

天子曰："嘻！是。于畴睹其八，抑枢在极乎？夫皇极者，即尧舜允执之中而建之，即平康正直之衢，三而一者也。吾将坐华殿之上，烛以玉烛，风以景风，使东至宁宫之塔，西至松套，南至鬼方，解辫面内，莫不来同。虽黄帝阪泉之兵，亦可以不用，而穆然治天下以崆峒。"

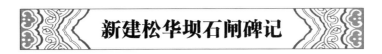

新建松华坝石闸碑记

明·江 和(代)

【提要】

本文选自《滇志·艺文志》卷第十一之二(云南教育出版社 1991 年)。

"昆明人头上的一碗水"指的就是松华坝水库。万历戊午岁(1618),云南水利宪副朱芹对御史潘公谈论松华坝称:"故支以木、筑以土而无闸","河不任受蓄,小涨易溢","蓄泄不任"。看着一汪好水,农田不能受益,于是官府决定改土木闸为石闸。

昆明盘龙江,汉时称昆川,全长 107 公里,流域 800 平方公里(包括水源区)。北起嵩明县西北梁王山的崇山峻岭间,南至滇池东岸官渡区福海乡洪家大村滇池入海口。今天所说的盘龙江一般指经松花坝水库开始至滇池洪家大村入海口,全长 33 公里。

历史上,各朝地方官员都试图驯服盘龙江这匹野马,最有名的官员是赛典赤·瞻思丁(1211—1279)。元统一中国,设云南行省,世祖忽必烈为避免"委任失宜,使远人不安",亲选其原帐前侍卫,秦蜀行省平章政事的赛典赤任云南行省平章政事(省长)。1274 起,赛典赤在滇任职 5 年,善政不少,治理滇池、六河水系便是其一。时滇池上游河道经常泛滥,淹田漫城,赛典赤奏请调大司农张立道为巡行劝农使,兴工数千人,历时两年,治理滇池、六河水系。赛典赤亲自监工上段工程,清浚水源,疏挖河床,拓宽河道,加固堤岸,又在昆明北郊凤岭、莲峰两山箐口筑松华闸(土木结构),开挖了金汁河、银汁河以分流,于宝象河、马料河等"六河"分段筑闸建坝,旱则蓄水,汛则分洪,以避水患。至于滇池出海口,张立道疏挖海口,整治浅滩,使滇池水下泄顺畅,螳螂川畔数百顷农田得以灌溉。

赛典赤所修松花闸,颇为利民,其后下游灌溉用水越来越多,人们多筑堰坝,但到雨季,便容易阻碍泄水,造成涝灾。明景泰四年(1453),又把下游堰坝改建为可以启闭的石闸,以取其利而避其害,这就是有名的南坝闸。明成化十八年(1482),又对南坝闸、渠加以修浚,灌田数万顷。

松华坝此次改建,官员纷纷捐款,"募健伐坚,创闸口高一丈三尺,长三丈二尺五寸,广一丈七尺五寸,牛舌尖中马头高一丈三尺,长二十六丈六尺","皆选石之最坚厚者,长短相制,高下相纽,如犬牙,如鱼贯,而钤以铁,灌以铅",这样一来,"启闭如式","东西两涯之间,骈珉壁屹",骄野的水龙被驯服。

清代雍正时,云贵总督鄂尔泰是继赛典赤之后对昆明水利有特殊贡献的人。从雍正七年至十年(1729—1732),鄂尔泰对滇池集中治理,对流入滇池的 6 条河流进行疏浚、修堤、建闸,共进行了 46 项工程。清道光十六年(1836),云贵总督伊布里又兴工清除海口的滩碛,在海口建设屡丰闸 10 孔、新河闸 7 孔,中滩闸 4 孔,增加了滇池泄量,并实现了对滇池蓄水的调蓄。

抗日战争时期,昆明成为抗战大后方重镇,人口、农业、工业发展迅速,用水开始紧张。战后,盘龙江开始建设现代水库。1946年6月,在松华坝上7公里处建成一座现代混凝土重力坝,坝高16.5米,坝顶长70.3米,蓄水量为280万立方米。

万历戊午岁,滇水利宪副朱公请于御史南海潘公言:"滇城东北郭,故有松华坝。邵甸之水走盘龙江者,使东注于河,河曰金棱,土人呼曰金汁,由金马麓过春登里,七十余里而入海[1]。沿河支流以数十,递而下,涵洞如级,田以次受灌,不知几万亩也,而是坝独橐钥之[2]。非坝,则小旱易涸,而河不任受蓄;小涨易溢,而河亦不任受泻。蓄泻不任,则腴田多芜,而民与粮通[3]。河资坝,所从来矣。

第坝故支以木、筑以土而无闸,势若堵墙,遇浸辄败,岁修,费阒司桩钱不赀[4]。有司草草持厥柄,力庞而功暇,仅同筑舍。盖费于坝者尚付之乌有,况其不至于坝者也!于河奚资焉,而反以病。予谓坝而不闸,蓄泻何恃?即木而匪石,终漂梗耳[5]。与其岁糜多钱而民无利也,孰与合数岁之费而甃以石,通以闸?自闸以往,若牛舌尖中马头,皆冲流也,胥石乃固,矧地与石邻!夫以亩科,至便计也;木桩之额,累岁可问,非他索也。良吏经纪,能吏分劳;功者赏,否者罚。事成,设以守,时其翕纵而周防之[6],如漕闸然,此百世利也。"爰捐助银一百六十余金。潘公遂捐一百金,抚院河源李公亦捐二十金。迄新抚院归安沈公、按院南昌杨公至,申请如前,三公皆如议,交给以费。藩习嘉兴施公、阒司金陵尹公扣征停挖木桩之逋负者[7],又得四百九十余金。计若巨若细,悉从金出,而世镇沐公又慨然以近闸石山任其采用。

于是,吏人各如檄起程,募健伐坚,创闸口高一丈三尺,长三丈二尺五寸,广一丈七尺五寸,牛舌尖中马头高一丈三尺,长二十六丈六尺。皆选石之最坚厚者,长短相制,高下相纽,如犬牙,如鱼贯,而钤以铁,灌以铅。闸仿诸漕,扁以巨枋[8],启闭如式。东西两涯之间,骈珉壁屹,水龙若控。

经始于万历四十六年七月二十六日,至四十八年二月二十六日告成,仍名曰"松华闸"。计费凡八百七十七两有零,匠作田夫五万七千余数,力取诸隙,绩底以渐。时率云南少府杨公亦捐助九十六金,且日日上坝,劳以粑布酒食[9],公私为一。故纾而不劳,终始不虐用一人、强取一料,故功成而人安之。时与三司诸大夫登坝上观,壁如屹如立,河朊朊[10],地有安流而天不能灾。

是岁大稔,诸父老咨嗟叹息曰:"朱公再造我也!"归之朱公,朱公不有。某幸睹成事,缪为记略,而申以铭。朱公名芹,蜀富顺人,进士,政务兴革,利民多若此。杨公名继统,秦南郑人。其与有劳者,书之阴。铭曰:

汤汤金棱,邵甸溯源,建瓴忽分,东西决川。坝枳而东[11],如龙饮泉,爪攫翠张,百道蜿蜒。割流膏野,万畦濡沾[12],土耶木耶,昔何阙然!萧苇捍冲,岁糜金钱。自公之来,嘉与更始。亦有施公尹公,悉赋成美,杨公承之,动有经纪。禀成诸台,规兹永利。

金石岩岩,当其射激;闸门言言,时其启闭。闭视其沍,水弗外泒[13];启视其涨,水弗内溃。畚授于农,农隙乃至;工食于官,官厚其饩。再阅春冬,经始勿亟;乃奏厥功,乃立安既。

于乎郁哉! 河肇咸阳。洪源自公,明德广远。人代天工,匪闸无河。毋恃绝巇[14],毋易逝波。其流可穿,其坚可磨。蚁穴必塞,如避鼋鼍[15]。有泐必新[16],毋仍斧柯[17]。百尔君子,保障弘多。庶绵斯泽,砺山带河。

【作者简介】

江和,生平不详。

【注释】

[1]海:指昆明滇池。
[2]橐钥:亦作"橐籥"。古代冶炼时用以鼓风吹火的装置,犹今之风箱。
[3]粮逋:拖欠租税。
[4]阃司:明代地方军事机构"都司"的别称。桩钱:宋代的一种财政制度,称封桩。凡岁终用度之余,皆封存不用,以备急需。宋太祖建隆三年(962)始行于中央,后各地皆有封桩,乃至按月而桩,称月桩钱。
[5]漂梗:随水漂流的桃梗。语出《战国策·齐策三》。此指遭冲毁。
[6]翕纵:蓄放。
[7]逋负:拖欠,短少。
[8]枋:方柱形木材。
[9]玼:按:疑为"赆"。赆:好。
[10]肵肵:音 wǔ wǔ,膏腴,肥沃。
[11]枳:通"枝",歧出。
[12]濡沾:沾湿。此谓灌溉。
[13]冱:闭。泚:按:当为"泄"。
[14]巇:按:疑有误。疑为"嵚"。嵚:谷深貌。
[15]鼋鼍:音 yuán tuó,大鳖和猪婆龙。
[16]泐:音 lè,磨损,碎裂。
[17]仍:依然。斧柯:斧柄。改为石闸,斧锯可免。

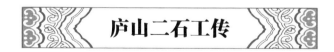

庐山二石工传

明·文德翼

【提要】

本文选自《古今图书集成》考工典卷八(中华书局 巴蜀书社影印本)。

"庐山石刻极富,悬岩绝涧皆即其石刻之,不必碑也。"这不是作者要记的,文德翼要记录的一个是"从事于此十二世"的石工,其技之善如庖丁解牛、轮人斫轮,他的名字叫陈格;还有一位叫李仲宁,"崇宁初,诏郡国刻元祐党籍姓名,太守呼仲宁,使劖之"。而他却说,过去小人家境贫寒,全赖刊苏内翰、黄学士的词翰,遂至饱暖,"今日以奸人为名,诚不忍下手"。

两石工,技艺都精熟,人品都高尚,所以为之传。

文德翼传记文中的主人公无一例外与江西、浙江两省相关,且人物与题材内容来自下层日常生活。这与作者是江西人,又长期在浙江任职有关。

庐山石刻极富,悬岩绝涧皆即其石刻之,不必碑也。东林李北海制碑奇甚[1],世传北海碑多自刻。凡碑后石工茯苓芝、黄鹄仙之类,皆借名。

然庐山自有善工,且有贤而寓于善工者,不可不明于后世也。

宋赵郡李姑溪之仪曰:"少时客庐山,见诸刻石字皆有精神,退而求其真迹,卒不迨也。"乃知模勒之妙,有以假借致然。是后,每作字必叹息,不得其人相与表发[2]。

比过金陵,所见如庐山时,至其画笔,则又过之。迨诘其所自,盖庐山人。陈姓,名格,从事于此十二世矣。予固知他人必不能至是,凡技之善如庖丁解牛、轮人斫轮[3],直以神遇而不以力会,然后为得况十二世传习之久邪?彼微幸于一旦之遇者[4],虽资藉展转[5],岂得不自愧哉?若姑溪所称陈生,使北海得之,亦不必自矜力绝矣。

余又读宋王明清《挥麈录》曰:"九江有碑工,李姓,名仲,宁刻字甚工,黄太史题其居曰'琢玉'坊[6]。崇宁初,诏郡国刊元祐党籍姓名,太守呼仲宁,使劖之。仲宁曰:'小人家旧贫窭,止刊苏内翰、黄学士词翰[7],遂至饱暖。今日以奸人为名,诚不忍下手。'守异之曰:'贤哉!士大夫之所不及也。'馈以酒而从其请。"余读之而太息曰:"党籍之刊也,石工常安民,亦不忍斫[8]。"司马君实为奸[9],有司强之至,曰"民不敢辞役求,碑后勿刊安民名,恐得罪后世。"若以李生方之太守,虽加责刑,自能断腕不为也,岂不加安民一等哉!余尤服太守,不惟不令受杖,又从而以酒馈之,贤哉!太守惜逸其姓名,此必非崇宁之人而元祐之人也。若明清所称,不但可表琢玉坊,直可表为琢玉君子坊矣。

余故稍为论次[10],以见乡人之才,而贤湮没无闻何可胜数?合传之以助名教,非为表章桑梓一艺而已也[11]。

【作者简介】

文德翼,生卒年月不详。字用昭,江西德化(今江西九江)人。崇祯七年(1634)进士,授嘉兴推官,明亡后隐居山中。正直明允,不为权贵所扰。以父忧归。有《雅似堂文集》十卷、诗集三卷,及《宋史存》《佣吹录》《读庄小言》等。

【注释】

[1]李北海:即李邕(678—747)。字太和,唐广陵江都(今江苏扬州)人。少年成名,后召为左拾遗。累官户部员外郎、括州刺史、北海太守等,人称"李北海"。能诗善文,工书法。其撰写的碑文,常请伏灵芝、黄鹄仙和元省己镌刻,此三人很可能是其化名。

[2]表发:表述阐发。

［3］庖丁:古代厨师。《庄子·养生主》:"庖丁为文惠君解牛,手之所触,肩之所倚,足之所履,膝之所踦,砉然向然,奏刀𬴃然,莫不中音。"后以之喻掌握了解客观规律的人,做事得心应手。轮人:制作车轮之人。斫轮:斫木制作车轮。借指经验丰富,水平高超。

［4］微幸:同"侥幸"。犹偶然。

［5］资借:指借用,借助。展转:同"辗转"。

［6］黄太史:指黄庭坚。

［7］苏内翰:指苏轼。曾为翰林学士。

［8］忍斤:犹忍心。

［9］司马君实:指司马光。为人温良谦恭,刚正不阿。竭力反对王安石的新政。

［10］论次:论定编次。

［11］桑梓:指家乡。

午日秦淮泛舟行

明·何湛之

【提要】

本诗选自《古今图书集成》职方典卷一五四二(中华书局　巴蜀书社影印本)。

"秦淮十里波摇空,镜中鱼鸟荷花红。飞梁横亘玉虹舞,钟山水际浮岧峣。"诗人何湛之端午泛舟秦淮河,吟道。

秦淮河是南京第一大河,分内河和外河。内河在南京城中,是十里秦淮最繁华之地。相传秦始皇东巡时,望金陵上空紫气升腾,以为王气,于是凿方山,断长垅为渎,入于江,后人误认为此水是秦时所开,所以称为"秦淮"。历史上的秦淮河极有名气,东吴定都此地以来一直是繁华的商业区、居民地。六朝时更是成为名门望族聚居之地,商贾云集,人文荟萃。唐时一度衰落,但宋以后又逐渐复苏为江南文化中心。明清两代,尤其是明代,是十里秦淮的鼎盛时期。"朱甍夹岸斗奇丽,碍日含风绮疏通。惊鸿飞燕帘栊下,香雾空濛锦绣丛。"河中则是"酒船衔尾如游龙",秦淮河边金粉楼台,鳞次栉比;河中画舫凌波,桨声灯影,构成一幅如梦如幻的美妙之境。

秦淮河一带风光,以夫子庙为中心,沿岸有瞻园、夫子庙、白鹭洲、中华门及从桃叶渡至镇淮桥一带的秦淮水上游船和沿河楼阁景观,襟古迹、园林、画舫、市街、楼阁、民俗民风于一河,极富冶游魅力。

秦淮十里波摇空,镜中鱼鸟荷花红。飞梁横亘玉虹舞,钟山水际浮岧峣[1]。朱甍夹岸斗奇丽,碍日含风绮疏通[2]。惊鸿飞燕帘栊下,香雾空濛锦绣丛。

江东逸士夸孙楚[3],衔杯鼻息吹霓虹。老子胜情殊不浅,霍然起色随群公。
射黍共泛素丝筦[4],荡漾云日凌苍穹。人歌人哭不可辨,酒船衔尾如游龙。
巨舸鸣锣载傀儡,小刁鼓枻喧儿童[5]。吴侬别擅秦青调[6],移舟静听回天风。
曲终小技更迭奏,鼓铙螺梵谐商宫[7]。江南游冶自其俗[8],况乃佳节逢天中。
歌声渐稀景将夕,空留烟月浸孤篷。繁华变幻亦如此,悲喜合离俱转蓬[9]。
曾史长贫蹠跻横[10],祸福视天常懵懵。上官谗成左徒溺[11],千载谁分佞与忠。
江鱼之腹不可饱,国狗之啮何其雄。险矣人心真叵测,伤哉世态难为工。
但愿五丝能续命[12],年年胜赏故人同。

【作者简介】

何湛之,生卒年月不详。字公露,号矩所,江宁(今南京)人。万历十七年(1589)进士,官四川参议。草书绘画并称绝妙。

【注释】

[1]玉虬:传说中的虬龙。宠嵸:山势高峻貌,云气蒸腾貌。

[2]绮疏:指雕刻成空心花纹的窗户。

[3]孙楚:指孙楚楼。在金陵城西。后亦泛指酒楼。

[4]射黍:一种游戏名。丝筦:指窄而长的筷子。

[5]枻:音 yì,船桨。

[6]秦青:古时善歌者。典出《列子·汤问》。

[7]鼓铙:指鼓和铙。打击乐器。商宫:泛指音律。

[8]游冶:出游寻乐。

[9]转蓬:随风飘转的蓬草。

[10]蹠:音 zhí,到。

[11]上官:大官,高官。左徒:战国时楚国官名。后人因屈原尝为楚怀王左徒,即用以指屈原。屈原早年受楚怀王信任,多有美政。但因其性格耿直,再加上上官大夫靳尚等谗陷,终被疏远并被逐出郢都。

[12]五丝:五色丝线。端午节习俗之一。《风俗通》:(五月五)以五彩丝系臂,名长命缕,一名续命缕,一名辟兵缯,一名五色缕,一名朱索,辟兵及鬼,令人不病瘟。

极乐寺纪游

明·袁宗道

【提要】

本文选自《传世藏书》(海南国际新闻出版中心 1996 年版)。

袁宗道这篇游记记的是北京极乐寺,寺位于海淀区东升乡五塔寺东约 500 米处,临高梁河。极乐寺建庙,一说为元代至元年间(1335—1340),另说为明成化年间(1465—1487)。寺坐北朝南,原分 3 路,中路有山门、前殿、正殿及东西配殿。正殿后为达本和尚塔,东跨院是花园,有寄心斋、池塘等,西跨院为僧房。

西山深处流出的高梁桥水,"白练千匹,微风行水上,若罗纹纸"。回旋曲复,层层叠叠,两波相夹,水中之堤也视之若动。景很美,更添"岸北佛庐道院甚众,朱门绀殿亘数十里",马蹄得得,徜徉其中,绿荫如张盖,心旷神怡极了。

极乐寺里,"殿前剔牙松数株,松身鲜翠嫩黄,若大鱼鳞,大可七八围许"。一行人大有"此地小似钱塘苏堤"之叹,甚至想"挂进贤冠,作六桥下客子",以"了此山水一段情障"。

这篇纪游小品,长桥、流水、堤坝、绿树、寺院,幅幅画面都清新秀美、活泼清灵。

高梁桥水,从西山深涧中来,道此入玉河。白练千匹,微风行水上,若罗纹纸[1]。堤在水中,两波相夹。绿杨四行,树古叶繁,一树之荫,可覆数席,垂线长丈余[2]。岸北佛庐道院甚众,朱门绀殿亘数十里。对面远树,高下攒簇[3],间以水田。西山如螺髻,出于林水之间。极乐寺去桥可三里,路径亦佳,马行绿阴中,若张盖[4]。殿前剔牙松数株,松身鲜翠嫩黄,班剥若大鱼鳞,大可七八围许。暇日曾与黄思立诸公游此。予弟中郎云:"此地小似钱塘苏堤。"思立亦以为然。予因叹西湖胜境,入梦已久,何日挂进贤冠[5],作六桥下客子,了此山水一段情障乎[6]?是日分韵,各赋一诗而别。

【作者简介】

袁宗道(1560—1600),字伯修,号玉蟠,又号石浦,湖广公安(今湖北公安县)人。万历七年(1579),考中湖广乡试举人。万历十四年(1586)举会试第一,次年入翰林院,授庶吉士,为编修。后充东宫讲官。与弟宏道、中道齐名,并称"三袁"。诗文崇尚本色,反对摹古,世称"公安派"。平生崇敬白居易与苏轼,诗文集取名《白苏斋集》。

【注释】

[1]罗纹纸:有细密纹理的宣纸。宋代已有制作。制法是在编纸帘时,将丝线或马尾纹间距缩小,捞纸时丝线纹与竹条纹纵横交错,在纸上印成罗纹。

[2]垂线:指下垂的柳条。

[3]攒簇:聚集。

[4]张盖:张开伞盖。

[5]进贤冠:也叫梁冠。汉代已流行,至明演变为梁冠。进贤冠以梁的多少及所佩绶分官衔等级。明代一品七梁,草带用玉,绶用云凤四色花锦。

[6]情障:犹情结。

游 高 梁 桥 记

明·袁宏道

【提要】

本文选自《传世藏书》(海南国际新闻出版中心 1996 年版)。

高梁桥,故址在今西直门立交桥西北,西城区与海淀区交界处。历史上,它是北京人传统的踏青之处。

高梁桥原桥是青白石三孔拱桥,桥结构规矩、坚固,桥基、护沿全都用条石砌成,海墁边沿用一排铁柱穿透石板,使桥的整体性加强。桥下的高梁河由玉泉山、昆明湖流向德胜门水关。"两岸夹堤,垂杨十余里,湍急而清,鱼之沉水底者,鳞鬣皆见"。景色好,"春盛时,城中士女云集,缙绅士大夫,非甚不暇,未有不一至其地者也"。《天咫偶闻》:"西直门而西北,有如山荫道上,应接不暇,去城最近者为高梁桥……沿河高楼多茶肆。"慈禧太后去颐和园往往在高梁桥附近的倚虹堂船坞上船,也有石路从西直门经高梁桥直达畅春园、圆明园和颐和园。

作者三月一日与两位朋友来此游玩,"茗饮以为酒,浪纹树影以为侑,鱼鸟之飞沉,人物之往来,以为戏具"。玩得颇有新意。

《老北京的出行》说:"高梁桥又叫高亮桥,此桥建于元至元二十九年(1292),是一座石桥,至今尚存。"高梁桥西侧设有控水闸,调节长河入京城的水量。

高梁桥在西直门外,京师最胜地也。两水夹堤,垂杨十余里,流急而清,鱼之沉水底者,鳞鬣皆见[1]。精蓝棋置,丹楼珠塔,窈窕绿树中。而西山之在几席者,朝夕设色以娱游人。当春盛时,城中士女云集,缙绅士大夫,非甚不暇,未有不一至其地者也。

三月一日,偕王生章甫、僧寂子出游。时柳梢新翠,山色微岚,水与堤平,丝管夹岸[2]。跌坐古根上[3],茗饮以为酒,浪纹树影以为侑,鱼鸟之飞沉,人物之往来,以为戏具。堤上游人,见三人枯坐树下若痴禅者,皆相视以为笑。而余等亦窃谓彼筵中人,喧嚣怒诟,山情水意,了不相属,于乐何有也。少顷,遇同年黄昭质拜客出,呼而下,与之语,步至极乐寺观梅花而返。

【作者简介】

袁宏道(1568—1610),字中郎,又字无学,号石公,又号六休。荆州公安(今湖北公安)人。万历二十年(1592)登进士第。万历二十三年(1595)谒选为吴县知县,听政敏决,公庭鲜事。生

180

平不喜为官,酷爱自然山水,甚至不惜冒险登临。称"与其死于床,何若死于一片冷石也。"与其兄袁宗道、弟袁中道并有才名,合称"公安三袁"。

【注释】

[1]鳞鬣:谓鱼鳞和鱼鳍。

[2]丝管:指柳条、翠竹。

[3]趺坐:全称是结伽趺坐,是坐禅入定的姿式。盘膝交叠双腿,用足背放在股腿上。

乌 有 园 记

明·刘士龙

【提要】

本文选自《明人小品集》(北新书局 1934 年版)。

乌有园,现实中并不存在的园子。刘士龙为何要为之写《记》? 园子之美者,非石崇的金谷园、李德裕的平泉庄,这里都曾经壑谷深邃,沟内泉水清澄,四周岗峦起伏,可如今"求颓垣断瓦之仿佛而不可得,归于乌有矣"。

因此,还不如在纸上构筑园林,既可以传之久远,更加上"不伤财,不劳力",纸上还可以"结构无穷",所以作者以笔构园。

乌有园里,山、水、树木、花卉、缔造无不精彩。"园之基,凭山带水,高高下下,约略数十里",谁家的园子有如此大小! 园内之山,"或横见,或侧出,或突兀而上,或奔趋而来。烟岚出没,晓夕百变"。加上园外"群峰螺綦"的山峦衬托,远眺近观自然是心旷神怡;而水,"山泉众注,疏为河渠"。在这里,可以"一棹中流,随意荡漾,傲睨放歌",可以"养鱼植藕""灌树浇花",也可以"曲水行觞""接竹腾飞""隔涧通流";至于树木,秾桃疏柳、碧梧青槐、黄橙绿橘、苍松翠柏,"或楚楚清圆,或落之扶疏,或高而凌霄拂云,或怪如龙翔虎踞。叶栖明霞,枝坐好鸟",经行偃卧在这样的树林里,你能不"悠然会心"? 而花卉,自然更是姹紫嫣红烂如锦城了。

称作园林,最精彩的当然还是建筑。"飞阁参天,云宿檐际。崇楼拔地,柳拂雕阑。曲房周回,户牖潜达。洞壑幽窅,烛火始通",园子的雄伟庄严自不在话下;更可贵者,如此繁楼复屋,却"种花编篱"以为墙,"插棘为限"做门槛。于是,走在这里,"香吹满径""棘欲钩衣",自然气息扑面而来。不仅如此,飞阁曲房周围,"山鸟水禽,鸣蛙噪蝉",自自然然且生机勃勃。

观赏这样的园子,稍不留神,你就会"花间迷路,壁折复还";你会"平台得月,濯魄欲仙"……园子里的幽、鲜、苍、韵、野、奇、险让你目不暇接。在这里,"三月之粮不必裹,九节之杖不必扶","机心不生,械事不作",悠游自在,任性天然,自然"园中之我,身常无病,心常无忧"。

所以名"乌有园"。

乌有园者,餐雪居士刘雨化自名其园者也。乌有则一无所有矣。非有而如有焉者何也?雨化曰:吾尝观于古今之际而明乎有无之数矣。金谷繁华[1],平泉佳丽[2],以及洛阳诸名园,皆胜甲一时。迄于今求颓垣断瓦之仿佛而不可得,归于乌有矣。

所据以传者,纸上园耳。即今余有园如彼,千百世而后,亦归于乌有矣。夫沧桑变迁,则有终归无。而文字以久其传,则无可为有,何必纸上者非吾园也。景生情中,象悬笔底,不伤财,不劳力,而享用具足[3],固最便于食贫者矣。况实创则张设有限,虚构则结构无穷:此吾之园所以胜也。

园之基,凭山带水,高高下下,约略数十里。园之大者在山水。园外之山,群峰螺絮。园内之山,叠嶂黛秀。或横见,或侧出,或突兀而上,或奔趋而来。烟岚出没,晓夕百变。时而登眺,时而延望,可谓小有五岳矣。山泉众注,疏为河渠。一棹中流,随意荡漾。傲睨放歌,顿忘人世。穿为池而汇者,以停云贮月,养鱼植藕;分为支而导者,以灌树浇花,曲水行觞。沦其滞而旁达者,接竹腾飞,焦岩沾润;刳木遥取,隔涧通流:此吾园山水之胜也。

而其次在树木。秾桃疏柳,以妆春妍;碧梧青槐,以垂夏荫;黄橙绿橘,以点秋澄;苍松翠柏,以华冬枯。或楚楚清圆,或落之扶疏,或高而凌霄拂云,或怪如龙翔虎踞。叶栖明霞,枝坐好鸟;经行偃卧,悠然会心:此吾园树木之胜也。

其次在花卉。高堂数楹,颜曰四照,合四时花卉俱在焉。五色相错,烂如锦城。四照堂而外,一为春芳轩,一为夏荣轩,一为秋馥轩,一为冬秀轩,分四时花卉各植焉。艳质清芬,地以时献。衔杯作赋[5],人以候乘:此吾园花卉之胜也。

而其次在缔造。飞阁参天,云宿檐际。崇楼拔地,柳拂雕栏。曲房周回,户牖潜达。洞壑幽育,烛火始通。种花编篱,香吹满径,插棘为限,棘欲钩衣,此吾园缔造之胜也。

更一院而分为四,贮佳酝、名茶、歌儿舞女各一焉;又一院而分为三,贮佛、道、儒三蒙者各一焉[6];又一院而分为二,贮名书画、古鼎彝者各一焉;而又有雨花之室,衲子说空[7];碧虚之阁,羽人谈玄[8]。加以猿啸清夜,鹤唳芳晨,盆草吐青,文鱼跳波,幽韵胜赏,应接不暇。他如山鸟水禽,鸣蛙噪蝉。时去时来,皆属佳客,偶闻偶见,俱属天机:此又吾园人物之胜也。

至于竹径通幽,转入愈好,花间迷路,壁折复还,则吾园之曲也。广岫当风[9],开襟纳爽,平台得月,濯魄欲仙,则吾园之畅也。出水新荷,嫩绿刺眼,被亩清蔬,远翠海空,则吾园之鲜也。积雨阶坪,苔藓班驳,深秋霜露,兼葭离披[10],则吾园之苍也。怪石如人,隽堪下拜,闲鸥浴浪,淡可为朋,则吾园之韵也。孤屿渔矶,夕阳晒网,烟村酒舍,竹杪出帘,则吾园之野也。瀑惊奔雷,尘不到耳,藤疑悬缈,枝可安巢,亭置危峦,升从鸟道,桥接断岸,度自悬空,则又吾园之奇而险也。

园中之我,身常无病,心常无忧;园中之侣,机心不生[11],械事不作[12]。供我指使者,无语不解,有意先承;非我气类者,望影知惩,闻声欲遁。皆吾之得全于吾园者也。吾之园不以形而以意,风雨所不能剥,水火所不能坏,即败类子孙,不能以一草一木与人也。人游吾园者,不以足而以目。三月之粮不必裹[13],九节之杖不必扶[14]。而清襟所记[15],即几席而赏玩已周也。又吾之常有吾园,而并与人共有吾园者也。读《乌有园记》者,当作如是观。

【作者简介】

刘士龙,生卒年月不详。字雨化,或曰甫化,富平(今属陕西)人。光绪《富平县志稿》:万历癸卯(1603)解元。嗜古博学,工诗,古文词名噪海内。

【注释】

[1] 金谷:晋时名园。石崇所筑,在今洛阳西北。

[2] 平泉:平泉山庄。唐李德裕所营,在今洛阳。

[3] 具足:具备,充足。

[4] 螺粲:谓峰线鲜明灿烂。

[5] 衔杯:饮酒。

[6] 蒙:谓典籍。

[7] 衲子:僧人。

[8] 羽人:道人。

[9] 岫:山洞,山。

[10] 蒹葭:水草。离披:分散下垂貌,参差错杂貌。

[11] 机心:机巧之心。

[12] 械事:桎梏天性之事。

[13] 三月之粮:谓远行。典出《庄子·逍遥游》:适千里者,三月聚粮。

[14] 九节杖:传说仙人所挂的手杖。杜甫《望岳》:安得仙人九节杖,拄到玉女洗头盆。金元好问《游黄华山》:手中仙人九节杖,每恨胜景不得穷。

[15] 清襟:洁净的衣襟。引申为高洁的胸怀。

萧公修闸事宜条例

明·萧良干

【提要】

本文选自《闸务全书》(清咸丰间介眉堂刊刻本)。

三江闸,位于绍兴县东北部斗门乡三江村西,为中国著名古水利工程。嘉靖十五年(1536),知府汤绍恩主持兴建,第二年竣工。闸设 28 孔,以"应星宿数",故又名应宿闸、星宿闸。

28 个闸孔深浅宽窄不一,各依天然岩基而定,中设大墩 5 座,小墩 22 座,木制闸板板数旧有定制,初定为 1 113 块。闸成后,复筑两翼堤塘 400 余丈及配套小闸。闸近处与府城祐圣观前水中各立一水则碑石,碑面自上而下刻有"金木水火土"5字,以标识水位高低。民国期间对各字高度作过测定,约为黄海高程:"金"字脚4.50米,"木"字脚4.34米,"水"字脚4.22米,"火"字脚4.09米,"土"字脚3.95米。启闭规则代有修改,萧良干任知府时为:"如水至'金'字脚,各洞尽开;至'木'字脚,开十六洞,至'水'字脚,开八洞。夏至'火'字头筑,秋至'土'字头筑。闸夫照则启闭,不许稽迟时刻。"

三江闸建后启闭有时,旱蓄涝泄,其利惠及萧绍平原数万亩农田。清康熙《会稽县志》称:"自建三江闸,而山、会、萧三邑无旱之忧,殆百年矣。"

三江闸发挥作用后,几经大修。明万历十二年(1584),知府萧良干主持修缮后,制定了此《条例》,规定调度运行、日常管理、经费来源等原则,条例沿用近400年。除萧良干这次大修外,明崇祯六年(1633)余煌、清康熙二十一年(1682)闽督姚启圣、清乾隆六十年(1795)尚书茹棻、清道光十三年(1833)知府周仲墀、民国21年(1932)浙江省水利局等分别主持过修缮。三江闸闸门启闭向赖人力,1957年冬始陆续改行机械启闭。1962年建闸顶启闭机房,安装电动启闭设施。

1968年后,闸外滩涂陆续淤涨并围垦成陆,闸泄水日趋困难。1972年7月在闸外2.5公里处筑堤围堰,闸口出水道遂成内河;闸中间4孔为通航需要并作2孔,闸孔总净宽增至68.44米。1981年6月在闸下游建成大型水闸新三江闸,老的三江闸作为历史文物而保存。

闸 计二十八洞,上应列宿[1],故名应宿。近东尾、箕、斗、牛、女、虚、危、室八洞最深,下板不易,起板尤难,其两旁二洞,向来不开。盖二十四洞自足泄水,近岸善坏故也。令筑为常平闸,两边各二洞,以水当蓄处为准,水过则任其流,庶有久雨而水不涨。

启闭以中田为准,先立则水牌于山阴,一都五图。万历年间修闸,立则水牌于闸内平澜处,取金、木、水、火、土为则,如水至"金"字脚,各洞尽开;至"木"字脚,开十六洞,至"水"字脚,开八洞;夏至"火"字头筑,秋至"土"字头筑。闸夫照则启闭,不许稽迟时刻[2],仍建则水牌于府治东祐圣观前,上下相同,观此知彼,以防欺蔽。

闸官先年俱委三江巡检带管[3],多以不专废事。议委三江所官一员,专司其职,督令闸夫以时启闭,诚为妥便。

开闸筑闸时,闸官严督闸夫,彻起底板,仍稽其数,不许留余以致壅塞,筑时每洞约用荡草一百余觔[4],以塞罅隙,取闸外沙泥填筑,务要高实顶盖,毫无渗漏,使内河淡水不出,以蓄水利,外海咸潮不入,以弭潮患。盖春夏秋三时,农工所系,水必惜蓄,至秋收后,因无所需用,便尔筑不坚密,致内河漏洇,往来船只,雇扒起脚[5],害亦不小。故开时务到底,筑时务绸密,始为有利无害万全之计,违者扣工食外仍加究治。

闸夫例定山阴县八名,会稽县三名,共十一名,每名给工食银三两,遇闰加二钱五分[6]。又附闸沙田一百二亩三分三厘九毫,坐落山阴四十四都二图才字号,除给汤祠住持十亩,并给塘河新填成田八亩,种收食用外,余九十二亩零,俱给闸夫佃种,每年纳租二十五两三钱七分五厘三毫,内输钱粮八两三钱外,净银一十七两七分五厘三毫。又草荡一区每年租银五两,共银二十二两七分五厘三毫,征收府库存贮。

闸工,每筑一洞,工食银八钱,其尾、箕等患洞加二钱,今概给八钱。开时先给一半,筑后报完,即全给之。

闸板计一千一百一十三块,每块阔八寸三分,厚四寸二分,工价三钱;每块铁环一副,重十二两,工价六分。其采取板料,委廉干官员或闸官领价[7],亲往山中平买大松木,雇匠段解,取其四角方正坚完者,充用。边薄者,取作盖板。每洞二块共五十六块,余材抵价公费消算。其铁环亦雇匠依式打造,不许烂铁薄料搪塞。板定隔年添换旧板,仍着闸夫,运至祐圣观前,稽数验明,少则治罪勒赔。凡遇开闸起板漂流,及堆积腐朽,被盗者,治罪勒赔。闸夫自盗者,倍加惩治。

外解塘闸银,例定山阴县八十八两九钱,萧山县三十八两九钱。解贮府库[8],连前田荡租银,通计一百五十两一钱七分。每年筑闸工食、换板,不过百金,余应存贮,以备修闸之费。

渔户通同闸夫暗起闸板,致泄水利,且开时或减洞额杀急湍,闭则故延时日,以便外流,种种弊窦[9],须附近齿德兼隆士民稽察[10];更有争执洞口,致多磕损,今定渔户籍名在官,止许闸河内外扳层,不许近闸,以致磕损,违者闸夫、渔户并究。渔户定例,每名输银一钱五分,贮备整修盖板之用。

【作者简介】

萧良干,生卒年月不详。字以宁,号拙斋,泾县(今属安徽)人。隆庆五年(1571)进士。初任户部主事,拒绝按例应得的羡金(剩余的税款)。任绍兴知府时兴修三江闸,筑海塘,修复稽山书院等,治绩显著。后历任贵州副使、河南右参议、陕西左布政使等职。为官30年,一身洁廉,退居故里,捐俸置良田二百亩,以赡贫困族人。年七十余卒。有《拙斋学则》《拙斋笔记》《稽山会约》等。

【注释】

[1] 列宿:众星宿。特指二十八宿。分别为东方青龙七宿角、亢、氐(dī)、房、心、尾、箕;北方玄武七宿斗、牛、女、虚、危、室、壁;西方白虎七宿奎、娄、胃、昴(mǎo)、毕、觜(zī)、参(shēn);南方朱雀七宿井、鬼、柳、星、张、翼、轸(zhěn)。

[2] 稽迟:延误滞留。

[3] 巡检:官署名巡检司,官名巡检使。明清时,凡镇市、关隘要害处俱设巡检司,归县令管辖。

[4] 荡草:杂草。觔:音 jīn,重量单位,斤。《淮南子·天文》:十六两而为一觔。

[5] 雇扑起脚:谓(船因水浅行不了),雇人躬身俯伏挑货运送。

[6] 闰:闰日。

[7] 廉干:廉洁干练。

[8] 解贮:押送贮藏。

[9] 弊窦:产生弊害的漏洞。此指玩忽职守、作奸犯科的事。

[10] 齿德:指年龄与德行。

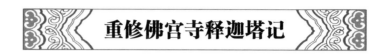

重修佛宫寺释迦塔记

明·田 蕙

【提要】

本文选自《应县木塔》(文物出版社 2001 年版)。

应县木塔全名为佛宫寺释迦塔,位于山西省忻州市应县县城内西北角的佛宫寺院内,是佛宫寺的主体建筑。

塔建于辽清宁二年(1056),金明昌六年(1195)增修完毕。它是我国现存最古老最高大的纯木结构楼阁式建筑,是我国古建筑中的瑰宝,世界木结构建筑的典范,与巴黎埃菲尔铁塔和比萨斜塔并称为世界三大奇塔。

木塔位于寺南北中轴线上的山门与大殿之间,属于"前塔后殿"的布局。塔建造在 4 米高的台基上,塔高 67.31 米,底层直径 30.27 米,呈平面八角形。第一层立面重檐,以上各层均为单檐,共五层六檐,各层间夹设暗层,实为九层。因底层为重檐并有回廊,故塔的外观为六层屋檐。各层均用内、外两圈木柱支撑,每层外有 24 根柱子,内有 8 根,木柱之间使用了许多斜撑、梁、枋和短柱,组成不同方向的复梁式木架。有人计算,整个木塔共用红松木料 3 000 立方米,重约 2 600 多吨。

木塔身底层南北各开一门,二层以上周设平座栏杆,每层装有木质楼梯。二至五层每层设有四门,均置木隔扇,出门凭栏远眺,恒岳如屏,桑干似带,尽收眼底,令观者心旷神怡。塔内各层均塑佛像。一层为释迦牟尼,高 11 米,面目端庄,神态怡然,顶部有精美华丽的藻井,内槽墙壁上画有 6 幅如来佛像,门洞两侧壁上也绘有金刚、天王、弟子等,壁画色泽鲜艳,人物栩栩如生。二层坛座方形,上塑一佛二菩萨和二胁侍。三层坛座八角形,上塑四方佛。四层塑佛和阿难、迦叶、文殊、普贤像。五层塑毗卢舍那如来佛和八大菩萨。各佛像雕塑精细,情态栩栩如生,尤其是第五层的普贤菩萨,这尊菩萨像的眼睛瞳孔是用黑色琉璃制成的,造像面部表情和眼睛的结合恰到好处,眼神深邃,特别能体现普贤菩萨的平和。木塔顶作八角攒尖式,上立铁刹,制作精美。塔每层檐下装有风铃,微风拂动,叮咚作响,十分悦耳。

应县木塔的设计,继承的是汉、唐以来木构建筑的重楼形式,广泛采用斗拱结构,全塔共用斗拱 54 种,每个斗拱都有一定的组合形式,有的将梁、枋、柱结成一个整体,每层都形成了一个八边形中空结构层。设计科学严密,构造完美,巧夺天工,是一座既有浓郁民族风格,又符合宗教要求的建筑,代表了我国古代建筑艺术的最高水平。

木塔设计为平面八角,外观五层,底层扩出一圈外廊,称为"副阶周匝",与底屋塔身的屋檐构成重檐,所以共有六重塔檐。暗层外观是平座,沿各层平座设栏杆,可以凭栏远眺。平座以其水平方向与各层塔檐协调,与塔身对比;又以其材料、色彩和处理手法与塔檐对比,与塔身协调,是塔檐和塔身的必要过渡。平座、塔身、塔檐重叠而上,区隔分明,交代清晰,强调了节奏,丰富了轮廓线,也增加了横向线条。使高耸的大塔时时回顾大地,稳稳当当地坐落在大地上。底层的重檐处理很好地加强了全塔的稳定感。

由于塔建在4米高的两层石砌台基上,内外两槽立柱,构成双层套筒式结构,柱头间有阑额和普柏枋,柱脚间有地袱等水平构件,内外槽之间有梁枋相连接,使双层套筒紧密结合。暗层中用大量斜撑,结构上起圈梁作用,木塔结构的整体性得到很好的加强。

塔内明层都有塑像,头层释迦佛高大肃穆,顶部穹窿藻井给人以天高莫测的感觉。头层内槽壁面有六尊如来画像,比例适度,色彩鲜艳,六尊如来顶部两侧的飞天,更是活泼丰满,神采奕奕,是壁画中的佳作。二层由于八面来光,一主佛、两菩萨和两位胁从排列,姿态生动。三层塑四方佛,面向四方。五层塑释迦坐像于中央、八大菩萨分坐八方。利用塔心无暗层的高大空间布置塑像,以增强佛像的庄严,是建筑结构与使用功能设计合理的典范。

木塔自建成至今历地震无数,但近千年始终不倒。中国工程院院士叶可明和江欢成认为,从结构力学的理论上来看,木塔的结构非常科学合理,卯榫咬合,刚柔相济,这种刚柔结合的特点有着巨大的耗能作用,这种耗能减震作用的设计,甚至超过现代建筑学的科技水平。

从结构上看,一般古建筑都采取矩形、单层六角或八角形平面。而木塔是采用两个内外相套的八角形,将木塔平面分为内外槽两部分。内槽供奉佛像,外槽供人员活动。内外槽之间又分别有地袱、阑额、普柏枋和梁、枋等纵向横向相连接,构成了一个刚性很强的双层套桶式结构。这样,就大大增强了木塔的抗倒伏性能。

木塔外观为五层,而实际为九层。每两层之间都设有一个暗层。木塔暗层从外看是装饰性很强的斗拱平座结构,从内看却是坚固刚强的结构层,建筑处理极为巧妙。在历代的加固过程中,又在暗层内增加了许多弦向和径向斜撑,组成了类似于现代的框架构层。这个结构层具有较好的力学性能。有了这四道圈梁,木塔的强度和抗震性能也就大大增强了。

斗拱是我国古代建筑所特有的结构形式,靠它将梁、枋、柱连接成一体。由于斗拱之间不是刚性连接,所以在受到大风地震等水平力作用时,木材之间产生一定的位移和摩擦,从而吸收和损耗部分能量,起到了调整变形的作用。除此之外,木塔内外槽的平座斗拱与梁枋等组成的结构层,使内外两圈结合为一个刚性整体。这样,一柔一刚便增强了木塔的抗震能力。应县木塔设计有近六十种形态各异、功能有别的斗拱,是我国古建筑中使用斗拱种类最多、造型设计最精妙的建筑,堪称一座斗拱博物馆。

有趣的是,木塔不但地质基础坚硬,还有麻燕代代护塔。1993年,国家地震局地球物理研究所、地矿部华北石油局第九普查大队等十几个科研部门,对木塔塔院及周围地质状况进行详尽勘察,发现木塔基土主要由黏土及砂类组成,工程地质条件非常好,其承载力远大于木塔荷载。所以,直到现在仍然不必担心木塔会有因"底虚"而倾倒的可能。此外,夏天塔上居住着成千上万只麻燕,这些麻燕以木塔上的蛀虫为食,千百年来充任"护塔卫士",保证着木塔的健康。

天下郡县浮图不可胜记[1]，而应州佛宫寺木塔为第一。其茂广不数亩，环列门庑不数楹，而称第一者，举先后缙绅士大夫同然一辞。

盖文皇帝北征幸其上[2]，题曰：峻极神功。正德间武庙西巡[3]，再幸焉，题曰：天下奇观。仍命工匠索其制，仿为之则。盘旋迂曲，结构参差之妙，令人目眩心骇，得一迷十，无能寻其要领，此岂神为之焉？

夫天下浮图皆以砖石，而此独以木。自辽清宁至今六百余祀矣，未有久而不坏者。且也乾兑之方，坤维多震[4]。父老记今元迄我明大震凡七，而塔历屡震，屹然壁立。州之居人或日午或阴雨见塔之隙处俨然倒影存。洪武元年四月八日[5]，塔顶佛灯连明三夜，比昼尤光，一一不散。诸如此类，非有神焉，而能有是乎？

晋云为僻壤，自邑至监司、直指、先生之照临兹土者[6]，公余攀而一登，则控胡沙，俯雁门[7]；长河大海之涯，泰岱恒华之巅，皆一览而收。其以搜薄书之积，包罗区寓之名胜[8]，较一园一沼之奇，孰多哉？

昔元之英宗尝登眺[9]，悯图圉，为之释囚系，则茂对育万物，应民犹籍是，庶几遇焉。塔之所系，直为临况而已哉，宜乎称而最之者。自王公至于士庶人胥神而异之也[10]。

今上七年[11]，寺僧明慈、邦人陈麟等谓其丹垩彩饰尘浸漶漫[12]，瓦石甃砌稍见缺损，恐不足以壮观，乃募缘金资新而饬之，而征记于余。

余，邦人也。尝疑是塔之来久远，当缔造时费将巨万而难一碑记？即索之，仅得石一片，上书"辽清宁二年田和尚奉敕募建"数字而已，无他文词。呜呼！岂其时不能文哉？余揣和尚意必谓诸佛妙理，非关文字，惟是慈悲一脉、戒定一法、果报一事，能令利根者悟[13]，纯根者造，顽劣者畏，鸷悍者驯[14]。况是三云为边郡[15]，有夷德嗜杀风[16]，然而见大雄则膜拜，闻弥陀则讽诵，因而导之，为树浮图，妥金像其中[17]，使之瞻拜皈依，凭极倾心。由兹胜残去杀[18]，即不人人证果变夷[19]，庶有助乎？

辽而金，金而元，三更夷族而为大明。先大明四百年未有能推和尚之心者，推和尚之心自大明今日始，是明和尚者，大明也。戢夷氛以待真主和尚[20]，其知来哉？诸塔中，灵怪神奇将和尚之舍利神焉？今新而饬之者，和尚之神所使耶？其有同心也。儒者斥浮图氏，以其惑世诬民；而和尚之所募成，故夷狄而中国之也。试观今日登临者、题咏者、习礼其中者，畴非昭代[21]，文物之盛而巍然具瞻，又足耸远人拱畏之心[22]，是和尚之功良有足多者矣，恶可不以为之记其事？

谨按，塔之层有四，檐有六，角有八。八面栏杆围绕，网户玲珑[23]，中通外直；而楼阁轩豁，盯人心目[24]；盘旋而上，梯级数百，以尺计三百有六十，上插云霄，几可摘星焉；下层金佛之高数仞，一指之大如椽，其上数层皆有像，而铁顶冲天，八索贯系，尤称奇异。塔后有大雄殿九间，旧记谓"通一酸茨梁"。东西方丈，相对向前。有天王殿、钟鼓楼，而梵王坊则我朝洪武初壁峰禅师建焉。余问今厥费几，曰：用金粟殆三千[25]，仅一增色泽、易瓦石之缺略者耳。则当时用工几许、费几金粟、经营几年而成，不可考而原也。

第记其可知者,以补前人之阙,俾观者得知其梗概云。

【作者简介】

田蕙,生卒年月不详。明代应州(今山西应县)人,万历年间官通政使。晚年家居时撰修《应州志》,世称"田志"。

【注释】

[1]浮图:佛教语。梵语 Buddha 的音译。指佛塔。

[2]文皇帝:即明成祖朱棣(1360—1424)。明朝第三代皇帝。朱元璋第四子,时事征伐,并受封为燕王,后发动靖难之役,攻打侄儿建文帝,夺位登基,年号永乐。后世称其统治时期为永乐盛世。

[3]正德:明武宗朱厚照(1491—1521)年号,1506—1521 年。

[4]乾、兑:西北、西。坤:西南。

[5]洪武元年:1368 年。

[6]照临:犹光临。

[7]胡沙:西方和北方的沙漠。喻入侵中原的胡兵的气焰。雁门:雁门山。在今山西代县西北。

[8]区寓:谓广阔的区域或范围。

[9]元英宗:名硕德八剌(1303—1323),元朝第五位皇帝。17 岁登基,年号至治,21 岁时被刺杀。英宗即位三月后,下旨重修木塔,并在至治二年(1322)秋亲临应州视察修塔情况。

[10]胥:全,都。

[11]今上:指明神宗朱翊钧,年号万历。作者于万历二十三年(1595)编纂《应州志》。

[12]滟漫:模糊不清。

[13]利根:佛教语。犹言慧性。谓易于悟解的根器。

[14]鸷悍:凶狠,强悍。

[15]三云:即古云中郡。今山西大同、内蒙古一带。唐时有云中都督府、云中都护府和云中郡,故称。

[16]夷德:谓夷人之性。

[17]妥:此作动词。安放。

[18]胜残:遏制残暴的人,使之不能作恶。

[19]证果:佛教语。谓佛教徒经过长期修行而悟入妙道。泛指修行得道。

[20]戢:音 jí,收敛;止,停止。

[21]畴:类,同类的。昭代:政治清明的时代。

[22]拱畏:犹"敬畏"。

[23]网户:雕刻有网状花纹的门窗。

[24]盯人心目:犹吸引眼球,引人注目。

[25]金粟:指钱粮。

明·高 濂

【提要】

本文选自《西湖游记选》(浙江文艺出版社 1985 年版)。

高濂在西湖苏堤跨虹桥下东数十步筑山满楼以储书、读书。"堤上柳色,自正月上旬柔弄鹅黄,二月娇拖鸭绿,依依一望,色再撩人",在这样的环境里品茗读书,自然自在自得;家境富裕的高濂诗词歌赋,鉴赏文物,无所不涉,琴棋书画,茶酒烹调,无所不通。隐居在此,观柳"截雾横烟""欹风障雨",徜徉佳山秀水之间,欣赏宋椠元刊善本书,自然乐活。

是雷惊醒了他的三眠之梦?就看见"雷滚花飞,上下随风……缭绕歌楼,飘扑僧舍,点点共酒旆悠扬,阵阵追燕莺飞舞"。所以,他的别墅还有一个名字:浮生燕垒。

苏堤跨虹桥下东数步,为余小筑数椽,当湖南面,颜曰"山满楼"。

余每出游,巢居于上,倚栏玩堤,若与檐接。堤上柳色,自正月上旬柔弄鹅黄,二月娇拖鸭绿,依依一望,色再撩人,故诗人有"忽见陌头杨柳色"之想[1]。又若截雾横烟,隐约万树;欹风障雨,潇洒长堤;爱其分绿影红,终为牵愁惹恨。风流意态,尽入楼中,春色萧骚[2],授我衣袂间矣。三眠午足[3],雷滚花飞,上下随风,若絮浮万顷,缭绕歌楼,飘扑僧舍,点点共酒旆悠扬,阵阵追燕莺飞舞。沾泥逐水,岂特可入诗料;要知色心幻影,是即风里杨花。

故余墅额题曰"浮生燕垒"。

【作者简介】

高濂,字深甫,号瑞南。浙江钱塘(今浙江杭州)人。生活于万历(1573—1620)年前后。曾在北京任鸿胪寺官,后隐居西湖。能诗文,兼通医理,擅养生。撰《遵生八笺》19 卷,记述有关四时调摄、生活起居、延年却病、饮食、灵秘丹药等养生之道,对于各种饮食记述较详。高濂爱好广泛,藏书、赏画、论字、侍香造诣精深。所作传奇《玉簪记》,脍炙南北,久演不衰。

【注释】

[1]忽见陌头杨柳色:唐人王昌龄诗句。原诗名《闺怨》:闺中少妇不知愁,春日凝妆上翠楼。忽见陌头杨柳色,悔教夫婿觅封侯。

［2］萧骚：形容风吹树叶等的声音。

［3］三眠：即三眠柳，又称怪柳、人柳。其柔弱枝条在风中时时伏倒。《三辅故事》："汉苑中有柳状如人形，号曰人柳，一日三眠三起。"

论　窑（四篇）

明·高　濂

【提要】

　　本文选自《遵生八笺》(北京图书馆古籍珍本丛刊,1989 年版),参校《古今图书集成》考工典。

　　定窑为宋代五大名窑之一。定窑位于河北曲阳县,因当时地属定州而名定窑。定窑主要分布在今曲阳县的涧磁村及东燕川村、西燕川村一带。

　　《曲阳县志》载,五代时曲阳涧磁已盛产白瓷,官府曾在此设官收瓷器税;但据调查,早在唐代这里已烧白瓷;至宋代有较大发展。北宋中后期,由于定窑瓷质精良、色泽淡雅,纹饰秀美,被宋朝政府选为宫廷用瓷,其身价大增,产品风靡一时。

　　定州窑除烧白釉瓷器外,还烧黑釉、酱釉和绿釉等品种,文献称为"黑定""紫定"和"绿定"。所烧瓷器有毛口和泪痕等特征,装饰有刻花、划花、印花诸种,纹饰以龙凤纹为主,颜色以"白如玉、薄如纸、声如磬"的白瓷而闻名。

　　"靖康之变"后,由于连年兵灾,定窑逐渐衰落、废弃。金朝统治中国北方地区后,定窑瓷业很快得到了恢复,有些产品的制作水平不亚于北宋时期,也成为金宫廷御用瓷器。到了元朝,定窑逐渐没落。

　　定窑与汝窑、官窑、哥窑、钧窑等五个窑口被明朝以后的人称为"宋代五大名窑"。其中,以青瓷为主的汝窑是宋徽宗年间建立的官窑,前后不足 20 年,为"五大名窑"之首。北宋汝窑窑址至今没有发现。以烧制青釉瓷器著称于世的官窑是宋徽宗政和年间在京师汴梁建造的,窑址至今也没有发现。黑胎厚釉、紫口铁足、釉面开大小纹片的哥窑瓷器为南宋修内司官窑烧制。而窑变千变万化的钧窑广泛分布于今河南禹县(时称钧州),以县城内的八卦洞窑和钧台窑最有名,烧制各种皇室用瓷。

　　高濂文中纵论所见的各窑器品,古今、中外对比,记录的瓷器生产和市场资料颇为丰富。

定　窑

　　高子曰:定窑者,乃宋北定州造成。其色白,间有紫,有黑,然俱白骨,加以泑水[1],有如泪痕者为最。故苏长公诗云[2]:"定州花磁琢如玉。"其纹有画花、有绣花、有印花纹三种,多用牡丹、萱草、飞凤时制。其所造器皿,式多工巧,至佳者,如兽面彝炉、子父鼎炉、兽头云板脚桶炉、胆瓶、花尊、花觚,皆略似古制,多用己意,此为定之上品。余如盒子,有内子口者,有内替盘者,自三四寸以至寸许,式亦多甚。枕有长三尺者,制甚可头。余得一枕,用哇哇手持荷叶覆身叶形,前偃后仰,枕首适可,巧莫与并。瓶式之巧百出,而碟制万状。余有数碟,长样两角如锭翘起,旁作四折。又如方式四角耸若莲瓣,而旁若莲卷。或中作水池,旁作阔边,可作笔洗、笔觇[3]。此皆上古所无。亦烧人物,仙人哇子居多。而兜头观音、罗汉、弥勒,相貌形体眉目衣折之美,克肖生动[4]。其小物,如水中丞[5],各色瓶罐,自五寸以至三二寸高者,余见何止百十,而制无雷同。更有灯檠,大小碗甓[6]、酒壶、茶注,式有多种,巧者俱心思不及。其水注,用蟾蜍,用瓜茄,用鸟兽,种种入神。若巨觚、承盘、卮匜[7]、盂罦[8]、柳斗、柳升、柳巴,其编条穿线模塑,丝毫不断。又如菖蒲盆底、大小水底,尽有可观。更有坐墩式雅花囊,圆腹口坦如橐盘,中孔径二寸许,用插多花。酒囊,圆腹敞口如一小碟,光浅,中穿一孔,用以劝酒。式类数多,莫可名状,诸窑无与比胜。

虽然,但制出一时工巧,殊无古人遗意。以巧惑今则可,以制胜古则未也。如宣和、政和年者[9],时为官造,色白质薄,土色如玉,物价甚高。其紫黑者亦少,余见仅一二种。色黄质厚者,下品也。又若骨色青浑如油灰者,彼地俗名后土窑,又其下也。他如高丽窑,亦能绣花,盏瓯式有可观。但质薄而脆,色如月白,甚不佳也。近如新烧文王鼎炉,兽面戟耳彝炉,不减定人制法,可用乱真。若周丹泉[10],初烧为佳,亦须磨去满面火色,可玩。若玉兰花杯虽巧,似入恶道,且轮回甚速。又若继周而烧者,合炉、桶炉,以锁子甲球、门锦龟纹穿挽为花地者,制作极工,不入清赏,且质较丹泉之造远甚。元时,彭君宝烧于霍州者,名曰霍窑,又曰彭窑。效古定折腰制者,甚工。土骨细白,凡口皆滑,惟欠润泽,且质极脆,不堪真赏,往往为牙行指作定器[11],得索高资,可发一哂[12]。

【注释】

[1] 泑:古同"釉"。

[2] 苏长公:即苏轼。其诗名《试院煎茶》:"蟹眼已过鱼眼生,飕飕欲作松风鸣。蒙茸出磨细珠落,眩转绕瓯飞雪轻。银瓶泻汤夸第二,未识古人煎水意。君不见昔时李生好客手自煎,贵从活火发新泉。又不见今时潞公煎茶学西蜀,定州花瓷琢红玉。我今贫病常苦饥,分无玉碗捧蛾眉。且学公家作茗饮,砖炉石铫行相随。不用撑肠拄腹文字五千卷,但愿一瓯常及睡足日高时。"此诗赞美定州红瓷。

[3] 笔觇:俗称笔抵,为觇笔之器。笔觇有瓷制、玉制、琉璃制等。向以定窑或龙泉窑小浅碟式为最佳。

[4] 克肖:谓摹画。

[5] 水中丞:又称水丞,通称水盂。一种置于书案上的贮水器。用于贮砚水,多扁圆形,有嘴的称"水注",无嘴的叫"水丞"。

[6] 甓:按:疑有误。或为"甓"。甓:音 què,瓶。

[7] 卮:音 zhī,古代盛酒的器皿。匜:音 yí,古代一种盛酒器,亦为盛水用具。

[8] 斝:音 jiǎ,古代青铜制的酒器,圆口,三足。

[9] 宣和、政和:俱为宋徽宗年号。政和,1111—1118 年十月;宣和,1119—1125 年。

[10] 周丹泉:字时道,明朝苏州人。明隆庆、万历年间在景德镇烧瓷。他是史上制造仿古瓷的名家,仿定窑达到出神入化的境界。

[11] 牙行:旧时提供场所、协助买卖双方成交而从中取得佣金的人。

[12] 哂:音 shěn,笑(讥笑、微笑)。

附:论官哥窑器

高子曰:论窑器必曰柴、汝、官、哥,然柴则余未之见,且论制不一,有云"青如天,明如镜,薄如纸,声如磬",是薄磁也。而曹明仲则曰:"柴窑足多黄土。"何相悬也?

汝窑,余尝见之,其色卵白,汁水莹厚如堆脂然,汁中棕眼,隐若蟹爪,底有芝麻花细小挣钉。余藏一蒲芦大壶,圆底,光若僧首,圆处密排细小挣钉数十,上如吹埚收起,嘴若笔帽,仅二寸,直槊向天,壶口径四寸许,上加罩盖,腹大径尺,制亦奇矣。又见碟子大小数枚,圆浅瓷腹,磬口,釉足底有细钉。以官窑较之,质制滋润。

官窑品格,大率与哥窑相同,色取粉青为上,淡白次之,油灰色,色之下也。纹取冰裂鳝血为上,梅花片墨纹次之,细碎纹,纹之下也。论制如商庚鼎、纯素鼎、葱管空足冲耳乳炉、商贯耳弓壶、大兽面花纹周贯耳壶、汉耳环壶、父己尊、祖丁尊,皆法古图式进呈物也。俗人凡见两耳壶式,不论式之美恶,咸指曰:"茄袋瓶也。"孰知有等短矮肥腹无矩度者,似亦俗恶。若上五制,与敁姬壶样,深得古人铜铸体式,当为官窑第一妙品,岂可概以茄袋言之?

又如葱管脚鼎炉、环耳汝炉、小竹节云板脚炉、冲耳牛奶足小炉、戟耳彝炉、盘口束腰桶肚大瓶、子一觚、立戈觚、周之小环觚、素觚、纸槌瓶、胆瓶、双耳匙箸瓶、笔筒、笔格、元葵笔洗、桶样大洗、瓷肚盂钵、二种水中丞、二色双桃水注、立瓜、卧瓜、卧茄水注、扁浅磬口橐盘、方印色池、四入角委角印色池、有纹图书戟耳彝炉、小方薯草瓶、小制汉壶、竹节段壁瓶,凡此皆官哥之上乘品也。桶炉、六棱瓶、盘口纸槌瓶、大薯草瓶、鼓炉、菱花壁瓶、多嘴花罐、肥腹汉壶、大碗、中碗、茶盏、茶托、茶洗、提包茶壶、六棱酒壶、瓜壶、莲子壶、方圆八角酒鳖、酒杯、各制劝杯、大小圆碟、河西碟、荷叶盘浅碟、桶子箍碟、绦环小池、中大酒海、方圆花盆、菖蒲盆底、龟背绦环六角长盆、观音弥勒、洞宾神像、鸡头罐、楂斗、圆砚、箸掭、二色文篆隶书象棋子、齐箸小碟、螭虎镇纸,凡此皆二窑之中乘品也。

又若大双耳高瓶、径尺大盘、夹底毈盆、大撞梅花瓣春胜盒、棋子罐、大扁兽耳彝敦、鸟食罐、编笼小花瓶、大小平口药坛、眼药各制小罐、肥皂罐、中果盒子、蟋蟀盆内中事件、佛前供水碗、束腰六脚小架、各色酒案盘碟,凡此皆二窑之下乘品也。

要知古人用意,无所不到,此余概论如是。其二窑烧造种种,未易悉举,例此可见。

所谓官者,烧于宋修内司中,为官家造也。窑在杭之凤凰山下,其土紫,故足色若铁,时云紫口铁足。紫口,乃器口上仰,釉水流下,比周身较浅,故口微露紫痕。此何足贵?惟尚铁足,以他处之土咸不及此。哥窑烧于私家,取土俱在此地。官窑质之隐纹如蟹爪,哥窑质之隐纹如鱼子,但汁料不如官料佳耳。二窑烧出器皿,时有窑变,状类蝴蝶禽鱼麟豹等象,布于本色,釉外变色,或黄黑,或红绿,形肖可爱。是皆火之文明幻化,否则理不可晓,似更难得。

后有董窑、乌泥窑,俱法官窑,质粗不润,而釉水燥暴,混入哥窑,今亦传世。后若元末新烧,宛不及此。近年诸窑美者,亦有可取,惟紫骨与粉青色不相似耳。

若今新烧,去诸窑远甚。亦有粉青色者,干燥无华,即光润者,变为绿色,且索大价愚人。更有一种复烧,取旧官哥磁器,如炉欠足耳,瓶损口棱者,以旧补旧,加以釉药,裹以泥合,入窑一火烧成,如旧制无异。但补处色浑而本质干燥,不甚精采,得此更胜新烧。

奈何二窑如葱脚鼎炉,在海内仅存一二,乳炉、花觚,存计十数,彝炉或以百计,四品为鉴家至宝。无怪价之忘值,日就增重,后此又不知凋谢如何。故余每得一睹,心目爽朗,神魂为之飞动,顿令腹饱。岂果耽玩痼癖使然?更伤后人闻有是名,而不得见是物也,慨夫!

论诸品窑器

(龙泉窑　章窑　古磁　吉州窑建窑　均州窑　大食窑玻璃窑)

定窑之下,而龙泉次之。古宋龙泉窑器,土细质薄,色甚葱翠,妙者与官窑争艳,但少纹片紫骨铁足耳。其制若瓶、若觚、若菁草方瓶、若鬲炉、桶炉、有耳束腰小炉。菖蒲盆底有圆者、八角者、葵花菱花者。各样酒斝骰盆,其冰盘之式,有百棱者,有大圆径二尺者,外此与菖蒲盆式相同。有深腹单边盥盆,有大乳钵,有葫芦瓶,有酒海,有大小药瓶,上有凸起花纹,甚精。有坐鼓高墩,有大兽盖香炉,烛台花瓶,并立地插梅大瓶,诸窑所无,但制不甚雅,仅可适用。种种器具,制不法古,而工匠亦拙。然而器质厚实,极耐磨弄,不易茅蔑(行语,以开路曰蔑,损失些少曰茅)但在昔,色已不同,有粉青、有深青、有淡青之别。今则上品仅有葱色,余尽油青色矣。制亦愈下。

有等用白土造器,外涂釉水翠浅,影露白痕,此较龙泉制度,更觉细巧精致,谓之章窑。因姓得名者也。

有吉州窑,色紫与定相似,质粗不佳。

建窑器多氅口碗盏,色黑而滋润,有黄兔毫斑滴珠大者为真,但体极厚,薄者少见。有大食窑,铜身,用药料烧成五色,有香炉、花瓶、盒子之类,窑之至下者也。又若玻璃窑,出自岛夷,惟粤中有之。其制不一,奈无雅品,惟瓶之小者有佳趣。他如酒盅、高罐、盘盂、高脚劝杯等物,无一可取。色有白缠丝、鸭绿天青、黄锁口,三种俱可观,但不耐用耳,非鉴赏佳器。

若均州窑,有朱砂红、葱翠青,俗谓莺哥绿、茄皮紫。红若胭脂,青若葱翠,紫若墨黑。三者色纯,无少变露者,为上品。底有一二数目字号为记。猪肝色,火里红,青绿错杂,若垂涎色,皆上三色之烧不足者,非别有此色样。俗即取作鼻涕涎、猪肝等名,是可笑耳。此窑惟种蒲盆底佳甚。其他如坐墩炉盒、方瓶罐子,俱以黄沙泥为坯,故器质粗厚不佳,杂物人多不尚。近年新烧此窑,皆以宜兴沙土为骨,釉水微似,制有佳者,但不耐用,俱无足取。

论烧器新窑古窑

古之烧器,进御用者,体薄而润,色白花青,较定少次。元烧小足印花,内有枢府字号者,价重且不易得。若我明永乐年造压手杯,坦口折腰,沙足滑底,中心画有双狮滚球,球内篆书"永乐年制"四字,细若粒米,为上品;鸳鸯心者,次之;花心者,又其次也。杯外青花深翠,式样精妙,传用可久,价亦甚高。若近时仿效,规制蠢厚,火底火足,略得形似,殊无可观。宣德年造红鱼把杯,以西红宝石为末,图画鱼形,自骨内烧出凸起,宝光鲜红夺目。若紫黑色者,火候失手,似稍次矣。青花如龙松梅茶把杯、人物海兽酒把杯、朱砂小壶、大碗,色红如日,用白锁口。又如竹节把罩盖澝壶小壶,此等发古未有。他如妙用种种,惟小巧之物最佳,描画不苟。而炉、瓶、盘、碟最多,制如常品。若罩盖扁罐、敞口花尊、蜜渍桶罐,甚美,多五彩烧色。他如心有坛字白瓯,所谓坛盏是也,质细料厚,式美足用,真文房佳器。又等细白茶盏,较坛盏少低,而瓮肚釜底线足,光莹如玉,内有绝细龙凤暗花,底有"大明宣德年制"暗款,隐隐橘皮纹起,虽定磁何能比方,真一代绝品,惜乎外不多见。又若坐墩之美,如漏空花纹,填以五色,华若云锦。有以五彩实填花纹,绚艳恍目。二种皆深青地子。有蓝地填画五彩,如石青剔花,有青花白地,有冰裂纹者,种种样式,似非前代曾有。成窑上品,无过五彩葡萄鹙口扁肚把杯,式较宣杯妙甚。次若草虫可口子母鸡劝杯、人物莲子酒盏、五供养浅盏、草虫小盏、青花纸薄酒盏、五彩齐筋小碟、香盒、各制小罐,皆精妙可人。余意青花成窑不及宣窑,五彩宣庙不如宪庙。宣窑之青,乃苏浡泥青也,后俱用尽,至成窑时,皆平等青矣。宣窑五彩,深厚堆垛,故不甚佳。而成窑五彩,用色浅淡,颇有画意。此余评似确然允哉!

世宗青花五彩二窑,制器悉备。奈何饶土入地渐恶,较之二窑往时,代不相侔。有小白瓯,内烧"茶"字、"酒"字、"枣汤""姜汤"字者,乃世宗经箓醮坛用器,亦曰"坛盏",制度质料,迥不及茂陵矣。嘉窑如磬口馒心圆足外烧三色鱼扁盏,红铅小花盒子,其大如钱,二品亦为世珍。小盒子花青画美,向后恐官窑不能有此物矣,得者珍之。

保俶塔顶观海日

明·高 濂

【提要】

本文选自《西湖游记选》(浙江文艺出版社 1985 年版)。

保俶塔,杭州西湖旁的宝石山上。保俶塔始建时代已无从查考,一般认为五代十国时期吴越国王钱镠当国时所建。屡毁屡建。明万历七年(1579)重修后的保俶塔为七层楼阁式,可登高远眺。

高濂所登即是这次重修后的宝塔,"五鼓起登绝顶,东望海日将起,紫雾氤氲,金霞飘荡,亘天光彩,状若长横匹练,圆走车轮",这是一幅怎样的胜景!

还有更精彩的,顷刻间,"阳谷吐炎,千山影赤",以致"令我目乱神骇,陡然狂呼,声震天表",甚至"下塔闭息,敛神迷目,尚为云霞炫彩"。

景美全因塔高。有人评,西湖边,保俶、六和、雷峰三塔:六和塔如将军,雷峰塔如老衲,保俶塔如美人。

保俶塔,游人罕登其巅,能穷七级,四望神爽。

初秋时,夜宿僧房,至五鼓起登绝顶,东望海日将起,紫雾氤氲[1],金霞飘荡,亘天光彩,状若长横匹练,圆走车轮。或肖虎豹超骧[2],鸾鹤飞舞,五色鲜艳,过目改观,瞬息幻化,变迁万状。

顷焉阳谷吐炎[3],千山影赤;金轮浴海,闪烁荧煌[4];火镜浮空,曈昽辉映[5];丹焰炯炯,弥天流光,赫赫动地。斯时惟启明在东,晶丸灿烂,众星隐隐,不敢为颜矣。

长望移时,令我目乱神骇,陡然狂呼,声振天表[6]。忽听筹报鸣鸡[7],树喧宿鸟,大地云开,露华影白,回顾城市嚣尘,万籁滚滚,声动空中,新凉逼人,凛乎不可留也。

下塔闭息,敛神迷目,尚为云霞眩彩。

【注释】

[1] 氤氲:烟气、烟云弥漫貌;气或光混合动荡貌。

[2] 超骧:腾跃而前貌。

[3] 阳谷:即旸谷。神话中日出日落的地方。借指太阳。

[4] 荧煌:辉煌。

［5］瞳昽:太阳初出由暗而明的光景。

［6］天表:犹天外。

［7］筹:计数的用具,多用竹子制成。

风陵享殿记

明·王三才

【提要】

本文选自《古今图书集成》职方典卷三二七(中华书局 巴蜀书社影印本)。

风陵渡在山西省芮城县西南端,距县城 30 公里,与河南、陕西省为邻。风陵渡正处于黄河东转的拐角,是山西、陕西、河南三省的交通要塞,跨华北、西北、华中三大地区之界。自古以来就是黄河上最大的渡口。

"昔黄帝轩辕氏得六相而天下治",风后即其一。轩辕黄帝和蚩尤战于琢鹿之野,蚩尤作大雾,黄帝部落的将士东西不辨,顿失方向,不能作战。此时,风后赶来,献上他制作的指南车,给大军指明方向,最终战胜蚩尤。风后不但会造指南车,还能"纪天周地,造律制裳,刳舟作室,经土设井,宾服裔彝"。可惜风后在这场战役中被杀,埋葬于此,后来建有风后陵。唐代圣历元年(689)在此置关,又称风陵津,是黄河南泄转而东流之地。津即渡口,所以后称风陵渡。

蒲州太守从诸生议,终而造成"享堂三间,门楼一间,东西廊房六间"。为建造享殿,还置换农民的五亩多田地,最终形成"南北长四十九步,东西阔二十七步,界石位表,堂宇辉煌"的风陵享殿。

为何有此建?明时,朝廷在风陵渡设巡检司和船政司,管理防守和运输事宜。这处"鸡鸣一声听三省"的渡口,历史上一直以摆船渡河,来连接陕豫二省。正是"挽输今正急,忙煞渡头船"。

大道域于止[1],止基于实。故德可范,法可施,功可久。苟有实惠垂世,自应崇报不朽,而况于开物成务之圣乎?吾独怪夫世教之日诡也,不崇正而趋邪,不务实而尚虚,不尊圣而媚佛。至于古昔圣贤,其先世常有大功德于民,而陵墓丘墟、衣冠荆棘,牲羊游践其上,而牧竖寝处其旁,曾不顾盼及之,俾得抔土而托处焉,亦可慨矣[2]。

昔黄帝轩辕氏得六相而天下治[3],神明至,风后其一也。彼其纪天周地,造律制裳,刳舟作室,经土设井,宾服裔彝,惇化鸟兽[4],为万世章程鼻祖,至今藉其福泽不衰。《志》称其生于解而葬于蒲。今蒲之蕉卢里,相传有风后塚,睢乡坡渡皆以风陵名,其来久矣。乃荒丘彝削,封识不存,鞠为民田,将寻耒耜。嗟嗟! 生也泽万世而后不得安尺寸,其崇报之谓何?

蒲太守从诸生议,请之郡守,计建庙岁祀。上达臬大夫及守巡两大夫,诸大夫可其请,各捐俸以助役。州府以下各有助工,遂就。

凡盖享堂三间,门楼一间,东西廊房六间。易民间地五亩零,南北长四十九步,东西阔二十七步,界石位表,堂宇辉煌,风后之德泽恍然如新也。

或曰:"轩辕之风邈矣,山摧川实,凡几变更,荒塚黍离,孰辨踪迹? 风陵有名实耶,虚耶?"余曰:"然独不闻风后之所以相乎? 昔轩辕以大风入梦,得风后于占,爰立作相。夫梦与占皆虚也,乃相之,而天下果治,则梦占虚而致治实矣。古志有载,乡渡有名。登斯堂者,或有感曰:"夫夫也,拮据于百代之前,而尚能使百代之后,崇报若此[5],未必无兴起之想焉。"则志与民虚也,而感人实矣。故余嘉其有裨于正学也,而为之记其始末。

臬大夫李公讳长庚,楚人。守大夫周公,讳传诵,秦人。巡大夫周公,讳汝器,浙人。郡太守黄君,讳道亨,亦秦人。州太守张君,讳羽翔,亦浙人。而董其役者,省祭官杜述并得书。

【作者简介】

王三才,生平不详。

【注释】

[1] 道域:道路疆域。

[2] 牂:音 zàng,牝羊。牧竖:牧奴,牧童。

[3] 六相:传说辅佐黄帝的六臣:蚩尤、大常、奢龙、祝融、大封、后土。分掌天地四方。

[4] 惇化:驯化。惇:音 dūn,信也。

[5] 崇极:"崇德极功"的缩语。指封拜赏赐有德有功之人。

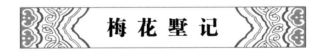

梅 花 墅 记

明·钟 惺

【提要】

本文选自《吴县志》卷三九下(康熙三十年刻本)。

梅花墅在今昆山甪直。《甫里志》记载,梅花墅占地六十亩,景点三十多处,不但亭、阁、堂、庵各式建筑齐备,而且水极丰富。22 个景点名称竟有 13 个带三点水,溪水急而曲,滩水缓而直;洞水暗而虚,沼水明而实;溪水上村曼妙迷离,浣香洞情趣盎然,浮红渡画意朦胧。梅花墅把水的景致发挥到了极点。所以,钟惺说,"园于水。水之上下左右,高者为台,深者为室,虚者为亭,曲者为廊,横者为渡,竖者为石,动植者为花鸟,往来者为游人,无非园者。"

以水为园,许自昌使园中之水隐显结合,内外差落,曲直相间,虚实相生,建造了这座园子,因园中遍植梅花,起名梅花墅。园中主要建筑是得闲堂,为宴饮宾客之所。此外还有竟观居、杞菊斋、映阁、湛华阁、维摩庵、滴秋庵、流影廊、烧香洞、小酉洞、招爽亭、在洞亭、转翠亭、碧落亭、涤砚亭、漾月梁、锦淙滩、浮红渡、莲沼诸景。

得闲堂庭前石台广逾一亩,喜好歌舞戏曲的许自昌,让其蓄养的家乐在此演出他自作的《橘浦记》(演柳毅事)、《水浒记》等。陈继儒《许秘书园记》云:"同爽弘敞,槛外石台,广可一亩余,虚白不受纤尘,清凉不受暑气。每有四方名胜客来集此堂,歌舞递进,畅咏间作,酒香墨彩,淋漓跌宕,红绡于锦瑟之傍,鼓五挝、鸡三号,主不听客出,客亦不忍拂袖归也。"一时间,这里成了名人雅士荟萃地,钟惺、董其昌、陈继儒、陈子龙等纷纷光临,你吟我唱,热闹非凡。

许自昌后,其长子、书呆子元符不善经营,又逢明清易代,社会动荡,遂割园大部为寺,梅花墅改名为海藏庵,后又被曹氏所购,赠建钟楼和大殿,易名"海藏禅院",后终因 1849 年甫里发大水,梅花尽淹,渐渐园荒舍塌,至今仅存荷花池及断垣残壁数处。

出江行三吴,不复知有江。入舟,舍舟,其象大抵皆园也。乌乎园?园于水。水之上下左右,高者为台,深者为室,虚者为亭,曲者为廊,横者为渡,竖者为石,动植者为花鸟,往来者为游人,无非园者。然则人何必各有其园也?身处园中,不知其为园,园之中,各有园,而后知其为园,此人情也。予游三吴,无日不行园中,园中之园,未暇遍问也。于梁溪[1],则邹氏之惠山[2];于姑苏,则徐氏之拙政、范氏之天平[3]、赵氏之寒山[4],所谓人各有其园者。然不尽园于水,园于水而稍异于三吴之水者,则友人许玄佑之梅花墅也。

玄佑家甫里[5],为唐陆龟蒙故居[6],行吴淞江而后达其地。三吴之水,而不知有江,江之名复见于此,是以其为水稍异。予以万历己未冬[7],与林茂之游此[8],许为《记》,诺诺至今为天启辛酉[9]。予目尝有一梅花墅,而其中思理往复曲折[10],或不尽忆,如画竹者,虽有成竹于胸中,不能枝枝节节而数之也,然予有《游梅花墅》诗,读予诗,而梅花墅又在予目。

大要三吴之水,至甫里始畅,墅外数武,反不见水,水反在户以内,盖别为暗窦,引水入园。开扉,坦步过杞菊斋,盘蹬跻映阁。"映"者,许玉斧小字也,取以名阁。登阁所见,不尽为水,然亭之所跨,廊之所往,桥之所踞,石所卧立,垂杨修竹之所冒映[11],则皆水也。故予诗曰:"闭门一寒流,举手成山水"。迹映阁所上磴,回视峰峦岩岫,皆墅西所辇致石也[12]。从阁上纵目新眺,见廊周于水,墙周于廊,又若有阁亭亭处墙外者。林木荇藻,竟川含绿,染人衣裾,如可承揽,然不可得即至也。但觉钩连映带,隐露断续,不可思议,故予诗曰:"动止入户分,倾返有妙理。"

乃降自阁,足缩如循寨渡,曾不渐裳[13],则浣香洞门见焉。洞穷得石梁,梁跨小池,又穿小西洞,憩招爽亭。苔石啮波,曰"锦淙滩"。指修廊中隔水外者,竹树表里之,流响交光,分风争日,往往可即,而仓卒莫定其处,姑以"廊"标之,予诗所谓"修廊界竹树,声光变远迩"者是也。

折而北,有亭三角,曰"在涧",涧气上流,作秋冬想,予欲易其名曰"寒吹"。由此行峭茜中[14],忽著亭,曰"转翠",寻梁契集[15],映阁乃在其下。见立石甚异,拜而赠之以名,曰"灵举",向所见廊周于水者,方自此始,陈眉公榜曰[16]"流影廊"。沿绿朱栏,得碧落亭。南折数十武,为庵,奉维摩居士[17],廊之半也。又四五十武,为漾月梁,梁有亭,可候月,风泽有沦,鱼鸟空游,冲照鉴物[18]。渡梁入得闲堂,堂在墅中最丽。槛外石台,可坐百人,留歌娱客之地也。堂西北,结竟观居奉佛。自映阁至得闲堂,由幽邃得弘敞,自堂至观,由弘敞得清寂,固其所也。观临水,得浮红渡。渡北为楼以藏书。稍入,为鹤籞,为蝶寝,君子攸宁,非幕中人或不得至矣。得闲堂之东流,有亭,曰"涤砚"。为门于墙如穴,以达墙外之阁,阁曰"湛华"。映阁之名,故当映此,正不必以玉斧为重[19],向所见亭之不可得即至者是也。墙以内所历诸胜,自此而分,若不得不暂委之,别开一境,升眺清远,阁以外,林竹则烟霜助洁,花实则云霞乱彩,池沼则星月含清,严晨肃月[20],不辍暄妍。予诗云:"从来看园居,秋冬难为美,能不废暄妍[21],春秋复何似。"虽复一时游览,四时之气,以心维目想备之,欲易其名曰"贞妍"。然其意渟泓明瑟,得秋差多[22],故以滴秋庵终之,亦以秋该四序也[23]。

钟子曰:"三吴之水皆为园,人习于城市材墟,忘其为园,玄佑之园皆水,人习于亭阁廊榭,忘其为水,水乎?园乎?难以告人。闲者静于观取,慧者灵于部署,达者精于承受,待其人而已"。故予诗曰:"何以见君闲,一桥一亭里。闲亦有才识,位置非偶尔!"

【作者简介】

钟惺(1574—1624),字伯敬,号退谷,湖广竟陵(今湖北天门)人。进士及第后,累官工部主事、福建提学佥事。不久辞官归乡,闭户读书,晚年入寺院。文学上反对拟古文风,主张诗人抒写"性灵",倡导幽深孤峭的风格。他与同里谭元春共选《唐诗归》和《古诗归》,名扬一时,形成"竟陵派",世称"钟谭"。有《隐秀轩集》。

【注释】

[1]梁溪:水名。是流经无锡的一条重要河流,其源出无锡惠山,北接运河,南入太湖。相传东汉人梁鸿偕妻孟光曾隐居于此,故名。史上,梁溪为无锡之别称。

[2]邹氏:即邹迪光(1550—1626),字彦吉,号愚谷,别号六度居士,江苏无锡人。官至副使提学湖广。被解职时不满四十,拂袖而归时,千余学生前来送行,且馈赠甚丰。善山水,力追宋、元人,一树一石,刻意求佳,故能秀逸出群,脱尽时格。

回乡后,酷爱园林的他,因喜欢山水风景,乃用门生馈赠之资及全部家产,买下惠山之麓的九龙之区"龙泉精舍",用以营造园林。时人笑其举动是"不米而炊,未卯而求"。他却以愚公意志,今垒一石,明治一沼,建亭台、种异花、植珍石、凿池沼,年复一年,持之以恒,苦心建园十余年,终于建成。名之为"愚公谷",也称"邹园"。

邹迪光的造园思想颇值一提。他认为:"园林之胜,惟是山与水二物。无论二者俱无,与有山无水、有水无山,不足称胜。即山旷率而不能收水之情,水径直而不能受山之趣,要无当于奇;虽有奇葩绣树,雕甍峻宇,何以称焉?"故他以锡、惠二山谷地为主体,依山取势,改造地形,使山景与花木建筑融为一体,又以黄公涧为源头活水引入园内,或涧或溪,或池或塘,山光水色,相映成趣。因此,他所营之园"锡山、龙山迂回曲抱,绵密复袼,而二泉之水从空酝酿,不知所自出,吾引而归之,为嶂障之,堰掩之,使之可停、可走、可续、可断、可巨、可细,而唯吾之所用……"(《愚公谷乘》)

在十余年时间内,邹迪光反复勘察琢磨,心中图画,"取佳山水剪裁而组织之",愚公谷终成一时名园。之所以命名为愚公谷,他在《愚公谷乘》中说:柳宗元名溪为愚溪、丘为愚丘、泉为愚泉、沟为愚沟、池为愚池、岛为愚岛。若堂若亭为愚堂愚亭,而独无谷。今吾举谷则沟、池、溪、泉、亭、堂、丘、岛兼而有之,故以名吾园曰"愚公谷"。

[3]范氏:即范允临(1558—1641),字长倩,号石公、萧斋,江苏吴县(今苏州)人。中进士后,入仕途为南兵部主事,迁福建参议。万历二十六年(1598)归居苏州。工书,苍润秀丽,自成一家,与董其昌齐名。

天平山乃其先人范仲淹的归宿之地。范允临挂冠后,修葺祖祠,复振先泽。又在白云寺旧址修建别业,名天平山庄,并广植枫树。当年所栽枫树,至今还有150余棵,每棵高30余米,树干3人合抱,素有"天平红枫甲天下"的美誉。在天平山庄,范允临与其夫人徐媛(留园主人徐泰时之女),读书、临帖,并常与隐居寒山的赵宦(yí)光及夫人陆卿子赋诗唱和,吴中士大夫交口誉之为"吴门二大家"。史载,范允临、赵宦光夫妇都有较高的文学和美学素养,其在构筑山庄时,依山为榭,曲池修廊,引泉为沼,通以石梁,布局雅致,尽得画意。山庄建筑有:听莺图、咒钵庵、岁寒堂、㝶语堂、翻经台、桃花涧、宛转桥、鱼乐国、来燕榭、芝房、小兰亭等,均依山就水而筑,山庄融天然山水、自然植物和亭台楼阁等为一体,堪称一时名园。

[4]赵氏:即赵宦光(1559—1625),字凡夫,一字水臣。宋太宗赵炅第八子元俨之后。宋王室南渡,留下一脉在吴郡太仓。其先世居太仓璜泾,父亲赵廷梧移家吴中,与著名文学家王稚登隔河而居。赵宦光为赵廷梧第三子。赵廷梧去世,赵宦光遵父亲遗愿,买下寒山峰葬父,并在墓旁筑庐,定居在此,直到离开人世。

赵宦光一生不仕,在寒山岭"读书稽古,精于篆书。与妻陆卿子隐于寒山。足不至城市,夫妇皆有名于时,当事者造门求见者,宦光亦不下山报谒"(《中国名人大辞典》)。山岭即是他们的家,也是他们书画的气韵所在。赵宦光深得个中三昧,在这里凿石劈山,开沟理壑,引溪导流,去除荒草杂树,种上名树异花,并依山而筑寒山别业、盘陀、空空、化城、发螺等许多小巧而古朴的建筑,并写出了《寒山帚谈》《牒草》《寒山蔓草》等著作。赵宦光受乾隆盛赞,其六下江南,六次临幸追怀,并作诗十六首以称誉。

[5]甫里:甪直,古称甫里,唐以后,因河道街形状如"甪",改现名。

[6]陆龟蒙(?—881),字鲁望,别号天随子、江湖散人、甫里先生,江苏吴江人,曾为湖州、苏州刺史幕僚,后隐居松江甫里。有《甫里先生文集》等。

[7]万历己未:1619年。

[8]林茂之:名古度(1580—1666),一字那子,福建福清人。寓居江宁。工诗,清绮婉丽。后与钟惺、谭元春游,诗格遂一变。明亡,家产尽失,乃卜居于真珠桥南之陋巷窟门。贫甚,暑无蚊帏,冬夜睡败絮中。有《冬夜》诗:"老来贫困实堪嗟,寒气偏归我一家。无被夜眠牵破絮,浑如孤鹤入芦花。"人遗之帷帐,则举以易米。施闰章怜之,乃制纻帐。晚岁,与王士禛唱和

于红桥平山堂间,名流咸集。

[9] 天启辛酉:1621 年。

[10] 思理:构思设计。

[11] 冒映:透映。

[12] 辇致:送达。

[13] 褰渡:撩起衣裳渡水。《诗经·褰裳》:子惠思我,褰裳涉溱。渐裳:谓水溅湿衣裳。

[14] 峭茜:谓鲜丽的红色。

[15] 契集:合集,聚合。

[16] 陈眉公:即陈继儒(1558—1639),字仲醇,号眉公、麋公。华亭(今上海松江)人。年二十九,忽将儒生衣冠焚弃,隐居小昆山,构二陆祠及草堂数椽,焚香静坐。父亡后,移居东佘山,在山上筑"东佘山居",有顽仙庐、来仪堂、晚香堂、一拂轩等。屡被荐举,坚辞不就。然隐居小昆山,得了隐士之名,却又经常周旋于官绅间,颇为时人诟病。工诗文、书画,书法师法苏轼、米芾,书风萧散秀雅。擅墨梅、山水,画梅多册页小幅,自然随意,意态萧疏。其山水多水墨云山,笔墨湿润松秀,情趣盎然。文及书画与同郡董其昌齐名。有《妮古录》《陈眉公全集》《小窗幽记》等。

[17] 维摩居士:即维摩诘,早期佛教著名居士,在家菩萨。

[18] "鱼鸟空游"等句:谓梁上之亭映水之倒影。

[19] 玉斧:指许翔(341-370)。东晋句容人,字叔元,小名玉斧。少恬静,不慕仕进,遍游名山。永和初入临安西山,辟谷服气。居雷平山下,愿早游洞室,不欲久停人世。

[20] 严晨肃月:谓深秋冬月,万物萧条。

[21] 暄萋:谓暖和而茂盛。

[22] 差:比较,大致。

[23] 该:古同"赅",备,包括。

浣 花 溪 记

明·钟 惺

【提要】

本文选自《隐秀轩集》(上海古籍出版社 1992 年版)。

"出成都南门,左为万里桥。"万里桥就是杜甫写下"两个黄鹂鸣翠柳,一行白鹭上青天。窗含西岭千秋雪,门泊东吴万里船"的地方,这里还是杜甫写下《茅屋为秋风所破歌》的地方。不过,钟惺在这里看到的则是溪流"如连环、如玦、如带、如规、如钩",水色"如鉴、如琅玕、如绿沉瓜",一路流到杜甫草堂。

浣花溪,因为杜甫,因为杜甫草堂,经后人不断营建,已成为今天成都一名胜去处。

杜甫博大沉郁,浸润其神韵的浣花溪也因此"窈然深碧、潆回"百转起来。

　　出成都南门,左为万里桥[1]。西折,纤秀长曲[2],所见如连环、如玦[3]、如带、如规、如钩、色如鉴、如琅玕、如绿沉瓜[4],窈然深碧、潆回城下者[5],皆浣花溪委也。然必至草堂,而后浣花有专名,则以少陵浣花居在焉耳[6]。

　　行三四里为青羊宫[7]。溪时远时近,竹柏苍然。隔岸阴森者尽溪,平望如荠,水木清华[8],神肤洞达[9]。自宫以西,流汇而桥者三,相距各不半里。舁夫云通灌县[10],或所云“江从灌口来”是也[11]。

　　人家住溪左,则溪蔽不时见,稍断则复见溪,如是者数处,缚柴编竹,颇有次第。桥尽,一亭树道左,署曰“缘江路”。过北则武侯祠[12],祠前跨溪为板桥一,覆以水槛,乃睹“浣沙溪”题榜。过桥一小洲,横斜插水间如梭,溪周之[13],非桥不通,置亭其上,题曰“百花潭水”。由此亭还度桥,过梵安寺[14],始为杜工部祠[15]。像颇清古,不必求肖,想当尔尔。石刻像一,附以本传,何仁仲别驾署华阳时所为也[16],碑皆不堪读。

　　钟子曰:“杜老二居,浣花清远,东屯险奥,各不相袭。严公不死[17],浣溪可老,患难之于友朋大矣哉!然天遣此翁增夔门一段奇耳[18]。穷愁奔走,犹能择胜;胸中暇整[19],可以应世,如孔子微服主司城贞子时也[20]。时万历辛亥十月十七日[21],出城欲雨,顷之霁。”使客游者[22],多由监司郡邑招饮,冠盖稠浊[23],磬折喧溢[24],迫暮趣归。是日清晨,偶然独往。楚人钟惺记[25]。

【注释】

　　[1]万里桥:在四川成都南锦江上,是古代船只东行的起锚地。杜甫有“门泊东吴万里船”句,指的就是此地。

　　[2]纤秀长曲:溪水细长蜿蜒貌。

　　[3]玦:音 jué,一种玉佩,似环而有缺口。

　　[4]鉴:镜子。琅玕:似玉的美石。绿沉瓜:一种颜色深绿的瓜。

　　[5]窈然:幽深貌。

　　[6]浣花居:指杜甫草堂。

　　[7]青羊宫:道观名。因传说老子曾乘青羊至此而得名。

　　[8]水木清华:溪水清碧,草木繁茂。

　　[9]神肤洞达:谓神清目爽,心舒气畅。

　　[10]舁夫:轿夫。舁:音 yú。

　　[11]江从灌口来:诗句出杜甫《野望因过常少仙》。灌口:在今成都西北的都江堰。

　　[12]武侯祠:诸葛亮祠。

　　[13]溪周之:溪水环绕着小洲。

　　[14]梵安寺:毗邻杜甫草堂,俗称草堂寺。

　　[15]杜工部祠:即杜甫草堂。为杜甫旧址。原宅已毁,北宋时重建。

　　[16]别驾:州通判的代称。署:代理,暂任。

　　[17]严公:指严武(726—765),字季鹰,华州华阴人。曾任剑南节度使,拜成都尹。

　　[18]夔门一段奇:指杜甫在严武死后离开成都,大历元年(766)移居夔州。在此生活近两

年时间,写下 450 余首诗歌。

[19] 暇整:安祥而不烦乱。

[20] "孔子"句:孔子周游列国时,宋国司马桓要杀他。孔子微服逃到了陈国,住在大夫司城贞子家。

[21] 万历辛亥:即万历三十九年(1611)。

[22] 使客:使者。

[23] 冠盖:指官吏。稠浊:繁多杂乱。

[24] 磬折:弯腰。表示谦恭。

[25] 楚人:作者自称。

繁 川 庄 记

明 · 钟 惺

【提要】

本文选自《传世藏书》(海南国际新闻出版中心 1996 年版)。

繁川庄,在今成都。"庄远青白江六里",其地"十三亩有半,竹阴之",以至于"万竹齐阴,倒影在川。川尝碧,碧浸人影而后已";"桤亦然,年深映远,株必累百。初入竹时,烟其步"。

在这样的环境里营屋为亭,自然含清吐烟,"竹尽桤阴之,合百数十以为影","见川所浮之地,为桤中物";但看不见川,却听得见"川至此奔激怒生,流泼泼有声",以至于人能觉出"地皆若动"。

在这样的地方,"分江水入川,灌田以自澹",当然是件美事。

至于庄的名字,纯音也好,繁川也好,都好。钟惺称之为"繁川"。

庄远清白江六里[1],过繁县北六里,江至此分为川。在大石桥西半里,川又分,不及桥一亩复合[2]。桥北不能见川,柳阴之。柳南度竹隐桥,以川为地,不能见地而见川;时一见地,浮其间如水上物,度其地,十三亩有半,竹阴之。蜀中竹善为阴,碧沉如桐[3],高瞩始有叶[4],叶郁郁隆至半,万竹齐阴,倒影在川,川尝碧,碧浸人影而后已。桤亦然[5],年深映远,株必累百。初入竹时,烟其步。

朱无易先生从苍蔚间置含清亭[6],清所含也,竹尽桤阴之,合百数十以为影,如不见川;而见川所浮之地,如桤中物。然川至此奔激怒生,流泼泼有声,自竹隐桥以南之地皆若动。先生乃置轩,常自成都来住累月,课隶人[7],分江水入川,灌田以自澹[8]。而先生之仲子履颜其轩为"纯音",先生之乡人称为繁川庄,先生皆听之。

万历丁巳[9],官楚宪司,属谭子为之记。记暇,谭子想慕其地,复为绝句诗凡六首,先生亦听之也。

【注释】

[1]青白江:为沱江二级支流,水源来自岷江。通过都江堰蒲柏闸分流,向东,至彭县长寿桥始称青白江。

[2]一亩:此谓距离。

[3]碧沉:深绿色。

[4]高瞩:谓高处。

[5]桤:音 qī。俗称青木树,又称旱冬瓜树、水冬瓜树。落叶乔木,叶长倒卵形,果穗椭圆形,下垂,木质较软,嫩叶可当茶饮。

[6]苍蔚:谓环翠浓荫。

[7]课:指差派,安排。隶人:仆人。

[8]澹:恬静、安然貌。

[9]万历丁巳:1617 年。

秦淮灯船赋

明·钟惺

【提要】

本文选自《隐秀轩集》(上海古籍出版社 1992 年版)。

"小舫可四五十只,周以雕槛,覆以翠幕……"钟惺笔下,秦淮河的灯船如梦如幻,怪不得明朝时游秦淮河的人,必乘灯船。

秦淮河的灯船,一般都在夏季的夜晚泛曳粼粼河水上,"每舫载二十许人……皆少年场中人";有趣的是,舫中人数多少,船两旁的羊角灯就挂几只;而且,数十只船尽用绳索连串,远远看去就如一只船舫,"火举伎作,如烛龙焉"。

所以,钟惺为其一赋。

记载秦淮河灯船的诗文很多。"遥指钟山树色开,六朝芳草向琼台。一园灯火从天降,万片珊瑚驾海来";"神弦仙管玻璃杯,火龙蜿蜒波崔嵬。云连天阙天门回,鹤舞银城雪窖开。"(《秦淮灯船曲》)。"秦淮灯船之盛,天下所无。两岸河房,雕栏画槛,绮窗丝障,十里珠帘。主称既醉,客曰未晞……灯船毕集,火龙蜿蜒,光耀天地,扬锤击鼓,蹋顿波心,自聚宝门外水关,至通济门水关,喧闹达旦。桃叶渡口,争渡者喧声不绝。"(《板桥杂记》)"话说南京城里,每年四月半后,秦淮景致渐渐好了……到天色晚了,每船两盏明角灯,一来一往,映在河里,上下明亮……夜夜笙歌不绝"(《儒林外史》)。

明代以来,秦淮河上之灯船时常遭到禁束,盛衰无常,但民国以后,仍有灯船泛于秦淮碧波之上。朱自清《桨声灯影里的秦淮河》写道:"夜幕垂垂地下来时,大小船上都点起灯火,从两重玻璃里映出那辐射着的黄黄的散光,反晕出一片朦胧的烟霭;透过这烟霭在黯黯的水波里,又逗起缕缕的明漪。在这薄霭和微漪里,听着那悠然的间歇的桨声,谁能不被引入他的美梦去呢?"

2009年初,秦淮河灯船再次亮起花灯。

小舫可四五十只,周以雕槛,覆以翠幕[1]。每舫载二十许人,人习鼓吹,皆少年场中人也。悬羊角灯于两傍,略如舫中人数,流苏缀之。用绳联舟,令其啣尾[2],有若一舫。火举伎作,如烛龙焉。已散之,又如凫雁槃珊波间,望之皆出于火,直得一赋耳。

集众舫而为水兮,乃秦淮之所观。借万炬以为舟兮,纵水嬉之更端[3]。波内外之化为火兮,水欲热而火欲寒。联则虬龙之蠢动兮,首尾腹之无故而交攒。散则鹳鹅之作陈兮[4],羌左右上下于其间[5]。观其蜿蜒与喋唼兮[6],载万光而往还。俄箫鼓怒生于鳞羽之内兮,楼台沸而虫鱼欢。彼舟中人之惘怳而不知兮[7],乃居高者之悉其回环。嗟景光之流而不居兮,群动去而一水自安。

重曰:火水沓兮[8],生星月兮。声光杂兮,晴澜压兮。照幽沉兮,潜怪怛兮[9]。晦明达兮,作津筏兮。彼楚魄兮,冤滞豁兮。

【注释】

[1]翠幕:翠色的帷幕。

[2]啣:同"衔"。口含。

[3]更端:另一事。

[4]鹳鹅:泛指军阵。《左传》:丙戌,与华氏战于赭丘。郑翩愿为鹳,其御愿为鹅。杜预注:鹳、鹅皆陈名。陈:同"阵"。

[5]羌:句首助词。无义。

[6]喋唼:水鸟或鱼吃食。此拟其声以摹船搏水。唼,音shà。

[7]惘怳:懵懂迷茫貌。怳:音huǎng,迷恍貌。

[8]沓:合。

[9]怛:音dá,惊。

募造丘家桥缘起疏

明·钟惺

【提要】

　　本文选自《隐秀轩集》(上海古籍出版社 1992 年版)。

　　文中,钟惺详细描述了一座桥募造的经过,为我们提供了古代中国桥梁建设十分难得的筹资细节。

　　离钟惺乡里北四十里,有座桥名:丘家桥。这座桥是去潜江、沔阳及武汉的必经之道。因为这里"曲岸高急,二壁相拒,恒有颓势。水盈枯皆怒",冲漂巨石就如卷推木屑。在这样的水里,桥"不能不圮,圮而至于亡矣"。

　　看到此情此景,亡弟叔静慨然谈及造桥事。于是,与僧复初、李长叔等共同筹划。"系银铛数丈于颈,击柝号通衢者三年",用此苦肉计筹集造桥款,终一无所获;虽然每天颈铁砸在街石上铛铛有声,"石皆刓,颈创虫出,而桥之不能造如故也"。不仅如此,桥址上的石头被人拿走、侵占,追索时还被人打折了胳臂。

　　作者受王命将入闽,居家旬余。答应为造桥再起疏书,可迟迟未见成果。结果人言"不为募疏及财施者",都是他的族子恒明的主意,"复初恚,将与为难"。

　　第二年,以丁忧归里。仍然是桥事,僧人、妻子都感觉自己念头已动。"惺虽非喜施任事之人,而持地菩萨及护法诸神,已署我作募造主矣",他说。

　　长久犹豫之后,钟惺开始先捐 60 金,继而同年谢彦甫也捐 10 金。谁保管造桥的钱? 钟惺。大家纷纷相应,出资出石头,不亦乐乎。为官者钟惺是乡里人眼中的道德楷模。

　　钟惺又说,开始以为 150 金就可造桥了,乡老杜君到老桥边仔细勘察发现原桥造的不得法,"积石偎依水中助其怒",以致行者之苦甚于无桥。想再造,非三百金不可。这样一来,仅靠熟络的朋友募捐就凑不齐造桥款了。于是,钟惺为疏,"多书小册",让熟悉情况的人"人持一册,随地随人,大要度其必施者而后募之"。

　　当然,除钱之外,还有粮食、材料等等,"出入年月丝毫皆有疏记",以待桥成之日,刻于碑阴。

　　民间集资造桥不易。

　　去吾邑北四十里,旧有桥曰丘家桥。潜、沔及邑中走郧子、武汉孔道也[1]。其地曲岸高急,二壁相拒,恒有颓势。水盈涸皆怒,而盈为甚,冲波击岸而返,无所释憾,捍巨石如漂木屑。桥力不支,不能不圮,圮而至于亡矣。官民济者,舆、马、步皆病,或溺焉。涸则人行釜底,惧不脱于渊。

亡弟叔静读书桥左之龙禅寺,曾慨然谈及造桥事。僧复初者无所长,一味专愚而戆,能忍劳而已。弟曰:"此募造桥者之具也。"僧亦先见一马坠岸死,心动。闻弟言,心独喜,自负力任募事[2]。同年李长叔少参为之疏。于是系银铛数丈于颈,击柝号通衢者三年,颈铁砾街石有声,石皆刓[3],颈创虫出,而桥之不能造如故也。于是烧其二指,而桥之不能造如故也。桥之逋石为土人侵匿[4],搜之,至为所击折臂,而桥之不能造如故也。

天启壬戌岁三月[5],予自南都归[6],将入闽。王程严迫,居家仅旬余。许为之疏,而日不给,力亦不能施。僧恒明者,予族子也,力劝予成此事,而僧复初不知也。人有言予之不为募疏及财施者,皆僧恒明所持。复初恚,将与为难。

次年癸亥,予忧归,客有谈及此者,曰:"佛法忍辱戒嗔,此岂僧之所为?"予心怜焉,此僧亦苦矣。私计有一人首捐百金为大众倡,彼二僧者何至是? 然不敢以其事属之己,亦不敢望之人也。予起入内,僧养明者在坐,谓弟快曰:"而伯氏适动一念而中止,若知之乎?"弟曰:"不知。"各罢去。居月余,予室人有痁[7],而与予言者曰:"君昨夕与我言造桥事乎;"予惊曰:"未也。若安从问及此?"曰:"适梦君以百金造一桥,闻转石邪许声而痁[8]。"予悚然。一念之动,萌蘖未成,人我无主,而僧占色于外,女人感梦于内。惺虽非喜施任事之人,而持地菩萨及护法诸神,已署我作募造主矣。惺亦何力以逃之?

乃先捐六十金,以其事告同年谢彦甫侍御。彦甫喜,立付十金于予,问予曰:"事则善矣,收放桥金者为谁?"予对以:"自捐者自贮之以待用,余不敢知。"彦甫曰:"子误矣,子任此事而不任收放,人将袖金而不出。"予乃任收放事。以其言告李长叔,复喜。先是王茂才以桥许捐石百块,封识二十金[9],待有首倡而后捐之。

惺初念其费度可百五十金,可成,则取诸相知数人而足。弟快与乡老杜君步其地而相度之,曰:"此桥造之不如法,复致颓圮,积石偎倚水中助其怒。行者之苦乃甚于无桥。非三百金不可。有余,则庵住僧施茶,皆善因也。"如是,则其势不能不仰于募。募非易事也。僧复初之效可见于前矣。且桥利速成,非塔庙等等可以渐次有待。

于是惺为疏,附长叔后,多书小册,令相知者人持一册,随地随人,大要度其必施者而后募之。宁少而与,勿多而许,使不为空言。钱谷之数与桥费不甚相远而后役兴焉。出入年月丝毫皆有疏记。桥成之日,易以佳名,工费若干,同事者若而人,并勒碑阴。

【注释】

[1]郧子:春秋时,郧国国君。郧子国在今湖北京山、安陆间。

[2]负力:自恃其力。

[3]刓:音 wán,损坏。

[4]逋石:指冲散的桥石。

[5]天启壬戌:1622 年。天启:明熹宗朱由校年号。

[6]南都:即南京。

[7]室人:妻子。

[8]邪许:劳动时众人一齐用力所发出的号子声。

[9]封识:封缄并加标记。

胜 境

明·钟惺

【提要】

本文选自《明人小品集》(北新书局 1934 年版)。

何谓胜境? 在主张"性灵"的钟惺眼里,"峰削青莲,如剑如戟",直插霄汉;岭则"卧牛眠象","颇足幽栖";岩自然得"丛生桂树,倒垂藤花","向人欲落";崖要傲岸,"如六鳌戴山,亭亭特立。平可罗床,削可结屋,丹崖翠壁,左右映发。"钟惺一一阐发心中的峰、岭、岩、涧、洞、坡、湖、潭,乃至水帘的"胜境"标准。

力倡"性灵"的钟惺等追求的是幽深孤峭、"别趣理奇",且夸耀说:"我辈文字到极无烟火处"(《答同年尹孔昭书》),字里行间浸着的都是清瘦淡远。

胜 境

钟 惺 订

峰

峰削青莲,如剑如戟,插云入汉,翠滴晴岚[1],挂海迎霞,亘虹连雉,振衣千仞之致也。

岭

山岭绵亘,卧牛眠象,樵歌牧笛,颇足幽栖,寻访山僧,此为幽境。

岩

岩石之势,向人欲落,见之发怪想。丛生桂树,倒垂藤花,题诗其上,豁我渺思[2]。

崖

崖取傲岸,如六鳌戴山[3],亭亭特立。平可罗床,削可结屋,丹泉翠壁,左右映发。古树修篁,远近青葱。幽处其中,与麋鹿共游。

洞

窈窕岹峣[4],洞之致也。如琼宫瑶室,鬼斧神工,却无镵痕迹。桃花万树,寒云一函,与道流逸士,翻藏书,说炼形法。不觉涧水潺潺,松风谡谡[5]。

涧

涧有率然之势,盘旋生动,古松危石点之。细溜娟娟[6],宜游儵出没[7],壑有淓荡之势。如楚汉鸿沟,划然中断,又如瞿塘滟滪[8],吞吐百川。磊砢挐攫[9],长桥飞跨,躁布喧腾,秋水寒烟,排空作势,独得之径,无过于此。

坡

坡之迤逦,麓之秀宛,入山有路,路有行人。住山有村,村有犬吠。林飞鸟影,寺出钟声。灌木萧森,小庄历乱[10],宜牛羊妆点,花鸟投闲。

湖

湖光玻璃万顷,桂楫兰桨,主鹭盟,唱渔歌,固成浩景。何如溪上滩头,洲前汀外,练纹如带,篆影平沙。苹末风生,芦头雪落,烟寒云淡,石白砂清。花打渔人之笠,鸟唤渡口之舠,潇洒容与[11],别有致乎。

潭

临潭设矶,澄心危坐,智者所乐。若取于泉,须万斛之珠,累累不绝。山顶石罅,衬藓溜苔,一见沁骨。声入空堂,光涵虚牖,松风潇洒,竹韵琮琤[12],移竹炉茗椀就之。

水帘

冰帘森悬玲珑为佳,如鲛人之馆[13],冰绡万丈。瀑布飞流,遥挂为佳,如银汉倾翻,秃丸峻坂[14]。总宜怪石巉岏[15],丹崖翠壁,猿声啸月,蟾影滚冰,令人尘心俱尽。

【注释】

[1] 晴岚:晴日山中的雾气。

[2] 渺思:缥渺之想。

[3] 六鳌:神话中负载五仙山的六只大龟。

[4] 岭岈:音 hān xiā,空旷深邃貌。

[5] 谡谡:音 sù sù,象声词。形容风声呼呼作响。

[6] 娟娟:姿态柔美貌。

[7] 鯈:音 chóu,鱼名,即小白鱼。

[8] 瞿塘:即瞿塘峡。滟滪:即滟滪滩。在瞿塘峡口。

[9] 磊砢:众多委积貌。挐攫:搏斗。挐:音 ná。

[10] 历乱:谓纷丽而烂漫。

[11] 容与:悠闲自得貌。

[12] 琮琤:音 cóng zhēng,象声词。形容敲打玉石的声音、流水的声音。

[13] 鲛人:传说中的人鱼。

[14] 秃丸:谓(水珠)如圆溜溜的丸子。

[15] 巉岏:音 chán wán,高峻险要貌。

明·陈 衍

【提要】

本文选自《天府广记》(北京古籍出版社 1984 年版)。

"米氏万钟,心清欲淡,独嗜奇石成癖。"陈衍开篇即用这样的文字表述米芾的后代米万钟(1570—1628)的奇石癖。进士出身的米万钟工书画,擅诗咏,一生喜山水花石。他在京城购有三座宅邸园林,一曰勺园,在海淀;一曰漫园,在德胜门积水潭东;一曰湛园,在皇城西墙根下。三园选址均临水而建,因借远山近水,其建筑景观布局、匾额楹联设置赋予文人追求自然、自我完善的文化底蕴。万历至天启年间,京都名流观后皆赞:米家有四奇,园、石、灯、童。

陈衍说,米万钟宦游四方,购买奇石是唯一的爱好。"最奇者有五……为灵璧者二,一高四寸有奇,延袤坡陁,势如大山,四面皆蹯踆磊砢,如绘画家皴法,岩腹近山脚特起一小方台,凝厚而削。台面刻'伯原'二字,小篆佳绝……其一块然,非方非圆,浑璞天成。周遭望之皆如屏障,有脉两道,作殷红色:一脉阔如小指;一脉细如缕丝,自顶上凹处垂下,如湫瀑之射朝日也……"陈衍娓娓述说着米氏的灵璧石、英德石、兖州石、韶州石。

最为有趣的是,在京城附近的大房山发现一块奇石,"博四五尺,修三丈许"。以当时的运输工具——牛车,想把如此巨大的石头运到自家的园子里,困难程度可想而知。怎么办?米氏学他的祖上拜石模式,修书一封,告诉顽石:"唯予至于公也,素性敦好,气质攸同。爱求于山,乃幸见公。"米氏循循善诱、曲尽美辞,试图用"平原茂树,草蓓花嫣"及"良辰胜日,嘉客名贤"来吸引石头轻点,再轻点,顺利前往园中。

顽石被说动,动身,走到良乡道左,停下,委托甬东薛冈修书辞往:"仆山中顽民,赋质坚贞,不能言动。"当年秦始皇驱石入海时,都宁愿流血而不移步,如今感于米君"相知"所以出行,但"行至半途,畏不可涉,踌躇四顾,无复敢前矣"。

此石最终是否来到米氏园中已不重要,关于奇石又添了一段传奇。

关于勺园。孙承泽写道:"园仅百亩,一望尽水,长堤大桥,幽亭曲榭,路穷则舟,舟穷则廊,高柳掩之,一望弥际。"颇有韵味。勺园位于北海淀之滨,约建于明万历三十九年至四十一年间(1611—1613)。园名取"海淀一勺"之意,名为勺园,又名"风烟里"。勺园是明北京西郊海淀私人别业集聚区最著名的宅邸园林之一。

米氏万钟,心清欲淡,独嗜奇石成癖。宦游四方,袍袖所积,惟石而已。其最奇者有五,因条而记之。为灵璧者二,一高四寸有奇,延衺坡陁[1],势如大山,四面皆嶙峻磊砢[2],如绘画家皴法,岩腹近山脚特起一小方台,凝厚而削,台面刻"伯原"二字,小篆佳绝。伯原,胜国人,杜木之字也。本能工书,尤以篆籀知名,所著有篆诀,此其遗物也。其一块然,非方非圆,浑璞天成,周遭望之皆如屏障,有脉两道,作殷红色:一脉阔如小指,一细如缕丝,自顶上凹处垂下,如湫瀑之射朝日也。石可高八寸许,围将径尺,其声视前石尤铿亮,色皆纯黑,凝润如膏,俱磬山产也[3]。更三石,一英德产[4],如双虬盘卧,玲珑透漏,千蹊万径,穿孔钩连,云烟宛转,欲兴雷雨,高四寸许,长七尺有奇;一兖州产,又曰出峄山深谷中,灰褐色,巉岩浑雅,坚致有声[5],大如拳;一韶州产,即仇池石也[6]。铁色靓晶,声如响磬,大亦如拳,而峰峦洞壑,层叠窈窕,奇巧殊绝,米公刻其底曰小武夷。五石罗列,各具形胜,皆数百年物。阴阳滋养,风露薄蚀,虽复顽然,若有灵气矣。是日岩桂盛开,水天澄澈,坐无俗客,宾生尽欢。虽是秋深,如涉春和。

米太仆于大房山得异石[7],博四五尺,修三丈许,欲致之园中。乃束牲载书告之曰:惟予之于公也,素性敦好,气质攸同。爰求于山,乃幸见公。唯公之于予也,自启云关,不靳一斑。爰兹披尘,得睹道颜。予既于公为凤契,公宜为予而出山。云何屡恳,不即慨然?既闻即次,复且迟延。岂谓小园之无地,异空山之有天?予则有平原茂树,草葺花嫣。良辰胜日,佳客名贤。或袍笏之肃拜,或韵事之联翩[8]。或笑歌之暗就[9],或樽俎之流连。视尔山中,孰全孰偏?又岂恶石工之佻巧[10],畏用大之不情?予则有酒伴笙侣,云屋松骈。自然导款[11],百态岐嶷[12]。且物有用而功宏,道有用而名成。不炼绌补天之绩,不镌晦磨崖之英。视尔山中,孰重孰轻?石乎石乎,何濡滞而不行[13]!

奇石休于良乡道左[14],甬东薛冈见之,代石报米。石隐曰:仆山中顽民,赋质坚贞,不能言动,意有所契,仅知点头。孤眠独立,托处房山,以为我地莫尊,我计莫得,我心莫静,我体莫宁。千岩万岫闲,确乎其不可转矣。顷者山灵失职,不守藩篱,俾我支机[15],漫遭汉使。遂承足下安车蒲轮[16],从者数百,厚币卑辞,远辱召命。天壤可敝,知己难逢。昔秦皇帝欲通三山,遣仆入海,赏靳带砺,虐以鞭笞。仆义不受辱,身可流血,足不移。今当足下拜使即行,几不俟驾。大夫之命重于王者,何则?知与不知也。拘挛之夫[17],寡闻浅见,见仆出山,以为希事,物议蜂起,毁言日滋。行虽半途,畏不可涉,踌躇四顾,无复敢前矣。

嗟乎足下,实负雅怀,略陈固陋。仆生长幽区,风蔓雨芜,陶然适也。烟花台榭,作陷井观,窍若玲珑而器本窒碍,圭角纤峭,不学磨棱,原非世网之具,又岂磬折之姿[18]?足下不察,谬赏为奇。称仆以支持乾象,奠守坤维,广大圆通,卓哉国宝。闻似过情,羡颇溢实。恭聆斯语,惟有主臣。仆累累族齿[19],未琢未雕,散居名山,不可数计。其在灵璧者,家声尤重,莫不镌镂祖训,怀宝怀刑,往有不类,不师至人,后身持己,为天下先,技逞一长,法罹三尺,以惊人服射刑,以补天服炼刑,以砥中流服淹刑,殆哉岌岌乎,殷鉴不远。足下爱仆甚,知不令补天砥流,此祸无患。然使仆正墙面而立,备弄臣之员,贻之以安,似非重征仆之初意,仆不屑也。使仆展厥生平,监峻任巨,不少贬岩岩之度,足下能保人不惊乎!惊斯疑,疑斯畏,畏必有以中之。淹炼可逃,饮羽不免[20]。足下仁慈莅众,蒲不滥施,何忍一介之士为知己者死耶? 里有乔松甘泉者,松慕高而高奔,泉慕深而深注。仆犹然笑之,不解我衷,亦若有慕,窃恐今后松泉得及之矣。

仆闻人情胥尚,惟位与金,多金高位,自昔重之。足下擅陈思之敏才[21],兼司空之博物,文人慧性,众揣不如。独奈何当官则计拙,与仆则情投? 人藉位而营金,足下捐金而赡仆。仆诚何奇,好酷至此? 大非人情,愚不可及。仆以足下永附廉吏之称,足下以仆及蒙愚公之诮,非所以答清贶而安予心也[22]。且足下家傍琼林之中,则十面仙郎为政,自号玄衣客卿,既态既韵,亦见亦隐,五岳让其秀耸,八音争其铿锵,奇气逼人,不可一世,拥肿之与游,我形觉秽,何以施面目于此君之前哉? 仆尚有虞焉。足下与客卿游有年矣,馆之以白玉之宫,升之于紫霞之座,窥彼所宜,曲合其意,行拟偕行,止拟偕止,而使轺在道,无计相将,躯质丘园[23],貌登缣素[24],邀人赞跋,对客摩挲,梦里玄衣,卷中斑管,鸟啼吏散,悠悠我思。假令仆俨然而至,足下不胜之喜,必袍笏迎拜,晨夕与俱,异日君位渐高,君途渐远,携之不去,思之不来,有如今日,何以为怀? 仆之累足下不浅矣。

语云:一贵一贱,交情始见。先人壁立公,一卷处士,虽与君家海岳老人定方外交[25],晨星俱殒,世远泽亡。足下拖紫纡青[26],不挟其贵,怜我子姓,少即负奇,或居侍从,或掌图书,济济布列,充满下陈,更惜老成,复迎耆长,世讲隆情,古今绝少。

况今售惟赝品,鉴鲜真知,物价长于宋人,人群久无卞氏[27]。足下画龙弗好,旁溪采山,务求迈种[28],以仆硁硁[29],均蒙推毂,启母若来[30],可追十乱[31]。人之非常,举之违众,指示纷纭,良有以也。仆非不知吐握再兴[32],闻风奔走,而憎兹多口,士有同情。伏惟垂原,勿加斧戕。幸甚。足下买骨高名,遍彻崖谷,龙门崇重,人又愿登。一种不羁之子,不顾一世之非,求价急沽,未必不有。倘能留意,自入彀中。望夫干时,挂瓢避世,所志不一,存乎其人[33]。故山可归,吾完吾璧。

嗟乎足下,夫复何言! 初游尘界,来路已迷。导之使还,愿借力士。古称金铜仙人辞汉,铅水沾襟,仆既乏羊足[34],亦鲜燕翎,欲归未能,泪作时雨,惟足下念之。若足下膏肓有癖,嗜果在痂,请毕钟鼎之才,薄建山林之业,地无虎豹,乡颇安恬,俗子不来,恶声不入,煮之则我即粮,倚之则我即枕,待君结邻,同吾不老。足下计不出此耶?

二书当时传诵,以为韵事。

【作者简介】

陈衎,生卒年月不详。字磐生,福建闽县人。衎笃学好古,受业于董应举,老于场屋。好谈边事利害及将相大略,穷老尽气,不少衰止。明崇祯十二年自刻《大江集》21 卷。

【注释】

[1] 坡阤:倾斜,不平坦。
[2] 躏踆:音 lìn cún,踩踏踢践(所形成的凹凸斑澜)貌。磊砢:众多委积貌。
[3] 磐山:在安徽灵璧有磐石山。

[4] 英德:今广东英德市。所产石为四大园林名石之一。

[5] 坚致:坚实细密。

[6] 仇池石:广东省韶关市曲江县所产的英石。该石色泽清润,扣之如磬,虽仅一拳,但其间峰峦涧壑,层叠窈窕,奇巧殊绝。宋代苏东坡获得绿、白两块,石上山峦迤逦,云穿山脊,犹如甘肃的仇池山四面陡绝,山上有泉可引而灌田,借杜甫"万古仇池穴,潜通小有天"的诗句,遂将此石题名为"仇池石"。《云林石谱》"仇池石"条:"韶州之东南七八十里,地名仇池,土中产小石,峰峦岩窦甚奇巧,石色清润,扣之有声,颇与清溪品目相类。"

[7] 米太仆:即米万钟。万钟曾任太仆寺少卿。

[8] 联翩:鸟飞翔的一种姿态。比喻断续而迅疾。

[9] 暱就:同"昵就"。亲近,亲昵。

[10] 佻巧:指浮华小巧。

[11] 导款:《庄子·养生主》:"依乎天理,批大郤,导大窾,因其固然。"谓在骨头接合的地方批开,没有骨头的地方则就势分解。窾:空。

[12] 岐嶷:峻茂状。

[13] 濡滞:迟疑,犹豫不决。

[14] 良乡:在今北京西南,为京城的西南门户。

[15] 俾:音 bǐ,使。支机:又作"支机石"。传说天上织女用以支撑织布机的石头。汉代张骞奉命寻找河源,乘槎经月至天河,织女取支机石与骞。

[16] 安车蒲轮:让被征者坐在安车上,并用蒲叶包着车轮,以便行驶时车身更安稳。表示皇帝对贤能者的优待。《汉书·武帝纪》:遣使者安车蒲轮,束帛加壁,征鲁申公。

[17] 拘挛:拘禁,关押。

[18] 磬折:弯腰如磬之形。形容十分恭敬。

[19] 族齿:即"齿族"。指石头一族。

[20] 饮羽:箭深没羽。此借指雕凿斧斫。

[21] 陈思:即曹植(192—232)。字子建,沛国谯(今安徽省亳州市)人。三国时曹操之子,魏文帝曹丕之弟,生前曾为陈王,去世后谥号"思",因此又称"陈思王"。曹植才思敏捷,七步成诗:"煮豆持作羹,漉菽以为汁。其在釜下燃,豆在釜中泣。本自同根生,相煎何太急!"

[22] 清贶:清赐。贶:音 kuàng,赐,赐赠之物。

[23] 丘园:指园林。

[24] 缣素:细绢。可供书画。

[25] 海岳老人:即米芾。号海岳外史。

[26] 拖紫纡青:常作"纡朱拖紫"。形容地位显贵。朱紫指高官所佩印绶的颜色。

[27] 卞氏:即卞和。春秋时楚国人。和氏璧的发现者。

[28] 迈种:勉力树德。语出《书·大禹谟》:皋陶迈种德。

[29] 硁硁:音 kēng kēng,形容一个人见识浅薄又非常固执的样子。

[30] 启母:禹娶涂山氏女,婚后四日便离家治水去了,一别十三年不回。涂山氏女每日引颈南眺,盼望丈夫归来。但是,望穿秋水,也不见禹归。由于朝思暮想,精诚所至,终化而为石,端坐于昔日与禹幽会之所。在今安徽省蚌埠市境内涂山之阳,启母涧之西,有巨石如慈祥的妇人端坐于山崖之上。此即传说中启母所化之石。

[31] 十乱:《书·泰誓》:"予(周武王)有乱臣十人,同心同德。"孔传:"我治理之臣虽少而心德同。"孔颖达疏:"《释诂》云:乱,治也。"十人,指周公旦、召公奭、太公望、毕公高、荣公、太

颠、闳夭、散宜生、南宫适、文母(一说指文王之后大姒,一说指武王之妻邑姜)。后因以"十乱"指上述十个辅佐周武王治国平乱的大臣。

[32]吐握:吐哺握发。《史记·鲁周公世家》:"然吾一沐三捉发,一饭三吐哺,起以待士,犹恐失天下之贤人。"后以之喻为招揽人才而操心忙碌。

[33]干时:犹言治世;用世。潘岳《西征赋》:"思夫人之政术,实干时之良具。"挂瓢避世:指尧舜时许由事。蔡邕《琴操》:许由拒绝了尧禅位于他后,隐于箕山,"无杯器,常以手捧水,人以一瓢遗之。由操饭毕,以瓢挂树,风吹树,瓢动,历历有声。由以为烦扰,遂取捐之。"后以"挂瓢"为隐居或隐者傲世的典故。

[34]羊足:指脚。燕翎:指翅膀。

附:勺园

海淀米太仆勺园,园仅百亩,一望尽水,长堤大桥,幽亭曲榭,路穷则舟,舟穷则廊,高柳掩之,一望弥际。旁为李戚畹园,巨丽之甚,然游者必称米园焉。

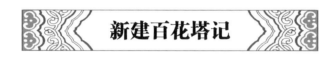

新建百花塔记

明·洪应科

【提要】

本文选自《古今图书集成》职方典卷八八九(中华书局　巴蜀书社影印本)。

百花塔址在今江西宜黄,塔已被该县拆除。

宜、黄二水交汇的宜黄,"宋绍兴有大居士创太和院塔",太和院塔建于南宋绍兴十二年(1142),毁于元末兵火之中。

洪应科宜黄上任后,决心造塔。选基百花洲头,"以是地古有城岭官阁,又正位巽、巳间,二水会流,两贵纳甲,平地青云在兹"。于是,鸠工庀材,选择办事练达的老者董其役,当地百姓"群材效珍,群力效勤"。经过5年的努力,终于造成"觚八面而七梯之,高十有三丈,基广三之一"的高塔。洪应科详细描述了此塔的结构特点,砌塔所用的砖"每方厚可九尺,中窾丈许,下广上锐,檐牙峻飞",看来砖是一次成型的。

由于原塔已毁于"文革",塔的诸多秘密只能赖此文以存留了。

2008年,宜黄县又在卓望山嘴造塔,取名卓望塔。

宜黄据昭武上游,居层峦叠巘间。余莅兹土,览县庠后嶂,并峭奇。独前峰蜿蜒,无秀拔特起之势[1]。私谓清淑郁积,风气欲开,当乞灵于山川陵谷以迎之,而浮图森耸实棘。爰考邑乘,宋绍兴有大居士创太和院塔,面县庠。维时奇英辈出,射策决科者鳞鳞也[2]。越六十有八祀而塔圮,嗣得程君有俊绩其迹,名千佛塔。功甫讫,奏捷南宫,有许君梦龄、涂君恢、万君开继以儒科奋者六十有七人,则文笔之征验尤信。

岁丁未,邑孝廉邓君来鸾、邹君用章率诸缙绅父老,以建塔请于予。予喜曰:"是吾志也。矧邑人能高大居士之义,余何敢不光昭程君之前政?"

于是,佥画基百花洲头,以是地古有城岭官阁,又正位巽、巳间[3],二水会流,两贵纳甲,平地青云在兹。乃鸠工程材,诹日锲趾,择耆民练事者董其役。余割私俸为倡,士民诜诜乐助[4]。群材效珍,群力效勤。甋八面而七梯之,高十有三丈,基广三之一。累石为趾,入土深二寻。身用巨砖,每方厚可九尺,中豁丈许,下广上锐,檐牙峻飞,隅牖受光,折旋而升,若穿龙蛇之窟。错综穴门,高齐顶外,垂广尺有咫,可受踶。周环列槛,凌天门,四望云冉冉在桑榆,可无啮膝[5]。约费二千三百余,不及公帑;累砖砌级,募工为之,力役不烦民。余亦坐县廨,治簿书,谈艺课,士如他日,而支提插霄汉间矣[6]。

宜故文明甲六邑,今多士雅以文行。相高精英,勃勃欲泄,复挹秀承灵,长表轮相。其大者当有尊宿灵光,足当人瑞,为柱石,为山斗;其次则气钟五纬,以才藻名世,能与鬼神争奥,日月俱垂;又其次则鹿鸣雁塔,若若累累,绍兴、嘉定,盛事叠见。今日其下闾里,宁一岁事常登,民游华胥春台中[7],蔼如也。夫浮图以迎风气,今巨丽嵬峨,矗立云表。龙华[8]天马增胜,何夸宝气三函;凤毛狮石吐奇,奚取喜园一发? 将绩驾太和,名高千佛,而乞灵于山川陵谷,永永不朽。

是役也,经始丁未冬,迄辛亥夏而功垂就。会余成都命下,问途时,诸士民椸行辕请记[9]。余以后来共事者,必合其尖,告成之月日,其以一语相加遗余,曷知焉。诸士民茫然若有失,竦然欲言而不得也。遂书之以勒贞珉[10]。其倡义、捐赀、董工者,载于碑阴,不书。

【作者简介】

洪应科,生平不详。

【注释】

[1]特起:耸立。

[2]射策:汉代考试取士方法之一。指"为难问疑义书之于策,量其大小署为甲乙之科,列而置之,不使彰显。有欲射者,随其所取得而释之,以知优劣。射之言投射也"(颜师古)。后泛指应试。决科:谓参加射策,决定科第。后指参加科举考试。鳞鳞:形容多得像鱼鳞。

[3]巽:西南。巳:南。

[4]诜诜:音 shēn,众多貌。

[5]啮膝:良马名。此谓云的形状。

[6]支提:塔的别名。

[7]华胥:《列子·黄帝》:"(黄帝)昼寝,而梦游于华胥氏之国。华胥氏之国在弇州之西,

台州之北……盖非舟车足力之所及,神游而已。其国无帅长,自然而已;其民无嗜欲,自然而已……黄帝既寤,怡然自得。"后用"华胥"指理想的安乐和平之境,或为梦境的代称。

[8]龙华:亦作"龙花"。指龙华树。传说弥勒得道为佛时,坐于龙华树下,树高广四十里。因花枝如龙头,故名。

[9]柅:音 nǐ,止车的木块。此谓拦车。

[10]贞珉:石刻碑铭的美称。

长 堤 碑 记

明·游士任

【提要】

本文选自《古今图书集成》山川典卷二七二(中华书局 巴蜀书社影印本)。

江城武昌历代以来均为长江江防的紧要处,万里长江,浩浩汤汤,"下至赤鼻,乃始就冲勒。又下过鱼山,则江、嘉、蒲、咸之山,三面周遭,而西缺其一面,以受江"。这样一来,"山如弓,而堤当其缺,如弦然,堤之形一而堤之则四"。"又譬之人身然,马鞍山上下若颡,若颊,三角铺下若咽喉,巡司以西若脊膂,获口以北若尻。"

以前的江防大堤,获口以北不筑堤,造成"颡咽脊俱全而无尻也,不免捍七而缺三"。"起获口至赤矶",则江防大堤"其尻乃全,是为捍九而缺一"。为何如此?在金口留出一缺,洪水"至口则若建瓴然,不返顾矣"。葛侯甫上任,"他政未遑也,遂东西盼而远近视,以为荒度计"。

万历庚戌,江防大堤开始"别疆域,分山泽,核里数,酌丈尺",分工修筑。

第二年,"江泛没堤之半","堤以外,水高丈许;堤以内,黍稷油然,桑麻蔚然"。昔日荡析之地今日尽成如画乐土了。游士任听说,随即归而疾走堤上,只见"江若白龙,堤如青鲵,周旋翼蔽,与三面山共成四塞,四邑将世世赖之"。

这四邑是:江夏、蒲圻、咸宁、嘉鱼。

四邑公堤(作者所称"长堤")地处长江中游南岸,上起嘉鱼县马鞍山,下迄武昌县凉亭山,堤线净长 56.639 公里(其中嘉鱼县境内长 40.444 公里,武昌县境内长 16.195 公里),是鄂南重要的一道防洪屏障。受其保护的范围为武昌、嘉鱼、咸宁、蒲圻四县(市)所属之西凉湖区,总面积 1 110.4 平方公里,其中耕地面积 90.97 万亩,养殖面积 18.91 万亩,人口 49.32 万人。

四邑公堤始筑于北宋政和年间(1111—1118)。当时嘉鱼知县唐均见长江"南岸渐于高厚",即向朝廷请款并召集嘉鱼、江夏、咸宁、蒲圻四县沿湖之民众,在马鞍山南麓修筑江堤,称新堤和接龙堤。元明时期又沿马鞍山东麓向下延至赤矶山,修筑了成公堤、金口长堤、关门堤,至民国二十一年(1932)修筑姜家横堤、民国二十四年兴建金水闸后,全线连成整体。因该堤保护四县利益,且系四县共同修防,故称四邑公堤。

四邑公堤在民国十六年(1927)以前尚属民堤,实行"官督民修"体制。明代,每届修防,武昌府由知府或同知、各县由知县或其他官吏临时兼管,地方公举堤长具体负责动员和组织民力自修自防,或由官府拨款雇夫修防。康熙十三年(1674),清政府议定四县分别由县丞或典史专门负责堤防,武昌府同知负总督之责,使这种"官督民修"的体制更加确定。乾隆三年(1738)后,改由地方公举的堤绅(或堤长)具体主持堤务,但堤费来源不固定,或由各县筹集,或向官府请拨和借贷,或由富豪募捐,或征集堤本存典生息。民国十六年(1927)至1949年,四邑公堤被确定为"官堤",实行"官办民协"体制,先后由湖北省水利局、全国经济委员会江汉工程局主持修防,地方组织的修防处协助办理。其修防经费主要来自湖北堤工捐款。

四邑公堤的四县共同承担分段修防的公修制度,原因有四:一是"水之患四邑共之"。由于特定的山水地形关系,四邑公堤与滨江四县民众相依为命,这是四县合作修筑的重要基础。也是四邑公堤得以发展、巩固的重要原因;二是在修防发展过程中,特别是清康熙四年以后逐步建立符合四县民众自身利益的承修负担制度和与之相适应的施工组织、施工管理、堤费筹集等制度,对合作修防起到了保证作用;三是官方督修。由于公堤"固则均利,溃则均灾"(光绪《嘉鱼县续修堤志》卷一),不仅对四邑群众如是,对官方亦如是,因此,在修堤防洪的特定情况中,官、民利害一致,这就使得政府在组织和协调修防工作中发挥出积极的作用;四是四邑公堤合作修防的历史悠久,逐渐形成一种具有明显地方特色的优良传统和习惯。正因为如此,建国前,四邑公堤在830余年的时间内,不断得到兴筑。

可是,大堤虽已具一定规模,但堤身千疮百孔,抗洪能力很低,加上长江洪水峰高量大,因此历史上溃口频繁。据史料记载,仅从明天顺四年(1460)至1949年的489年间,大堤就溃口36次。其中清道光九年(1829)——二十九年间(1849),溃口就达9次,几乎两年一溃。每次溃决,"沿湖居民与鱼鳖为邻,四野桑麻尽沉波底。数椽茅茨悉扫涛中,少壮行乞于远方,老稚僵尸于沟壑"。(同上引)其灾情惨不忍睹。

葛侯竣长堤之役,迁南廷尉评以去[1]。熊直指业为石上言[2],记徐、葛两侯举事之始末,侯可千秋矣。

游子假归,父老复砻石索言于鹤楼者再。游子曰:"予不文,曷敢为片石辱?即有言,亦不出直指意耳。"父老曰:"吾君一片热肠,向与直指合。姑言所已言,亦言所未言,可乎?"

游子喟然曰:"夫旧堤始唐均[3],次成宣,次姜溥,又次刘元相,而吴清惠亦经疏请,载邑志。新堤始冯公应京议焉,而未竟,载县牒。"予请勿言,独忆丁、戊间[4],予以一孝廉,卒,三邑父老洒泣而言堤事,郡伯张公折节以从,而蒲邑某侯足不窥江岸一步,辄沮予议。时熊直指在辽,李光禄在燕,安得有心人出片言相佐者?亦此堤机缘未到耳。

无何堤决,四邑之田庐荡然,旄倪之啼号沸然[5]。予恨不能为斯民请也。岁庚戌,游子成进士,葛侯除嘉令,遂与李光禄舣使君者三,刺刺言四邑堤不去口[6],而尤愿以新堤为侯新政冠,不翅兄、关弓弟泣道也。

侯颔之甫下车,他政未遑也,遂东西盼而远近视,以为荒度计[7]。盖大江自岷山来,领黔、泸诸水,出峡而东走;而沅、湘、辰、澧诸水,又大会于岳阳,下至赤鼻(按:今作"壁"),乃始就冲勒。又下过鱼山,则江、嘉、蒲、咸之山,三面周遭,而西缺其一面,以受江。大约山如弓,而堤当其缺,如弦然,堤之形一而堤之则四。

又譬之人身然,马鞍山上下若颡、若颊,三角铺下若咽喉,巡司以西若脊膂,获口以北若尻[8]。向之堤始马鞍山,止夹口置,获口以北不堤,即吴清惠之疏不及焉,是颡咽脊俱全而无尻也,不免捍七而缺三,创而长焉。

起获口至赤矶,如冯公应京议,而其尻乃全。是为捍九而缺一,虚其一于金口。水至口则若建瓴然[9],不返顾矣。其剩流从口入湖而上焉,其势杀。比满而溇[10],则江已就落,不复以四十里为口而朝茹夕满也。

葛侯既有成算,一一条诸牒以力请焉。当事可其议江,咸无间言,而蒲稍不如约,如丁、戊间故事。

于时,熊直指、李光禄慷慨陈说于诸当事,手腕几脱;而余亦向兵备张公、郡伯马公、司理唐公、孙公,披沥满纸焉[11],当事益蒿目[12]。是以有勘堤之役。

择江夏徐侯以往,至则为之别疆域,分山泽,核里数,酌丈尺,一以受害多少为准而其护始定。当事忻然,捐三千金以创新,属四邑分筑而堤之,尻续矣。既又捐三千金以增旧属嘉邑,专修而堤之,颡若咽,若脊,亦无弗固矣。

明年,江泛没堤之半,予犹官苕上[13],或走告予曰:"堤以外,水高丈许;堤以内,黍稷油然,桑麻蔚然。向时荡析之区[14],今尽乐土。其鱼之人,今尽击壤,国赋亦从此不逋矣!"游子手额曰:"卓矣!两侯明德,远矣!"归而疾走堤上,徘徊四顾,则见江若白龙,堤如青蜺[15],周旋翼蔽,与三面山共成四塞,四邑将世世赖之。即史起、西门豹,宁多逊焉。

是役也,问之里,江六十三,患水者三十四;蒲三十,患水者八;咸十六,患水者八;嘉十二,患水者七。问之堤,江之丈以千者二,蒲、咸之丈以千者各一,嘉之丈以千者亦一有奇。费如前。问之当事,则中丞董公、梁公,直指史公、钱公、彭公,方伯刘公、参藩陈公、宪臬王公、张公,郡伯马公、黄公,司理唐公、孙公。视堤则别驾李公,若某名、某地,方载熊直指记中,无庸再也。

第拜手作诵,诵曰:

春秋元命[16],幕天包地,五行始水。鲍子一决[17],璧沉薪负,厥患不已。

澶渊之役,子瞻庐城[18],誓与俱死。赋被黄楼,载歌载咏,有涕如汕。

艰哉使君,瓢则百与。全乃致毁,使君致词。吏民欲杀,何如史起。

卓矣徐侯,共建非常。狂流克砥,三年告成。乃黍乃禾,被我江沱[19]。

彻彼桑土,迨天未雨。敢告多士[20]。

【作者简介】

游士任(1574—1633),号鹤楼,又号鸥天。江夏(今属湖北武汉)人。万历庚戌(1610)进士。入仕为湖州长兴知县,迁广西道御史,加巡按监军御史。天启年间为招兵御史,参与辽战。后为阉党李春烨所劾。

【注释】

[1]廷尉评:亦作"廷平"。汉宣帝时置。为廷尉属官,掌平决诏狱事。

[2]熊直指:指熊廷弼(1569—1625)。字飞百,亦作非白,号芝冈,湖广江夏(今湖北武汉)人。少时家境贫寒。放牛读书,刻苦强记。万历二十五年(1597)举乡试第一,次年中进士,授保定推官,尽释被税监王虎冤系狱者多人,并上撤矿疏,以能擢为监察御史。三十六年巡按辽东。《明史》载:熊公在"宣慰辽东"和"督学南畿"后,功过颠倒,遭权贵奸宦诬陷,"听勘归里"。然而,熊公胸怀坦荡,受辱不惊。时逢"郡邑大涝",廷弼联络邻邑,见督抚,拨国帑,募于盐木两商,共得万余金。他亲自勘察、设计、督修江(夏)、咸(宁)、嘉(鱼)、蒲(圻)四邑公堤和金口至金水闸的五里堤,石嘴的荞麦湾堤,还新修了武金堤,加固了后湖石灰闸堤等。这些堤段,四百多年来一直是江夏(四邑)抗御长江洪涝的牢靠基础。天启元年(1621),建州叛军攻破辽阳,再任辽东经略。与广宁(今辽宁北镇)巡抚王化贞不和,终致兵败溃退,广宁失守。魏忠贤袒护化贞,委罪于他。五年(1625年)被冤杀。崇祯元年(1628),魏忠贤伏诛,冤情得以昭雪。归葬故里,谥襄愍。有《熊襄愍公集》。直指:汉武帝时朝廷设置的专管巡视、处理各地政事的官员。也称"直指使者"。因出巡时穿着绣衣,故又称"绣衣直指"。石上言:指碑记。

[3]"旧堤"句:按,宋政和三年(1113),知县唐均呈请鄂州府允,召集嘉鱼、蒲圻、咸宁、江夏(武昌)四县民工,修筑新堤。堤分三段,从戴家、李家过杨家潭外至孟家名"新堤",从孟家湾经小湖溜至马鞍山中部南麓名"接龙堤",从马鞍山尾至熊家山腰堤,迫使江水从马鞍山北麓东流。随后,自熊家山经河泊矶(龟山)、王家月、沙湖岭至石家墩修筑长堤,粗成堤塍,后因靖康(1126)兵兴,无力加修,堤坏。乾道元年(1165),知县陈景福主持,集嘉鱼、蒲圻、咸宁、江夏四邑民夫,将新堤后移三百步(600米),在杨家潭上戴家山与羊子坡之间修筑,堤长70余丈(240米),历时一月告竣,改称小新堤。元皇庆元年(1312),知县成宣主持加修长堤,并延筑至三角铺(花口与老官交界处),次年告竣,人称成公堤。明弘治二年(1489)长堤延修至双窑。隆庆三年(1569),知县刘元相主持加修长堤。万历三十八年(1610),知县葛中选与武昌知县徐日久,在熊廷弼、光禄寺卿李僚等支持下,加修老堤,并从双窑延筑新堤至赤矶山,至四十三年(1615)告竣,下接武昌金口横堤直抵禹观山,四邑公堤基本形成。明、清时期长堤时溃时复,所费资金多出于帑,故名"皇堤"。清雍正十二年(1734),王家月堤段溃口,知县张其维主持挽筑月堤,从王家月至余码头,长800丈。民国22年(1933)兴建金水闸,堤身从禹观山延筑至凉亭山。次年(1934),加修四邑公堤,由邑人工程师孙卫伯踏勘,从马鞍山中部山腰经茅洲垴、下水沟至余码头筑起新堤,名护障堤。至此,四邑公堤形成今势。

[4]丁、戊:考下文"庚戌",当指1607、1608年。

[5]旄倪:亦作"髦倪"。老幼。

[6]剌剌:象声词。状摹拍击声、破裂声。

[7]荒度:大力治理,通盘筹划。

[8]颡:额,脑门儿。颊:脸的两侧。尻:音kāo,屁股,脊骨的末端。

[9]建瓴:"建瓴水"的省称。谓倾倒瓶中之水,喻居高临下,难以阻挡之势。

[10]荼:音tú,虎杖,一种草本植物,高约一米,茎中空,表面有红紫色斑点,多生低湿水边。

[11]披沥:指开诚相见,尽所欲言。

[12]蒿目:极目远望。

[13] 苕上:指在长兴县令任上。其境有苕溪。

[14] 荡析:动荡离散。

[15] 青蜺:虹。

[16] 元命:天之大命。

[17] 瓠子:古堤名。旧址在河南濮阳境。堤决,汉武帝命塞之,而有《瓠子歌》。

[18] 澶渊:即濮阳。北宋真宗赵恒在此与辽交战后签有和约。庐城:谓由众多庐帐所构之城(辽人帐篷而居)。

[19] 江氾:犹江畔。氾:音 fàn。

[20] 多士:指众多的贤士。

附:武昌府新修江岸记

明·郭正域

武昌枕江而城。

江、汉诸水由岷嶓建瓴而下,沿涂口折为龙床矶,湍悍回环,不数十里,与汉水合,新洲翼而迎之,黄鹄、大别对峙,受二渎之冲。江自西南来,沙、羡当之;汉自西来,鹄山以下,当之陈公套;而下势稍东,洲愈逼愈怒,直泻西江。其内为赵罳矶,镵没水中。东南诸湖水出而灌江,江辖于城下,城中酾二渠以泄积潦。江得汉水而益宽,黄鹄矶岩,石斗绝水;周环洄激,岸土疏恶;沉沙溅沫,性不坚刚。江徘徊于吾邑,凡数折而不欲遽去,盖洲与汉泊凑之,沿江两岸殆难以畚锸之力与阳侯争于汪洋之际也。

宋政和间,州守陈邦光为长堤,都统别廓东为湖心堤。绍兴间,役大军筑万金堤,建压江亭。今堤平,在城内,居民栖止其上,为闾阎矣。所谓万金堤者,半圮半没。

太守张公下车,问民所疾苦,父老以江岸对太守。请于汾阳,直指史公发赎锾五千金,太守巡行其上,凡几寒暑。与诸父老约曰:"岸趾不高则易没,岸基不广则易颓。有岸者,新之;无岸者,兴之。其可乎?"因遣官视之,自下坛至阅兵楼,故无岸;阅兵楼至接官署,岸半圮;中闸口抵观音阁,水啮城址,往来通衢,岸大圮;至青龙港,半圮;夏口驿而上,迤逦而南;又南,抵王惠桥,故无岸:计费五千有奇。

于是,御史史公报曰:"太守精核不群,早为之嗣是。"巡抚张公,直指金坛史公,藩司杨公、张公,臬司董公,俱报可。

公谓:"诸濒水而与水习者,便于因仍,难与更始。彼水去,则蜂蚁聚;水来,则鸟兽散耳。数武之地,莫肯弃也;数椽之屋,莫肯撤也。吾何所施土功,垂永久。吾今夺其所暂不便而与以久安。"

因橛视旧堤,起南浦,尽郡城北址。因石于繁昌,因楫于舟师,因民所苦陆沉于坳堂而争峙于水浒者,增卑培薄。踰年而江复涨,为辍役者再。三岁始克有成绪。凡费金五千有奇。居民始相与聚族而歌且舞曰:"今而后,庶不垫于浩汗,为风波之民也。"

语曰:"利不再,不改法。故黎民所惧,天下晏如也。"以濒水之民,师水之智,以五千金之费,奠百万户之居;以三时之勤,贻千万世之利,岂仅仅岁月朎胧计哉!余因悉所以利害,以准湛璧下楗之绩如汉河内诵史公者,以副舆论故,详志其事。

公名以谦,字本厚,别号益吾,洛阳人。

按:本文选自《古今图书集成》山川典卷二七二(中华书局　巴蜀书社影印本)。

论　琴

明·冯梦龙

【提要】

本文选自《警世通言》(上海古籍出版社 1987 年版)。

这是一段高山流水遇知音的优美传说。大官伯牙弹琴,遇上樵夫子期,"全无客礼","默坐多时",径直抛出"适才崖上听琴的就是你"的话,紧接着抛出"此琴何人所造? 抚它有甚好处?"两个极其专业的问题。

问题引出子期关于琴的来历及其六忌、七不弹、八绝之论。

所谓六忌,是指大寒、大暑、大风、大雨、迅雷、大雪;七不弹则为闻丧、奏乐、事冗、不净身、衣冠不整、不焚香、不遇知音;八绝为清、奇、幽、雅、悲、壮、悠、长。

在古代,琴棋书画琴为首,读书之人不可不研而习之。琴在古人的眼中是"禁止于邪,以正人心"之器,"音之哀乐、邪正、刚柔、喜怒,发乎人心,而国之理乱、家之废兴、道之盛衰、俗之成败,听于音声,可先知也"(高濂)

"知琴者,以雅音为正。"高濂又说。古琴不同于其他乐器,它所遵奉的"正中平和"的审美理想是以儒家精神为宗旨,而在实际操琴中所取的"静淡远虚"的审美情趣则无疑是属于道家的,二者融合正应了"达则兼善天下,穷则独善其身"的人生境界。正因为如此,所以高濂说弹琴"按弦须用指分明,运动闲和,气度温润,故能操高山流水之音于曲中,得松风夜月之趣于指下,是为君子雅业",而那些"心中无德、腹内无墨者,可与圣贤共语?"

"静淡远虚"是古琴弹奏的至高境界。它要求操琴者在弹奏时的精神状态,弹奏中操琴者须心无杂念,心神贯注,这样才能把握住音乐的内涵及发展脉络,进入"未曾成曲先有情"的境界中,这样在演奏中才能达到与"闹"相对的"急而不乱,多而不繁"的"静"境;而"淡"是以"静"为前提而生发出的古琴弹奏中情绪的处理,所谓"乐声淡,则听心平"(周敦颐),在淡泊的琴声中,超尘脱俗、自甘淡泊的含蓄之境自然而出;由"淡"带来的含蓄之美,给操琴者带来了情趣挥洒——"远"的空间,所谓"远":"求之弦中如不足,得之弦外则有余"(徐上瀛)。通过"远"的主观体验与客观对象的交融互渗,以达"得意而忘形"之境,这样乐曲仅是"空框",其中填满的、洋溢着的纯粹是演奏者个人丰富而细腻、广阔而微妙的心理体验。而"虚"则是"淡""远"的升华,"无我"从琴艺中孕育而神游气化,以至"目送归鸿,手挥五弦。俯仰自得,游心太玄"(嵇康),其音有尽而意无穷,声有竭而情无限,演奏者进入的是物我两忘的自然一体境界。"虚"是文人们在琴艺中追求的最高境界。所以,高濂说"理其天真意"。

弹琴如此,匠造亦如此。

童子取一张杌坐儿置于下席。伯牙全无客礼[1],把嘴向樵夫一努道:"你且坐了。"你我之称,怠慢可知。那樵夫亦不谦让,俨然坐下。伯牙见他不告而坐,微有嗔怪之意。因此不问姓名,亦不呼手下人看茶。默坐多时,怪而问之:"适才崖上听琴的,就是你么?"樵夫答言:"不敢。"伯牙道:"我且问你,既来听琴,必知琴之出处。此琴何人所造?抚它有甚好处?"正问之时,船头来禀话,风色顺了,月明如昼,可以开船。伯牙吩咐:"且慢些!"樵夫道:"承大人下问。小子若讲话絮烦,恐耽误顺风行舟。"伯牙笑道:"惟恐你不知琴理。若讲得有理,就不做官,亦非大事,何况行路之迟速乎!"樵夫道:"既如此,小子方敢僭谈[2]。此琴乃伏羲氏所琢,见五星之精,飞坠梧桐,凤凰来仪。凤乃百鸟之王,非竹实不食,非梧桐不栖,非醴泉不饮。伏羲氏知梧桐乃树中之良材,夺造化之精气,堪为雅乐,令人伐之。其树高三丈三尺,按三十三天之数,截为三段,分天、地、人三才。取上一段叩之,其声太清,以其过轻而废之;取下一段叩之,其声太浊,以其过重而废之;取中一段叩之,其声清浊相济,轻重相兼。送长流水中,浸七十二日,按七十二候之数。取起阴干,选良时吉日,用高手匠人刘子奇斫成乐器。此乃瑶池之乐[3],故名瑶琴。长三尺六寸一分,按周天三百六十一度。前阔八寸,按八节;后阔四寸,按四时;厚二寸,按两仪。有金童头、玉女腰、仙人背、龙池、凤沼、玉轸、金徽[4]。那徽有十二,按十二月;又有一中徽[5],按闰月。先是五条弦在上,外按五行金木水火土,内按五音宫商角徵羽。尧舜时操五弦琴,歌'南风'诗,天下大治。后因周文王被囚于羑里,吊子伯邑考,添弦一根,清幽哀怨,谓之文弦。后武王伐纣,前歌后舞,添弦一根,激烈发扬,谓之武弦。先是宫商角徵羽五弦,后加二弦,称为文武七弦琴。此琴有六忌,七不弹,八绝。何为六忌?

一忌大寒,二忌大暑,三忌大风,四忌大雨,五忌迅雷,六忌大雪。

何为七不弹?

闻丧者不弹,奏乐不弹,事冗不弹[6],不净身不弹,衣冠不整不弹,不焚香不弹,不遇知音者不弹。

何为八绝?总之清奇幽雅,悲壮悠长。此琴抚到尽美尽善之处,啸虎闻而不吼,哀猿听而不啼。乃雅乐之好处也。"伯牙听见他对答如流,犹恐是记问之学。又想道:"就是记问之学,也亏他了。我再试他一试。"此时已不似在先你我之称了。又问道:"足下既知乐理,当时孔仲尼鼓琴于室中,颜回自外入。闻琴中有幽沉之声,疑有贪杀之意。怪而问之。仲尼曰:'吾适鼓琴,见猫方捕鼠,欲其得之,又恐其失之。此贪杀之意,遂露于丝桐。'始知圣门音乐之理,入于微妙。假如下官抚琴,心中有所思念,足下能闻而知之否?"樵夫道:"《毛诗》云:'他人有心,予忖度之。'大人试抚弄一过,小子任心猜度。若猜不着时,大人休得见罪。"伯牙将断弦重整,沉思半晌。其意在于高山,抚琴一弄。樵夫赞道:"美哉洋洋乎[7],大人之意,在高山也。"伯牙不答。又凝神一会,将琴再鼓。其意在于流水。樵夫又赞道:"美哉汤汤乎[8],志在流水!"只两句道着了伯牙的心事。伯牙大惊,推琴而起,与子期施宾主之礼。连呼:"失敬失敬!石中有美玉之藏。若以衣貌取人,岂不误了天下贤士!

【作者简介】

冯梦龙(1574—1646),字犹龙,又字子犹,号龙子犹、墨憨斋主人、顾曲散人,吴下词奴、姑苏词奴、前周柱史等。苏州长洲县(今江苏苏州市)人。明代文学家、戏曲家。其代表作为《古今小说》(《喻世明言》)、《警世通言》《醒世恒言》,合称"三言",是中国白话短篇小说的经典代表。

【注释】

[1]伯牙:春秋时期晋国的上大夫,著名琴师,被尊为"琴仙"。
[2]僭谈:谦词。越分妄谈。僭,音 jiàn。
[3]瑶池:神话中昆仑山上的池名,西王母所住的地方。
[4]龙池:琴底的二孔眼之一,上曰龙池,下曰凤沼。玉轸:玉制的琴柱。金徽:琴上系弦之绳。
[5]中徽:七弦琴琴面十三个指示音节的标志叫"徽",居中者称"中徽"。
[6]冗:忙,繁忙的事。
[7]洋洋:广远无涯貌。
[8]汤汤:音 shāng,水势浩大;水流很急的样子。

论 箫

明·冯梦龙

【提要】

本文选自《东周列国志》(人民文学出版社 1986 年版)。

冯梦龙搜集整理的演艺类小说还包括《东周列国志》。该书主要描写了从西周宣王时期直到秦始皇统一六国这五百多年的历史。

"昔伏羲氏,编竹为箫,其形参差,以象凤翼;其声和美,以象凤鸣。"传说伏羲氏所作之箫是排箫,形状如凤翅,大的 23 管,长管一尺四寸;小的 16 管,长的一尺二寸。箫管排列长短参差，"其制虽减，其声不变"，箫声起，"象凤鸣，凤乃百鸟之王，故皆闻风声而翔集也。"不仅如此，"后人厌箫管之繁，专用一管而竖吹之"，横七孔，"其形甚简"，也像凤鸣。

由箫可知，乐器及弹奏之理：多用减法；简单的就是美的。

孟明登太华山，至明星岩下，果见一人羽冠鹤氅[1]，玉貌丹唇，飘飘然有超尘出俗之姿。孟明知是异人，上前揖之，问其姓名。对曰："某萧姓，史名。足下何人？来此何事？"孟明曰："某乃本国右庶长，百里视是也。吾主为爱女择婿，女善吹笙，必求其匹。闻足下精于音乐，吾主渴欲一见，命某奉迎。"萧史曰："某粗解宫商，别无他长，不敢辱命。"孟明曰："同见吾主，自有分晓。"乃与共载而回。

孟明先见穆公，奏知其事，然后引萧史入谒。穆公坐于凤台之上，萧史拜见曰："臣山野匹夫，不知礼法，伏祈矜宥[2]！"穆公视萧史形容潇洒，有离尘绝俗之韵，心中先有三分欢喜；乃赐坐于旁，问曰："闻子善箫，亦善笙乎？"萧史曰："臣止能箫，不能笙也。"穆公曰："本欲觅吹笙之侣，今箫与笙不同器，非吾女匹也。"顾孟明使引退。

弄玉遣侍者传语穆公曰："箫与笙一类也。客既善箫，何不一试其长？奈何令怀技而去乎？"穆公以为然，乃命萧史奏之。萧史取出赤玉箫一枝，玉色温润，赤光照耀人目，诚希世之珍也。才品一曲，清风习习而来，奏第二曲，彩云四合，奏至第三曲，见白鹤成对，翔舞于空中，孔雀数双，栖集于林际，百鸟和鸣，经时方散。

穆公大悦。时弄玉于帘内，窥见其异，亦喜曰："此真吾夫矣！"穆公复问萧史曰："子知笙箫何为而作？始于何时？"萧史对曰："笙者，生也；女娲氏所作，义取发生，律应太簇。箫者，肃也；伏羲氏所作，义取肃清，律应仲吕[3]。"穆公曰："试详言之。"萧史对曰："臣执艺在箫，请但言箫。昔伏羲氏，编竹为箫，其形参差，以像凤翼；其声和美，以像凤鸣。大者谓之'雅箫'，编二十三管，长尺有四寸；小者谓之'颂箫'，编十六管，长尺有二寸。总谓之箫管。其无底者，谓之'洞箫'。其后黄帝使伶伦伐竹于昆溪[4]，制为笛，横七孔，吹之，亦象凤鸣，其形甚简。后人厌箫管之繁，专用一管而竖吹之。又以长者名箫，短者名管。今之箫，非古之箫矣。"

穆公曰："卿吹箫，何以能致珍禽也？"史又对曰："箫制虽减，其声不变，作者以象凤鸣，凤乃百鸟之王，故皆闻风声而翔集也。昔舜作箫韶之乐，凤凰应声而来仪。凤且可致，况他鸟乎？"萧史应对如流，音声洪亮。

穆公愈悦，谓史曰："寡人有爱女弄玉，颇通音律，不欲归之盲婚，愿以室吾子。"萧史敛容再拜辞曰："史本山僻野人，安敢当王侯之贵乎？"穆公曰："小女有誓愿在前，欲择善笙者为偶，今吾子之箫，能通天地，格万物，更胜于笙多矣。况吾女复有梦征，今日正是八月十五中秋之日，此天缘也，卿不能辞。"萧史乃拜谢。穆公命太史择日婚配，太史奏今夕中秋上吉，月圆于上，人圆于下。乃使左右具汤沐[5]，引萧史洁体，赐新衣冠更换，送至凤楼，与弄玉成亲。

【注释】

[1] 鹤氅：鸟羽制成的裘。用作外套。

[2] 矜宥：矜怜宽宥。

[3] 肃清：犹冷静,冷清。仲吕：中吕。古乐十二律的第六律,又称小吕。

[4] 伶伦：传说为黄帝时的乐官。古以为乐律的创始人。

[5] 汤沐：沐浴。

柳 浪 湖 记

明·袁中道

【提要】

本文选自《传世藏书》(海南国际新闻出版中心 1996 年版)。

柳浪湖,"实湖也田之",即今天所说的湿地型湖泊,有水时常浩浩;秋冬季节水退,便露出为田地。

万历二十八年(1600),宏道弃官还乡,看中"其中稍阜者,几四十亩,可田",于是买了下来,"络以堤,堤内外皆种柳及枫",条画安排、分区布设,建造柳浪馆,营构楼、台、亭、榭;不可为田的洼地,"筑横堤与田隔,中种红莲"。湖中洲上,"为室三楹,以待名僧及过客也"。宏道在此荟集文人雅士,读书吟诗,参禅悟道达六年之久。在这里,他过的是"浓树遮樾,参差见碎天"的优闲日子,享受的是"楚中柳色,止一月黄落;入秋,枫叶红酣如锦"的美景。

中郎之后,骚人墨客常慕名来此赋诗抒怀,柳浪湖因宏道之名和自身美景,以"柳浪含烟"入"公安八景"。

郭外西南柳湖与斗湖,一湖也,长堤间之,为大道达于南门,其内为柳浪。柳浪汇通国之水,穿桥入于斗湖。

柳浪实湖也田之,然常浩浩焉。独其中稍阜者[1],几四十亩,可田,络以堤。堤内外皆种柳及枫,带以渠,渠树之内始为田。田之内,地较阜,复为堤周之,堤上复种柳。堤之内,前为放生池,种白莲,亭临之。后渐阜为台,台之上,则柳浪馆在焉,为室三楹,环以梁。台上及渠内外,皆种柳。

凡堤之袭者三,渠之袭者二,树之袭者六,若笋蕉,若阵若城,翠碧酝酿,不知纪极[2]。放生池堤外,右有洼地,不可田。筑横堤与田隔,中种红莲。水中有洲,为室三楹,以待名僧及过客也。右为小堤以出,是为门径。左为小堤,达于柳浪馆。

欲泛舟,则绕台下,从右出桥下,达于放生池。盘旋亭前,折而右,穿桥至红莲池,绕僧舍而西,穿于后渠。后渠西可达斗湖,水最阔。返棹仍后渠达于左。左既,则前望见台上朱栏画梁隐隐。绕而右,复还后渠,过僧舍,从红莲池旧路归焉,可二里许。

日午,渠内无曦旸[3],浓树遮樾,参差见碎天,水清彻底。此柳浪大略也。

暑中,中郎与予,坐卧其中。晨起,偕数僧麈谈[4],倦则泛舟;月夜尤佳。常有一客苦热,夜来避暑,忘携幦[5];夜半,冻欲绝。

树凡万株,种枫柳者宜水也。楚中柳色,止一月黄落;入秋,枫叶红酣如锦。土人云:"后有笤箬,前有柳浪。"笤箬为予居,柳浪为中郎别业也。

【作者简介】

袁中道(1575—1630),字小修,一作少修。"公安派"三袁之一。万历四十四年(1616)中进士,授徽州府教授,止于吏部郎中。其诗文强调性灵。有《珂雪斋集》20 卷、《袁小修日记》20 卷。

【注释】

[1]阜:土台。

[2]纪极:终极,引申为穷尽。

[3]曦旸:阳光。

[4]麈谈:挥麈尾而清谈;亦泛指闲居谈论。麈:音 zhǔ,古书上指一种鹿一类的动物,尾巴可当作拂尘。

[5]幦:布单。

荷叶山房消夏记

明·袁中道

【提要】

本文选自《传世藏书》(海南国际新闻出版中心 1996 年版)。

这是一幅明代文人消夏图:在荷叶山房,"诸叔皆来聚饮",酒至微醉,行走在稻田埂上,听流泉汩汩,甚快;"早起,共聚山房前大槐树下",饭后,僧煮新茶以供;傍晚时分,在五亩大小的稻场上,对熏风坐,听僧人问难,不知不觉,"中郎大为激扬"。僧人辩论,中郎激动,其情其景,生动!

这样的日子持续了 3 个月。不仅如此,叔叔兰泽有十亩莲池,中道"率诸弟共架一浮梁于万花中",梁上可容十余人同时游乐;更可消夏者,"一日,偶行万松林中,见日斜,松阴尽覆水上",买来一条船,"乘月来游,甚至月落始归"……这三个月,"更未尝面一俗客,作应酬事也"。

作者眼里,荷叶山房"实生平消夏第一乐也"。

予久不上丘墓,甲辰五月从三穴挂帆,抵柞林,息于杜园竹中。明日过荷叶山房,少时兄弟听雨处也。诸叔皆来聚饮。醉则步稻畦间,听流泉汩汩,甚快。未几,中郎携衲子寒灰、雪照、冷云至[1],皆东南名僧,偶集于香光社者[2]。中郎同诸衲聚于荷叶山房,予宿于乔木堂。早起,共聚山房前大槐树下。饭后,过梅花奥,度骑羊渴,入万松林,登台望湖水晶晶,树影甚浓,风萧萧至。诸叔携茶来,共宴笑,即于松阴下午餐。饱后,穿万松中,至珊瑚林,僧能煮新茶以供。日已西,各归浴。晡时坐庄前稻场上[3],可五亩,农人净治如虎丘千人石,而莹洁过之,共对薰风坐[4]。诸衲颇有问难,中郎大为激扬。至夜分,薄有寒意,乃入。三月内,率以为常。有人召,亦量往。予归庄多醉,时从梦中听笑言,不知作何语也。

叔兰泽,有十亩池,白莲盛开,荷叶皆数丈余。予帅诸弟共架一浮梁于万花中,可容十余人。日取碧筒饮酒,佐以莲房,荷柄皆出人头上如盖。入夜香愈炽,殆非人境。

一日,偶行万松林中,见日斜,松阴尽覆水上。予曰:"是可泛也。"遂买一舟置其中,冷云能为榜人,乘月来游,甚至月落始归。至若孟溪、车台、杜园、冢子山,皆与诸酒人出没之处。诗则间作,多次中郎韵。闲则诸衲伸纸,予纵笔作大字。此外非游则嗒坐[5]。三月内,更未常面一俗客,作应酬事也。八月,中郎偕诸衲走德山[6],而予携一酒人走黄山,始别去。然此会实生平销夏第一乐也。

嗟乎!予兄真今之子瞻,予愧子由,然其不欲相舍同也。当子瞻一入仕途,追思乡土,念在瑞草桥边吃瓜子爆豆,何可得也。今中郎迫于严命,且有四方之志;而予明年亦上公车,世途羁人如此,销夏之乐,不知更可得否。中郎曰:"'有田不归如江水'。彼政坐无田耳。吾辈有此数亩,归计亦易,他年决可不作两处。"予遂退而援笔记之,使见之则忆此乐,毋如苏家兄弟阳羡、许下事也[7]。

【注释】

[1]衲子:僧人。

[2]香光社:万历三十二年(1605),宏道、中道与寒灰等僧人在荷叶山房结社修香光之业,称之。

[3]晡时:下午3—5时。

[4]薰风:东南风或南风。

[5]嗒坐:谓傻坐(不思不虑)。嗒:音 tà。

[6]德山:在今湖南常德。

[7]阳羡:今江苏宜兴。许下:即许昌。苏轼《与谢民师推官书》之二:此去,不住许下,则归阳羡。

柴 紫 庵 记

明·袁中道

【提要】

本文选自《传世藏书》(海南国际新闻出版中心 1996 年版)。

今湖北当阳玉泉山玉泉寺有一处别墅——松桂堂,是当年袁中道隐居读书处。袁中道在这里留住多年,一直到考取进士,赴南京就任才离开。离开前,他将此赠与玉泉寺。

松桂堂又叫柴紫庵,"有堂三楹",堂前"望前山如绣屏";"右墙外,小室三楹";从洞右登山,亭子名"堆蓝",在此望"西南山色,如墨花淋漓"。

柴紫庵边有讲经台。1988 年,玉泉寺僧人泽元回忆,台在玉泉寺南侧的台坪上,面积为 900 平方米。台上建筑的讲经堂只占一小部分,约 250 平方米,砖木结构。虽只一重,却非常典雅,亮脊兽头,飞檐翘角;五开间,三面砖墙,正面迎门为一排朱漆格门和廊柱,廊下是一片平整广场;堂正中供奉智者大师塑像,正襟危坐,似若讲经姿态;塑像前有一雕刻精细的香案,案上摆有香炉烛台磬钟等法物。

泽元还回忆,松桂堂是一座规模不大的四合院,砖木结构,用木比讲经堂的杉木细小。除屋架、椽子、檩子、门框、窗扇外,没有落地木柱,完全是硬墙搁檩,四面封顶,设一正门和一侧门。当年袁中道布施时,曾建议松桂堂只作办学馆,由玉泉寺聘请塾师并担负一切开支,供玉泉寺及其附近僧俗学童就读。因此,自明末至民国 300 多年一直为学校,泽元曾在该校执教数年(参见《袁中道柴紫庵兴学记》,湖北当阳市玉泉寺网站)。

中道在此读书,申述了 5 条宜山居者的理由。"居山之事,吾志久定,吾计永决,终不舍此更逐世路矣",所以,庵成后,他要以"五宜居"为"心盟"。

玉泉右掖之山,一峰直下,如象鼻突止。即为庵,有堂三楹,曰净名,以祠护法居士者也。舒其后溜,为小室二:一居僧,一予自居。堂中望前山如绣屏,墀下有木樨一株[1],可十围。每开,香清一山。其右墙外,小室三楹,为香积[2],周以虎落[3]。庵之后,所云"象鼻突止"者,瞰之皆石骨,凿一洞,曰幻霞,以其中有霞纹也。可容一案四人,清凉沁骨。从洞右登山,缘鼻而上,可百步,得亭曰堆蓝。围以墙,穴以通风。望西南山色,如墨花淋漓。惟九子在西北,稍为树蔽其锷。庵门外,左有小台,听玉泉水声甚厉,可望后山,怪石老树,游云弄姿。堂中所祠者,上为维摩诘,左为武安,右为伯修、中郎。

近得西川黄太史平倩之讣,予哭而祠之。平倩长伯修六岁,故位在伯修上。海内交游多矣,独祠数公者,以皆有功德于玉泉者也。即有功德于玉泉,而非道德文藻无逊前三公者,亦不敢滥祠。后度门之意,以雷太史何思,生平护持玉泉甚力,亦得附位在中郎下。创始于万历辛亥春[4],会以他事归;至壬子六月初四日落成,而总名之曰柴紫,以玉泉亦名柴紫山也。

予即以此日,从讲经台移至庵。向来居重垣内,如螺如茧,至是始与山色泉声亲。每日晨起,净名堂中阅《龙藏》[5],午至幻霞洞,清坐焚香。晚登堆蓝亭看山,以为常。意甚乐之。

嗟乎!予之来山中,从困衡中计之已熟[6],拼舍百丈游丝而至[7],盖将终身焉。何者?道不在定,定为道铠。故古人舍喧入寂,假澄波以贮慧月。吾辈岂可逐逐纷嚣,妄语那伽[8],如醉象之无钩[9],似野马之不御,此其宜居山者一也。鬼谷有言:"抱薪趋火,燥者先然;平地注水,湿者先濡。"外境之为水火也,亦大矣。而以燥湿之习气与偶,政恐入焰常新,难同浣布;腾波不住,有愧莲花。燃濡随之,害岂有极。故知涉事难守,离境易防,此其宜居山者二也。兰香石坚,羽飞鳞沉[10],各有至性。吾一触尘缨,周旋世事,若枳若焚,形神俱困。乍对叠叠之山,湛湛之水,则胸中柴棘,若疾风陨箨,春阳泮冰[11]。昔人睇棨戟为险道,走岩壁若康庄,信非欺我,此其宜居山者三也。谬许多生慧业[12],有志编摩[13],常欲取东国之灵文,西方之秘典,综其万派,汇归一源,作后世津梁。中年驰鞅名利[14],垂情花月,羽陵蠹集,砚北尘生[15]。自非偶影青峦,莫酬此志,此其宜居山者四也。世烦我简,简则疑傲;世曲我直,直则近讦;同固投胶[16],异或按剑。夫骨体如此,世路如彼,则采药煮石,亦足以老矣。岂可临砧刀而叹秀芝、忆唳鹤哉[17]!此其宜居山者五也。然则居山之事,吾志久定,吾计永决,终不舍此更逐世路矣。庵成,纪其梗概,而并勒五宜居者,以为心盟[18]。

【注释】

[1]墀:台阶。木樨:即桂花。樨:音 xī。

[2]香积:香积厨的省称。寺僧的斋堂。

[3]虎落:篱藩,竹篱。

[4]万历辛亥:1611 年。柴紫庵于第二年六月落成。

[5]《龙藏》:即永乐版《大藏经》。清乾隆版《大藏经》刊印后,明版藏经称《永乐北藏》。

[6]困衡:困心衡虑。谓心意困苦,忧虑满胸。语出《孟子·告子下》:困于心,衡于虑,而后作。

[7]百丈游丝:此谓各种尘间的牵挂。

[8]那伽:梵语音译,义为龙。

[9]醉象无钩:佛法云,象不饮酒,尚难制止,况复无钩而又醉耶,狂乱闯祸无待言矣。

[10]羽飞鳞沉:鸟飞鱼沉。

[11]柴棘:荆棘,喻心计。箨:音 tuò,竹笋外面一片片的皮。泮:音 pàn,散,解。

[12]谬许:犹也许。

[13]编摩:犹编集。

[14] 驰鞅:谓追逐。

[15] 羽陵:古地名。《穆天子传》:仲秋甲戌,天子东游,次于雀梁,曝蠹书于羽陵。郭璞注:
"谓曝书中蠹虫,因云蠹书也。"后以"羽陵"为贮藏古代秘籍处。砚北:即"砚背"。砚台的背面。

[16] 投胶:犹投漆。喻打成一片,情投意合。

[17] 秀芝、唳鹤:均指山野荡泽中之物。此谓隐逸生活。

[18] 心盟:未表现于言词的内心誓约。

西 山 游 后 记

明·袁中道

【提要】

本文选自《传世藏书》(海南国际新闻出版中心 1996 年版)。

万历四十五年(1617),在中进士后的第二年,袁中道入京候选,游走于京都各
地,写下此《记》。

高梁桥、极乐寺、西湖(今称昆明湖)、裂帛泉、香山寺、碧云寺、卧佛寺、法云寺
等,都是明时北京城附近的名胜去处。"寺临水,有垂杨,婀娜甚",这是中道笔下
的极乐寺;西湖的莲花因看护严而花极盛;中峰庵,"自门至堂,皆以精石砌之,净
不容唾",前有楼,后有亭,"坐其下,音韵悄然";香山寺的松与水让他印象深刻,
"其旁青豆赤华之舍数十处,多植偃盖之松,引流水周其溜下";碧云寺的环境、格
局,他描述得周详细致,"嘉靖庚戌,北虏欲入此寺,竟不能。文而坚故也"。洪光
寺的盘山路、卧佛寺的"宛似江南"、法云寺的两棵巨大银杏都让他流连忘返。凡
此种种,一一行诸笔端。

袁中道中进士很晚,晚而中进士,其心情、其笔法便不同于少年。经历了兄长
的离世、屡屡名落孙山的打击,他甚至在隐居期间写给儿子祈年的信中说:"大丈
夫既不能为名世硕人,洗荡乾坤,即当居高山之顶,目视云汉,手扪星晨,必不随群
逐队,自取羞耻也。"

而一旦考中,立刻别开一乾坤,友人高兴,他的笔同样轻快而明丽,所描所摹
十分整丽秀冶。

高 梁 桥

都门之盛,皆在西郊,则以西山之山,玉泉之泉,磅礴淋漓,秀媚逼人故也。泉
水溯桥绕隄[1],入于大内,最为清激。过桥,杨柳万株,夹道浓阴,时时停骖照
影[2],不忍去。佛舍傍水,结构精密。朱户粉垣,隐见林中者不可数,真令人应接
不暇。客曰:"此何如山阴道上?"予曰:"山阴似郭熙,此似黄筌[3]。"

极 乐 寺

寺临水,有垂杨,婀娜甚。殿前松四株,遮樾一堋,松香鸟语,寂寂不见一人。步至寺左国花堂,花已凋残,惟故畦有洼隆耳[1]。癸卯岁,一中贵修此堂[2],甫落成时,汉阳王章甫寓焉。予偶至寺晤之。其人邀章甫饮,并邀予。予酒间偶点《白兔记》,中贵十余人皆痛哭欲绝,予大笑而走。今忽忽十四年矣[3]。堂左有三层楼,望西山,惜树封之,仅见其髻。左禅堂后,有乔松一株,霜皮铁叶,可入绘事。

西 湖

出西直门,即不与水相舍,乍洪乍细,乍喧乍寂,至是汇为湖。湖中莲花盛开,可千亩,以守卫者严,故花事极盛。步长堤,息于龙王庙,香风益炽。去山较近,绕湖如袖。至功德寺,水渐约,花事亦减,多腴田,若好畤也[1]。功德寺门景极佳,内已毁。

裂 帛 泉

泉从玉泉山脚石根出,流声甚壮。溢为渠,了了见文石,沁泠彻骨。依山瞰泉,原为昭化寺基,寺已废。予谓像法,至今日盛极矣,山阪海澨[1],莫不备极庄严。至西山一带,宝地相望,此处于京师最近,山棱棱有骨,水泉涵澹,极为秀冶,而听其凋残,且夷而为场圃。刹固亦有幸有不幸欤!其邻即为史园,正泉所出也,有亭在焉。石色泉声,大类虎丘剑池,以水活,故胜之。缘竹径而上,如龟背,上有堂三楹,可望远。后有洞,阴森甚。燕中不蓄竹,此地独盛。夜宿其中,风大作,如广陵潮生时也[2]。

中 峰 庵

西山别嶂忽开,如两袖之垂。其左为帝王庙、翠岩寺、曹家楼,其右为弘教寺,而其中峰为中峰庵。庵据最高处,望原隰如在几前[1]。自门至堂,皆以精石砌之,净不容唾。前有楼,可以御风;左有亭,可以迟月,松花秀美。坐其下,音韵悄然。

记庚子夏,中郎与予同居此处。是时饭伊蒲而持木叉[2],自以谓得休心忘缘之乐矣。久之而复撄世累[3],未汰染习,岂识及而骨柔欤?抑初心易猛,而久长难持欤?今日对此山灵,实有愧焉。西山刹宇虽多,惟此地清寂可住,予遂幞祓于此[4],作消夏计也。

帝 王 庙

庙不甚弘敞,但以精石累砌极工。中以石貌五帝、三王、列代贤圣儒先之像,此正德间一中贵人惑世浮屠矫而为之者也[1],其志亦近正。予谓帝王自有朝廷崇祀之典,私祠之适成其亵。不知西山自有阙典,即不祠浮屠,亦未始无可祠者,特人不读书耳。按汉王氏有五侯,乃谭[2]、商、立、根、逢时也。五侯中,王谭实为贞臣。谭虽封侯,而不肯事凤。《水经注》:王谭不同王莽之政,子兴生五子,并避时乱,隐居涿郡西山。光武即位,封为五侯:元才北平侯,益才安喜侯,显才蒲阴侯,仲才新市侯,季才为唐侯,所谓中山之五王也。此五侯以贞节封,比前之五侯,清浊不同矣。本传:谭倨不肯事凤,不辅政而薨。子仁嗣,仁素刚正,莽内惮之,令人奏就国。后遣使迫守令自杀。是不同王莽之政者,谭之后又有子仁,所云兴者,岂即仁之弟耶? 因兄死而相率避乱,正相因也。惟仁受王莽之诛,而后光武义而封其后。然则谭抗王凤,仁抗王莽,兴子五人,并能沉冥飘然远去。是谭之一门,父子祖孙,忠贞大节,不亦卓然名臣也哉! 夫五王俱以高隐居西山,则西山以五王重矣。此山正苦无古迹,有如此懿美之迹,而志不知采。又五王俱有忠义大节,法宜祠,旧礼官不以上闻,皆固陋甚矣。若以此庙为西山五王祠,极当。

香 山 寺

香山门径宽博,乔木夹道,流泉界之,依山污隆[1],以为殿宇。殿前古松二株,虬龙诘曲[2]。左来青轩,如衫袖忽开,尽见原隰。寺后有藏经阁,石路净洁,高松列植,四望比来青较远。其旁青豆赤华之舍数十处,多植偃盖之松,引流水周其溜下。自非久淹,莫得寓目矣。此地较诸山爽垲,阳明可居。而游骑杂遝[3]。圆顶方袍者,见人来,其貌甚恭;而其速客去之意,隐然眉睫间。且追随不舍,命之去复来,亦殊败人意也。

碧 云 寺

寺泉出石根中,有声。石壁色甚古,亭其前,为听水佳处。泉绕亭而出,流于小池,种白莲千本,鲜洁澄净,便觉红莲未能免俗。塘前有稚竹一方,嫩绿可爱。予家园中,翠竹万竿,视此如小儿头上发耳。然小竹娇姹[1],亦自有致,况在燕中,尤为难得。竹之前为银杏二株,盘曲荫蔽数亩。其左为洞,一若夏屋,可坐。泉绕之而出,达于青豆之舍,流泉鸣于庑下。至殿前,而泉始大,为方塘,石梁界之,养朱鱼万尾,红烁人目。泉从左达于梁,声始宏。复有危桥,下为修涧。寺较隘于香山,而整丽过之。其中云梁雾洞,绿窗青琐;牛筋狗骨之木、鸡舌鸭脚之菜,往往有焉。嘉靖庚戌[2],北房欲入此寺,竟不能,文而坚故也。寺僧多鲜衣怒马,作游闲公子之态。住此者虽快,亦可畏哉!

洪 光 寺

寺内结构,不异他寺,独门外盘道绝奇。凡十余盘,每盘半里许,夹道浓柏,有如列屏。即亭午[1],不见曦日。予每穷一盘,即坐石上,不忍别去。此销夏第一处也。但畜犬甚狞,颇妨往来。凡招提内多畜犬,则其僧之道行可知。何以故? 以护家之念太重故。

卧 佛 寺

寺在深山中,绝涧乃得寺。以崒波为门[1],殿前古树二株,其孙枝皆可为他山乔木。询僧,云婆罗树。昔如来示寂于婆罗树下,此其遗种也。予游燕子矶,见寺外有二树,亦类此,而差小。岂皆西来之种耶?寺西有泉注于池,池上有美石一具,色如碧玉。溯泉行,极远,多美箭佳树[2],宛似江南。闻此泉水,最宜养花,故僧舍多为中贵所据,邮泉以注于畦畛之间[3],花事最盛。寺中一老僧,亦以养花自给,有余即以施往来行脚者。予昔年游此,但惊诧乔木之奇,未见石与泉也。天下事以偶过眼而失之者多矣,独此哉!

法 云 寺

法云寺在西山后,去沙河四十里。远视之惟一山,逼近则山山相倚如笋箨[1],皱云驳霞,极其生动。其根为千年雨溜洗去,石骨棱棱。每山穷处,即有小峰如笔格[2]。法云寺枕最高处,乃妙高峰也。近寺有双泉,鸣于左右。过石梁,屡级而上[3],至寺。门内有方池,石桥间之,水冷然沉碧,依稀如清溪水色。此双泉交会处也。其上有银杏二株,大数十围。至三层殿后,乃得泉源。西泉出石罅间,经茶堂两庑绕溜而下;东泉出后山,经蔬圃入香积而下,会于前之方塘,是名香水也。山石虽倩,更得此水活之,其秀媚殊甚。有楼,可卧看诸山。右有偃盖松,可覆数亩。

故老云:金章宗游览之所[4],凡有八院,此其香水院也。金世宗、章宗俱好登眺,往往至大房山、盘山、玉泉山,而其中有云"春水秋山"者,章宗无岁不往,岂即此地耶? 按此山即居庸关诸山之面,与天寿山相接,中开一罅,即居庸关也。

【注释】

高梁桥

[1] 隍:无水的城壕。

[2] 骖:马。

[3] 郭熙(1023—约1085):字淳夫,北宋河南温县人。创作旺盛期在熙宁、元丰间(1068—1085)。工画山水寒林,山石用"卷云"或"鬼脸"皴法,画树枝如蟹爪下垂,笔力劲健,水墨明洁。布置笔法独树一帜,早年巧赡致工,晚年落笔益壮,常于高堂素壁作长松巨木、回溪断崖、岩岫巉绝、峰峦秀起、云烟变幻之景。他观察四季山水,有"春山淡冶如笑,夏山苍翠如滴,秋山明净如妆,冬山惨淡如睡"之感受,在山水取景构图上,创"高远、深远、平远"之"三远"构图法。黄荃(约903—965):字要叔,成都人。五代时,历仕前蜀、后蜀,官至检校户部尚书兼御史大夫。入宋,任太子左赞善大夫。工画,擅花鸟,兼工人物、山水、墨竹。所画禽鸟造型逼真,骨肉兼备,形象丰满,赋色浓丽,钩勒精细,几乎不见笔迹,似轻色染成,谓之"写生"。

极乐寺

[1] 洼隆:高下不平。

[2] 中贵:宦官。

[3] 忽忽:时间飞逝貌。

西湖

[1] 畤:音 zhì,指田地;或谓水中的小块陆地。

裂帛泉

[1] 山陬:山角落。借指山区偏僻处。陬:音 zōu,隅,角落。海澨:海滨。澨:音 shì,堤岸。

[2] 广陵:扬州。扬州近长江。

中峰庵

[1] 原隰:原野。隰:音 xí,新开垦的田。

[2] 伊蒲:即"伊蒲供"。素食。木叉:又称波罗木叉。汉译为解脱,是戒律的别名。

[3] 撄:音 yīng,扰乱,纠缠。

[4] 幞袱:谓准备好布单。

帝王庙

[1] 正德:明武宗朱厚照年号,1506—1521 年。中贵人:太监。浮屠:和尚。

[2] 谭:王谭为王氏第三子,其长兄凤,次兄曼生王莽。王凤以外戚身份为成帝大司马大将军,主持朝政,挟持皇帝。

香山寺

[1] 污隆:指地形的高下。

[2] 诘曲:屈曲,曲折。

[3] 杂遝:众多杂乱貌。

碧云寺

[1] 娇姹:娇媚,艳丽。

[2] 嘉靖庚戌:1550 年。蒙古俺答汗为对付瓦剌,更好地统率各部,迫切要求与明贸易。他向明称臣纳贡,希望扩大和增加交易。但明廷害怕土木之变重演,加以拒绝,并杀来使。嘉靖二十九年(1550)六月,俺答率军犯大同、宣府,大同总兵仇鸾惶惧无策,以重金贿赂俺答,使移寇他塞。八月,俺答移兵东去,入古北口,杀掠吏民无数,明军一触即溃,俺答长驱入内地,京师震恐。明世宗朱厚熜急集兵民及四方应举武生守城,并飞檄召诸镇兵勤王。明援军虽 5 万余人,但皆怯战,又缺少粮秣。严嵩也要求诸将坚壁勿战,听凭俺答兵在城外掳掠。俺答兵自白河渡潞水西北行。此前,俺答已引兵夺白羊口(在今北京延庆西南),以西走塞外,而留余众于京城外,以为疑兵。但白羊守将扼险防御,俺答不得出,乃复东向南,仍由古北口出塞。九月初,蒙古兵全部撤退。史称"庚戌之变"。

洪光寺

[1] 亭午:正午。

卧佛寺

[1] 崒波:指涧水。崒:音 cuì,聚,集。

[2] 美箭:好竹。

[3] 邮泉:谓驮运泉水。

法云寺

[1] 笋箨:笋皮。箨:音 tuò,竹笋上一片一片的皮。

[2] 笔格:笔架。

[3] 屡级:连级。

[4] 金章宗:即完颜璟(1168—1208)。二十九年(1189)即帝位,在位 19 年。庙号章宗。喜爱汉文,能书画。即位后,大兴郡学,提倡儒术,进一步采用汉族礼仪服饰,提倡女真族和汉族通婚,促进了民族融合。

《工部厂库须知》序

明·何士晋

【提要】

本文选自《续修四库全书·史部·政书类》(上海古籍出版社2005年版)。

何士晋的眼里,苏轼"广取以给用,不若节用以廉取"是金玉良言。所以他从万历戊申(1608)年任工科给事中开始,上疏言此事,"倾岁,阅乙卯再承兹匮,日取《会典》《条例》诸书,质以今昔异同沿革之数,而因之厘故核新",编为《工部厂库须知》。

从何士晋编纂《须知》到该书印行,历十年。编纂的目的是为了防止贪冒、靡费,"惟是将作繁兴,物力兹匮,法无定守,人有幸心,厂库之事,非亲历则不知其艰。胥役之奸,愈提防则转觉其甚。臣今督造各项文册循例奏缴"(《工部厂库须知》)。

全书分为12卷,主要以明朝工部下辖四司——营缮司、虞衡司、都水司和屯田司——的职掌为线索,将履行职务过程中的条例、工料定额、匠役制度等,一一罗列。其中,第一、二卷为工部厂库的巡视提疏、工部覆疏及厂库议约、节慎库条议,收录了官员的奏疏、规章制度等内容;三、四、五卷为营缮司及其分差;六、七、八卷为虞衡司及其分差;九、十、十一卷为都水司及其分差;十二卷为屯田司及其分差。

明代设立吏、户、礼、兵、刑、工六部。工部为工官匠作的代表机构,《工部厂库须知》为我们提供了一幅较为详尽的明代、尤其是万历营造活动的细节。有研究者称,"《工部厂库须知》是明代中叶颁行的一部建筑官书,保存了很多富有价值的明代建筑史料,尤其侧重于记载工官机构运行的典章制度,可与《明会典》互为补充",该书颁行于《营造法式》与《工部工程做法则例》之间,有助于今人了解宋、清之间的官式建筑面貌(引文参见《〈工部厂库须知〉浅析——兼及明代建筑工官制度勾沉》,载《新建筑》2010年第二期)。

宋臣苏轼之言曰:"广取以给用,不若节用以廉取。"今天下未尝无财也,又未尝不言理财也,第理其所以取之者而不深计其所以用之者[1],于是入之孔百,渔猎而不厌[2];出之孔一,漏卮而无当[3]。举国家全盛之物力,究且岌岌焉而不能终岁。此之不可不知也。

水衡之政[4],仿古冬官[5]。计其岁入,仅仅当司农度支之十三[6]。而其出也,则宫府诸需,自吉、凶、军、宾、嘉之大,以至器仗、木植、瓦墁、雇觖之细[7],无一不于是焉,给乃费。领于司空[8],觞滥于中官[9]。中官之黠者[10],日夜与狙狯、奸贾、猾胥史相搆而为市[11]。是黠猾奸狙者又日夜伺司空之属以尝焉,而贪缘以为利[12]。所藉以爬搔而洗濯之时[13],震其靡宬[14],刷其丛垢,引绳批根于出入之孔者[15],有掖垣柱下巡视之役[16]。在是掖垣柱下,与司空之属三人者,无论其岐而为黠猾奸狙所乘,即合而精为操,而一岁数更矣[17],数月一启箓[18],前之牍渫漫而后之符凌乱,业核而缩之矣。缩复侈焉,业锐而渐之矣[19];渐复泞焉[20],始事而成之也。成且为亏,莫见功焉。后事而守之也,守且代创,莫道幸焉[21]。当此而策厂与库,宁有救乎!

臣士晋,昔从戊申受□□□,及三月报竣,略窥□□,条为二疏。当事者业稍稍见之施行,顾于端委犹望洋[22],其未有底也。顷岁,阅乙卯再承兹匮,日取《会典》《条例》诸书,质以今昔异同、沿革之数,而因之厘故核新,搜蠹检羡[23],乃始惘然有概于出入之际也[24]。遂谋之水衡诸臣,汇辑校订,按籍而探其额,按额而征其储,按储而定其则,按则而核其浮,衡知之若外解、若事例、若题办、若传奉[25]、若年例、若会有、若会无、若召买、若本、若折、若造、若修,无不得焉;纵知之若挂销、若预支、若截给、若循环、若对同[26]、若实收、若交盘[27]、若会查、若找、若扣、若比、若带,无不得焉。

卷凡一十有二,四司十九差次第布之,而末各附以诸臣之条议。有是,则不难于侈缩渐泞之故;有是,则不难于成亏创守之数,以晓畅于出入之孔[28],胥为尝而杜口矣,贾为尝而戢志矣[29],驵为尝而怵法矣,中官为尝而束于掌故矣[30]。明心白意于漏卮之为出也者,而后可以惩滥坊溃于渔猎之为入也者。节而用之,用不虞诎[31];廉而取之,取不虞竭。今而后,乃知所以视厂库者须此矣。推此类具言之,由水衡而度支,其于推荡廓如[32],其于葆啬盎如[33],而财之足也,何日之有焉!

虽然,臣窃有进此者。语云:圣人大宝,曰位。天子不私求财。自大工、大礼比岁烦兴[34],而采山榷木十辈之,使棋布县寓,笼天下之物力而归京师内藏之所,朽蠹不能当,饱貂寺而肥钗蚕者[35],之半于是。海内之财日益诎,而正供日益困。乃工蒇成[36],而故缓之以益蠹;礼蒇成,而故逾之以益耗。而皇上之有此财,以有用者不一用,而积之无用,臣乃有味乎?李绛所称"自左藏以输内藏,犹东库以移西库"之说也[37],独不骇于琼林大盈[38],积而散之之日乎?其积也不可囿[39],而其散也,乃有不可言者矣。

圣天子诚一日憬然散所积以佐司农、将作之不及[40],讫工竣,礼无缓期,无逾节[41]。令水衡度支一切事例,外解不甚雅驯,为万历初年会计所不载者,及采榷十辈之[42],使一切报罢。嘉与海内元元[43],生养休息,以奠鸿流烁[44],则后此而巡视所须有如此籍者。臣士晋请毕一日之力,且芟烦荡苛[45],尽捐一切无艺[46],偕之大道,斯臣之愿也,亦水衡诸臣之同愿也。

万历乙卯六月工科给事中臣何士晋权叙[47]

【作者简介】

何士晋(?—1625),字武莪,宜兴人。明万历二十六年(1598)进士。初授宁波推官,擢工科给事中。天启二年(1622)以右佥都御史巡抚广西,四年升兵部右侍郎,总督两广军务兼巡抚广东。次年四月,宦官魏忠贤专断国政,大兴党狱,陷害忠良,何士晋遭诬陷被革职,不久愤郁而卒。思宗即位,魏忠贤被黜而畏罪自尽,何士晋冤情始得昭雪。

【注释】

[1] 第:依次。

[2] 渔猎:掠夺。

[3] 漏卮:古时指有漏洞的盛酒器。

[4] 水衡:古官名。汉武帝置,掌皇家上林苑,兼管税收、铸钱。

[5] 冬官:上古设置官职,以四季命名。《周礼》,周代设六官,司空称为冬官,掌工程制作。后世亦以冬官为工部的通称。

[6] 司农:官名。汉始置,掌钱谷之事。历代相沿。或称司农,或称大司农。度支:官署名。魏晋始置。掌管全国的财政收支。

[7] 木植:木材,木柱。瓦塓:屋瓦和墙壁。雇僦:出钱租用。僦:音 jiù,租赁。

[8] 司空:官名。古代中央政府掌管工程的长官。

[9] 中官:宫内、朝内之官。后多指宦官。

[10] 黠者:聪明而狡猾之人。

[11] 狙侩:常作"狙狯",亦称"狙侩"。狡猾奸诈。猾胥:刁滑的小吏。

[12] 夤缘:沿着某物盘桓或顺着某物行进。用于人指某种可资凭借攀附的关系。喻攀附权贵,向上巴结。

[13] 爬搔:用爪甲轻抓。喻整顿。

[14] 靡窳:糜烂恶劣。窳:音 yǔ,(事物)恶劣,粗劣。

[15] 引绳批根:比喻合力排斥异己。典出《史记·魏其武安侯列传》:"及魏其侯失势,亦欲倚灌夫引绳批根生平慕之后弃之者。"

[16] 掖垣:皇宫的旁垣。柱下:周秦置柱下史,后因以为御史的代称。《汉书·张苞传》:"(苞)秦时为御史,主柱下方书。"颜师古注:柱下,居殿柱之下,若今侍立御史矣。"

[17] 更事:交替出现的事。指事情变化频繁。

[18] 启篆:打开簿籍。此指清查出入账目。

[19] 湔:音 jiān,洗刷(污垢、劣迹)。

[20] 汚:音 wū,涂染。

[21] 逭:音 huàn,逃避。

[22] 端委:原委,始末,底细。望洋:迷茫,茫然。

[23] 搜蠹检羡:谓搜旧检余。蠹:此谓陈年积存(之物)。羡:有余,余剩。

[24] 恬然:闲适,愉悦貌。恬:音 xián。

[25] 传奉:指皇帝直接交办的事。明代有传奉官。

[26] 对同:旧时公文用语。谓校对及纠正讹误,使副本与正本文字相同。

[27] 交盘:谓前任卸职时把账目、公物、文书等清点明白,移交给后任。

[28] 晓畅:明了通达。

[29] 戢志:谓收敛意向。

[30] 掌故:历史上的制度、文化沿革及人物事迹等。

[31] 诎:音 qù,尽、穷,短缩。

[32] 推荡:推移。廓如:澄清貌。

[33] 葆啬:宝爱。葆,通"宝"。盎如:充盈貌。

[34] 大工:此指重大工程。

[35] 貂寺:太监的别称。因太监的帽子以貂尾为饰,故称。钯蚕:谓经手金银之人挟私截财。钯:音 bà,冶金。

[36] 蕲:音 qí,祈求。

[37] 李绛(762—829):字深之,唐赞皇(今属河北)人。历仕宪宗、穆宗、敬宗、文宗四帝,直言敢谏,曾任户部尚书。后被乱兵杀害。谥贞。其为户部时,上问绛羡余进奉事,对曰:"守土之官,厚敛于人,以市私恩。天下犹共非之。况户部所掌,皆陛下府库之物,给纳有籍,安得羡余?若自左藏输之内藏,以为进奉,是犹东库移之西库,臣不敢踵此弊也。"(参见《资治通鉴》卷二三八)

[38] 琼林:唐内库名。德宗时设,以藏贡品。

[39] 圉:犹限量。

[40] 憬然:醒悟貌。将作:将作大匠。秦始置,称将作少府。西汉景帝时,改称将作大匠,职掌宫室、宗庙、陵寝及其他土木营建。历代沿置,明初设将作司卿,不久废,其职掌并入工部。

[41] 逾节:超过一定的规则、分寸。

[42] 采榷:指采办。蓰:通"倍"。

[43] 嘉与:奖励优待,奖掖扶助。元元:平民,百姓。

[44] 奠鸿流烁:谓丰盈库藏,充裕供给。

[45] 芟烦荡苛:删除冗杂,荡尽严厉(规定)。

[46] 无艺:没有定法,没有常道。

[47] 万历乙卯:1615 年。

《园冶》(节选)

明·计　成

【提要】

选自《〈园冶〉图说》(山东画报出版社 2003 年版)。

《园冶》是中国第一部园林艺术理论的专著,世界上最早的造园艺术专门著作之一。作者为明末造园家计成,崇祯四年(1631)成稿,崇祯七年刊行。全书共 3 卷,附图 235 幅。卷一为兴造论,有园说、相地、立基、屋宇、装折;卷二为栏杆;卷三是门窗、墙垣、铺地、掇山、选石、借景,是明代造园技术经验全面而精辟的总结。

书中,计成将园林创作实践加以升华概括,全面论述了宅园、别墅营建的原理和具体手法,其"能主之人""虽由人作,宛自天开""巧于因借,精在体宜",概而言之,即:让自然之景在造园的过程中成为"人化"的结果;造园者巧妙地改造加工自然之景,以体现集幽、雅、闲为一体的"天然之趣";通过借景的手法把园外耸翠的晴山、凌空的古寺、斑斓的田野引入园中,造园者恰到好处地因势布局,随机因借,得体合宜便水到渠成了。《园冶》为后世的园林营造提供了理论框架及模仿范本。

计成精于绘画,擅长诗文,其深厚学养同样体现在园林的意境营造上,字里行间的诗情画意极浓。其"骈四骊六"的骈体文,在文学上也有其一定的地位。

可惜,这部优秀的造园著作,问世后在国内几乎销声匿迹了近 300 年,直至 20 世纪 30 年代才从由营造学社的朱启钤从日本购回残本,补充校订后 1932 年出版"营造本"《园冶》。现在较为通行的是陈植的《园冶注释》。

冶　叙

明·阮大铖

余少负向、禽[1]志,苦为小草所绁[2]。幸见放[3],谓此志可遂。适四方多故,而又不能违两尊人菽水[4],以从事逍遥游,将鸡埘、豚栅、歌戚而聚国族焉已乎[5]?

銮江地近[6],偶问一艇于寤园柳淀间[7],寓信宿[8],夷然乐之。乐其取佳丘壑,置诸篱落许[9];北垞南陔,可无易地,将嗤彼云装烟驾者汗漫耳[10]!兹土有园,园有"冶","冶"之者松陵计无否,而题之冶者,吾友姑孰曹元甫也[11]。

无否人最质直,臆绝灵奇,侬气客习,对之而尽。所为诗画,甚如其人,宜乎元甫深嗜之。

予因剪蓬蒿瓯脱[12],资营拳勺[13],读书鼓琴其中。胜日,鸠杖板舆[14],仙仙于止。予则着"五色衣"[15],歌紫芝曲[16],进瓻觥为寿,忻然将终其身。甚哉!计子之能乐吾志也,亦引满以酌计子[17],于歌余月出,庭峰悄然时,以质元甫,元甫岂能已于言?

崇祯甲戌清和届期[18],园列敷荣[19],好鸟如友,遂援笔其下。

石巢　阮大铖[20]

【作者简介】

计成(1582—?),字无否,号否道人,自署松陵(今属苏州吴江)人。少年时即以善画山水知名。宗奉五代画家荆浩、关仝。喜游历,青年时曾游北京、湖广等地。中年回到江南,定居镇江,专事造园。天启间,应常州吴玄之邀,营造面积约为 5 亩的东第园。他造园的代表作有为仪征汪士衡修建的寤园,为扬州郑元勋改建的影园等。不仅如此,他还根据丰富的实践经验整理了吴氏园和汪氏园的部分图纸,写成《园冶》。

【注释】

[1]向、离:即向长、离庆。向长,字子平,河内朝歌(今属河南淇县)人。王莽时,潜隐于家。通《老》《易》。离庆,字子夏,北海郡(今属山东)人。王莽当政,辞官归隐。

[2]小草:中药远志苗别名。晋张华《博物志》卷七:"远志苗曰小草,根曰远志。"南朝宋刘义庆《世说新语·排调》:"谢公始有东山之志,后严命屡臻,势不获已,始就桓公司马。于时人有饷桓公药草,中有远志。公取以问谢:'此药又名小草,何一物而有二称?'谢未即答。时郝隆在坐,应声答曰:'此甚易解,处则为远志,出则为小草。'谢甚有愧色。桓公目谢而笑曰:'郝参军此过乃不恶,亦极有会。'"后以小草喻平庸。亦含虽怀远志而遭际不遇之慨。绁:音 xiè,绳索,系拴。

[3]见放:指崇祯二年(1629),阮大铖因附阉党魏忠贤,大肆诬逐东林党人。魏败,阮立刻上书指东林与阉党都应一并革除。终以附逆罪罢为民。其品行卑劣,不为士人所齿。放:

放逐。

[4]尊人:谓父母等长辈。菽水:豆与水。指所食唯豆和水。形容生活清苦。语出《礼记·檀弓下》:"子路曰:'伤哉!贫也!生无以为养,死无以为礼也。'孔子曰:'啜菽水尽其欢,斯之谓孝。'"后常以"菽水"指晚辈对长辈的供养。

[5]鸡埘:鸡窝。豚栅:猪圈。歌戚:疑有误。国族:帝王的宗族和宾客。《礼记·檀弓下》:"歌于斯,哭于斯,聚国族于斯。"孔颖达疏:"'聚国族于斯'者,又言此室可以燕聚国宾及宗族也。"句谓作为晚辈,岂能撇下父母的衣食而不管,让他们住在卑小简陋的房子里?

[6]銮江:在今江苏仪征境内。

[7]艇:小艇。借指窝居。寤园:计成崇祯五年(1632)在仪征为汪士衡修寤园。

[8]信宿:连住两夜。

[9]篱落:篱笆。许:处,地方。

[10]云装烟驾:谓仙人以云为衣裳、车驾。江淹《杂体诗·效谢庄〈郊游〉》:云装信解散,烟驾可辞金。汗漫:广大,漫无边际。句谓过度营造。

[11]曹元甫:即曹履吉(?—1642)。字根遂,号元甫。姑熟(今安徽当涂)人。万历四十四年(1616)进士。授户部主事,历官河南学宪,晋光禄少卿,归。早有文誉,精于绘事。有《博望山人稿》等。

[12]蓬蒿瓯脱:谓荒草瓦砾。瓯脱:边地,边境荒地。陆游《送霍监丞出守盱眙》:空闻瓯脱嘶胡马,不见浮屠插雾烟。此借指荒地。

[13]拳勺:指宿居小环境。

[14]鸠杖:杖头刻有鸠鸟的手杖。《风俗通》:俗说高祖与项羽战,败于京索,遁于丛中。羽追至,时鸠正鸣其上。追者以鸟在,无人,遂得脱。后及即位,异此鸟,故作鸠杖以赐老者。板舆:古代一种用人抬的代步工具。多为老人乘坐。

[15]五色衣:又称"老莱衣"。道教创始人之一老莱子72岁,双亲仍在。他为使老父母快乐,经常穿五色彩衣,作婴儿动作,以取悦双亲。后人以"老莱衣"喻对老人的孝顺。

[16]紫芝曲:泛指隐逸避世之歌。秦末,商山四皓东园公、绮里季、夏黄公、甪里先生见秦施暴政,避秦焚书坑儒,退入商山隐居,曾作《紫芝歌》:莫莫高山,深谷逶迤。晔晔紫芝,可以疗饥。唐虞世远,吾将何归?

[17]引满:谓斟满。

[18]崇祯甲戌:1634年。清和:农历四月的别称。

[19]敷荣:常作"荣敷"。草木茂盛貌。

[20]阮大铖(1587—1646):字集之,号圆海、石巢、百子山樵。安徽桐城(今安徽枞阳)人。明末政治人物、戏曲作家。以进士居官后,先依东林党,后依魏忠贤阉党,崇祯朝终以附逆罪罢为民。明亡后在福王朱由崧的南明朝廷中官至兵部尚书、右副都御史,与马士英狼狈为奸,对东林、复社文人大加迫害,南京城陷后乞降于清。所作传奇今存《春灯谜》《燕子笺》《双金榜》和《牟尼合》,合称"石巢四种"。

题　　词

明·郑元勋

古人百艺,皆传之于书,独无传造园者何?曰:"园有异宜[1],无成法,不可得而传也。"异宜奈何？简文之贵也,则华林[2];季伦之富也,则金谷[3];仲子之贫也[4],则止于陵片畦:此人之有异宜,贵贱贫富,勿容倒置者也。若本无崇山茂林之幽,而徒假其曲水;绝少鹿柴、文杏之胜[5],而冒托于辋川,不知嫫母傅粉涂朱[6],只益之陋乎？此又地有异宜,所当审者。是惟主人胸有丘壑,则工丽可,简率亦可。否则强为造作,仅一委之工师、陶氏,水不得潆带之情[7],山不领回接之势,草与木不适掩映之容,安能日涉成趣哉？所苦者,主人有丘壑矣,而意不能喻之工,工人能守,不能创,拘牵绳墨,以屈主人,不得不尽贬其丘壑以徇,岂不大可惜乎？

此计无否之变化,从心不从法,为不可及,而更能指挥运斤,使顽者巧,滞者通,尤足快也。予与无否交最久,常以剩山残水,不足穷其底蕴,妄欲罗十岳为一区[8],驱五丁为众役[9],悉致琪华、瑶草、古木、仙禽,供其点缀[10],使大地焕然改观,是亦快事,恨无此大主人耳!

然则无否能大不能小乎？是又不然。所谓地与人俱有异宜,善于用因,莫无否若也。即予卜筑城南[11],芦汀柳岸之间,仅广十笏[12],经无否略为区画,别现灵幽。

予自负少解结构,质之无否,愧如拙鸠[13]。宇内不少名流韵士,小筑卧游[14],何可不问途无否？但恐未能分身四应,庶几以《园冶》一编代之。然予终恨无否之智巧不可传,而所传者只其成法,犹之乎未传也。但变而通,通已有其本,则无传,终不如有传之足述,今日之国能即他日之规矩[15],安知不与《考工记》并为脍炙乎[16]?

崇祯乙亥午月朔友弟郑元勋书于影园。

【作者简介】

郑元勋(1598—1645),江都(今扬州)人。字超宗,号惠东。崇祯十六年(1643)进士。官至清吏司主事。画家兼盐商的郑元勋为奉养母亲,请计成为他造园,园址选在扬州城外西南隅,荷花池北湖、二道河东岸中长屿之上。计成所造之园,柳影、水影、山影,恍恍惚惚,如诗如画。郑元勋邀董其昌为其命名,董说叫"影园"如何？郑元勋拍手叫绝,于是额为"影园"。

【注释】

[1]异宜:谓因势(时、地、人)而宜。

[2]简文:即南朝梁简文帝萧纲(503—551)。字世缵。梁武帝萧衍第三子。侯景之乱中被迫登位,在位二年,被弑。《世说新语·言辞》:简文入华林园,顾谓左右曰:"会心处必不在远。翳然林水,便自有濠、濮间想也,觉鸟兽禽鱼自来亲人。"华林:在今南京鸡鸣山南。三国吴时修筑,历代屡有扩建。

[3]季伦:即石崇(249—300)。字季伦。祖籍渤海南皮(今河北沧州南皮县),生于青州,小名齐奴。著名的美男子。元康初,任南中郎将、荆州刺史。淮南王司马允政变失败,因他与赵王司马伦心腹孙秀有隙,被诬为司马允同党,与潘岳、欧阳建一同被族诛,并没收其家产。石崇有别馆在河南洛阳金谷涧,凡远行的人都在此饯饮送别,因此号为"金谷园"。园随地势高低筑台凿池。园内清溪萦回,水声潺潺。园内因山形水势,筑亭建馆,挖湖开塘,方圆几十里内,楼榭亭阁,高下错落,金谷水萦绕穿流,鸟鸣幽林,鱼跃荷塘。

[4]仲子:即陈仲子。亦称陈仲、田仲等。战国时齐著名学者、隐士。其先为陈国贵族。

陈仲见其兄食禄万钟,以为不义。刻意隐居山中,安贫乐道。他学识渊博,品德高尚,其学说被称为"於陵学派"。

〔5〕鹿柴:地名。王维《辋川集》诗序:余别业在辋川山谷,其游止有孟城坳、华子冈、文杏馆、斤竹岭、鹿柴……与裴迪闲暇,各赋绝句云尔。文杏:即银杏。俗称白果树。《西京杂记》卷一:"初修上林苑,群臣远方各献名果异树……杏二:文杏、蓬莱杏。"辋川别业中有文杏馆。

〔6〕嫫母:传说中黄帝之妻,貌极丑。后为丑女代称。

〔7〕潆带:谓水流回旋,连亭带阁。

〔8〕十岳:泛指众岳。

〔9〕五丁:神话传说中的五个力士。

〔10〕琪华:常作"琪花"。仙境中玉树之花。

〔11〕城南:(扬州)城南有计成为郑元勋营造的影园。

〔12〕笏:古代大臣上朝拿着的手板,以玉、竹木、象牙等制成,一般长约50厘米、宽约10厘米。此言极小。

〔13〕少:同"稍"。拙鸠:谓(自己如同)笨拙的鸠鸟。鸠不擅筑巢,故有"雀巢鸠占"之说。

〔14〕卧游:指欣赏山水画、游记、图片等代替实地游览。《宋史·宗炳传》:"澄怀观道,卧以游之。"

〔15〕国能:指著于一国的技能。

〔16〕脍炙:指美味。脍:切细的肉。炙:烤熟的肉。

自　序

明·计　成

不佞少以绘名,性好搜奇,最喜关全、荆浩笔意[1],每宗之。游燕及楚,中岁归吴,择居润州[2]。环润皆佳山水,润之好事者,取石巧者置竹木间为假山,予偶观之,为发一笑。或问曰:"何笑?"予曰:"世所闻有真斯有假,胡不假真山形,而假迎勾芒者之拳磊乎[3]?"或曰:"君能之乎?"遂偶成为"壁",睹观者俱称:"俨然佳山也。"遂播名于远近。

适晋陵方伯吴又于公闻而招之[4]。公得基于城东,乃元朝温相故园[5],仅十五亩。公示予曰:"斯十亩为宅,余五亩,可效司马温公'独乐'制。"[6]予观其基形最高,而穷其源最深,乔木参天,虬枝拂地。予曰:"此制不第宜掇石而高,且宜搜土而下,令乔木参差山腰,蟠根嵌石,宛若画意;依水而上,构亭台错落池面,篆壑飞廊,想出意外。"

落成,公喜曰:"从进而出,计步仅四百,自得谓江南之胜,惟吾独收矣。"别有小筑,片山斗室,予胸中所蕴奇,亦觉发抒略尽,益复自喜。

时汪士衡中翰[7],延予銮江西筑,似为合志,与又于公所构,并骋南北江焉。暇草式所制,名《园牧》尔[8]。

姑孰曹元甫先生游于兹,主人偕予盘桓信宿。先生称赞不已,以为荆、关之绘也,何能成于笔底?予遂出其式视先生。先生曰:"斯千古未闻见者,何以云'牧'?

斯乃君之开辟,改之曰'冶'可矣。"

时崇祯辛未之秋杪否道人暇于扈冶堂中题[9]。

【注释】

[1]关仝(约907—960间):长安(今陕西西安)人。五代后梁画家。画山水早年师法荆浩,所画山水颇能表现出关陕一带山川的特点和雄伟气势。山水画的立意造境上能超出荆浩的格局,被称之为关家山水。画风朴素,形象鲜明突出、简括动人,被誉为"笔愈简而气愈壮,景愈少而意愈长"(《宣和画谱》)。作品有《山溪待渡图》及《关山行旅图》等。与荆浩并称为荆关。荆浩(约850—?):字浩然,沁水(一说为山西,一说为河南济源)人。五代后梁最具影响的山水画家,博通经史,长于文章。擅画山水,创水晕墨章技法。亦工佛像,曾在汴京(今河南开封)双林院作有壁画。所著《笔法记》,提出气、韵、思、景、笔、墨等绘景"六要",是古代山水画理论的经典之作;创山水笔墨并重论,擅画"云中山顶",提出山水画也必须"形神兼备""情景交融",他的《匡庐图》等作品宋时已被奉为画事典范。

[2]润州:镇江史上曾称润州,北宋徽宗时改称镇江。

[3]勾芒:勾萌。草木的嫩芽。拳磊:谓(草木的嫩芽)拳屈磊叠。

[4]晋陵:今江苏武进。吴又于:名元,避康熙讳改。武进人。万历二十六年进士。授湖州府学教授,历湖广布政使。性刚介,深疾东林。计成一生造园三处,独在《序》中述常州东第园,其原因大略有二:一是他将江南胜景浓缩于东第园内,5亩之内尽洒大师心血;二是此园展现了他的人生哲学,还承载了对东第园主人的劝谏之意——望其学司马温公之"独乐"。

[5]温相:温国罕达。元代集庆路(治所今南京,属江浙行省,下辖三县二州)官员。

[6]司马温公:即司马光。由于与王安石政见不合,退而居洛阳,营独乐园,邀集学者编《资治通鉴》。

[7]汪士衡:江苏仪征人。生平不详。中翰:明清时内阁中书的别称。

[8]《园牧》:《园冶》的原书名。

[9]崇祯辛未:1631年。秋杪:暮秋,秋末。扈冶堂:寤园的主要建筑物。

兴 造 论

世之兴造,专主鸠匠[1],独不闻"三分匠,七分主人"之谚乎? 非主人也,能主之人也。古公输巧,陆云精艺,其人岂执斧斤者哉[2]? 若匠惟雕镂是巧,排架是精,一梁一柱,定不可移,俗以"无窍之人"呼之,其确也。

故凡造作,必先相地立基,然后定其间进[3],量其广狭,随曲合方,是在主者,能妙于得体合宜,未可拘率[4]。假如基地偏缺,邻嵌何必欲求其齐,其屋架何必拘三五间,为进多少? 半间一广,自然雅称,斯所谓"主人之七分"也。

第园筑之[5],主犹须什九,而用匠什一,何也? 园林巧于"因""借",精在"体""宜",愈非匠作可为,亦非主人所能自主者,须得求人,当要节用。"因"者:随基势之高下,体形之端正,碍木删桠,泉流石注,互相借资;宜亭斯亭,宜榭斯榭,不妨偏径,顿置婉转,斯谓"精而合宜"者也。"借"者:园虽别内外,得景则无拘远近,晴峦耸秀,绀宇凌空[6],极目所至,俗则屏之,嘉则收之,不分町疃[7],尽为烟景,斯所谓

"巧而得体"者也。体、宜、因、借,匪得其人,兼之惜费,则前工并弃,即有后起之输、云,何传于世?

予亦恐浸失其源,聊绘式于后,为好事者公焉[8]。

【注释】

[1]鸠:聚集。句谓匠人虽受聘邀,但构筑中并不是一味地被动服从,而是创造性发挥主人意图。

[2]公输:即鲁班。陆云(262—303):西晋吴郡华亭(今属上海)人。其《登台赋》对建筑的刻画鲜活生动,华丽细腻。

[3]间进:指间隔、进深。

[4]拘率:拘束草率。

[5]第园:即东第园。

[6]绀宇:即绀园。佛寺之别称。

[7]町疃:音 tǐng tuǎn,田舍旁的空地。

[8]浸:同"渐"。好事者:指爱好园林者。

园　说

凡结园林,无分村郭,地偏为胜,开林择剪蓬蒿;景到随机,在涧共修兰芷。径缘三益[1],业拟千秋,围墙隐约于萝间,架屋蜿蜒于木末。山楼凭远,纵目皆然;竹坞寻幽,醉心即是。轩楹高爽,窗户虚邻;纳千倾之汪洋,收四时之烂漫。梧阴匝地,槐荫当庭,插柳沿堤,栽梅绕屋。结茅竹里,浚一派之长源[2];障锦山屏,列千寻之耸翠。虽由人作,宛自天开。刹宇隐环窗,仿佛片图小李[3];岩峦堆劈石,参差半壁大痴[4]。

萧寺可以卜邻[5],梵音到耳;远峰偏宜借景,秀色堪餐。紫气青霞,鹤声送来枕上;白苹红蓼[6],鸥盟同结矶边[7]。看山上个篮舆[8],问水拖条枋杖;斜飞堞雉,横跨长虹;不羡摩诘辋川[9],何数季伦金谷。

一湾仅于消夏,百亩岂为藏春,养鹿堪游,种鱼可捕。凉亭浮白[10],冰调竹树风生;暖阁偎红,雪煮炉铛涛沸。渴吻消尽,烦顿开除。夜雨芭蕉,似杂鲛人之泣泪[11];晓风杨柳,若翻蛮女之纤腰。移风当窗,分梨为院;溶溶月色,瑟瑟风声,静扰一榻琴书,动涵半轮秋水,清气觉来几席,凡尘顿远襟怀;窗牖无拘,随宜合用;栏杆信画,因境而成。制式新番,裁除旧套;大观不足,小筑允宜。

【注释】

[1]三益:指梅、竹、石。

[2]浚:疏通,挖深。

[3]小李:即李昭道。字希俊,唐末画家。甘肃天水人。唐朝宗室,彭国公李思训之子。曾为太原府仓曹、直集贤院,官至太子中舍人。擅长青绿山水,世称"小李将军"。兼善鸟兽、楼台、人物,并创海景。画风巧赡精致,虽"豆人寸马",却须眉毕现。由于画面繁复,线条纤细,世

有"笔力不及思训"之评。有《海岸图》《摘瓜图》等6件,著录于《宣和画谱》。

　　[4]大痴:即黄公望(1269—1354)。元代画家、书法家。本姓陆,名坚,常熟人。后过继永嘉黄乐为义子,时黄乐年已90岁,看到他聪明伶俐,喜出望外:"黄公望子久矣!"从此,陆坚改为黄公望,字子久,号一峰。后入"全真教",又叫大痴道人。黄公望的绘画在元末明清及近代影响极大,与吴镇、倪瓒、王蒙合称"元四家"。著《山水诀》,阐述画理、画法及布局、意境等。有《富春山居图》《九峰雪霁图》《丹崖玉树图》《天池石壁图》《溪山雨意图》《剡溪访戴图》《富春大岭图》等传世。

　　[5]萧寺:佛寺。《国史补》卷中:梁武帝造寺,令萧子云飞白大书"萧"字,至今一"萧"字存焉。后因称佛寺为萧寺。

　　[6]红蓼:蓼的一种。多生水边,花呈淡红色。蓼:音liǎo。

　　[7]鸥盟:谓与鸥鸟为友。比喻隐退。

　　[8]篮舆:古代供人乘坐的交通工具。形制不一,一般以人力抬着行走,类似后世的轿子。

　　[9]摩诘:王维(701—761)字摩诘。其在蓝田辋川筑有别墅。

　　[10]浮白:刘向《说苑》:魏文侯与大夫饮酒,使公乘不仁为觞政,曰:"饮不釂者,或浮白无算。"原意为罚饮一满杯酒,后亦称满饮或畅饮酒为浮白。

　　[11]鲛人:神话传说中的人鱼。

相　　地

　　园基不拘方向,地势自有高低;涉门成趣[1],得景随形,或傍山林,欲通河沼。探奇近郭,远来往之通衢;选胜落村,藉参差之深树。村庄眺野,城市便家[2]。

　　新筑易乎开基,只可栽杨移竹;旧园妙于翻造,自然古木繁花。如方如圆,似偏似曲;如长弯而环璧[3],似偏阔以铺云。高方欲就亭台,低凹可开池沼。卜筑贵从水面,立基先究源头,疏源之去由,察水之来历。临溪越地,虚阁堪支[4];夹巷借天,浮廊可度。倘嵌他人之胜,有一线相通,非为间绝,借景偏宜;若对邻氏之花,才几分消息,可以招呼,收春无尽。驾桥通隔水,别馆堪图[5];聚石垒围墙,居山可拟。多年树木,碍筑檐垣;让一步可以立根,研数桠不妨封顶。斯谓雕栋飞楹构易,荫槐挺玉成难。

　　相地合宜,构园得体。

【注释】

　　[1]涉门:谓一进门(便兴趣盎然)。

　　[2]便家:犹言殷实富足之家。

　　[3]环璧:环形的玉璧。形容营构之景物曲折曼妙。

　　[4]虚阁堪支:谓跳溪临池可构凌空之阁亭。

　　[5]堪图:谓可考虑构设馆舍。

屋　　宇

　　凡家宅住房,五间三间,循次第而造;惟园林书屋,一室半室,按时景为精[1]。方向随宜,鸠工合见;家居必论,野筑惟因。虽厅堂俱一般,近台榭有别致。前添敞卷,后进余轩[2]。必用重椽,须支草架[3]。高低依制,左右分为。当檐最碍两厢,庭除恐窄;落步但加重庑[4],阶砌犹深。升拱不让雕鸾[5],门枕胡为镂鼓[6]。时遵雅朴,古摘端方。画彩虽佳,木色加之青绿;雕镂易俗,花空嵌以仙禽。长廊一带回旋,在竖柱之初,妙于变幻;小屋数椽委曲,究安门之当,理及精微。奇亭巧榭,构分红紫之丛;层阁重楼,迥出云霄之上。隐现无穷之态,招摇不尽之春。槛外行云,镜中流水,洗山色之不去,送鹤声之自来。境仿瀛壶[7],天然图画,意尽林泉之癖,乐余园圃之间。一鉴能为[8],千秋不朽。堂占太史[9],亭问草玄[10],非及云艺之台楼[11],且操般门之斤斧[12]。探奇合志,常套俱裁。

【注释】

[1]时景:季节,时令。

[2]敞卷:即卷棚。类今天的门廊。

[3]草架:草图。古代构筑前设计的图样。

[4]落步:台阶。

[5]升拱:斗拱。

[6]门枕:大门下的石基部件,凿成石臼状,以承接门扇转动。

[7]瀛壶:传说中仙人居住的地方,即瀛洲。

[8]鉴:观察,审察。犹今之酌定山形水势并规划设计。

[9]堂占太史:谓正堂基址方位的选择须占卜打卦。太史:官名。掌天文历算等。

[10]草玄:指汉扬雄作《太玄》。《汉书》:"哀帝时……董贤用事,诸附离之者或起家至二千石。时雄方草《太玄》,有以自守,泊如也。"后因以"草玄"谓淡于势利,潜心著述。此借寓构亭以意逸世外为旨归。

[11]云艺:谓陆云笔下之(台楼)。

[12]般门:鲁班门下。鲁班姓公输,名般。

装　　折

凡造作难于装修,惟园屋异乎家宅,曲折有条,端方非额[1]。如端方中须寻曲折,到曲折处还定端方,相间得宜,错综为妙。装壁应为排比,安门分出来由。假如全房数间,内中隔开可矣。定存后步一架,余外添设何哉?便径他居,复成别馆。砖墙留夹,可通不断之房廊;板壁常空,隐出别壶之天地。亭台影罅,楼阁虚邻。绝处犹开,低方忽上。楼梯仅乎室侧,台级藉矣山阿[2]。门扇岂异寻常,窗棂遵时各式。掩宜合线,嵌不窥丝。落步栏杆,长廊犹胜,半墙户槅[3],是室皆然。古以菱花为巧,今之柳叶生奇。加之明瓦斯坚[4],外护风窗觉密[5]。半楼半屋,依替木不妨一色天花;藏房藏阁,靠虚檐无碍半弯月牖。借架高檐,须知下卷。出幕若分别院,连墙拟越深斋。构合时宜,式征清赏。

【注释】

[1]额:规定数量,定数。

[2]山阿:山的凹凸处。

[3]户槅:即户格。有菱花状、柳叶状等。

[4]明瓦:用牡蛎壳、蚌壳等磨制成的半透明薄片,嵌在顶篷或窗户上,用来采光。

[5]风窗:指窗户。

铺 地

大凡砌地铺街,小异花园住宅。惟厅堂广厦中铺,一概磨砖,如路径盘蹊,长砌多般乱石,中庭或宜叠胜[1],近砌亦可回文。八角嵌方,选鹅子铺成蜀锦[2];层楼出步,就花梢琢拟秦台[3]。锦线瓦条,台全石版,吟花席地,醉月铺毡。废瓦片也有行时,当湖石削铺,波纹汹涌;破方砖可留大用,绕梅花磨斗,冰裂纷纭。路径寻常,阶除脱俗。莲生袜底,步出个中来;翠拾林深,春从何处是。花环窄路偏宜石,堂迥空庭须用砖。各式方圆,随宜铺砌,磨归瓦作,杂用钩儿[4]。

【注释】

[1]叠胜:指砌叠新奇图案。

[2]鹅子:指鹅卵石。

[3]秦台:位于今山东滨州。传秦始皇遣徐福率童男童女去海上神山求长生不老药,久而不还。下令筑台以望,故称。

[4]钩儿:指构园时所用之杂工。

掇 山

掇山之始[1],桩木为先,较其短长,察乎虚实。随势挖其麻柱[2],谅高挂以称竿[3]。绳索坚牢,扛台稳重。立根铺以粗石[4],大块满盖桩头;垫里扫于查灰[5],着潮尽钻山骨[6]。方堆顽夯而起[7],渐以皴文而加[8];瘦漏生奇,玲珑安巧。峭壁贵于直立,悬崖使其后坚。岩、峦、洞、穴之莫穷,涧、壑、坡、矶之俨是。信足疑无别境,举头自有深情。蹊径盘且长,峰峦秀而古。多方景胜,咫尺山林,妙在得乎一人,雅从兼于半土。假如一块中竖而为主石,两条傍插而呼劈峰,独立端严,次相辅弼,势如排列,状若趋承[9]。

主石虽忌于居中,宜中者也可;劈峰总较于不用,岂用乎断然。排如炉烛花瓶[10],列似刀山剑树;峰虚五老[11],池凿四方。下洞上台,东亭西榭。罅堪窥管中之豹,路类张孩戏之猫[12]。小藉金鱼之缸,大若酆都之境[13]。

时宜得致,古式何裁?深意画图,余情丘壑。未山先麓,自然地势之嶙嶒[14];构土成冈,不在石形之巧拙。宜台宜榭,邀月招云;成径成蹊,寻花问柳。临池驳以石块,粗夯用之有方。结岭挑之土堆,高低观之多致;欲知堆土之奥妙,还拟理石之精微。山林意味深求,花木情缘易短。有真为假,做假成真;稍动天机,全叨人力[15]。探奇投好,同志须知。

【注释】

[1]掇山:亦称叠山。

[2]麻柱:搬移石头时使用的木柱,可在柱上加绑吊竿。

[3]称竿:吊竿。用来起吊石头的长竿。

[4]立根:指掇叠假山的根基。

[5]埏里:指石头的缝隙坑洼处。查灰:渣灰。

[6]钻山骨:谓将山体的主要部分深埋,并使山石的凹凸部尽可能突出。

[7]方堆:堆砌石头。玩夯:谓玩皮地、笨笨地、憨憨地。

[8]皴文:裂纹。皴,音 cūn。

[9]趋承:趋附奉承。

[10]炉烛花瓶:谓排列不当的山石便如供桌上的香炉、烛台、花瓶一样,整齐划一,了无意趣。

[11]峰虚五老:谓掇山失措,便没了庐山五老峰那样的自然妙趣。

[12]"路类张"句:谓道路设计不妥的话,便如张撒了一张迷宫图。孩戏之猫:原意为小孩游戏。

[13]酆都:即今重庆丰都。相传为阎王鬼魂居住的地方。句谓掇山不当,其山便如鬼域般怪异恐怖。

[14]嶙嶒:形容山石突兀。

[15]叨:赖。

《天工开物》(节选)

明·宋应星

【提要】

本文选自《天工开物》(中国社会出版社 2004 年版)。

《天工开物》是中国古代一部综合性科学技术著作,也是世界上第一部关于农业和手工业生产的综合性著作,外国学者称它为"中国 17 世纪的工艺百科全书"。

《天工开物》初刊于明崇祯十年(1637)。书名为《天工开物》,取自《易·系辞》中"天工人其代之"及"开物成务"。宋应星对中国古代的各项技术进行了系统的总结,构成了一个完整的实用科学技术体系。全书分为上、中、下三篇,共 18 卷,收录了农业、手工业、工业——诸如机械、砖瓦、陶瓷、硫磺、烛、纸、兵器、火药、纺织、染色、制盐、采煤、榨油等生产技术。并附有 121 幅插图,描绘了 130 多项生产技术和工具的名称、形状、工序。其中,上卷记载了谷物豆麻的栽培和加工方法,蚕丝棉苎的纺织和染色技术,以及制盐、制糖工艺。中卷介绍了砖瓦、陶瓷的制作,车船的建造,金属的铸锻,煤炭、石灰、硫黄、白矾的开采和烧制,以及榨油、造纸方法等。下卷记述金属矿物的开采和冶炼,兵器的制造,颜料、酒曲的生产及珠玉的采集加工等。

可是,这样一部实用性极强的科学著作,在清代由于受到文字狱的牵连,认为存在"反满"思想而被销毁。但是,大约在 17 世纪末,它就传到了日本,接着又相继传至法国、德国、俄国、意大利、英国等国家,《天工开物》一书在全世界发行了16 个版本,印刷了 38 次之多。

序

天覆地载,物数号万,而事亦因之。曲成而不遗,岂人力也哉? 事物而既万矣,必待口授目成而后识之,其与几何? 万事万物之中,其无益生人与有益者,各载其半;世有聪明博物者,稠人推焉[1]。乃枣梨之花未赏,而臆度"楚萍"[2];釜鬵之范鲜经,而侈谈"莒鼎"[3];画工好图鬼魅而恶犬马,即郑侨、晋华岂足为烈哉[4]?

幸生圣明极盛之世,滇南车马,纵贯辽阳;岭徼宦商,横游蓟北[5]。为方万里中,何事何物不可见见闻闻! 若为士而生东晋之初、南宋之季,共视燕、秦、晋、豫方物,已成夷产;从互市而得裘帽,何殊肃慎之矢也[6]? 且夫王孙帝子,生长深宫,御厨玉粒正香,而欲观未耜[7];尚宫锦衣方剪,而想象机丝[8]。当斯时也,披图一观,如获重宝矣。

年来著书一种,名曰《天工开物》。伤哉贫也! 欲购奇考证,而乏洛下之资[9];欲招致同人,商略赝真,而缺陈思之馆[10]。随其孤陋见闻,藏诸方寸而写之[11],岂有当哉?

吾友涂伯聚先生[12],诚意动天,心灵格物。凡古今一言之嘉,寸长可取,必勤勤恳恳而契合焉。昨岁《画音归正》,由先生而授梓;兹有后命,复取此卷而继起为之,其亦凤缘之所召哉?

卷分前后,乃"贵五谷而贱金玉"之义[13]。《观象》《乐律》二卷,其道太精,自揣非吾事,故临梓删去。丐大业文人,弃掷案头,此书与功名进取,毫不相关也。

时崇祯丁丑孟夏月[14],奉新宋应星书于家食之问堂。

【作者简介】

宋应星(1587—1661?),字长庚,奉新县(今属江西)人。他先后 5 次进京会试均告失败,但5 次跋涉使他见闻大增:"为方万里中,何事何物不可闻。"于是开始走向田间、作坊调查生产知识。在任江西分宜县教谕(1638—1654)年间写成《天工开物》。崇祯十年(1637)由其朋友涂绍煃资助刊行。稍后,宋应星又出任福建汀州(今福建长汀)推官、亳州(今安徽亳州)知府。明亡后为明遗民。除著《天工开物》,还有《卮言十种》《画音归正》《杂色文》《原耗》等,多佚。

【注释】

[1] 稠人:众人。

[2] "乃枣梨"句:谓连枣梨之花长得什么模样都没见过,便臆度其是稀罕之物。楚萍:常作"楚江萍"。《孔子家语·致思》载,楚王渡江,见物大如斗,圆而赤,取之,使人往鲁问孔子。孔子曰:此所谓萍实者也。可剖而食之,吉祥也。后因以"楚江萍"喻吉祥而罕见难得之物。

[3] "釜鬵"句:谓怎样用范模铸饭锅都没有经验,却侈谈制出莒鼎那样的名器。莒鼎:《左传·昭公七年》:晋侯赐郑相子产莒之二方鼎。

[4] 郑侨:即公孙侨(? —前522)。春秋时郑国大夫,曾执掌国政。因博识多闻,时称其为"博物君子"。晋华:即西晋张华(231—300),字茂先。晋初任中书令,惠帝时,历侍中、中书监、司空。以博洽著称,有《博物志》。烈:作为。

[5] 岭徼:谓岭南。徼:音 jiǎo,边塞。

[6] 肃慎:亦作息慎、稷慎。古代东北族名。周武王、成王时贡"楛矢石砮"。

[7] 耒耜:古代耕作农具。耒,音 lěi。

[8] 尚宫:官名。隋文帝所设内廷女官"六尚"之一。掌管宫廷事物。机丝:织机上的丝。

[9] 洛下之资:语出《三国志·魏志·夏侯玄传》注引《魏略》:洛中市买,一钱不足则不行。意谓洛阳城中买东西少一个子儿都不行。此谓无钱。

[10] 商略:商讨。陈思:即陈思王曹植(192—232),字子建,曹操第三子。其召集文人学士讨论文学的地方称陈思之馆。

[11] 方寸:谓斗室。

[12] 涂百聚:即涂绍煃(1585? —1645),字伯聚。江西新建人。宋应星好友。万历乙卯(1615)与宋同榜举人,己未年(1619)进士。历都察院观政、四川督学等。

[13] 贵五谷而贱金玉:语出晁错《论贵粟疏》:"是故明君贵五谷而贱金玉也。"作者同晁一样重农。

[14] 崇祯丁丑:1637 年。

瓦

凡埏泥造瓦[1],掘地二尺余,择取无沙黏土而为之。百里之内必产合用土色,供人居室之用。凡民居瓦形皆四合分片。先以圆桶为模骨,外画四条界。调踏熟泥[2],叠成高长方条。然后用铁线弦弓,线上空三分,以尺限定,向泥不平戛一片[3],似揭纸而起,周包圆桶之上。待其稍干,脱模而出,自然裂为四片。凡瓦大小古无定式,大者纵横八九寸,小者缩十之三。室宇合沟中[4],则必需其最大者,名曰沟瓦,能承受淫雨不溢漏也。

凡坯既成,干燥之后则堆积窑中,燃薪举火。或一昼夜或二昼夜,视窑中多少为熄火久暂。浇水转釉,与造砖同法。其垂于檐端者有"滴水"[5],下于脊沿者有"云瓦"[6],瓦掩覆脊者有"抱同",镇脊两头者有鸟兽诸形象。皆人工逐一做成,载于窑内,受水火而成器则一也。

若皇家宫殿所用,大异于是。其制为琉璃瓦者,或为板片,或为宛筒[7],以圆竹与斫木为模,逐片成造。其土必取于太平府造成[8],先装入琉璃窑内,每柴五千斤烧瓦百片。取出成色,以无名异[9]、棕榈毛等煎汁,涂染成绿、黛,赭石、松香、蒲草等,涂染成黄。再入别窑,减杀薪火,逼成琉璃宝色。外省亲王殿与仙佛宫观间亦为之,但色料各有配合,采取不必尽同。民居则有禁也。

【注释】

[1] 埏:音 yán,用水和土(而成泥)。

[2] 调践:谓调制踩和。践:踏,踩。熟泥:经过踩炼的细泥。

[3] 戛:音 jiá,刮。

[4] 合沟:屋宇盖瓦,屋顶两面相交处的缝隙,以瓦托之以严,谓之。

[5] 滴水:瓦名。一端有下垂的边,盖房时置于檐口。

[6] 云瓦:盖在屋脊两边的瓦。

[7] 宛筒:谓曲圆筒状之瓦。

[8] 太平府:府名。明辖境约当今安徽马鞍山、芜湖市境。故治在今安徽当涂。其境所产白泥烧制的琉璃瓦釉色以黄、绿、天蓝、褐色居多。按:原注"舟运三千里方达京师。掺沙之伪,雇役、掳船之扰,害不可极。即承天皇陵亦取于此,无人议正。"

[9] 无名异:氧化物类矿物软锰矿的矿石。表面棕色、黑棕色或灰棕色,常覆有黄棕色粉末。体小且轻,大多质较软,可入药。

砖

凡埏泥造砖,亦掘地验辨土色,或蓝或白,或红或黄[1],皆以黏而不散、粉而不沙者为上。汲水滋土,人逐数牛错趾[2]踏成稠泥。然后填满木框之中,铁线弓戛平其面,而成坯形。

凡郡邑城雉、民居垣墙所用者,有"眠砖""侧砖"两色[3]。眠砖方长条,砌城郭与民人饶富家,不惜工费,直垒而上。民居算计者[4],则一眠之上施侧砖一路,填土砾其中以实之,盖省啬之义也[5]。凡墙砖而外,甃地者名曰方墁砖[6];椽桷上用以承瓦者曰楻板砖[7];圆鞠小桥梁与圭门与窀穸墓穴者曰刀砖[8],又曰鞠砖。凡刀砖削狭一偏面,相靠挤紧,上砌成圆,车马践压不能损陷。造方墁砖,泥入方框中,平板盖面,两人足立其上,研转而坚固之,烧成效用。石工磨斫四沿,然后甃地。刀砖之直视墙砖稍溢一分,楻板砖则积十以当墙砖之一,方墁砖则一以敌墙砖之十也。

凡砖成坯之后,装入窑中。所装百钧则火力一昼夜[9],二百钧则倍时而足。凡烧砖有柴薪窑,有煤炭窑。用薪者出火成青黑色,用煤者出火成白色。凡柴薪窑巅上偏侧凿三孔以出烟。火足止薪之候[10],泥固塞其孔,然后使水转釉。凡火候少一两,则釉色不光。少三两则名嫩火砖,本色杂现,他日经霜冒雪则立成解散,仍还土质。火候多一两则砖面有裂纹。多三两则砖形缩小拆裂,屈曲不伸,击之如碎铁然,不适于用;巧用者以之埋藏土内为墙脚,则亦有砖之用也。凡观火候,从窑门透视内壁,土受火精,形神摇荡,若金银熔化之极然,陶长辨之[11]。

凡转釉之法,窑巅作一平田样,四围稍弦起,灌水其上。砖瓦百钧用水四十石。水神透入土膜之下,与火意相感而成。水火既济,其质千秋矣。若煤炭窑视柴窑深欲倍之,其上圆鞠渐小,并不封顶。其内以煤造成尺五径阔饼,每煤一层,隔砖一层,苇薪垫地发火。若皇居所用砖,其大者厂在临清[12],工部分司主之。初名色有副砖、券砖、平身砖、望板砖、斧刃砖、方砖之类。后革去半。运至京师,每漕舫搭四十块,民舟半之。又细料方砖以甃正殿者[13],则由苏州造解。其琉璃砖色料已载《瓦》款。取薪台基厂,烧由黑窑云。

【注释】

[1]原注:闽、广多红泥;蓝者名"善泥",江浙居多。

[2]错趾:谓履迹交错。

[3]眠砖:将砖的大平面放平砌筑,称为眠砖,亦称平砖。侧砖:长侧立在墙上之砖称之。与眠砖姿态相对。

[4]算计:计算数目。此谓精打细算。

[5]省啬:爱惜。引申为节俭,节约。

[6]甃地:以砖石等砌地。

[7]榱桷:屋椽。

[8]圆鞠:形状呈圆弧而弯曲貌。鞠:弯曲。圭门:圆拱门。窀穸:音 zhūn xī,墓穴。

[9]百钧:三千斤。钧:古代重量单位,30斤为一钧。

[10]候:事物在变化中的情状。

[11]陶长:陶工中年长而经验丰富者。

[12]临清:在今山东。明清两代为皇家建筑砖料的主要烧制地。

[13]细料方砖:即通称的"金砖"。规格为二尺二、二尺、一尺七见方的大方砖。《金砖墁地》称:"专为皇宫烧制的细料方砖,颗粒细腻,质地密实,敲之作金石之声,称'金砖';又因砖运北京'京仓',供皇宫专用,称之'京砖',后逐步演化称'金砖。'"明成祖朱棣迁都北京,大兴土木建造紫禁城。由于苏州陆墓(现陆慕)镇所产细料方砖细腻坚硬,"敲之有声,断之无孔",成为宫殿地面铺砌专供之砖,永乐皇帝赐为"御窑"。

北京故宫的太和殿、中和殿、保和殿、天安门城楼以及十三陵之一的定陵内所铺设的都是御窑金砖,这些大方砖上铭有明永乐、正德,清乾隆等年号和"苏州府督造"等字样。御窑金砖制作技艺繁复,工序多达二十余道,主要有选泥、练泥、制坯、装窑、烧制、窨水、出窑、打磨等。道道工序,环环紧扣,一道不达,前功尽弃。一块金砖从制作到出窑需要大半年时间。成品御窑金砖黛青光滑,古朴坚实,面平如砥像一方黛玉,光滑似镜若一块乌金,敲击时会发出金属般铿锵之声。用金砖铺成的地面光润耐磨、愈擦愈亮,不滑不湿。太和殿金砖是清康熙年间铺设的,至今依然光亮如新。

钟

凡钟为金乐之首,其声一宣,大者闻十里,小者亦及里之余。故君视朝、官出署,必用以集众;而乡饮酒礼,必用以和歌[1]。梵宫仙殿[2],必用以明摄谒者之诚,幽起鬼神之敬。凡铸钟,高者铜质,下者铁质。今北极朝钟[3],则纯用响铜。每口共费铜四万七千斤、锡四千斤、金五十两、银一百二十两于内。成器亦重二万斤,身高一丈一尺五寸,双龙蒲牢[4],高二尺七寸,口径八尺,则今朝钟之制也。

凡造万钧钟,与铸鼎法同。掘坑深丈几尺,燥筑其中如房舍,埏泥作模骨。用石灰、三和土筑,不使有丝毫隙拆,干燥之后以牛油、黄蜡附其上数寸。油蜡分两,油居十八,蜡居十二。其上高蔽抵晴雨[5]。油蜡墁定,然后雕镂书文、物象,丝发成就。然后春筛绝细土与炭末为泥,涂墁以渐而加厚至数寸。使其内外透体干坚,外施火力炙化其中油蜡,从口上孔隙熔流净尽。则其中空处即钟鼎托体之区也。

凡油蜡一斤虚位,填铜十斤。塑油时尽油十斤,则备铜百斤以俟之。中既空净,则议熔铜。凡火铜至万钧,非手足所能驱使。四面筑炉,四面泥作槽道,其道上口承接炉中,下口斜低以就钟鼎入铜孔,槽旁一齐红炭炽围[6]。洪炉熔化时,决开槽梗[7],一齐如水横流,从槽道中枧注而下[8],钟鼎成矣。凡万钧铁钟与炉、釜,其法皆同,而塑法则由人省啬也。

若千斤以内者,则不须如此劳费,但多捏十数锅炉。炉形如箕,铁条作骨,附泥做就。其下先以铁片圈筒,直透作两孔,以受杠穿。其炉垫于土墩之上,各炉一齐鼓鞲熔化[9],化后以两杠穿炉下,轻者两人,重者数人抬起,倾注模底孔中。甲炉既倾,乙炉疾继之,丙炉又疾继之,其中自然黏合。若相承迁缓,则先入之质欲冻,后者不黏,衅所由生也[10]。

凡铁钟模不重费油蜡者[11],先埏土作外模,剖破两边形或为两截,以子口串合,翻刻书文于其上。内模缩小分寸,空其中体,精算而就。外模刻文后,以牛油滑之,使他日器无黏糯。然后盖上,泥合其缝而受铸焉。巨磬、云板[12],法皆仿此。

【注释】

[1]乡饮酒礼:亦称"乡饮酒"。周代乡学三年业成大比,考其德行道艺优异者,荐于诸侯。将行之时,由乡大夫设酒宴以宾礼相待,谓之。历朝沿用。亦指地方官按时在儒学举行的一种敬老仪式。和歌:指为歌唱伴奏。

[2]梵宫:指梵天的宫殿,后多指佛寺。

[3]北极:指北京。

[4]蒲牢:古代传说中一种生活在海边的兽。据说它的吼声非常宏亮,故古人常在钟上铸上其形象。后又以"蒲牢"为钟的别名。

[5]原注:夏月不可为,油不冻结。

[6]炽围:指以(炭火)炙烧而围之。

[7]原注:先泥土为梗塞住。

[8]枧注:从管子中注入。枧:音 jiǎn,竹木管子。

[9]鼓鞲:鼓风吹火。鞲:当为"鞴"的误字。鞴:音 bài,鼓风吹火的皮囊。

[10]衅:音 xìn,缝隙。

[11]重费:重复浪费。

[12]云板:报事之器。以铜铁铸为云彩形状,故称。

《长物志》序

明·沈春泽

【提要】

本文选自《长物志》(江苏科技出版社 1984 年版)。

《长物志》的作者为文震亨。震亨为文征明的曾孙,天启间选为贡生,任中书舍人,以善琴供奉。书画咸有家风。平时游园、咏园、画园,也在居所自造园林。明亡殉节死。

该书完成于崇祯七年(1634),全书 12 卷,直接关涉园艺的有室庐、花木、水石、禽鱼、蔬果五志,另外七志(书画、几榻、器具、衣饰、舟车、位置、香茗)亦与园林有间接的关系。

比较《园冶》,《长物志》有两大特点:一是《长物志》更多地注重于对园林的玩赏,这与《园冶》重于园林营造技术正可互为补充。另外,《园冶》立足于江南的造园实践,这里花卉繁茂、水源充沛,所以计成对花鸟虫鱼等措意不多;《长物志》则主要是针对北方的造园实践,北方草木珍稀,水源贵缺,所以,文震亨尤为重视水石蔬果等。

《长物志》全书共分室庐、花木、水石、禽鱼、书画、几榻、器具、位置、衣饰、舟车、蔬果、香茗等 12 类,每类一卷。其曰"长物",盖取《世说》中王恭"丈人不识恭,恭作人无长物"语,意即:舍弃生活上多余的东西,追寻心灵上自在自由的空间。

沈春泽在《序》中说:"室庐有制,贵其爽而倩、古而洁也;花木、水石、禽鱼有经,贵其秀而远、宜而趣也。书画有目,贵其奇而逸、隽而永也……"震亨则"游戏点缀中一往删繁去奢",真可谓"真韵致、真才情之士"。

《长物志》以陈植校注本为佳。

大标榜林壑[1],品题酒茗[2],收藏位置图史、杯铛之属[3],于世为闲事,于身为长物,而品人者,于此观韵焉[4],才与情焉。何也?挹古今清华美妙之气于耳、目之前[5],供我呼吸,罗天地琐杂碎细之物于几席之上,听我指挥,挟日用寒不可衣、饥不可食之器,尊踽拱璧[6],享轻千金,以寄我之慷慨不平,非有真韵、真才与真情以胜之,其调弗同也。

近来富贵家儿与一二庸奴钝汉,沾沾以好事自命[7],每经赏鉴,出口便俗,入手便粗,纵极其摩娑护持之情状,其污辱弥甚,遂使真韵、真才、真情之士,相戒不谈风雅。

嘻!亦过矣!司马相如携卓文君[8],卖车骑,买酒舍,文君当垆涤器,映带犊鼻裈边[9];陶渊明方宅十余亩,草屋八九间,丛菊孤松,有酒便饮,境地两截,要归一致[10];右丞茶铛药臼,经案绳床[11];香山名姬骏马[12],攫石洞庭[13],结堂庐阜[14];长公声伎酣适于西湖[15],烟舫翩跹乎赤壁,禅人酒伴,休息夫雪堂[16],丰俭不同,总不碍道,其韵致才情[17],政自不可掩耳[18]!

予向持此论告人,独余友启美氏绝颔之[19]。春来将出其所纂《长物志》十二卷。公之艺林[20],且属余序。予观启美是编,室庐有制,贵其爽而倩、古而洁也;花木、水石、禽鱼有经,贵其秀而远、宜而趣也;书画有目,贵其奇而逸、隽而永也;几榻有度,器具有式,位置有定,贵其精而便、简而裁[21]、巧而自然也;衣饰有王、谢之风[22],舟车有武陵蜀道之想[23],蔬果有仙家瓜枣之味[24],香茗有荀令、玉川之癖[25],贵其幽而暗、淡而可思也。法律指归,大都游戏点缀中一往删繁去奢之意存焉。岂唯庸奴、钝汉不能窥其崖略[26],即世有真韵致、真才情之士,角异猎奇[27],自不得不降心以奉启美为金汤,诚宇内一快书,而吾党一快事矣!

余因语启美:"君家先严征仲太史[28],以醇古风流,冠冕吴趋者[29],几满百岁,递传而家声香远,诗中之画,画中之诗,穷吴人巧心妙手,总不出君家谱牒[30],即余日者过子[31],盘礴累日[32],婵娟为堂,玉局为斋[33],令人不胜描画,则斯编常在子衣履襟带间,弄笔费纸,又无乃多事耶?"启美曰:"不然,吾正惧吴人心手日变,如子所云,小小闲事长物,将来有滥觞而不可知者[34],聊以是编堤防之。"有是哉!删繁去奢之一言,足以序是编也。

予遂述前语相谂,令世睹是编,不徒占启美之韵之才之情,可以知其用意深矣。沈春泽谨序。

【作者简介】

沈春泽,生卒年不详。字雨若,江苏常熟人,移居白门(今南京)。能诗工草书,善画兰竹,颇得赵孟頫遗意。有《雨若吟稿》等。

【注释】

[1]林壑:树林和山谷。

[2]品题:评其高下、立其名目。

[3]图史:指图书典籍。杯铛:饮器。铛:温器。如酒铛、茶铛。

[4]观韵:观揣风韵、气度。

[5]挹:舀。此谓汲取。

[6]拱璧:大璧。

[7]沾沾:自矜貌,自得貌。

[8]司马相如(约前179—?):字长卿,蜀郡(今成都)人。西汉辞赋家,其《子虚》《上林》赋,词藻富丽,结构宏大。卓文君:汉临邛(今四川邛崃)人。为邛崃富商卓王孙女儿,好音律,貌若天人。相如饮于卓府,以琴心挑之,文君夜奔相如,同驰归成都。因家贫,复回临邛。

[9]犊鼻裈:短裤。《史记·司马相如列传》裴骃集解引韦昭曰:"犊鼻裈,今三尺布作,形如犊鼻。"裈:音 kūn。

[10] 要:此谓旨归、境界。

[11] 右丞:即王维。绳床:又称"胡床""交床"。一种可以折叠的轻便坐具。以板为之,并用绳穿织而成。

[12] 香山:即白居易。晚年放意诗酒伎玩,号"香山居士"。名姬骏马:白居易家名姬有樊素、小蛮,骏马有小白马、骆马。

[13] 攫石洞庭:《旧唐书·白居易传》:"乐天罢苏州刺史时,得太湖石五、白莲、折腰菱、青板舫以归。"洞庭:洞庭山。在太湖中。

[14] 庐阜:庐山。白居易有《庐山草堂记》。

[15] 长公:即苏轼。字子瞻,又字长公。

[16] 雪堂:苏轼贬黄冈时,营雪堂,并为记。

[17] 韵致:风度韵味,情致。

[18] 政:通"正"。

[19] 启美:文震亨(1585—1645)字。震亨崇祯初为中书舍人,给事武英殿。书画咸有家风,山水韵格兼胜。明亡,绝粒死。绝颔:谓深以为然。

[20] 艺林:旧指文艺界或收藏汇集典籍图书的地方。此借指《长物志》一书。

[21] 简而裁:陈植注:"简"作分别、选择解;"裁"作识别、体制解。

[22] 王谢:六朝望族王氏、谢氏的并称。

[23] 武陵:武陵郡。治索县(今湖南常德东)。西汉初设,辖境约当今湖南常德以西到鄂西南、川东及黔东的广大地区。因陶渊明《桃花源记》,后传武陵有仙境之意。

[24] 瓜枣:传说中的仙枣。又称安期枣。《史记·封禅书》:"少君言上曰:'臣尝游海上,见安期生,安期生食巨枣,大如瓜。'"

[25] 荀令:即荀彧,字文若,颍川颍阴(今河南许昌)人,东汉末曹操帐下首席谋臣。官至侍中,守尚书令。嗜香。玉川:卢仝字。仝,唐诗人。早年隐少室山,自号玉川子。博字工诗,善品茶。有《七碗茶歌》。

[26] 崖略:大略,梗概。

[27] 角异:逐异。

[28] 征仲太史:文征明。初名壁,字征明。42岁起以字行,更字征仲。文征明曾任翰林待诏,故称"太史"。

[29] 冠冕吴趋:谓为吴中人士的表率。

[30] 谱牒:记述氏族或宗族世系的书籍。此借指流派、风格。

[31] 日者:往日,前些日。

[32] 盘礴:徘徊,逗留。

[33] 婵娟、玉局:此均指文震亨香草垞园中堂斋。道光《苏州府志》:"香草垞在高师巷,中有四婵娟堂……玉局斋。"

[34] 滥觞:指江河发源处水很小,仅可浮起酒杯。喻事情的开始。

园居杂咏

明·瞿式耜

【提要】

本诗选自《瞿式耜集》(上海古籍出版社 1981 年版)。

瞿式耜(sì)万历四十四年(1616)进士,后授江西永丰知县,有惠政。天启三年(1623)丁父忧返里,与西洋教士艾儒略(JulesAleni)往还,后受洗入教,圣名多默(Thomas)。崇祯元年(1628),擢户科给事中,屡疏劾斥掌权佞臣,帝多采其言。后遭排挤陷害,与其师钱谦益同贬削,继而罢归常熟。式耜在乡颇治园林,以诗酒自遣,《园居杂咏》就是这一时期的成果:池塘、高树、荷花、驯鹤,茅亭三两间,更加上"白云深处著三间""小楼霜后献丹山",作者的居住环境"池涵高树影层层,霞下荷香暗觉增""放鹤青田宵听唤,饭牛白日旦闻歌""月下琴声响斋阁,雨余苔色映门阑",甚至"鸣禽自逐时花换,孤鹤偏随野衲还"。

虽然诗的尾声也有"尚父遗风或许攀"愿望,但弥漫在诗句中的乡居恬静、闲淡和自适的情绪让人不由自主地想到常熟虞山去看看。

崇祯十七年,北都陷,福王朱由崧立于南京,起式耜为应天府丞,旋擢为右佥都御史,巡抚广西。清顺治七年(1650)夏,清兵自全州进,桂林大乱,城中无一兵,式耜独不去,与总督张同敝(张居正之孙)相对饮酒,日赋诗唱和,得百余首。后从容就逮,与同敝偕死。

正所谓"穷则独善其身","达则兼善天下",虽然当时天下已倾覆,赴死亦如回家:这就是中国古代的士大夫。

池涵高树影层层,霞下荷香暗觉增。

驯鹤久谙芳径屧[1],飞虫竞扑水轩灯。

频沽白堕招文酒[2],不羡清溪入武陵[3]。

天女携花乘月散,敲门何避隔林僧。

村径秋云罥碧萝[4],柴车何路得相过。

幽栖留客宜栽竹,卒岁谋生有荷蓑。

放鹤青田宵听唤,饭牛白日旦闻歌。

厨贫高士知无哂[5],黄叶山斋荐晚禾。

清池萍藻积为斑,小筑茅亭三两间。

月下琴声响斋阁,雨余苔色映门阑。

蛙能鼓吹何嫌闹,石有藤萝可恕顽。

近拟腰镰随老圃[6],繁花恶竹颇能删。

地静从知鸥鹭闲,高情不共俗情删。

霜林返照明孤屿[7],野艇随潮泊小湾。

每到钟残犹独坐,有时月落不知还。

柴桑风味偏饶我[8],策杖凭君日几攀。

蜿蜒群峰一水环,白云深处著三间。

鸣禽自逐时花换,孤鹤偏随野衲还[9]。

高树晚来穿漏月,小楼霜后献丹山。

南湖浩渺盈盈望,尚父遗风或许攀[10]。

【作者简介】

瞿式耜(1590—1650),字起田,号稼轩、耘野,又号伯略,江苏常熟人。明末诗人、南明政治人物。崇祯朝官至户科给事中。晚年参加抗清活动,拥立桂王朱由榔等。永历四年(1650),桂林城破被捕,与张同敞同在桂林风洞山仙鹤岭下就义。

【注释】

[1]屟:音 xiè,同“屧”。履中荐。引申为鞋。

[2]白堕:人名。北魏杨衒之《洛阳伽蓝记》:河东人刘白堕善能酿酒。夏季六月,时暑赫晞,以罂贮酒,暴于日中。经一旬,其酒不动,饮之香美而醉,经月不醒。后因用作美酒别称。

[3]武陵:郡名。陶渊明《桃花源记》中世外桃源的去处。

[4]罥:音 juàn,挂。

[5]哂:音 shěn,微笑。

[6]腰镰:腰带镰刀。亦指腰里所佩的镰刀。

[7]孤屿:孤立的岛屿。

[8]柴桑:《宋书·陶潜》载:“潜晚年隐居故里柴桑,有脚疾,外出辄命二儿以篮舆舁之。”后因以“柴桑”代指故里。

[9]野衲:指山野中的僧徒。

[10]尚父:亦作“尚甫”。指周吕望。《诗·大雅·大明》:“维师尚父,时维鹰扬。”郑玄笺:“尚父,吕望也。尊称焉。”

明·蒋德璟

【提要】

本文选自《天府广记》(北京古籍出版社 1984 年版)。

崇祯辛巳(1641)年的大明王朝风雨飘摇。这年正月,李自成攻克汝州(治今河南临汝);正月十五日,官军追张献忠至开县,官军败于开县;二月初三日,李自成攻开封,恶战,不克,遂退走密县;这年六月,两畿、山东、河南、浙江、湖广一带大旱,蝗虫起,李青山遂率领民众起义,阻断漕运,明廷大震;这年四月至八月,吴江一带,大旱不雨,飞蝗蔽天,米价每石银四两,流丐满道,多枕藉死;这一年,荷兰占据台湾……

在此情形之下,崇祯帝朱由检召集重臣,用"青锦绣本等服色",而此服色只在祈雨时穿着,可见此次召见非同小可——原来是要商议祖坟龙脉被伤之事。不仅如此,崇祯还在中极殿宴请议事群臣(中极殿只宴请过亲王),且破祈雨时节不饮酒礼制,赐群臣饮酒,并亲手为每桌插莲花两束:在崇祯心里,龙脉被伤才导致天灾人祸纷至沓来。

颇通风水的礼部右侍郎蒋德璟娓娓道来:"孝陵在钟山,古称龙蟠虎踞之地,最为形胜。其龙脉自茅山来,历燕冈、武岐、华山、白云峰、龙泉庵一带至陵,可九十里……今新开诸窑,若碍龙脉,自当严禁……"连带着又说到泗州祖陵,"泗州地稍低,闻大水时几没陵山砂脚,凤阳陵龙脉来处间亦有凿开池塘者。"

文中,蒋还即兴发挥说:"中国有三大干龙。中干旺气在中都(即凤阳),结为凤、泗祖陵;南干旺气在南京,结为中山孝陵;北干旺气在北京,结为天寿山诸陵。这三大干本朝独会其全,真是帝王万世灵长之福。"

既是龙脉来路,多事之秋更应努力照应。崇祯即命成国公、新乐侯、礼部尚书等 3 人特往南京孝陵,会同奉祀及守备神宫监、礼部礼科,察勘附陵 30 里及龙脉经行处并左右砂水,"俱不许开石烧灰。凡新添窑房悉行拆毁,树木桩楂或宜移去,或宜栽补,或宜栽补,俱详察便宜。行至泗州祖陵、凤阳皇陵一并严行踏勘,如有势豪大姓把持,立行参奏治罪"。此次勘察,蒋德璟还到盱眙、凤阳勘察了朱家祖陵,写成《凤泗记》一文。

崇祯辛巳四月二十五日辰时,上召成国公朱纯臣,恭顺侯吴惟英,新乐侯刘文炳,驸马都尉万炜、巩永固,宣平伯卫时春,礼部尚书林欲楫,侍郎王锡衮、蒋德璟来中极殿[1]。时臣璟方病泻,即力疾入午门直房[2],同王公小坐。旋入左掖门篡修馆待林公。顷之,诸公及内阁四位俱入皇极殿旁直房坐。是时方祈雨,用青布袍角带[3],而上传令用青锦绣本等服色,诸臣相顾未敢信。内珰亟趣之[4],急令办官出,持袍带入换,交揖毕,即同入弘政门。内珰再趣,云上御中极殿已久。即鱼贯入中左门,循殿垣高下可四十级,到中极殿外,鞠躬入,分东西班槛外一拜三叩头毕。

上曰:卿等进来。摄齐入殿内东西立[5]。上曰:成国公等过来,礼部过来。同过中跪。上曰:孝陵为高皇帝弓剑之所[6],关系重大,会典所载近陵不许开窑取石,砍伐树木,禁例甚严。近来法久人玩,于原额四窑外,开得甚多,及烧凿红石,伤损树木等项,虽经南中诸臣回奏,还须特遣重臣亲勘,卿等有所见,各奏来。勋戚六人各通职名奏毕[7],大约皆言奉命往勘陵,须用通晓地理者同去。闻有上林苑监杨应祥颇晓堪舆,可取来同看。上命即取应祥来。

左侍郎锡衮奏:臣向为南京司业祭酒,颇知孝陵事体。上遽令勋戚诸臣起,惟礼部三臣面对。锡衮复奏:孝陵自花山以下属句容,以上属上元[8]。向有祖窑四个,天启后渐添颇多,宜行拆毁。右侍郎臣蒋德璟奏:孝陵在钟山,古称龙蟠虎踞之地,最为形胜。其龙脉从茅山来,历燕冈、武岐、华山、白云峰、龙泉庵一带至陵,可九十里。祖制附陵二十里内禁例甚严。今新开诸窑,若碍龙脉,自当严禁。只是愚民无知,以前似不必究。臣又见宗室举人朱统锁曾有疏言,孝陵水口关砂诸处[9],亦有私取红石,并陵后龙潭一带皆当查看。又前岁有泾县百姓全大功疏言,泗州祖陵凤阳皇陵二处亦当照管。上曰:"是全大功?"阁臣旁立对曰:"是全大功。"

臣再奏:"泗州地稍低,闻大水时几没陵山砂脚,凤阳陵龙脉来处间亦有凿开池塘者。"上倾听曰:"这奏向不曾闻得。"顾问阁臣,皆谢不知。

上命臣等起来,随曰:"赐宴坐。"臣等出槛外跪谢,因叩头言:"时方祈雨斋宿,不敢用酒。"上曰:"特赐酒。"又谢不敢坐。上命即遵旨入座。随命内珰布席,计十三人各一席。四阁臣及林尚书同坐,系长桌,用金莲花杯。臣锡衮、臣德璟同坐,镀金莲花杯,杯高大如瓶,圆可四寸,下有三小蒂承之,旁有荷柄,俨然一大莲花也。其勋戚诸席在西,皆御膳所自备蔬果,各席可三十余器,皆精洁。席各二花瓶,插莲花。中珰云[10],未入时上自就各席观之,且手自安花云。

随召光禄寺官八人入行酒,酒有异香,皆出御厨,非光禄寺办也。酒三巡,汤三饭一,而上以斋不用酒。

既毕,出席谢。上曰:"右侍郎来。"德璟出班将过,上曰:"右侍郎蒋德璟来。"臣即过中跪,上曰:"上来。"膝行数步,上曰:"再上来。"再膝行数步,如是者三,距御座可丈许。上曰:"汝才奏的再奏来。"臣对:"孝陵前对茅山,后枕大江,高皇帝弓剑之所,自当慎重。"

上曰:"泗州凤阳事再说来。"

臣奏:"臣未曾到凤阳,亦未知其详。只部中见全大功疏是如此说。祖陵只禁附近二十里,此外皆与民同,所以愚民不知,间有开凿灌注,须查果系龙脉与否。如不系龙脉,则民生水利亦当照管。其泗州因高、宝一带地势亦低[11],闻下面闸板不甚消水,所以水势壅塞,时有淹浸之患。"

上顾问阁臣曰:"这奏说的是,凤阳、泗州须一并踏勘。"阁臣承旨讫。

臣璟将叩头起,上又令再奏来。臣奏:"中国有三大干龙[12],中干旺气在中都,结为凤、泗祖陵;南干旺气在南京,结为钟山孝陵;北干旺气在北京,结为天寿山诸陵[13]。这三大干本朝独会其全,真是帝王万世灵长之福。"

上曰:"这三大干都从昆仑山发脉来。"臣奏:"诚如圣谕。儒言南北两戒,南戒自岷山嶓冢来,负地络之阳,至扬子江入海,为南京;北京自黄河积石来,负地络之阴,至天津入海,为北京。是两大戒山河形势,皆两京收住。"

上曰:"这北戒是至天津入海么?"臣奏:"北戒自太行山一带过天寿西山,入京城,至天津,便是大海结聚处。就是西山一带龙脉过处亦不宜开窑口。"

上曰:"西山一带亦当照管。起来旁立。"

上回顾久之,即曰:"成国公、新乐侯、礼部尚书来。"三臣同过,上曰:"今命卿等三人特往南京孝陵,会同奉祀及守备神宫监礼部、礼科察勘附陵三十里及龙脉经行处,并左右砂水,俱不许开石烧灰,凡新添窑房悉行拆毁,树木桩楂或宜移去,或宜栽补,俱详察便宜。行至泗州祖陵、凤阳皇陵一并严行踏勘,如有势豪大姓把持,立行参奏治罪。"

欲楫奏,杨应祥江西人,丁忧回籍,恐不在家。有原任礼部郎中今升浙江提学副使王应华,系臣旧属官,如杨应祥不在,即取王应华来。

上曰:"一并行文取来。"因赐成国公路费二百两,彩缎二十表里[14],新乐侯路费一百五十两,彩缎十五表里,尚书林路费一百两,彩缎十表里。命再赐茶,即同出槛外叩头而出。

时天气尚热,辟四大门,薰风习习。上宝座周围刻金龙形,一片黄金璀璨也。内置金椅及御榻,以黄绫衣之。诸臣就席时,上用茶,间览案上文书。司礼监大珰旁立侍[15],而诸臣坐,真盛事也。

祖制,宴群臣皆在午门外、文华门外,惟郊祀庆成宴三品及学士在皇极殿。永乐中召坐西内圆殿,宣德中召儒臣入万岁山广寒殿,又召游太液池,皆赐宴西苑。然不闻侍坐,亦不闻在中极者。盖正统后坐礼久废。

今上崇祯十三年始议行之,而中极自赐宴亲王外从来未有也。是日上立传内阁取朱统锒、全大功本。查统锒疏在丁丑四月[16],全大功疏在丁丑闰四月,阁中不知也。搜寻久之始上。然当时仅票统锒疏有祖陵泄水故道宜清,孝陵来脉小民凿石及句容建坊祭葬事情着该监抚按作速修理禁饬[17],而大功疏则票已有旨而已[18]。上遂特发旨二百余言,详述孝陵及凤泗二陵察勘事情,仍铸关防给敕书以行[19]。礼部侍郎臣蒋璟德恭纪。

【作者简介】

蒋德璟(1593—1646),字中葆,号八公,又号若柳,福建泉州晋江人。天启二年(1622)进士。改庶吉士,授编修。官至内阁首辅。崇祯十七年(1644)三月,他与崇祯激辩"聚敛小人倡为练饷,致民穷祸结,误国良深"后,随即引罪去位。崇祯帝死后,福王监国,欲召其入阁,固辞不赴。后卒于家。

【注释】

[1]中极殿:又称华盖殿,清代称中和殿。故宫三大殿之一,位于太和殿后。现存的中和殿高 29 米,平面呈方形,黄琉璃瓦四角攒尖顶,正中有鎏金宝顶。屋顶正中有一条正脊,前后各有 2 条垂脊,在各条垂脊下部再斜出一条岔脊,连同正脊、垂脊、岔脊共 9 条,歇山式。中和殿是皇帝去太和殿举行大典前稍事休息和演习礼仪的地方。另外,皇帝祭祀天地和太庙之前,也要先在这里审阅一下写有祭文的"祝版";在到中南海演耕前,也要在这里审视一下耕具。

[2]力疾:勉强支撑病体。

[3]角带:以角为饰的腰带。

[4]内珰:太监。

[5]摄齐:提起衣摆。古时官员升堂时谨防踩着衣摆、跌倒失态。表示恭敬有礼。

[6]孝陵:指明太祖朱元璋墓。在今南京市紫金山(钟山)南麓。

[7]勋戚:有功勋的皇亲国戚。

[8]上元:今属南京江宁。唐上元二年(761)改江宁为上元县。后 917 年,杨吴分上元另置江宁县。此后,二县并存近千年。1912 年,撤废上元县,并入江宁县。

[9]水口:水流的出入口或其近旁。此指门户。风水名词。所谓水来处谓之天门,水去处谓之地户,"登山看水口"。关砂:风水指高大之物。风水称"高一寸为砂,低一寸为水",强调藏风聚气,山环水抱。砂,则能藏,能聚。

[10]中珰:宦官。

[11]高、宝:高邮、宝应。均在今江苏。

[12]干龙:《易·干》:九五,飞龙在天。《干》卦第五爻为天子在位之象,因以"干龙"喻帝王。

[13]天寿山:在北京昌平北部。原名黄土山,明建十三陵后改名天寿山。

[14]表里:衣服的面子与里子。泛指衣料。

[15]大珰:指当权的宦官。珰:汉代宦官充武职者的冠饰,后即作为宦官的代称。

[16]丁丑:崇祯十年,1637 年。

[17]禁饬:管束,整顿。

[18]票旨:明清时代,内阁学士代皇帝批答奏章,书写批语于票签,贴于疏章正面,谓之。

[19]关防:印信的一种。长方形,始于明初,又称"大印"。

附:凤泗记

明·蒋德璟

泗州与盱眙县夹淮而居,相距五里许。度浮桥,从州城外沿淮北行十里渡小河,即基运山也。山一片皆漫土。嘉靖中,始改称"基运"云。易舆以马,入御碑亭,佳气葱郁,古柏万株,数百步为红门,旁即祠祭署也。

世袭奉祀朱自让来迎,引入殿前,行五拜三叩头礼。殿前竖石阙四、石兽十六件、石马六、内臣控马二、朝臣十四。殿内三黄幄,置神座,德祖玄皇帝后居中南向,即高皇帝高祖也。懿祖恒皇帝后居东西向,熙祖裕皇帝后居西东向。其陵寝神宫御器一如孝陵及天寿制。殿门后即熙祖陵，所称万岁山者也。高皇帝以世湮远不轻祖，故断以德祖为肇基，而德、懿二陵经兵燹亦失其处，故止于熙陵寝殿行望祭焉。

龙脉西自汴梁，由宿虹至双沟镇，起伏万状，为九冈十八洼，从西转北，亥龙八首坐癸向丁，一大坂土也。殿则子午，陵前地平垅数百丈，皆高数尺，绕身九曲。水入怀远，从御桥东出，与小河会。又前为汴河，其左为徙湖，为二陈沟，又前即泗州城，有塔，又前为大淮水，水皆从西来。绕陵后东北入海。而淮水湾环如玉带，皆逆水也。

又前即盱眙县治，米芾所书第一山也。山不甚高，然峰峦横亘八九，与陵正对，即面前案山。又前二百余里为大江，而陵后则明堂九曲，水绕玄武，又后为汴湖，又后二百里为黄河，又数百里为泰山。大约五百里之内，北戒带河，南戒杂江，而十余里明堂前后，复有淮泗汴河诸水环绕南东北，惟龙自西来稍高耳。

陵左肩十里为挂剑台，又左为洪泽湖，又左为龟山，即禹锁巫支祁处，又左为老子山。自老子山至清河县，县即淮黄交会处也。陵右肩六十里为影塔湖，为九冈十八洼，又右为柳山，为朱山，即汴梁虹宿来龙千里结穴。真帝王万年吉壤。

县令孙征奎云："大水时可一尺，其山较泗州城中地高可丈余。惟御碑亭前筑堤稍斜射而东，一带人家蔽塞案山，似于明堂为碍耳。"午饭祠祭署朱君所，因与珑熺酌数巡而归。

谨按图说，称熙祖世为句容通德乡朱家巷人，生宋季元初。至元间，因乱挈家渡淮，至泗州，见其风土醇厚居焉。泗人社会常推为祭酒。居泗凡三十八年，一日卧屋后杨家墩下，墩有窝，遇二道士过，指卧处曰："若葬此必出天子。"其徒曰："何也？"曰："若以枯枝试之，必生叶。"亟呼熙祖起，祖故熟睡，道士乃插枯枝去。十日后，熙祖侵晨往验，果生叶，因拔去生枝，别易枯枝。前道士复来，心异之。见熙祖在旁，因指之曰："必此人易去。"遂语祖曰："若有福，殁葬此，当出天子。"语讫忽不见。元致和二年丁卯夏，熙祖殁，因葬焉。甫封土，即自成坟。

仁祖年四十六，冬十二月，携南昌、盱眙、临淮三王及曹国长公主迁于钟离东乡盱眙之木场里。淳皇后见一异人，修髯奇貌，黄冠朱裳象简，授白药一丸，神光烨烨，使吞之，遂孕。明年，天历元年九月十八日，太祖高皇帝生。圣造戊辰、壬戌、丁丑、丁未也。溯葬期甫岁余耳。将诞之夜，红光烛天，里人起呼朱家火，及至，无有也。舍旁故有二郎庙，时闻空中语："亟徙去！"至晚果徙东北百余步。高皇帝甫生，淳皇后抱浴池，叹曰："家贫乏襁褓，其奈何！"忽红罗浮水上，因取而衣之。今传为红罗障。其生处常见五色王气，世名明光山，有红庙在焉。庙在盱眙县灵迹乡，距县百二十里。

及高皇帝龙飞，定鼎金陵，追尊四代，已建仁祖淳皇帝陵于凤阳，因命皇太子至濠泗祭告祖考妣于泗州。然未识玄宫所在。时向城西濒河凭吊，岁时遣官致祭。

洪武十七年甲子十月十二日，宗人龙骧卫总旗朱贵从军于外，年老始归，即画图贴说，识认宗派，指出居处葬处，备陈灵异始末。贵故偕熙祖北渡者，上即命皇太子至泗修建陵寝,号曰祖陵。命礼部制造三祖考衮冕冠服瘗殿后,每岁大小二十六祭。设祭田一百四十九顷,金迁人户三百一十四户,因授贵奉祀四品服色,子孙世袭管理署事。当贵面奏图时,恩赐田宅钞锭金带衣服等物,宠赉有加,令置祠署于贵先人所居之稍北。其东南即熙祖之旧屋基,特赐奉祀官,世为葬地。

及贵子绂袭前官,高皇帝召入谨身殿,赐膳一桌,复赐御前子鹅肉,谕以莫嫌官小,与国同济。

而杨家墩者,宋保议大夫杨浚、大理寺评事杨栴墓也。命改迁于陵西之黄岗里。复谕户部免守陵户役及一应杂色差粮。

尝曰:濠泗实朕乡里,陵寝在焉,人民理宜优恤。谕署官曰:"邻近荒田尽力开耕,永不起科,不属有司衙门。"谕署官曰:"你衙门里无刑名造作,也不刷卷。嗣是文皇帝驾过泗州,诣陵祭告,赐金饰鞍马钞锭,田地四十四所,并夫役百户内侍等官。"又命朱贵子绂谕泗州降有功,驾渡淮,仍以令牌召绂至营赐坐,温语移时,赐父老牛酒慰劳焉。

列圣承统,皆遣重臣祭告。景泰时以不雨,弘治时以大风伤陵树,嘉靖时以陵前山石坠,以基运山从祀方泽,以皇嗣未生,以修陵工完,皆遣重臣祭告。万历二年七月十四夜,大风雨损坏殿宇门墙,及湖水冲激东南角岸,命南工部郎郭子章修理,并砌石堤。二十年,复命南礼侍曾朝节,南工部郎沈演、周诗再筑护堤二道。

按:本文选自《天府广记》(北京古籍出版社1984年版)。

《西湖梦寻》(节选)

明·张 岱

【提要】

选自《西湖梦寻》(上海古籍出版社1982年版)。

《西湖梦寻》一书共分5卷,通过追记往日西湖之胜,以寄亡明遗老的故国之思。"余生不辰,阔别西湖二十八载,然西湖无日不入吾梦中,而梦中之西湖,实未尝一日别余也。前甲午、丁酉两至西湖,如涌金门商氏之楼外楼,祁氏之偶居,钱氏、余氏之别墅,及余家之寄园,一带湖庄,仅存瓦砾,则是余梦中所有者,反为西湖所无。"他在序中说,于是他把脑海中的往日胜景,类如杭州一带重要的山水景色、佛教寺院、先贤祠庙等进行了全方位的梳理、描述,全书按照总记、北路、西路、中路、南路、外景的空间顺序依次写来,把杭州的古与今展现在读者面前。尤为重要的是,作者在每则记事之后选录先贤时人的诗文若干首(篇),更使山水增辉。这些诗文集中起来,就是一部西湖诗文选。72则记事中,有不少有关寺院兴废之事,为研究佛教者提供了丰富的资料。

《西湖梦寻》虽有袭用明田汝成《西湖游览志》旧文处,但作者在记录西湖胜景上自具慧眼,其记录亦别有情韵。

冷 泉 亭

冷泉亭在灵隐寺山门之左。丹垣绿树,翳映阴森。亭对峭壁,一泓泠然[1],凄清入耳。亭后西栗十余株,大皆合抱,冷飔暗樾[2],遍体清凉。秋初栗熟,大若樱桃,破苞食之,色如蜜珀,香若莲房[3]。天启甲子[4],余读书岣嵝山房,寺僧取作清供[5],余谓鸡头实无其松脆,鲜胡桃逊其甘芳也。夏月乘凉,移枕簟就亭中卧月,涧流淙淙,丝竹并作。张公亮听此水声,吟林丹山诗:"流出西湖载歌舞,回头不似在山时。"言此水声带金石,已先作歌舞声矣,不入西湖安入乎?余尝谓住西湖之人,无人不带歌舞,无山不带歌舞,无水不带歌舞。脂粉纨绮[6],即村妇山僧,亦所不免。因忆眉公之言[7]曰:"西湖有名山,无处士;有古刹,无高僧;有红粉,无佳人;有花朝,无月夕。"曹娥雪亦有诗嘲之曰:"烧鹅羊肉石灰汤,先到湖心次岳王。斜日未曛客未醉,齐抛明月进钱塘。"余在西湖,多在湖船作寓,夜夜见湖上之月。而今又避嚣灵隐,夜坐冷泉亭,又夜夜对山间之月,何福消受。余故谓西湖幽赏,无过东坡,亦未免遇夜入城。而深山清寂,皓月空明,枕石漱流,卧醒花影,除林和靖、李岣嵝之外[8],亦不见有多人矣。即慧理、宾王[9],亦不许其同在卧次。

袁宏道《冷泉亭小记》:

> 灵隐寺在北高峰下,寺最奇胜,门景尤好。由飞来峰至冷泉亭一带,涧水溜玉,画壁流香,是山之极胜处。亭在山门外,常读乐天《记》有云[10]:"亭在山下水中,寺西南隅,高不倍寻,广不累丈,撮奇搜胜,物无遁形。春之日,草薰木欣,可以导和纳粹;夏之日,风冷泉渟,可以蠲烦析酲[11]。山树为盖,岩谷为屏。云从栋出,水与阶平。坐而玩之,可濯足于床下;卧而狎之,可垂钓于枕上。潺湲洁澈[12],甘粹柔滑,眠目之矗,心舌之垢,不待盥涤,见辄除去。"观此亭记,当在水中,今依涧而立,涧阔不丈余,无可置亭者。然则冷泉之景,比旧盖减十分之七矣。

【作者简介】

张岱(1597—1679),又名维城,字宗子,又字石公,号陶庵、天孙,别号蝶庵居士,晚号六休居士。山阴(今浙江绍兴)人。寓居杭州。出生仕宦世家,少为富贵公子,"极爱繁华,好精舍,好美婢,好娈童,好鲜衣,好美食,好骏马,好华灯,好烟火,好梨园,好鼓吹,好古董,好花鸟,兼以茶淫橘虐,书蠹诗魔"(自作《墓志铭》)。明亡后,披发入山,著书以终。有《琅嬛文集》《陶庵梦忆》《西湖梦寻》《夜航船》等。

【注释】

[1] 泠然:寒凉貌,清凉貌。泠,音 líng。

[2] 冷飔暗樾:谓清冷阴凉。飔:音 sī,凉爽、微寒貌。暗樾:常作"深樾"。浓荫。

［3］莲房:莲蓬。

［4］天启甲子:1624 年。

［5］清供:清雅的供品。

［6］纨绮:用细绢做的裤子,泛指富家子弟衣着华美。后世称富家子弟。

［7］眉公:即陈继儒(1558—1639)。陈继儒,字仲醇,号眉公,华亭(今上海松江)人。

［8］林和靖:即林逋(967—1028)。字君复,钱塘(今浙江奉化)人。40 余岁后隐居杭州西湖,结庐孤山。以湖山为伴,数十年足不及城市,以布衣终身。每逢客至,叫门童子纵鹤放飞,林逋见鹤必棹舟归来。自谓:"然吾志之所适,非室家也,非功名富贵也,只觉青山绿水与我情相宜。"终生不仕不娶,无子,惟喜植梅养鹤,自谓"以梅为妻,以鹤为子",人称"梅妻鹤子"。卒谥和靖先生。李峋嵝:即李芨。号峋嵝,武林人,住灵隐韬光山下。造山房数楹,架于回溪绝壑之上,溪声淙淙出阁下。孑然一身,超然尘外。

［9］慧理:晋代僧。西印度人。咸和(326—334)初来中国,初住杭州时,见其地山岩秀丽,遂建灵鹫、灵隐二刹。宾王:即骆宾王。在杭州灵隐寺出家。

［10］乐天:即白居易。有《冷泉亭记》,写于长庆三年(823)秋杭州刺史任上。

［11］蠲烦:消除烦恼。析醒:醒酒。醒:音 chéng,喝醉了神志不清。

［12］潺湲:音 chán yuán,水缓流貌。

灵 隐 寺

明季昭庆寺火[1],未几而灵隐寺火,未几而上天竺又火[2],三大寺相继而毁。是时唯具德和尚为灵隐住持,不数年,而灵隐早成。盖灵隐自晋咸和元年,僧慧理建[3],山门匾曰"景胜觉场",相传葛洪所书[4]。寺有石塔四,钱武肃王所建[5]。宋景德四年,改景德灵隐禅寺[6]。元至正三年毁[7],明洪武初再建,改灵隐寺。宣德七年[8],僧昙赞建山门,良玠建大殿。殿中有拜石,长丈余,有花卉鳞甲之文,工巧如画。正统十一年[9],玹理建直指堂。堂额为张即之所书[10]。隆庆三年毁[11],万历十二年僧如通重建[12];二十八年,司礼监孙隆重修。至崇祯十三年又毁[13],具和尚查如通旧籍,所费八万,今计工料当倍之。

具和尚惨淡经营,咄嗟立办[14],其因缘之大,恐莲池、金粟[15],所不能逮也。

具和尚为余族弟,丁酉岁[16],余往候之,则大殿方丈尚未起工。然东边一带,闳阁精蓝,凡九进,客房僧舍,百什余间,棐几藤床,铺陈器皿,皆不移而具。香积厨中[17],初铸三大铜锅,锅中煮米三担,可食千人。具和尚指锅示余曰:"此弟十余年来所挣家计也。饭僧之众,亦诸刹所无。"午间方陪余斋,见有沙弥持赫蹏送看[18],不知何事,第对沙弥曰:"命库头开仓。"沙弥去。及余饭后出寺门,见有千余人蜂拥而来,肩上担米,顷刻上廪,斗斛无声,忽然竟去。余问和尚,和尚曰:"此丹阳施主某,岁致米五百担,水脚挑钱[19],纤悉自备,不许饮常住勺水,七年于此矣。"余为嗟叹。因问大殿何时可成,和尚对以:"明年六月,为弟六十,法子万人,人馈十金,可得十万,则吾事济矣。"逾三年而大殿方丈俱落成焉,余作诗以记其盛。

张岱《寿具和尚并贺大殿落成》诗:

飞来石上白猿立,石自呼猿猿应石。具德和尚行脚来[20],山鬼啾啾寺前泣。生公叱石同叱羊[21]，沙飞石走山奔忙。驱使万灵皆辟易[22]，火龙为之开洪荒。正德初年有簿对[23]，八万今当增一倍。谈笑之间事已成，和尚功德可思议。黄金大地破悭贪，聚未成丘粟若山。万人团簇如蜂蚁，和尚植杖意自闲。余见催科只数贯，县官敲朴加煅炼[24]。白粮升合尚怒呼，如坻如京不盈半。忆昔访师坐法堂，赫蹄数寸来丹阳。和尚声色不易动，第令侍者开仓场。去不移时阶庑乱，白粲驮来五百担。上仓斗斛寂无声，千百人夫顷刻散。米不追呼人不系，送到座前犹屏气。公侯福德将相才，罗汉神通菩萨慧。如此工程非戏谑，向师颂之师不诺。但言佛自有因缘，老僧只怕因果错。余自闻言请受记，阿难本是如来弟。与师同住五百年，挟取飞来复飞去。

张祜《灵隐寺》诗[25]：

 峰峦开一掌，朱槛几环延。佛地花分界，僧房竹引泉。五更楼下月，十里郭中烟。后塔耸亭后，前山横阁前。溪沙涵水静，洞石点苔鲜。好是呼猿父，西岩深响连。

贾岛《灵隐寺》诗[26]：

 峰前峰后寺新秋，绝顶高窗见沃洲。人在定中闻蟋蟀，鹤于栖处挂猕猴。山钟夜度空江水，汀月寒生古石楼。心欲悬帆身未逸，谢公此地昔曾游。

周诗《灵隐寺》诗[27]：

 灵隐何年寺，青山向此开。涧流元不断，峰石自飞来。树覆空王苑[28]，花藏大士台。探冥有玄度[29]，莫遣夕阳催。

【注释】

[1]昭庆寺：在杭州西湖。五代吴越王钱元瓘建立。屡建屡毁。

[2]上天竺：在灵隐寺南，天竺三寺之一。供奉观音大士。

[3]慧理：晋代僧。西印度人。咸和(326—334)初至武林山(今杭州西灵隐、天竺诸山)，见飞来峰，叹曰：此天竺灵鹫峰一小岭，不知何代飞来？佛在世日，多为仙灵所隐。于是大建佛寺，其中以灵隐最为著名。

[4]葛洪(284—364)：字稚川，自号抱朴子。晋丹阳郡句容(今江苏句容)人。曾受封为关内侯，后隐居罗浮山炼丹，为东晋道教理论家、医学家。有《神仙传》《抱朴子》《肘后备急方》等。

[5]钱武肃王：即五代时吴越王钱镠(852—932)。

[6]景德四年：1007年。景德：北宋真宗赵恒年号。

[7]至正：元惠宗年号，1341—1370年。

[8]宣德七年：1432年。宣德：明宣宗朱瞻基(1398—1435)年号。朱瞻基，明仁宗朱高炽长子，永乐九年(1411)立为皇太孙，数度随成祖征讨。即位后，平定汉王朱高煦叛乱，能听臣下意见，停止对交趾用兵。宣宗时君臣关系融洽，经济稳步发展，与仁宗并称"仁宣之治"。

[9]正统十一年：1446年。正统：明英宗朱祁镇年号。朱祁镇(1427—1464)，明宣宗长子。9岁即位。大事裁决权归皇太后张氏，以累朝元老杨士奇、杨荣、杨溥主持政务，继续推行仁宣朝的各项政策。张氏死后，三杨去位，他宠信太监王振，振遂广植朋党，启明代宦官专权之端。十四年，瓦剌入犯，听从王振之言亲征，抵土木堡(今河北怀来土木镇境内)兵败被俘。成王朱祁钰被拥立为帝，改元景泰。元年(1451)，英宗被释回京，被尊为太上皇，软禁于南宫。八年，武清侯石亨等乘景帝病重发动兵变，迎英宗复位，改元天顺。

[10] 张即之(1186—1263):宋代书法家,字温夫,号樗寮,历阳(今安徽和县)人。举进士。历官监平江府粮科院、将作监薄、司农寺丞。特授太子太傅、直秘阁致仕。后知嘉兴,以言罢。博学多识,"性修洁,喜校书,经史皆手定善本。"擅长楷书和榜书,尤喜作擘窠大字。《宋史》本传称其"以能书闻天下","大字古雅遒劲,细书尤俊健不凡"。按:直指堂额当为玹理集张所书榜之。

[11] 隆庆三年:1569 年。隆庆:明穆宗朱载坖年号。隆庆年间,明朝采取一系列新政,重振国威,史称"隆庆新政"。如解除海禁,调整海外贸易政策,允许民间私人远贩东西二洋,史称"隆庆开关"。史载,自1572 年"隆庆开关"到1644 年明朝灭亡的70 多年里,世界白银生产总量的1/3 涌入中国,全球2/3 的贸易与中国有关。

[12] 万历十二年:1584 年。万历:明神宗朱翊钧的年号,1573—1620 年,是明朝使用时间最长的年号。朱翊钧即位时仅10 岁,朝政由大学士高拱、张居正、高仪主持。在李太后的支持下,张居正等于万历元年(1573)开始政治经济改革,社会矛盾逐渐缓和,国势渐见中兴。史载,当时太仓的积粮可用10 年,国库钱财多达400 余万,史称"万历中兴"。但神宗亲政后,也曾28 年不上朝听政,且穷奢极欲,横征暴敛。

[13] 崇祯十三年:1640 年。崇祯:明思宗朱由检(1610—1644)年号。崇祯是明朝最为勤勉,同时也是最具悲剧色彩的皇帝。他一登基,随即铲除魏忠贤等阉党,但终无力回天,李自成破城后,自缢身亡。

[14] 咄嗟:霎时。

[15] 莲池、金粟:明朝高僧。莲池(1535—1615):明代僧人。净土宗八祖。俗姓沈,名袾宏,法号佛慧,也称莲池大师。仁和(今杭州)人。出身望族,年轻时习儒家经典,以孝敬长辈闻名乡里。32 岁时削发为僧,云游四方。明隆庆五年(1571),居杭州云栖寺,故称"云栖大师"或称"云栖袾宏"。与紫柏、憨山、藕益合称明"四大高僧"。金粟:生平不详。

[16] 丁酉:1657 年。

[17] 香积厨:厨房。

[18] 沙弥:和尚。赫蹄:即赫蹄纸。多用来书写诏书。

[19] 水脚:水路运输的费用。

[20] 具德和尚(1600—1667):清初著名僧人。字具德,名弘礼,亦称具德礼。俗姓张,会稽山阴(今浙江绍兴)人。张岱族人。1649 年,正式入住灵隐寺。随后,亲自规划、设计殿宇楼阁,相继建成东西殿堂和大法堂,明末动荡中颓败的灵隐寺开始复苏。清顺治十五年(1658),大雄宝殿毁于火。具德和尚与诸执事同心协力,搬走废木,又从徽、闽等地深山中运来百年巨木重新建造。经过18 年的努力,具德共建成7 殿、12 堂、4 阁、3 轩、3 楼、1 林等,灵隐寺再度被称为"东南第一山"。

[21] 生公:晋末高僧竺道生,世称生公。《莲社高贤传》:"竺道生入虎丘山,聚石为徒,讲《涅槃经》,群石皆点头。"

[22] 辟易:退避,避开,引申为消失。

[23] 正德:明武宗朱厚照年号,1506—1521。簿对:指账本记录可比对。

[24] 敲朴:亦作"敲扑"。鞭笞的刑具。

[25] 张祜(约785—849 后):字承吉,南阳人。唐朝诗人。工诗。以诗300 首献于朝。上召元稹问之,为稹所抑,遂失意而归。爱丹阳曲阿地,筑室隐居以终。

[26] 贾岛(779—843):字阆仙,范阳(今河北涿县)人。唐朝著名的苦吟诗人。

[27] 周诗:生平不详。

[28] 空王:佛的尊称。
[29] 玄度:月亮。

雷　峰　塔

雷峰者,南屏山之支麓也。穿窿回映[1],旧名中峰,亦名回峰,宋有雷就者居之,故名雷峰。吴越王于此建塔,始以十三级为准,拟高千尺,后财力不敷,止建七级,古称王妃塔[2]。元末失火,仅存塔心,雷峰夕照,遂为西湖十景之一。曾见李长蘅题画有云[3]:"吾友闻子将尝言:'湖上两浮屠,宝俶如美人,雷峰如老衲。'予极赏之。辛亥在小筑[4],与沈方回池上看荷花,辄作一诗,中有句云:'雷峰倚天如醉翁',严印持见之,跃然曰:'子将老衲不如子醉翁,尤得其情态也。'盖余在湖上山楼,朝夕与雷峰相对。而暮山紫气,此翁颓然其间,尤为醉心。然予诗落句云:'此翁情淡如烟水。'则未尝不以子将老衲之言为宗耳。癸丑十月醉后题[5]。"

林逋《雷峰》诗[6]:

> 中峰一径分,盘折上幽云。夕照前林见,秋涛隔岸闻。
> 长松标古翠,疏竹动微薰。自爱苏门啸[7],怀贤事不群。

张岱《雷峰塔》诗:

> 闻子状雷峰,老僧挂偏裻[8]。日日看西湖,一生看不足。
> 时有薰风至,西湖是酒床[9]。醉翁潦倒立,一口吸西江。
> 惨淡一雷峰,如何擅夕照。遍体是烟霞,掀髯复长啸。
> 怪石集南屏,寓林为其窟。岂是米襄阳,端严具袍笏[10]。

【注释】

[1] 穿窿:高大貌。回映:回环掩映。

[2] 王妃塔:习称皇妃塔,又称黄妃塔。吴越王钱俶为祈求国泰民安于北宋太平兴国二年(977)兴造。亦说钱俶因黄妃为其生子而建。初名黄妃塔。因地处雷峰,后人改称雷峰塔。

[3] 李长蘅:即李流芳(1575—1629)。字长蘅,一字茂宰,号檀园、香海、古怀堂,晚号慎娱居士、六浮道人。歙县(今属安徽)人。居嘉定(今属上海)。诗文书画俱佳。

[4] 辛亥:1671年。小筑:指规模小而雅致的住宅。此指张岱晚年居住的快园。

[5] 癸丑:1673年。

[6] 林逋(967—1028):北宋初隐逸诗人。终身不仕,隐居杭州西湖,驾小舟遍游西湖诸寺庙。

[7] 苏门啸:指啸咏。《晋书·阮籍传》:"籍尝于苏门山遇孙登,与商略终古及栖神导气之术。登皆不应,籍因长啸而退。至半岭,闻有声若鸾凤之音,响乎岩谷,乃登之啸也。"苏门:山名。在今河南辉县西北。又名苏岭、百门山。

[8] 偏裻:即偏衣。裻:音dú,衣背缝。以衣背缝为界,衣服两半的颜色不同。

[9]酒床:饮酒用的几案。

[10]米襄阳:即米芾(1051—1107)。字元章,号襄阳漫士等。他以太常博士知无为军,上任时,见立在州府的一块石头形状奇特,欣喜难禁,穿好朝服,手捧笏板,行叩拜之礼,称其为"石丈"。

包 衙 庄

西湖之船有楼,实包副使涵所创为之。大小三号,头号置歌筵、储歌童,次载书画,再次偫美人[1]。涵老以声伎非侍妾比,仿石季伦、宋子京家法[2],都令见客。常靓妆走马[3],媻姗勃窣[4],穿柳过之,以为笑乐。明槛绮疏,曼讴其下,抚搊弹筝,声如莺试。客至则歌僮演剧,队舞鼓吹,无不绝伦。乘兴一出,住必浃旬[5],观者相逐,问其所之。南园在雷峰塔下,北园在飞来峰下,两地皆石薮[6]。积牒磊砢[7],无非奇峭,但亦借作溪涧桥梁,不于山上叠山,大有文理。

大厅以拱斗抬梁,偷其中间四柱,队舞狮子甚畅。北园作八卦房,园亭如规,分作八格,形如扇面。当其狭处,横亘一床,帐前后开合,下里帐则床向外,下外帐则床向内。涵老据其中,扃上开明窗[8],焚香倚枕,则八床面面皆出。穷奢极欲,老于西湖者二十年。金谷、郿坞,着一毫寒俭不得,索性繁华到底,亦杭州人所谓"左右是左右"也[9]。西湖大家何所不有,西子有时亦贮金屋,咄咄书空,则穷措大耳[10]。

陈函辉《南屏包庄》诗[11]:

> 独创楼船水上行,一天夜气识金银。
> 歌喉裂石惊鱼鸟,灯火分光入藻苹。
> 潇洒西园出声伎,毫华金谷集文人。
> 自来寂寞皆唐突,虽是逋仙亦恨贫。

【注释】

[1]偫:音zhì,储备。

[2]石季伦:石崇(249—300),字季伦。富可敌国。每次请客饮酒,常让美人斟酒劝客。几百个姬妾,都穿着刺绣精美无双的锦缎,身上装饰着璀璨夺目的珍珠美玉宝石。刻玉龙佩,又制作金凤凰钗,昼夜声色相接,称为"恒舞"。宋子京:宋祁(998—1061)字。宋祁,安州安陆(今湖北安陆)人。天圣二年(1024)与兄郊(后更名庠)同登进士第,奏名第一。章献太后以为弟不可先兄,乃擢郊为第一,置祁第十,时号"大小宋"。历任大理寺丞、国子监直讲、史馆修撰,进工部尚书,拜翰林学士承旨。陆游《老学庵笔记》载:"宋景文好客,会饮于广厦中,外设重幕,内列宝炬,歌舞相继,坐客忘疲,但觉漏长,启幕视之,已是二昼。名曰不晓天。"《东轩笔记》亦载:"宋祁多内宠,后庭中罗绮者甚多。尝宴于锦江。偶微寒命取半臂。诸婢各送一枚。凡十余枚皆至。子京视之茫然。恐有厚薄之嫌,竟不敢服,忍冷而归。"

[3]走马:骑着马跑。

[4]媻姗:音pán shān,飘动貌。勃窣:犹婆娑。摇曳貌。窣,音sū。

[5] 浃旬:一旬,十天。

[6] 石薮:谓石头遍布。

[7] 积堞:累积重叠。磊砢:众多貌。

[8] 扃:从外面关门的闩、钩等。

[9] 左右是左右:犹言反正如此。

[10] 措大:旧称贫寒地读书,亦指贫寒失意的读书人。

[11] 陈函辉(1590—1646):原名炜,字木叔。临海(今浙江临海)人。明崇祯七年(1634)进士。补靖江令,废苛捐杂税,行"一条鞭"法,多有善政,吏考列第一。

《陶庵梦忆》(节选)

明·张 岱

【提要】

选自《陶庵梦忆》(上海古籍出版社 1982 年版)。

《陶庵梦忆》所记,大多是作者亲身经历过的杂事,世相种种尽情展现在人们面前,如茶楼酒肆、说书演戏、斗鸡养鸟、放灯迎神以及山水风景、工艺书画等等,构成了明代社会生活的一幅风俗画卷,可以说是江浙一带一幅绝妙的《清明上河图》。"雾凇沆砀,天与云、与山、与水,上下一白。湖上影子,惟长堤一痕,湖心亭一点,与余舟一芥、舟中人两三粒而已",类似《湖心亭看雪》这样记录贵族子弟的闲情逸致与浪漫生活,在书中多有篇章,但更多的是社会生活和风俗人情的文字。同时,本书载有大量明代日常生活、娱乐、戏曲、古董等资料,因此也颇受研究明代物质文化的学者重视。

为何记录往事?"鸡鸣枕上,夜气方回。因想余生平,繁华靡丽,过眼皆空,五十年来,总成一梦。今当黍熟黄粱,车旋蚁穴,当作如何消受?遥思往事,忆即书之,持向佛前,一一忏悔。不次岁月,异年谱也;不分门类,别《志林》也。偶拈一则,如游旧径,如见故人,城郭人民,翻用自喜。真所谓痴人前不得说梦矣。"于是有此作。

该书成书于甲申(1644)之后,直至乾隆四十年(1794 年)才初版行世。

筠 芝 亭

筠芝亭,浑朴一亭耳,然而亭之事尽,筠芝亭一山之事亦尽。吾家后此亭而亭者,不及筠芝亭。后此亭而楼者、阁者、斋者,亦不及。总之,多一楼,亭中多一楼之碍;多一墙,亭中多一墙之碍。太仆公造此亭成[1],亭之外更不增一椽一瓦,亭之内亦不设一槛一扉,此其意有在也。亭前后,太仆公手植树皆合抱,清樾轻岚,瀓瀓翳翳[2],如在秋水。亭前石台,蹑取亭中之景物而先得之,升高眺远,眼界光明。敬亭诸山,箕踞麓下,谿壑潆洄,水出松叶之上。台下右旋曲磴三折,老松偻背而立,顶垂一干,倒下如小幢,小枝盘郁,曲出辅之,旋盖如曲柄葆羽[3]。癸丑以前,不垣不台,松意尤畅[4]。

【注释】

[1] 太仆公:张天复。字复亭。张岱的高祖父。嘉靖二十六年(1547)进士,官至太仆卿。
[2] 瀓瀓:云气腾涌貌。翳翳:暗晦貌。
[3] 葆羽:仪仗名。以鸟羽为饰。
[4] 癸丑:1613年。

砎　　园

砎园,水盘据之,而得水之用,又安顿之若无水者。寿花堂,界以堤、以小眉山、以天问台、以竹径,则曲而长,则水之;内宅,隔以霞爽轩、以醆漱、以长廊、以小曲桥、以东篱,则深而邃,则水之;临池,截以鲈香亭、梅花禅,则静而远,则水之;缘城,护以贞六居、以无漏庵、以菜园、以邻居小户,则闭而安[1],则水之用尽,而水之意色指归乎庞公池之水。庞公池,人弃我取,一意向园,目不他瞩,肠不他回,口不他诺,龙山夔蚿[2],三摺就之而水不之顾。人称砎园能用水,而卒得水力焉。大父在日[3],园极华缛。有二老盘旋其中,一老曰:"竟是蓬莱阆苑了也。[4]"一老哂之曰:"个边那有这样?"

【注释】

[1] 闭:音 bì,闭门。
[2] 夔蚿:虫蚤。
[3] 大父:祖父。张岱祖父张汝霖(1557—1625)是晚明江南名士。
[4] 蓬莱、阆仙:均为传说中神仙居住的地方。

花 石 纲 遗 石

越中无佳石,董文简斋中一石[1],磊块正骨,窅窕数孔[2],疏爽明易,不作灵谲波诡[3],朱勔花石纲所遗[4],陆放翁家物也[5]。文简竖之庭除,石后种剔牙松一株,辟咡负剑[6],与石意相得。文简轩其北,名独石轩,石之轩独之无异也。石箦先生读书其中[7],勒铭志之。大江以南,花石纲遗石,以吴门徐清之家一石为石祖。石高丈五,朱勔移舟中,石盘沉太湖底,觅不得,遂不果行。后归乌程董氏,载至中流,船复覆。董氏破资募善入水者取之,先得其盘,诧异之。又溺水取石,石亦旋起,时人比之延津剑焉[8]。后数十年,遂为徐氏有,再传至清之,以三百金竖之。石连底高二丈许,变幻百出,无可名状,大约如吴无奇游黄山,见一怪石辄瞑目叫曰:"岂有此理! 岂有此理!"

【注释】

[1] 董文简:即董玘(1487—1546)。原名元,字文玉,号中峰。明代浙江会稽人(今浙江上虞)。弘治十八年(1505)会试第一,廷试赐一甲第二(榜眼)。以榜眼授翰林院编修。尝因反对宦官刘瑾,出为成安县令。后迁礼部右侍郎,摄尚书椽。

[2] 窋咤:音 zhú zhà,物在穴中突出貌。

[3] 灵谲波诡:谓千姿万态、变幻莫测。

[4] 朱勔(1075—1126):北宋苏州人。时徽宗垂意于奇花异石,朱勔竭力奉迎,在苏州设立应奉局,靡费官钱,百计求索,勒取花石,用船从淮河、汴河运入汴梁,号称"花石纲"。终于激起方腊等起事,旗号即为"诛朱勔"。

[5] 陆放翁:即陆游。

[6] 辟咡:谓交谈时侧着头,不使口气触及对方,以示尊敬。《礼记·曲礼上》:"负剑辟咡诏之,则掩口而对。"郑玄注:辟咡,谓倾头与语。此指(松与石)倾头俯身。

[7] 石篑先生:即陶望龄(1562—1609)。字周望,号石篑,会稽(今浙江绍兴)人。明万历十七年进士,历翰林院编修。为官刚直廉洁,工诗善文。

[8] 延津剑:延津剑合。指晋时龙泉、太阿两剑在延津会合的故事。后比喻因缘会合。

表 胜 庵

炉峰石屋为一金和尚结茆守土之地[1],后住锡柯桥融光寺[2]。大父造表胜庵成,迎和尚还山住持,命余作启,启曰:"伏以丛林表胜,惭给孤之大地布金;天瓦安禅,冀宝掌自五天飞锡。重来石塔,戒长老特为东坡;悬契松枝,万回师却逢西向。去无作相,住亦随缘,伏惟九里山之精蓝,实是一金师之初地。偶听柯亭之竹篆,留滞人间;久虚石屋之烟霞,应超尘外。譬之孤天之鹤,尚眷旧枝;想彼弥空之云,亦归故岫。况兹胜域,宜兆异人。了住山之凤因,立开堂之新范。护门容虎,洗钵归龙。茗得先春,仍是寒泉风味;香来破腊,依然茅屋梅花。半月岩似与人猜,请大师试为标指[3];一片石政堪对语,听生公说到点头。敬藉山灵,愿同石隐。倘净念结远公之社[4],定不攒眉[5];若居心如康乐之流[6],自难开口。立返山中之驾,看回湖上之船,仰望慈悲,俯从大众。"

【注释】

[1] 结茆:常作"结茅"。编茅为屋。谓建造简陋的屋舍。

[2] 住锡:谓僧人在某地居留。

[3] 标指:批点。

[4] 远公:即慧远(334—416)。俗姓贾,雁门楼烦(今山西宁武)人。21岁往太行恒山(今河北曲阳西北)参见道安,听讲《放光般若》,豁然开悟,遂从而出家。入庐山住东林寺,领众修道。曾与刘遗民一起在阿弥陀像前立誓,这是佛教史上最早的结社。结社专修"净土"之法,以期死后往生"西方"。故后世净土宗尊慧远为初祖。当时名士谢灵运,钦服慧远,在东林寺中开

东西两池,遍种白莲,慧远所创之社,逐称"白莲社"。因此,后来净土宗又称"莲宗"。

[5]攒眉:皱眉。

[6]康乐:指南朝宋谢灵运。《宋书》本传:"袭封康乐公,性奢豪,车服鲜丽,衣裳器物,多改旧制,世共宗之,咸称'谢康乐'也。"

梅 花 书 屋

陔萼楼后,老屋倾圮,余筑基四尺,造书屋一大间。傍广耳室如纱橱[1],设卧榻。前后空地,后墙坛其趾,西瓜瓢大牡丹三株,花出墙上,岁满三百余朵。坛前西府二树,花时,积三尺香雪。前四壁稍高,对面砌石台,插太湖石数峰。西溪梅骨古劲,滇茶数茎妖媚,其傍梅根种西番莲[2],缠绕如璎络[3]。窗外竹棚,密宝襄盖之。阶下翠草深三尺,秋海棠疏疏杂入。前后明窗,宝襄西府,渐作绿暗。余坐卧其中,非高流佳客,不得辄入。慕倪迂"清闷",又以"云林秘阁"名之。

【注释】

[1]纱橱:建筑内檐装修隔断的一种,亦称隔扇门、格门。

[2]西番莲:多年生常绿攀援木质藤本植物。有卷须,单叶互生。夏季开花,花大,淡紫、淡红,色繁多,微香。果似鸡蛋,果汁色如蛋黄。原产美洲热带地区。

[3]璎络:同"璎珞"。古代用珠玉串成的装饰品。

[4]倪迂:即倪瓒(1301—1374)。字元镇,号云林,无锡人。故里林木清蒨,山谷有阁名"清闷"。性好洁,服巾日洗数次,屋前后树木也常洗拭。

不 二 斋

不二斋,高梧三丈,翠樾千重,墙西稍空,腊梅补之,但有绿天,暑气不到。后窗墙高于槛,方竹数竿,潇潇洒洒,郑子昭"满耳秋声"横披一幅。天光下射,望空视之,晶沁如玻璃、云母,坐者恒在清凉世界。

图书四壁,充栋连床,鼎彝尊罍,不移而具。余于左设石床竹几,帷之纱幕,以障蚊虻,绿暗侵纱,照面成碧。

夏日,建兰、茉莉芗泽浸人[1],沁入衣裾。重阳前后,移菊北窗下。菊盆五层,高下列之,颜色空明,天光晶映,如沉秋水。冬则梧叶落,腊梅开,暖日晒窗,红炉氀毹[2]。以昆山石种水仙列阶趾。春时,四壁下皆山兰,槛前芍药半亩,多有异本。余解衣盘礴[3],寒暑未尝轻出。思之如在隔世。

【注释】

[1]芗泽:香泽,香气。芗,通"香"。

[2]氀毹:音 tà dēng,有文彩的细毛毯。

[3]盘礴:箕踞。两腿张开,两膝微曲而坐,状如箕。

湖心亭看雪

崇祯五年十二月[1],余住西湖。大雪三日,湖中人鸟声俱绝。是日更定矣[2],余拏一小舟,拥毳衣炉火[3],独往湖心亭看雪。雾凇沆砀[4],天与云、与山、与水,上下一白。湖上影子,惟长堤一痕、湖心亭一点,与余舟一芥、舟中人两三粒而已。到亭上,有两人铺毡对坐,一童子烧酒炉正沸。见余大喜曰:"湖中焉得更有此人!"拉余同饮。余强饮三大白而别。问其姓氏,是金陵人,客此。乃下船,舟子喃喃曰:"莫说相公痴,更有痴似相公者。"

【注释】

[1]崇祯五年:1632年。

[2]更定:谓入更。一更,晚7—9点。

[3]毳衣:毛皮衣服。毳,音cuì。

[4]沆砀:白气弥漫貌。

秦淮河房

秦淮河河房,便寓、便交际、便淫冶[1],房值甚贵而寓之者无虚日。画船箫鼓,去去来来,周折其间。河房之外,家有露台,朱栏绮疏,竹帘纱幔。夏月浴罢,露台杂坐,两岸水楼中,茉莉风起动儿女香甚。女客团扇轻纨,缓鬓倾髻,软媚着人。年年端午,京城士女填溢[2],竞看灯船。好事者集小篷船百什艇,篷上挂羊角灯如联珠。船首尾相衔,有连至十余艇者。船如烛龙火蜃[3],屈曲连蜷,蟠委旋折,水火激射。舟中镗鈸星铙[4],燕歌弦管,腾腾如沸。士女凭栏轰笑,声光凌乱,耳目不能自主。午夜,曲倦灯残,星星自散。钟伯敬有《秦淮河灯船赋》[5],备极形致。

【注释】

[1]淫冶:犹淫荡;轻狎。

[2]填溢:充塞满溢。

[3]火蜃:指灯火映入水中而呈现出的海市蜃楼般的幻景。

[4]鈸:音bó,乐器。铜制,圆形,中部隆起为半球状,两片为一副,相击发声。铙:音náo,乐器。形似钟而长。后指打击乐器,类似鈸。

[5]钟伯敬:即钟惺。

世美堂灯

儿时跨苍头颈[1],犹及见王新建灯。灯皆贵重华美,珠灯料丝无论[2],即羊角灯亦描金细画,缨络罩之[3],悬灯百盏,尚须秉烛而行,大是闷人[4]。余见《水浒传》灯景诗,有云:"楼台上下火照火,车马往来人看人。"已尽灯理。

余谓灯不在多,总求一亮。余每放灯,必用如椽大烛,颛[5]令数人剪卸烬煤[6],故光迸重垣,无微不见。

十年前,里人有李某者,为闽中二尹[7],抚台委其造灯,选雕佛匠,穷工极巧,造灯十架,凡两年,灯成而抚台已物故[8],携归藏椟中。又十年许,知余好灯,举以相赠,余酬之五十金,十不当一,是为主灯;遂以烧珠、料丝、羊角、剔纱诸灯辅之。而友人有夏耳金者,剪彩为花,巧夺天工,罩以冰纱,有烟笼芍药之致。更用粗铁线界画规矩,匠意出样,剔纱为蜀锦毤[9],其界地鲜艳出人。耳金岁供镇神,必造灯一盏,灯后,余每以善价购之。余一小傒善收藏,虽纸灯亦十年不得坏,故灯日富。又从南京得赵士元夹纱屏及灯带数副,皆属鬼工,决非人力。灯宵出其所有,便称胜事。

鼓吹弦索,厮养臧获皆能为之[10]。有苍头善制盆花,夏间以羊毛链泥墩高二尺许,筑地涌金莲,声同雷炮。花盖亩余,不用煞拍鼓铙,清吹锁呐应之,望花缓急为锁呐缓急,望花高下为锁呐高下。灯不演剧则灯意不酣,然无队舞鼓吹则灯焰不发。余敕小傒串元剧四五十本[11]。演元剧四出,则队舞一回,鼓吹一回,弦索一回。其间浓淡繁简松实之妙,全在主人位置,使易人易地为之,自不能尔尔[12]。故越中夸灯事之盛,必曰"世美堂灯"。

【注释】
[1] 苍头:奴仆。
[2] 珠灯:缀珠之灯。
[3] 缨络:同"璎珞"。用珠玉串起的装饰品。
[4] 闷人:使人烦闷。
[5] 颛:音 zhuān,通"专"。
[6] 烬煤:指物体燃烧后剩下的东西。
[7] 二尹:明清对县丞或府同知的别称。
[8] 抚台:明清时巡抚的别称。物故:亡故,去世。
[9] 毤:音 wǎn,纱缦。
[10] 厮养:犹厮役。干杂事的劳役。臧获:古代对奴婢的贱称。
[11] 傒:等候。小傒:小童仆。
[12] 尔尔:如此。

泰 安 州 客 店

客店至泰安州,不复敢以客店目之。余进香泰山,未至店里许,见驴马槽房二十三间;再近有戏子寓二十余处;再近则密户曲房,皆妓女妖冶其中。余谓是一州之事,不知其为一店之事也。

投店者,先至一厅事,上簿挂号,人纳店例银三钱八分,又人纳税山银一钱八分[1]。店房三等。下客夜素,早亦素,午在山上用素酒果核劳之,谓之"接顶"。夜至店,设席贺。谓烧香后,求官得官,求子得子,求利得利,故曰贺也。贺亦三等:上者专席,糖饼、五果、十肴、果核、演戏;次者二人一席,亦糖饼,亦肴核,亦演戏;下者三四人一席,亦糖饼、骨核,不演戏,用弹唱。计其店中,演戏者二十余处,弹唱者不胜计,庖厨炊灶亦二十余所,奔走服役者一二百人。下山后,荤酒狎妓惟所欲,此皆一日事也。若上山落山,客日日至,而新旧客房不相袭,荤素庖厨不相混,迎送厮役不相兼,是则不可测识之矣。泰安一州与此店比者五六所,又更奇。

【注释】

[1]税山:亦作"山税"。对山区征收的税捐。

西湖七月半

西湖七月半,一无可看,止可看看七月半之人。看七月半之人,以五类看之:其一,楼船箫鼓,峨冠盛筵[1],灯火优傒[2],声光相乱,名为看月而实不见月者,看之;其一,亦船亦楼,名娃闺秀,携及童娈[3],笑啼杂之,环坐露台,左右盼望,身在月下而实不看月者,看之;其一,亦船亦声歌,名妓闲僧,浅斟低唱,弱管轻丝[4],竹肉相发[5],亦在月下,亦看月而欲人看其看月者,看之;其一,不舟不车,不衫不帻[6],酒醉饭饱,呼群三五,跻入人丛,昭庆、断桥[7],嘄呼嘈杂,装假醉,唱无腔曲,月亦看,看月者亦看,不看月者亦看,而实无一看者,看之;其一,小船轻幌[8],净几暖炉,茶铛旋煮,素瓷静递,好友佳人,邀月同坐,或匿影树下,或逃嚣里湖,看月而人不见其看月之态,亦不作意看月者,看之。

杭人游湖,巳出酉归[9],避月如仇。是夕好名,逐队争出,多犒门军酒钱[10],轿夫擎燎,列俟岸上[11]。一入舟,速舟子急放断桥,赶入胜会。以故二鼓以前,人声鼓吹,如沸如撼,如魇如呓[12],如聋如哑[13],大船小船一齐凑岸,一无所见,止见篙击篙,舟触舟,肩摩肩,面看面而已。少刻兴尽,官府席散,皂隶喝道去[14];轿夫叫,船上人怖以关门[15],灯笼火把如列星,一一簇拥而去。岸上人亦逐队赶门,渐稀渐薄,顷刻散尽矣。

吾辈始舣舟近岸[16]。断桥石磴始凉,席其上,呼客纵饮。此时月如镜新磨,山复整妆,湖复额面[17],向之浅斟低唱者出,匿影树下者亦出,吾辈往通声气[18],拉与同坐。韵友来,名妓至,杯箸安,竹肉发。月色苍凉,东方将白,客方散去。吾辈纵舟酣睡于十里荷花之中,香气拍人,清梦甚惬。

【注释】

[1]峨冠:头戴高冠。

[2]优傒:优伶和仆役。

[3]童娈:容貌姣好的家僮。

[4]弱管轻丝:谓轻柔的管弦音乐。

[5] 竹肉:指乐器和歌喉。

[6] 不衫不帻:不穿长衫,不戴头巾。指放荡随便。帻:音 zé,头巾。

[7] 昭庆:寺名。在西湖宝石山东,南临西湖。断桥:西湖白堤桥名。

[8] 幌:古同"晃"。摇动,摆动。

[9] 巳出酉归:上午去下午回。巳:上午 9—11 时。酉:下午 5—7 时。

[10] 门军:守城门的军士。

[11] 列俟:排队等候。俟:音 sì。

[12] 魇:音 yǎn,梦中惊叫。呓:说梦话。

[13] 如聋如哑:指喧闹中各种声音震耳欲聋,相互说话都听不见了。

[14] 皂隶:衙门里的差役。喝道:官员出行,衙役在前吆喝开道。

[15] 怖以关门:谓以关城门恐吓。

[16] 舣:音 yǐ,通"移"。移船靠岸。

[17] 颒面:洗脸。颒:音 huì。

[18] 往通声气:过去打招呼。

寓 山 注 序

明·祁彪佳

【提要】

本文选自《园综》(同济大学出版社 2004 年版)。

"予家梅子真高士里,固山阴道上也。方干一岛,贺监半曲,惟予所恣取;顾独予家旁小山,若有夙缘者,其名曰:'寓'。"祁彪佳开篇即点到 3 位历史人物,王莽专政时弃家隐于会稽的梅子真、举进士不第隐居镜湖的方干和流连镜湖的贺知章,为自己侍养老母上疏乞归寻找"夙缘",名家旁小山曰"寓"。

寓山,是绍兴府山阴县梅墅(市)村旁的一座小山,一座孤立的小丘,隔河与柯山相望。嫉恶如仇的祁彪佳遭报复后引疾请归养母亲。心生在此建造别业之念。

寓园的建造始于崇祯八年(1635)仲冬,"卜筑之初,仅欲三五楹而止"。可是,"客有指点之者,某可亭,某可榭",开始自己"以为意不及此",可是"徘徊数四",看着看着,"某亭某榭,果有不可无者。"于是,寓山园越建越大,直到崇祯十一年春始完工。

祁彪佳是一位园林专家,他在考察了越中园林基础上,亲自设计、安排寓园格局。寓园占有山之三面,其下平田十余亩,"水石半之,室庐与花石半之。为堂者二,为亭者三,为廊者四,为台与阁者二,为堤者三。其他轩与斋类"。堂与亭,高下分标其胜,为桥、为榭、为径、为峰,参差点缀,委折波澜,大抵虚者实之,实者虚之,聚者散之,散者聚之,险者夷之,夷者险之。寓园建有四十六景:读易居、呼虹幌、让鸥池、踏香堤、浮影台、听止桥、沁月泉、溪山草阁、茶坞、冷云石、友石榭、太古亭、小斜川、松径、樱桃林、选胜亭、虎角庵、袖海、瓶隐、孤峰玉女台、芙蓉渡、廻波屿、妙赏亭、小峦雄、志归斋、天瓢、笛亭、酣漱廊、烂柯山房、约室、铁芝峰、寓山草堂、通霞台、静者轩、远阁、柳陌、幽圃、抱瓮小憩、韦庄、梅坡、海翁梁、试莺馆、归云寄、即花舍、宛转环、远山堂、四负堂、八求楼等。

他这样描述寓园中的踏香堤:"园之外堤,为柳陌;园之内堤,为踏香。踏香堤者,呼红幌所由以渡浮影台也。两池交映,横亘如线,夹堤新槐,负日俯仰。春来仕女联袂踏歌,屐痕轻印青苔,香汗微醺花气,以方西子六桥,则吾岂敢。惟是鉴湖一曲,差与分胜耳。"既为一景,又借它景,所谓远近动静,相映成趣,作者的恬淡自得之意亦渗透在其中。

不仅如此,祁彪佳还巧妙地借对面烂柯山房之景以造寓园,占地有限的寓园照样衔山吞水。"主人读书其中,倦则倚槛四望。凡客至,辄于数里外见之,遣童子出探,良久,一舟犹在中流也。时或高卧,就枕上看日出云生,吞吐万状,昔人所谓卧游"。介绍烂柯山房,启示寓园营造:能远近参差,上下俯仰,因势借景,灵动取舍,所营"曲池穿牖,飞沼拂几,绿映朱栏,丹流翠壑,乃可以称园矣"。这样的园林必定灵动悦人。

予家梅子真高士里[1],固山阴道上也[2]。方干一岛[3],贺监半曲[4],惟予所恣取;顾独于家旁小山,若有夙缘者,其名曰"寓"。往予童稚时[5],季超、止祥两兄,以斗粟易之。剔石栽松,躬荷畚锸,手足为之胼胝[6]。予时亦同拏小艇,或捧土作婴儿戏。迨后二十年,松渐高,石亦渐古,季超兄辄弃去,事宗乘[7];止祥兄且构柯园为菟裘矣[8],舍山之阳,建麦浪大师塔,余则委置于丛篁灌莽中。予自引疾南归,偶一过之,于二十年前之情事,若有感触焉者。于是卜筑之兴,遂勃不可遏,此开园之始末也。

卜筑之初,仅欲三五楹而止。客有指点之者,某可亭、某可榭,予听之漠然,以为意不及此;及于徘徊数四,不觉向客之言,耿耿胸次,某亭某榭,果有不可无者。前役未罢,辄于胸怀所及,不觉领异拔新,迫之而出。每至路穷径险,则极虑穷思,形诸梦寐,便有别辟之境地,若为天开,以故兴愈鼓,趣亦愈浓。朝而出,暮而归,偶有家冗[9],皆于烛下了之,枕上望晨光乍吐,即呼奚奴驾舟,三里之遥,恨不促之于跬步。祁寒盛暑[10],体栗汗浃,不以为苦;虽遇大风雨,舟未尝一日不出。摸索床头金尽,略有懊丧意;及于抵山盘旋,则购石庀材,犹怪其少。以故两年以来,橐中如洗,予亦病而愈,愈而复病。此开园之痴癖也。

园尽有山之三面,其下平田十余亩,水石半之,室庐与花木半之。为堂者二,为亭者三,为廊者四,为台与阁者二,为堤者三。其他轩与斋类,而幽敞各极其致;居与庵类,而纤广不一其形;室与山房类,而高下分标其胜。与夫为桥、为榭、为径、为峰,参差点缀,委折波澜,大抵虚者实之,实者虚之,聚者散之,散者聚之,险者夷之,夷者险之,如良医之治病,攻补互投;如良将之治兵,奇正并用;如名手作画,不使一笔不灵;如名流作文,不使一语不韵:此开园之营构也。

园开于乙亥之仲冬[11],至丙子春孟[12],草堂告成,斋与轩亦已就绪。迨于仲夏,经营复始,榭先之,阁继之,迄山房而役以竣。自此则山之顶趾,镂刻殆遍。惟是泊舟登岸,一径未通,意犹不慊也[13]。于是疏凿之工,复始于十一月,自冬历丁丑之春[14],凡一百余日,曲池穿牖,飞沼拂几,绿映朱栏,丹流翠壑,乃可以称园矣。而予农圃之兴尚殷,于是终之以丰庄与幽圃,盖已在孟夏之十有三日矣。若八求楼、溪山草阁、抱瓮小憩,则以其暇,偶一为之,不可以时日计:此开园之岁月也。

至于园以外,山川之丽,古称万壑千岩,园以内,花木之繁,不止七松、五柳[15]。四时之景,都堪泛月迎风,三径之中,自可呼云醉雪,此在韵人纵目,云客宅心,余亦不暇缕述之矣[16]。

【作者简介】

祁彪佳(1602—1645),字虎子,又字幼文、弘吉,号世倍,明绍兴山阴梅墅人。天启二年(1622)进士,次年任福建兴化府推官,累官福建道御史、河南道监察御史、右佥都御史等。治事判决精明,吏民畏服,明亡后力主抗清。事败后,自沉于寓山园梅花阁前水池中。乾隆赐谥忠惠。崇祯八年辞官回乡后的他寄情山水,造画舫一只,往来于越城寓山之间,访文友,讲理学,一住9年,写成《寓山注》散文集和记述绍兴园亭之《越中园亭记》,还有《救荒全书》《祁忠敏公日记》《远山堂曲品》《远山堂剧品》等。

【注释】

[1]梅子真:即梅福。九江郡寿春(今安徽寿县)人。西汉南昌县尉。王莽当政,朝政日非,梅福上书指陈政事,险遭杀身之祸。挂冠归隐南昌梅岭。又传说或见之于会稽,称其所居为高士里。

[2]山阴道:指今绍兴西南一带。

[3]方干(809—888):字雄飞,号玄英。唐睦州青溪(今浙江淳安)人,家于桐庐。貌丑而有才,擅长律诗,清润小巧,且多警句。隐居会稽之镜湖。

[4]贺监:即贺知章(659—744),字季真,号四明狂客。唐越州会稽永兴(今杭州萧山区)人。曾官秘书监,故称贺监。天宝三年(744),辞官返乡,玄宗御赐镜湖一曲为其特建道馆养老。

[5]童穉:亦作"童稚"。童年。

[6]胼胝:谓皮肤变硬、增厚。

[7]宗乘:指信佛。

[8]菟裘:地名,在今山东泗水县。典出《左传》:羽父请杀桓公,以求大宰。公曰:"为其少故也,吾将授之矣。使营菟裘,吾将老焉。"后以"菟裘"称告老归隐之地。

[9]家冗:家务,家事。

[10]祈寒:大寒。祈,通"祁"。

[11]乙亥:明神宗万历三年,1575年。仲冬:农历十一月。

[12]丙子:万历四年,1576年。春孟:即孟春,农历正月。

[13]不慊:不满足,不满意。慊:音qiè,满足,满意。

[14]丁丑:1577年。

[15]七松:唐郑薰致仕,号所居为"隐岩",庭中植山松七棵,自号"七松居士"。"冬烘先生"指的就是他。颜标应试,郑误认其为颜真卿后人,擢为状元,故《因话录》有:主司头脑太冬

烘,错认颜标作鲁公。五柳:即陶渊明。于归隐处植柳五株,号五柳先生。

[16]三径:《三辅决录》:蒋诩归乡里,荆棘塞门。舍中有三径,不出;惟求仲、羊仲与他交往。后因以"三径"指归隐者的住所。韵人:犹雅人。云客:云游四方的人。缕述:一一列举,详细陈述。

明·陈子龙

【提要】

本文选自《传世藏书》(海南国际新闻出版中心 1996 年版)。

明末崇祯庚辰(1640)岁冬,陈子龙以推官身份署诸暨令,一边打开义仓"大发粟赈贫乏",一面拿出公款由商人到外县购粮,所得一半给予商人,一半用来开设粥厂施粥;同时"搜山泽,饬干陬,卫城郭",严惩倡乱为首者。

境内民心渐渐安定,颓圮日甚一日的县衙便显得越来越不敷使用要求:办事公堂以二十余木支之,廊庑无墙垣,门无闲闳,楼无钟鼓,自正德以来百二十年,官员吏属或惴惴而忧栋折,或"抱牍立雨雪中";来此公干的客人,入住的馆驿亦如车厩。

可是,当时忙于"艾梗扶伤"的陈子龙根本顾不上缮修县衙。钱世贵来此为令,安定四方,令行禁止;加上粮食喜获大丰收,于是多方筹资,报请上级,开始维修县衙:为堂者三、库者一、幕厅一、廊六、仪门三、丽谯者五,左偏为宾馆,加上县令燕居之室。诸般营造,靡不躬亲,不用丹艧,半年左右就大功告成。

陈子龙感叹:钱君有塞渊之心,所以无往而不利。

予以崇祯庚辰冬奉台檄,署诸暨令事。察其山川形势,自县以南,多高山平原,类若旱;而其北则受东阳江之下流,为湖潴以百计[1],恒患水。既已连岁灾,谷不登,穷民相聚劫巨室,日数见告。予日夜厉贼曹,衣求盗衣,搜山泽,饬干陬[2],卫城郭,又大发粟振贫乏,养癃笃,告籴于邻,民用小靖[3]。而县治则颓圮甚:厅事以二十余木支之,令治事,辄惴惴栋折,且将压焉;廊庑无墙垣,吏抱牍立雨雪中;门无闲闳[4],楼无钟鼓;馆宾于东隅,如入车厩;令之私舍,仅蔽风雨。盖建自正德中,于今百二十年矣,宜其堕坏,不治将益深。而予是时方艾梗扶伤之不暇[5],且岁月之不假易,安敢以告司里?

明年真令钱君来,则讨捕赈贷之政益修。期月之间,令行禁止,四境大和。又明年,岁大穰[6],遂上记中丞御史台,以建造请;报可。于是量征徭役,用宽民力,不足则匕嘉胏之羡缗[7]，又不足则令捐常禄继之，木石埏埴[8]，靡不躬亲，义取壮致，不用丹雘，凡历二时而成。为堂者三，堂之前为轩，后为重堂，皆如之；右为库者一；左为幕厅，尉实居之；庭之左右为廊六，曹掾所供事也[9]；前为仪门者三，又前为丽谯者五[10]，挈壶氏司之[11]；左偏为宾馆，以岁时见士大夫；堂之后为令燕室[12]，不详记。

既落成，而予以冬日行县，见之作而叹曰：我今而知为政矣！古之论治者曰：营室之中，土功其始。故入其疆，寄寓施舍之不具，桥梁宫室之不修，于是乎有逸罚[13]，岂能无劳民？盖罢于逸乐，安于苟且，足以伤政而偷俗也[14]。是故《易》取大壮，《书》有营洛，《诗》记司空、司徒，《春秋》书筑宫筑门，《礼》载百工，咸理此。先王所以重明作，考功效，而计久远也。故立政体国，利更数世。今也不然，吏既邮传其官[15]，而世之课吏者，程功之心不若纠过之心[16]，阘茸者谓之安静[17]，姑息者谓之爱民，于是巧售其术者，即不至阴收脂膏以自润，亦未过楚孙叔、齐晏婴也[18]。而外则阳为俭啬，颓垣不涂，败户不键，岁忨日愒[19]，以累后人，而责诮不及[20]，则相率为懈慢矣。夫四境者，政之所讫也；邑治者，政之所出也。田畴沟洫，在远者也；户牖庭除，在近者也。夫令也，朝于斯，夕于斯，出令布惠之地，而芜秽不饬，岂能震动恪恭，以经野保民、远犹辰告、广施德于兹土乎[21]！夫门内不治而能治其四境者，我未之前闻也。由此推之，钱君可谓知本矣。

《抑》之诗曰："夙兴夜寐，洒扫庭内，定之方中，曰秉心塞渊[22]。"惟钱君有塞渊之心，夙夜之勤，以镇抚百姓，凡厥正事罔勿克建，其独宫室乎！予受事之日浅，又厄于岁，不获经始，而重服钱君之断而有成。钱君宏远矣！钱君名世贵，华亭人，庚辰进士。

【作者简介】

陈子龙(1608—1647)，初名介，字卧子、懋中、人中，号大樽、海士、轶符等。南直隶松江华亭(今上海松江)人。崇祯进士，十三年(1640)冬，任浙江绍兴府推官兼摄诸暨知县。后清兵陷南京，他开展抗清活动，事败后被捕，投水自杀。有《陈忠裕公全集》。

【注释】

[1] 湖潴：湖池。

[2] 干掫：本指夜间巡逻击捕，后亦泛指捍卫。

[3] 瘥笃：病痛困顿。告籴：请求买粮。籴：音 dí，买进粮食。靖：音 jìng，平定，使秩序安定。

[4] 闬闳：音 hàn hóng，住宅的大门。

[5] 芟梗扶伤：谓铲除奸恶，救扶病困。

[6] 穰：音 ráng，庄稼丰熟。

[7] 匕：古代指勺、匙之类取食用具。此作动词。嘉胏：未明，疑有误。或谓税收。羡缗：谓(税赋上交后的)余额。

[8] 埏埴：和泥制作陶器。

[9] 曹掾：分曹治事的属吏、胥吏。掾：音 yuàn，佐助。后为副官佐或官署属员的通称。

[10] 丽谯：亦作"丽樵"。华丽的高楼。

[11] 挈壶氏:官名。《周礼》谓夏官司马所属有挈壶氏,设下士六人及史二人,徒十二人。有军事行动时,掌悬挂两壶、辔、畚四物。两壶,一为水壶,悬水壶以示水井位置;一为滴水计时之漏。悬辔以示宿营之所。悬畚以示取粮之地。

[12] 燕室:起居之室。

[13] 逸罚:谓罚而失当。

[14] 偷俗:浇薄的人情风俗。

[15] 邮传:传递。谓一任接一任。

[16] 程功:衡量功绩,计算完成的工作量。

[17] 阘茸:愚钝,无能。阘:音 tà,庸碌,鄙下。

[18] 孙叔:即孙叔敖(约前630—前593),字孙叔,春秋时期楚国期思(今河南固始)人,楚国名臣。前601年,出任楚国令尹(楚相),辅佐楚庄王施教导民,宽刑缓政,发展经济,政绩赫然。主持兴修了芍陂(在今安徽寿县南),改善了农业生产条件,增强了国力。司马迁《史记·循吏列传》列其为第一人。晏婴(前578—前500),字仲,谥平,多称平仲,又称晏子,夷维(今山东莱州高密)人。齐国上大夫晏弱之子。晏弱死,继任为上大夫。以生活节俭、谦恭下士著称。历仕齐灵公、齐庄公、齐景公三朝,辅政长达50余年。孔子曾赞曰:"救民百姓而不夸,行补三君而不有,晏子果君子也!"

[19] 忨:音 wán,贪。愒:音 qì,荒废。

[20] 责诮:责备。

[21] 恪恭:恭谨,恭敬。经野:谓治理郊野。辰告:谓以时告戒。

[22] 秉心塞渊:语出《诗·定之方中》:匪直人也,秉心塞渊。秉心:用心,操心。塞渊:踏实深远。

松江西郛闸门台记

明·陈子龙

【提要】

本文选自《传世藏书》(海南国际新闻出版中心1996年版)。

松江,号称东南大郡,但"城小而民稠"。谷阳门至漕运要津苍桥城一线,"民器鳞次栉比"。明朝以来,倭患四起,松、嘉、湖、常等府城常常成为侵扰之地,于是松江扩城之议屡起。

崇祯元年,方岳贡出任松江知府。扩城之议持续数年,最终还是搁置下来。崇祯三年(1630),方岳贡修葺并增高府城城堞,修建了窝铺和敌台,并起造城楼四座,"东曰迎生,西曰宝成,南曰阜民,北曰拱宸"。

崇祯十二年(1639),方岳贡"谋展城右,包举圜阓,以究安宅"。进行了仓城历史上最大一次兴筑,他委托夏之旭董理此事。夏先在仓城内开了一条十字形小河,贯通仓城东西南北,并与城外河流连通,以便消弥火患。又增筑城垣,并建城楼四座。与此同时,考虑到漕船集聚时,运漕水军"易滋他乱",所以在仓桥北岸增置了敌楼,以便瞭望警备。

　　这一年,方岳贡在大仓桥与跨塘桥之间建造了瓮城。史载,明末跨塘桥以西港口多与旷湖大泽相连,盗贼出没无常,漕艘被劫事件屡有发生,不筑瓮城难保仓城周边及漕运船只的安全。于是,方氏相度地势,认为仓桥以西、跨塘桥以东形势最为紧要,遂筑瓮城于二桥之间,置"闸门台二","上覆以楼,旁施睥睨,下设扉闼,晨启夕合",俨然为府城的西关。瓮城建成后,一时街谈巷议不绝,大多认为瓮城既已修筑,不妨乘势将扩城之议付诸实施。陈子龙在《记》中乐观地表示:"作事谋始必有渐焉,如筑室然,既表既樊,而后以鸠乃事。"即,扩城开了头,就可循序以进,最后获得成功。然而,陈子龙的愿望终未实现。

　　修建瓮城及闸门台,对于松江府来说,也可谓扩。从此,人们提到松江城,总是把西门至跨塘桥的大小街巷纳入其中。即如现在,仓桥地区仍有人称之为松江西部旧城。

　　松江,东南大郡也,城小而民稠。凡仓庾囷箱之所积[1],鱼盐舰舶之所集,缟韗金锡[2],竹木蔬果,处焉而贩,齿革毛羽、冶凫鲍韗之工[3],居肆以辨。民器皆鳞次栉比于谷阳门之外,凡七八里,抵于仓城。谷阳门者,郡西门也。仓城者,漕粟所储以待运也。

　　崇祯十有二载,郡伯方公宣序庶政[4],周思永厘[5],谋展城右,包举阛阓[6],以究安宅,郡民疏于朝,天子俞之[7],亦未克旦夕以树。而是年春,漕艘星罗,比长不戒,屡有盗警。方公乃进厥父老,度其形势,曰:"得之矣! 市西所届,与仓南北夹河而峙,有梁焉,曰仓桥,驾仓濠也;稍西以北有梁焉,曰跨塘桥,跨秀州塘也。自其外则旷野杂港,又其外多荡漾大泽,盗所潜出隐蔽也。然其登陆而入市也,必经于二梁。《尔雅》曰:'三达谓之剧旁[8]。'此之谓欤? 据缩毂[9],立关隘,即三达之途塞矣。"日会龙貅[10],清风既至,乃发官帑,爰作邦郛。二梁之冲,各建台焉,上覆以楼,旁施睥睨,下设扉闼,晨启夕合。于是守御有资,候望有具,枹鼓不鸣[11],商旅燕喜,咸请伐石表道,以纪成绩。

　　子龙按:周有掌固之官,掌修城郭沟池树渠之固,凡国都之境,有沟树之固,郊亦如之。乃知古之封禁[12],申尽郊圻[13],不独以城为守也。剑在郭闼之间[14],而无再仞之关[15],谁何之卒,以司管键而讥非常[16],使暴客御人于市,如封疆之义何! 周制有之,曰:国有郊牧,疆有寓望[17],所以御灾也。是役也,方公之勤厎其职而捍民之虞,厥功懿矣。然我闻诸巷议,不若其遂城之也。夫何伤哉! 作事谋始,必有渐焉,如筑室然,既表既樊[18],而后以鸠乃事。是为记。

【注释】
　　[1] 仓庾囷箱:均指仓储容器。庾:露天的谷仓。囷:音 qūn,圆仓。
　　[2] 缟:未经染色的绢,白色。此泛指布匹。韗:音 yùn,制鼓的工匠。
　　[3] 冶凫鲍韗:指百业之人。凫:野鸭。此指贩卖野禽的店主。鲍:谓卖鱼。

[4] 宣序:全面安排。

[5] 永厘:永治。

[6] 阛阓:街市,街道。

[7] 俞:文言叹词,表示允许。

[8] 剧旁:三面相通的道路。

[9] 绾毂:地处交通要道,可以扼制通行。

[10] 龙豵:龙尾。《国语》:日月会于龙豵。韦昭注:豵,龙尾也。谓周十二月,夏十月,日月合辰于尾上。指冬季。豵:音 dòu。

[11] 枹鼓:指战鼓。

[12] 封禁:封闭禁止。

[13] 郊圻:都邑的疆界,边境。后引申为郊野,郊外。

[14] 郛闬:外城门。

[15] 仞:古代长度单位。周制八尺,汉制七尺。

[16] 管键:谓锁与钥匙。把关。

[17] 寓望:古代边境上设置的以备瞭望、迎送的楼馆。

[18] 樊:篱笆。此作动词。

五台僧募造大士像疏

明·陈子龙

【提要】

本文选自《传世藏书》(海南国际新闻出版中心 1996 年版)。

五台山,佛教四大名山之首,世界五大佛教圣地之一。

五台山是中国佛教寺庙建筑最早地方之一。自东汉永平(58—75)年间起,历代修造的寺庙鳞次栉比,佛塔摩天,殿宇巍峨,金碧辉煌,是中国历代建筑荟萃之地。雕塑、石刻、壁画、书法遍及各寺,艺术价值普遍很高。唐代全盛时期,五台山共有寺庙 300 余座。

不仅如此,这里还有数不胜数的造像,因为五台山有太多翔空和尚这样的僧人。因为社会的动荡,五台山也经常遭到洗劫,"一炬等于阿闪,而往时之景,不可复识矣"。陈子龙十分赞赏翔空的行为,说:"吾不知三晋之有司所以保厘斯民者,皆能如翔空之构兰若、营象教否焉?"

"观宇荒落,披荆营建",人勤当如翔空。

五台僧翔空,自并州走燕齐,南渡江,并海上,过予。予问所欲,则曰:"某有塔院,在清凉之山,成矣,而未有像也,不惮走万里,求百金,为大士像。君为我一言。"予曰:"嗟乎!人其与子哉!"夫天下盛衰之事无常,勤者日益之,惰者日损之。观于翔空之所为,其有忧患乎!

我闻五台神灵之区宅,方域之壮观[1],南拥汾晋,北跨朔野。元魏以来[2],讫于赵宋,梵宫琳宇[3],代有裒建[4]。延一所纪,数动盈百。至于皇明,神祖临御,颇崇帝释之观,为长乐宫祈福;而五台居神京之右,近乎郊畿,凤幡螭匣,赐无虚岁。朱楹碧瓦之饰,玉铃金铎之声,虽漳邺三台[5],洛阳诸刹,无以过其宏丽也。夫当晋之盛时,禾黍被野,牛马盈谷,河东盐策之贾,雁门将帅之家,出其余资,足以幻造人天、丹山绣壑矣。洎乎白马横驰,黑山啸聚,旗蒲潞川[6],血流河曲,以至香台宝座之间,积雪飞云之所,高垒结于层崖,一炬等于阿闪[7],而往时之景,不可复识矣。若翔空所求者,毫末耳,而跋涉山川,营之外境,以是知三晋之贫至也。

夫山谷深邃,台殿高凉,方外之区,犹婴酷烈,何况人民、城郭耶!太原曲沃,内寇既深;代郡云中,胡尘继起。屋庐焚毁,必甚于神宫之劫也;黎元流离,必惨于僧徒之散也。嗟乎!观宇荒落,披荆营建,此贤僧之责也;闾阎萧条,抚绥生聚,此贤有司之责也。今观翔空之所为,可不谓勤乎!吾不知三晋之有司所以保厘斯民者[8],皆能如翔空之构兰若、营像教否耶[9]?则盛衰之际,顿还旧观,盖茂弘所云"无往而不可"也。世之君子,当必劝人之勤,而恶人之惰,则翔空所求,将不日成之矣。

【注释】

[1]方域:地方,国内。

[2]元魏:即北魏。魏孝文帝迁都洛阳,改本姓拓拔为元,故称。

[3]琳宇:殿宇宫观的美称。

[4]裒:音 póu,聚集。

[5]漳邺三台:指三国曹魏所建的铜雀台、金虎台、冰井台。

[6]蒲:蒲州,今山西永济。中华民族发祥地核心区域。潞:潞州,今山西长治市。

[7]阿闪:谓毁灭。

[8]保厘:治理百姓、保护扶持使之安定。

[9]兰若:寺庙。即佛教语"阿兰若"的省称。像教:即像法。

汾 湖 石 记

明·叶小鸾

【提要】

本文选自《明人小品集》(北新书局 1934 年版)。

汾湖位于江苏吴江和浙江嘉善交界处,东西长 6 公里、南北长 3 公里,一半属浙江、一半属江苏,面积近万亩。汾湖古称分湖,是春秋战国时期的吴越分界湖。

在作者叶小鸾的眼中,汾湖石中填满了历史的沧桑、人世的风雨和个人的命运。"当夫流波之冲激而奔排,鱼虾之游泳而窟穴;秋风吹芦花之瑟瑟,寒宵唤征雁之嘹嘹;苍烟白露,蒹葭无际。钓艇渔帆,吹横笛而出没;萍钿荇带,杂黛螺而萦覆。则此石之存于天地之间也,其殆与湖之水冷落于无穷已耶。"当石头没于水中时,似乎被人遗忘了。

"今乃一旦罗之于庭,复使垒之而为山,荫之以茂树,披之以苍苔;杂红英之璀璨,纷素蕊之芬芳;细草春碧,明月秋朗,翠微缭绕于其颠,飞花点缀乎其岩。乃至楹槛之间,登高台而送归云;窗轩之际,照遐景而生清风。"石头一旦被人安放于庭院之中,便呈现苍苔纷披、红英璀璨、细草春碧、明月秋朗、飞花点缀、高台送云、人物流连等等景象;而这正是青春少女的她对自己生活理想的勾画和摹写。

汾湖石是坚硬的、冰冷的石头,但在叶小鸾的笔下,它是有生命、有温度的,石头是和自己心灵相通、可以倾诉衷情的朋友。"则是石之沉于水者可悲,今之遇而出者又可喜也。若使水不落,湖不涸,则至今犹埋于层波之间耳。石固亦有时也哉。"灵性的石头,灵性的才女,灵动的文字。

汾湖石者,盖得之于汾湖也。其时水落而岸高,流涸而崖出。有人曰,湖之湄有石焉,累累然而多。遂命舟致之。

其大小圆缺,衮尺不一。其色则苍然,其状则嶙然[1],皆可爱也。询其居旁之人,亦不知谁之所遗矣。岂其昔为繁华之所,以年代邈远,故湮没而无闻耶?抑开辟以来,石固生于兹水者耶?若其生于兹水,今不过遇而出之也。若其昔为繁华之所湮没而无闻者,则可悲甚矣。想其人之植此石也,必有花木隐映,池台依倚,歌童与舞女流连,游客偕骚人啸咏[2]。林壑交美,烟霞有主,不亦游观之乐乎。今皆不知化为何物矣。且并颓垣废井,荒涂旧址之迹,一无可存而考之。独兹石之颓乎卧于湖侧,不知其几百年也,而今出之不亦悲哉。

虽然,当夫流波之冲激而奔排,鱼虾之游泳而窟穴;秋风吹芦花之瑟瑟,寒宵喉征雁之嘹嘹;苍烟白露,蒹葭无际。钓艇渔帆,吹横笛而出没;萍钿荇带[3],杂黛螺而萦覆。则此石之存于天地之间也,其殆与湖之水冷落于无穷已耶。今乃一旦罗之于庭,复使垒之而为山,荫之以茂树;披之以苍苔;杂红英之璀璨,纷素蕊之芬芳;细草春碧,明月秋朗;翠微缭绕于其巅,飞花点缀乎其岩。乃至楹槛之间,登高台而送归云;窗轩之际,照遐景而生清风[4]。回思昔之啸咏,流涟游观之乐者,不又复见之于今乎。则是石之沉于水者可悲,今之遇而出之者又可喜也。若使水不落,湖不涸,则至今犹埋于层波之间耳。石固亦有时也哉。

【作者简介】

叶小鸾(1616—1632),明末才女。字琼章,一字瑶期,吴江(今属江苏苏州)人,文学家叶绍袁、沈宜修幼女。貌姣好,工诗,善围棋及琴,又能画,绘山水及落花飞蝶,皆有韵致,将嫁而卒。有《返生香》。

【注释】

[1]崟然:高耸貌。崟:音 yín。
[2]啸咏:犹歌咏。
[3]钿:音 diàn,把金属宝石等嵌在器物上作装饰。此谓以萍为钿。
[4]遐景:远处的景色。

涵 元 塔 记

明·张 弼

【提要】

本文选自《古今图书集成》职方典卷一三四〇(中华书局巴蜀书社影印本)。

"造型补地、抟气、补天,遂使太初、太乙之根不荡,而天地精通,华彩敷序。此揭阳涵元塔之所由作也。"张弼阐述造塔的缘由。

塔由"邑人鸠工殖材,因巽壤龟山之高,为爵离七层"。作者曾出邑东北门而望之,塔"负阜倚天,悬铃建铎","一邑之天地,若炼土石以补矣"。涵元塔"经始于今太常少卿冯郇仙作令时,为天启七年(1627)丁卯;落成于予作令时,为崇祯十二年(1639)己卯"。历时 13 年。

涵元塔位于今广东汕头金灶镇龟山之巅,为楼阁式砖石塔,塔高 43.4 米,底层周长 44 米,八面七层,空心。底层八面各嵌有花岗岩浮雕石板,刻飞禽走兽,花、木、虫、鱼、日、月、星、辰。塔腔为穿壁绕平座结构,从底层西石门进塔,可沿螺形石阶登至塔顶。从二层起,每层藻井皆用石板覆盖,石板上刻有双龙戏珠、双狮戏球等图纹,为明代石雕艺术手法。底层塔门匾额石刻"涵元宝塔"四字。二层以上,每层各有四门可出塔廊,今塔廊栏杆已毁。登塔顶,可俯视榕江。塔南有石刻碑记五块,保存完好。塔西侧二百米处有径山古寺。

元气者,太初太乙之名也[1]。太初者,未见气者也。太乙者,始气也。元气则苞太初、太乙,判阴阳五行,挈天以九部八纪,构地以三百六十轴,乃始六合,正元气,蓄文章出矣。自丽山氏分布元气,产生陵谷,经以东西,纬以南北,牡以丘陵,牝以溪泽。亦既含功牧生,各受次序矣。然而一犯乎,丘壤之形不得不有迂直方表之数。既有迂直方表之数,则虽治之以分率准望[2],莫能齐焉。

天地有缺,惟圣人补之。往昔帝王见燕秦为天下面,辽蜀为左右背,冀豫为胸腹,河洛为胃肠,楚吴越为髋髀[3]。则建邦国于燕秦之郊,天下之气乃受其埏埴而不敢散[4]。若夫室家之内,迎曦东阁,引景南轩,招凉北牖,映月西棂。主人则筑中霤而处之,以收四事之用,而一室之元气亦无漏焉。一郡一邑,谁云不然? 故凡为粉堞青甍,概云拒日之光者,非其幽则劳鬼,而明则疲民也。

昔人筑台必曰"书云物",登灵台则曰"望元气"。《十洲记》[6]曰"昆仑山有金台玉室,元气之所聚。正以假土木之功,托手足之力,造形补地、抟气、补天,遂使太初、太乙之根不荡,而天地精通,华采敷序。此揭阳函元塔之所由作也。

揭治西南有仙径、五房诸高山,冈峦如矗,而东北则两江交汇,营谋而商入海。《传》曰:"东方神明之舍,西方神明之墓。"望气者亦曰:"巽地有陷[7],则文采不发。今揭之先民,虽有翁襄敏庄、奉常薛、光禄中离诸公,声垂史册。然一时通金闺籍者[8],恒不满十人。

于是,邑人鸠工殖材,因巽壤龟山之高,为爵离七层,以弹压水伯[9],拱揖山灵。尝试出东北门而望之,其负阜倚天,悬铃建铎。踞形胜之区,焕神明之观者,其是塔也耶! 元气聚矣,文采振矣,一邑之天地,若炼土石以补矣。因谥之曰:函元塔。

是塔也,经始于今太常少卿冯邺仙作令时,为天启七年丁卯,落成于予作令二载时,为崇祯十二年己卯。方予出都时,邺仙先生屡以塔事见属。及至揭,邑人仪部郭菽子先生日夜期予掇拾以成之[10]。为费镪四千两,经时十三年,斯其竣事固以艰矣。菽子语予曰:"方塔初营二三级时,邑人登贤书者六人[11],上春官者四人[12],嗣是两榜蝉连不绝,元气之说信乎哉?

【作者简介】

张弼,生平不详。

【注释】

[1] 太初:亦作"大初"。天地未分之前的混沌元气。亦泛指宇宙自然之气。

[2] 分率:图纸上的长度跟它所表示的实际长度之比。即比例尺。《晋书·裴秀传》:"制图之体有六焉。一曰分率,所以辨广轮之度也。"准望:定方位。郭沫若《中国史稿》:"地理学中

有裴秀的地图绘制法——'制图六体'。六体中的分率(比例缩尺)、准望、道里、高下、方斜、迂直,无不与当时数学的发展有关。"

[3]髋髀:音 kuān bì,胯骨与股骨。

[4]埏埴:和泥制作陶器。引申为陶冶,培育。埏:音 shān,用水和土。

[5]粉堞:用白垩涂刷的女墙。青甍:青色的屋脊。

[6]《十洲记》:又称《海内十洲记》,志怪小说集。载汉武帝听西王母说大海中有祖洲、瀛洲等十洲、便召东方朔问其所有异物。原文:钟山"上有金台玉阙,亦元气之所含,天帝居治处也"。

[7]巽:西南。

[8]金闺籍:亦省作"闺籍"。记载朝廷诸官姓名的籍簿。

[9]爵离:指塔。水伯:水神名。

[10]仪部:明初礼部所属四部之一;又用于对礼部主事及郎中的别称。

[11]贤书:语本《周礼》:"乡老及乡大夫群吏献贤能之书于王。"贤能之书,谓举贤荐能的名录。后因以之指考试中式的名榜。

[12]春官:古官名。唐光宅年间曾改礼部为春官。后遂为礼部的别称。

偶 园 记

明·康范生

【提要】

本文选自《明人小品集》(北新书局 1934 年版)。

"偶然而园之,亦姑偶然而记之云尔。"康范生说。正如作者说的,偶然而园,偶然而记,结果偶园如今在哪里,已无从查考,就连作者生平事迹亦不甚了了,但这并不妨碍偶园的得山称水,风景无限。

"由北郭门出,有长虹跨江,吾邑所称凤林桥也。"康范生,江西吉安府安福人。"宫殿绕风烟,江山壮城郭。令君艺桃艺,面春筑飞阁。春至最先知,雨露偏花药。"这是宋代诗人黄庭坚歌咏安福的诗句。位于江西吉安西北的安福,因水而城,因山而名。北华山,又名百花山,逶迤连绵,是安福城北的风水屏障。山下旧有黄庭坚咏诵的先春阁。泸水、清溪右抱左绕,南向五峰相次,挹蒙冈之秀,据牛岭之雄,江山映带眉宇间。所以,晋人郭璞称:"龙山凤冈,状元文章。"

"逾桥而北,沿河西行数十武,则偶园在焉。"偶园就在泸水河边,"三面环山,一面距河。左右古刹邻园,多寿樟修竹,高梧深柳。"站在芳草阁、江霞馆、夕揽亭上,凭栏眺望,西山爽气迎面而来,"下临澄江,晴光映沼,从竹影柳阴中视之,如金碧铺地","有小艇穿桥东来,掠岸而西,波纹尽裂,乃知是水",甚至数百里外的"长江如在几席"。不仅如此,园子"距邻寺仅隔一垣,暮鼓晨钟,足发深醒;梵贝琅琅,可从枕上听。"

　　然而,"凡是数者,皆名号仅存,风雨粗蔽,遂俨然以偶园题之。"所以"客有教余楼前凿池,池上安亭,槛内莳花,庭前叠石","余唯唯否否"。因为他抱定不让偶园成为自己的包袱,所谓"弗为吾累也"。

　　为何如此,事出有因。

　　由北郭门出,有长虹跨江,吾邑所称凤林桥也。逾桥而北,沿河西行数十武[1],则偶园在焉。三面环山,一面距河,左右古刹邻园,多寿樟修竹,高梧深柳。竹柳之间,有小楼隐见者,芳草阁也。

　　据高眺远,西山爽气,倍觉亲人。下临澄江,晴光映沼,从竹影柳阴中视之,如金碧铺地,目不周玩[2]。顷之,有小艇穿桥东来,掠岸而西,波纹尽裂,乃知是水。春霖积旬,秋江方涨,楼边洲渚,尽成湖海,游舫直抵槛下,门前高柳,反露梢中流。西山百尺老樟,可攀枝直上。若乃雪朝凭栏,千山皎洁;月夕临风,四顾凄清。南望楼台浮图[3],尽供点缀矣。

　　由芳草阁而北,为江霞馆。洞开重门,长江在几席间,判以卫垣,使波光玲珑透入。邻园竹高千寻,随风狂舞,乱拥阶前,积雪压之,直伏庭下,日见雪消,则以次渐起。

　　由江霞馆而北,为兰皋,深隐可坐。上有小楼,可眺北山。山下平畴百亩[4],寓目旷如。

　　由兰皋折而西,为夕揽亭,开窗东向,芙蓉柏栗诸树,颇堪披对,距邻寺仅隔一垣。暮鼓晨钟,足发深省。梵贝琅琅[5],可从枕上听。

　　凡是数者,皆名号仅存,风雨粗蔽。遂俨然以偶园题之。

　　客有教余楼前凿池,池上安亭,槛内莳花[6],庭前叠石者,余唯唯否否。祖生击楫[7],陶公运甓[8],彼何人哉。士不获早用于时,寄一枝以避俗藏身,岂得已也。且夫圣人不凝滞于物,而能与世推移。一切嗜好,固无足以累之。坡老与舅书云:"书画奇物,吾视之如粪土耳。"此语非坡老不能道,非坡老不肯道,非坡老亦不敢道也。书画且然,况其他乎。园亭固自清娱,然着意简饰,未免身安佚乐,无裨世用。即其神明,亦几何为山水花木所凝滞哉。余之为是园也,庶几弗为吾累也。偶然而园之,亦姑偶然而记之云尔。

【作者简介】

　　康范生,生卒年月不详。字小范,安福(今江西)人。明崇祯己卯(1639)举人。顺治丙戌(1646),为南明效命,与万元吉、杨廷麟同守虔州(今江西赣州),兵败被执,慷慨求死,放归。淹贯经史,为文千言立就。生平刚毅自恃,见义勇为,抨击时弊。有《仿指南录》等。

【注释】

　　[1]武:半步。

　　[2]目不周玩:犹目不暇接。

[３]浮图:宝塔。

[４]平畴:平坦的田野。

[５]梵呗:佛教谓做法事时歌咏赞颂之声。

[６]莳:音 shí,栽种。

[７]祖生击楫:祖逖(266—321),东晋时著名北伐将领。率部渡江击楫誓曰:"不清中原而复济者,有如此江!"

[８]陶公运甓:陶侃(259—334)。东晋名将。为广州刺史,日运百甓习劳,曰:"吾方致力中原,过尔优逸,恐不堪事。"甓:砖。

《帝京景物略》(节选)

明·刘　侗　于奕正

【提要】

《帝京景物略》(北京古籍出版社 1983 年版)。

刘侗和于奕正合撰《帝京景物略》,于收集材料,刘撰写文字。该书主要记述北京地区的山川园林、庵庙寺观、桥台泉潭、岁时风俗。刘侗写作,"景一未详,裹粮宿春;事一未详,发箧细括",实地考察、详查原委,"事有不典不经,侗不敢笔;辞有不达,奕正未尝辄许也。"

本书从北京城的东西南北、内外说起,文丞相寺、水关、定国公园、金刚寺、英国新园、千佛寺、大隆福寺、春场、黄金台……直到西山上下、畿辅名迹,8 卷书中,名园胜迹无所不录。

"燕不可无书,而难为书",方逢年在《序言》中说,自己的门人刘侗"其言文,其旨隐,其取类广以僻","列植招提,灵圃仙台,远近落离。"

他们还曾合撰《南京景物略》,惜书未完成。

方 逢 年 序

明·方逢年

燕不可无书,而难为书。本朝之制,敦尚节俭,非有汉唐宫室之广丽,别馆离苑,跨山弥谷,以数百千计也;非有原庙之幸[1],汾阴之祠[2],阁道周流,长途中宿,若九成、华清之避暑也[3];非有长杨较猎[4],周陆禽兽[5],昆明、曲江之水嬉也[6]。地可垦辟九逵之外[7],以赡农萃氓隶[8]。其可览观,则击壤之叟[9],祝厘之伦[10],相与夷峻而堙谷,列植招提[11],灵圃仙台,远近落离。于是都人士游焉、觞焉、咏焉,曰:"燕难为书,燕不可无书也。"

陈留之志风俗也[12],襄阳之志者旧也[12],会稽之志典录也[13],岳阳之志风土也[14],洛中之志伽蓝也[15],华阳之志人物也[16],志焉尔。余门人刘生侗之志燕,异是。其言文,其旨隐,其取类广以僻,其篇幅无苟畔[17];其刻画也,景若里之新丰[18],鸡犬可识也;物若偃师之偶[19],歌舞调笑,人可与娱,可与怒也。粤古作者,未有是矣!爰有于子奕正采厥事,周子损采厥诗,以佐刘生之笔花墨沈[20]。盖周谘于燕者五年,著于秣陵者经年[21],而成书,曰"帝京景物略"。

刘生以质于余,而后乃行之。余得读是书綦详矣[22],"略",言之者何?以余所闻于燕:医巫闾之山,昭余祈之薮;崆峒之上,广成子之石室存焉[23];西山之大小翮,王次仲之所落其翼也[24];息壤之涌金马门[25],张世杰之生范阳村[26],谢枋得之饿悯忠寺[27],兴会所不至[28],斯不及焉。曰"略"也,谅哉!

赐进士第、中宪大夫、协理詹事府事少詹事兼翰林院侍读学士、管理纂修玉牒事务、前南京国子监祭酒、直起居注、纂修两朝实录、知制诰、经筵日讲官方逢年撰[29]。

【注释】

[1]原庙:在正庙以外另立的宗庙。《史记·高祖本纪》:"及孝惠五年(前190),思高祖之悲乐沛,以沛宫为高祖原庙。"裴骃集解:"谓'原'者,再也。先既已立庙,今又再立,故谓之原庙。"

[2]汾阴之祠:指汾阴后土祠。在今山西运城万荣西黄河岸边,当地民间称为"后土庙"。汉文帝十六年(前164年)始修,汉武帝元鼎四年(前113)开始扩建后土庙,并定为国家祠庙,作为巡行之地。他一生曾六次祭祀后土,并吟唱了流传千古的《秋风辞》:"秋风起兮白云飞,草木黄落兮雁南归。兰有秀兮菊有芳,怀佳人兮不能忘。泛楼船兮济汾河,横中流兮扬素波。箫鼓鸣兮发棹歌,欢乐极兮哀情多,少壮几时兮奈老何!"以后,祭祀后土成为历代皇帝的惯例。

宋代景德四年(1007)起,祭祀活动升为大祀,并于大中祥符三年(1010)动工修庙。据金天辅元年(1137)所刻《蒲州荣河县创立承天效法厚德光大后土皇地庙像图》碑文可知,在宋代,后土祠南北长732步(约合1 102米),东西宽320步(约合524米),前后有八进院落,中央有一条中轴线把重要建筑贯穿起来。周围以方整围墙环绕,围墙后部成半圆形。主要建筑有大门、碑楼、延喜门、坤柔门、钟楼、坤柔殿、寝殿、轩辕扫地坛等,两侧有若干附属殿堂,围墙四角建有角楼。后土祠建筑群规模宏大,主殿坤柔殿采用九开间大殿,重檐四柱顶,殿前设有五重大门,与宫殿建筑中采用的门数相同。主殿前的院落采用围廊形式,主殿与寝殿作成前后相连的工字殿。围墙作成南方北圆形式。整座祠庙中个体建筑形式多样,如宋真宗碑楼的多层里檐组合式楼阁。

[3]九成:即九成宫。位于今陕西宝鸡市渭北高原丘陵沟壑区,夏无酷暑,气候宜人。初建于隋文帝,修复扩建于唐太宗贞观五年(631)。九成:九重,九层。言其高大。华清:即华清池。

[4]长杨:长杨宫的省称。秦汉宫殿名。故址在今陕西周至东南,为秦汉游猎之所。

[5]周阹:围猎禽兽的栏圈。阹:音 qū。

[6]昆明:指昆明湖。即北京颐和园中之湖。曲江:在今西安。为唐皇家园林所在地,内有曲江池。

[7]九逵:指京城的大路。

[8] 畎隶:农夫与皂隶。泛指社会地位低下的人。

[9] 击壤:《艺文类聚》引皇甫谧《帝王世纪》:"(帝尧之世)天下大和,百姓无事,有五十老人击壤于道。"后因以之为颂太平盛世的典故。

[10] 祝厘:祈求福佑,祝福。

[11] 招提:寺院的别称。

[12] 陈留志:志书。十五卷。东晋剡令江敞撰。已佚。

[12] 襄阳耆旧:即《襄阳耆旧传》,五卷,东晋习凿齿撰。书前载襄阳人物,中载山川城邑,后载牧守。

[13] 会稽典录:书名。24卷,东晋虞预撰。

[14] 岳阳风土:即《岳阳风土记》。宋范致明撰。书虽一卷,而于郡县沿革、山川改易、古迹存亡,考证特详。

[15] 洛中伽蓝:即《洛阳伽蓝记》。

[16] 华阳志:即《华阳国志》。12卷。东晋常璩撰。是一部记述古代西南地区历史、地理、人物等的方志著作。

[17] 苟畔:犹散漫。苟:马虎,随便。畔:边、界,越界;通"叛"。

[18] 新丰:县名。汉高祖七年(前200)置,在今陕西临潼县西北。本秦骊邑。高祖父思乡心切,高祖依故乡丰邑街里房舍格局改筑,并迁来丰民,改称新丰。太上皇每日与故人饮酒高会,心情愉快。

[19] 偃师:传说周穆王时的巧匠,所制木偶,能歌善舞,恍如活人。穆王与姬妾一同观赏,木偶对侍妾眉目传情,穆王大怒,欲杀偃师,经剖示木偶方罢。参《列子·汤问》。后称制作木偶的艺人为偃师。

[20] 笔花:犹妙笔。墨沈:墨迹。

[21] 秣陵:秦汉时期南京的称谓。

[22] 綦详:极为详细。綦:音qí,极、很。

[23] 广成子:《封神演义》中十二金仙之一,传说中的神仙。居崆峒山石室中,自称得道法,年1200岁未衰老,后升天。

[24] 王次仲:名王仲,字次仲。上谷郡沮阳县(今河北怀来)人。年及弱冠,变仓颉旧文为今隶书。秦始皇时官务繁多,行文山积,以次仲文简,颇便公事,奇而召之。然三征而不至。始皇怒其不恭之至,令槛车送之,竟于道上化为大鸟,出于车外,翩然而去。是时,落二翮(鸟翎的茎,翎管)于斯山,故其峰峦有大翮、小翮之名。

[25] 息壤:古代传说的一种能自生长、永不减耗的土壤。其义繁富。金马门:汉代宫门名。学士待诏处。《史记·滑稽列传》:"金马门者,宦〔者〕署门也。门傍有铜马,故谓之曰'金马门'。"金马门中,最有名的人物就是东方朔。

[26] 张世杰(?—1279):南宋名将。涿州范阳县(今河北涿州市)人。蒙古灭金后,张世杰投奔南宋。德祐二年(1276),临安沦陷时,他与陆秀夫带着宋朝二王(益王赵昰、卫王赵昺)出逃。从福建到广东新会崖山。兵败主亡,张世杰堕水死。

[27] 谢枋得(1226—1289):字君直,号叠山。信州弋阳(今属江西)人。宝祐四年(1256)与文天祥同科中进士。德祐元年(1275),以江东提刑、江西诏谕使知信州。元兵犯境,战败城陷,隐遁建宁山中,后寓居闽中。元朝屡召出仕,坚辞不应,福建参政魏天佑强之北行至大都(今北京),在大都悯忠寺(今北京法源寺)绝食而死。门人私谥文节。有《叠山集》。

[28] 兴会:意趣,兴致。

[29] 方逢年(？—1646)：明末浙江遂安人，字书田，号狮峦。明熹宗天启二年(1622)进士第四名，入仕为庶吉士。天启四年(1624)，主持乡试策有"巨珰大蠹"语，得罪魏忠贤爪牙，被诬回籍。崇祯间，起任日讲官，后累迁国子监祭酒、礼部尚书兼东阁大学士，入阁辅政。清军破绍兴，他假投降真潜伏，暗中将书信密封蜡丸中，把清军动向告诉流徙中的明宗室，事泄被杀。有《雪涤斋集》。

自　序

明·刘　侗　于奕正

都，应垣也[1]。燕之应极，垣有三焉，极一而已矣。日东出，躔十有二[2]，极北居，指十有二，以柄天下之魁杓[3]。天险设于坎[4]，地势厚于坤[5]，皇建而人民会归于极，有进矣。帝北宅南响，威夷福夏，玉食航焉。盖用西北之劲，制东南之饶；亦用东南之饶，制西北之劲。饶劲各驭，势长在我。若欲饶其所劲，劲其所饶，则不识先皇之远算矣。又进矣，燕云割而中华蹙，岭可界也，界之；河可界也，界之；江可界也，界之。岂无远猷[6]，川原阻修，科堕从枝，弓挠于骹尔[7]。中宅天下，不若虎视天下，虎视天下，不若挈天下为瓶，而身抵其口，洛不如关，关不如蓟，守洛以天下，守关以关，守天下必以蓟。

文皇帝得天子自守边之略[8]，于厥初封，都燕陵燕，前万世未破斯荒，后万世无穷斯利，捶勒九边[9]，橐箧四海[10]，岂偶哉！三百年来，率土臣民，罔不辐辏，红尘白日，无有闲人。目指所及，风高沙飞，土刚水碱，幽岩胜迹，非所经心，辄有小警，而怀都意轻矣。夫都燕，天人所合发也。阴阳异特，眷顾维宅，吾知之以天。流泉朊原[11]，士丞民止[12]，吾知之以人。此《帝京景物略》所为著也。

考中原之山势，江北主，江南宾，古圣先王，笃生必于江北[13]。江北之山，归结泗凤[14]，蒂从山后，奥区莫过之。本同末异者，山也；本异末同者，水也。天下之水，东趋沧海，沧海所涯，号称天津，故山水之攸结，莫并我帝京者也。于焉神人萃，物爽冯[15]，成周鼓文，汉代瑞像，胫翼谓何，气先符应。他若潭云塔影，龙螺洞光，木石幻气精，熙游盛今古，虽留更仆[16]，未可悉数已。

侗北学而燕游者五年，侗之友于奕正，燕人也，二十年燕山水间，各不敢私所见闻，彰厥高深，用告同轨。奕正职搜讨[17]，侗职摛辞。事有不典不经，侗不敢笔；辞有不达，奕正未尝辄许也。所未经过者，分往而必实之，出门各向，归相报也。所采古今诗歌，以雅、以南、以颂[18]，舍是无取焉，侗之友周损职之。三人挥汗属草，研冰而成书，其卷八，其目百三十有奇。

崇祯八年乙亥[19]，冬至后二日，麻城刘侗撰。

【作者简介】

刘侗(1593—1636？)，字同人，号格庵。湖广麻城县(今湖北麻城)人。为员生时，因"文奇"被人奏参，同谭元春、何闳中一起受到降等处分。崇祯七年(1634)进士。后选任吴县知县，赴任途中逝于扬州。

于奕正,生卒年月不详。字司直,宛平(今属北京)人。喜好山水金石,著有《天下金石志》。曾写过一篇《钓鱼台记》。

【注释】

[1] 垣:星的区域,古代把众星分为上、中、下三垣,即太微垣、紫微垣及天市垣。紫微垣包括北天极附近的天区,居于北天中央,所以又称中宫。天人相应,紫微宫以应皇宫。

[2] 躔:音 chán,天体的运行。

[3] 魁杓:北斗七星中首尾两星的合称。

[4] 坎:正北。

[5] 坤:东南。

[6] 远猷:长远的打算。

[7] 觩:音 qiú,指弯曲的兽角。

[8] 文皇帝:指朱棣。

[9] 捶勒:犹控制。九边:指明代设在北方的九个边防重镇。后为边境的泛称。

[10] 橐箧:犹提辖,控揽。橐:音 tuó,口袋。箧:音 qiè,箱子。

[11] 朊原:谓肥沃的原野。朊,音 wǔ。

[12] 士烝民止:谓士人归心,百姓守法。

[13] 笃生:谓生而得天独厚。

[14] 泗凤:指朱家祖地泗水、凤阳一带。

[15] 爽冯:谓明朗、清亮而茂盛。

[16] 更仆:更番相代。《礼记·儒行》:"遽数之不能终其物,悉数之乃留,更仆未可终也。"意谓儒行很多,一下子说不完,一件件说就需要很长时间,即使中间换了人也未必能说完。

[17] 搜讨:指查访、汇集材料。

[18] 以雅、以南、以颂:谓庙堂雅乐。《诗经·鼓钟》:以雅以南,以籥不僭。

[19] 崇祯八年:1635 年。

水　关

明·刘　侗　于奕正

京城外之西堤、海淀,天涯水也。皇城内之太液池,天上水也。游,则莫便水关。志有之,曰积水潭,曰海子,盖志名,而游人不之名[1]。游人诗有之,曰北湖,盖诗人名,而土人不之名。土人曰净业寺,曰德胜桥,水一方耳。土人曰莲花池,水一时耳。盖不该不备[2],不可以其名名。土人曰水关,是水所从入城之关也。玉河桥水亦关矣,而人不之名,是水所从出城之关也。或原焉,其委焉者举之。

水一道入关,而方广即三四里,其深矣,鱼之;其浅矣,莲之,菱芡之;即不莲且菱也,水则自蒲苇之[3],水之才也。北水多卤,而关以入者甘,水鸟盛集焉。

沿水而刹者、墅者、亭者,因水也,水亦因之。梵各钟磬,亭墅各声歌,而致乃在遥见遥闻,隔水相赏。立净业寺门,目存水南。坐太师圃、晾马厂、镜园、莲花庵、刘茂才园,目存水北。东望之,方园也,宜夕。西望之,漫园、湜园、杨园、王园也,望西山,宜朝。深深之太平庵、虾菜亭、莲花社,远远之金刚寺、兴德寺,或辞众眺,或谢群游矣。

岁初伏日,御马监内监,旗帜鼓吹,导御马数百,洗水次[4]。岁盛夏,莲始华,晏赏尽园亭[5],虽莲香所不至,亦席,亦歌声。岁中元夜,盂兰会[6],寺寺僧集,放灯莲花中,谓灯花,谓花灯。酒人水嬉,缚烟火,作凫、雁、龟、鱼,水火激射,至菱花焦叶。是夕,梵呗鼓铙[7],与宴歌弦管[8],沉沉昧旦[9]。水秋稍闲,然芦苇天,菱芡岁,诗社交于水亭。冬水坚冻,一人挽木小兜,驱如衢,曰冰床。雪后,集十余床,垆分尊合[10],月在雪,雪在冰。西湖春,秦淮夏,洞庭秋,东南人自谢未曾有也。东岸有桥,曰海子桥,曰月桥,曰三座桥。桥南北之稻田,倍于关东南之水面。

【注释】

[1]不之名:不这样称呼。

[2]不该:谓不确切,不肯定。

[3]蒲苇:蒲草与芦苇。

[4]水次:水边。

[5]宴赏:宴饮观赏。

[6]盂兰会:即盂兰盆会。道教称为中元节。道教以正月十五为上元,七月十五为中元,十月十五为下元。中元之名起于北魏,有些地方俗称"鬼节"。佛教盂兰盆会本在七月初七,后亦改为七月十五。

[7]鼓铙:鼓和铙。泛指打击乐器。铙:音 náo,铜质圆形打击乐器。

[8]宴歌:宴饮歌唱。

[9]昧旦:天将明未明之时,破晓。

[10]尊合:亦作"合樽"。合而饮酒。尊,酒器。

定 国 公 园

环北湖之园,定园始,故朴莫先定园者,实则有思致文理者为之。土垣不垩[1],土池不甃,堂不阁不亭,树不花不实,不配不行[2],是不亦文矣乎。

园在德胜桥右,入门,古屋三楹,榜曰"太师圃",自三字外,额无匾,柱无联,壁无诗片。西转而北,垂柳高槐,树不数枚,以岁久繁柯,阴遂满院。藕花一塘,隔岸数石,乱而卧,土墙生苔,如山脚到涧边,不记在人家圃。野塘北,又一堂临湖,芦苇侵庭除[3],为之短墙以拒之。左右各一室,室各二楹,荒荒如山斋。西过一台,湖于前,不可以不台也。老柳瞰湖而不让台,台遂不必尽望。盖他园,花树故故为容[4],亭台意特特在湖者,不免佻达矣[5]。园左右多新亭馆,对湖乃寺。

万历中,有筑于园侧者,掘得元寺额,曰"石湖寺"焉。

【注释】

[1]垩:音è,用白土涂饰。

[2]不配:指不搭配不同的树。不行:指树种植不依行成列。

[3]庭除:庭前阶下。

[4]故故:故意,特意。

[5]佻达:轻浮。

英 国 公 新 园

夫长廊曲池,假山复阁,不得志于山水者所作也,杖履弥勤,眼界则小矣。

崇祯癸酉岁深冬[1],英国公乘冰床,渡北湖,过银锭桥之观音庵,立地一望而大惊,急买庵地之半,园之,构一亭、一轩、一台耳。

但坐一方,方望周毕,其内一周,二面海子,一面湖也,一面古木古寺,新园亭也。园亭对者,桥也。过桥人种种,入我望中,与我分望[2]。南海子而外,望云气五色,长周护者,万岁山也。左之而绿云者,园林也。东过而春夏烟绿,秋冬云黄者,稻田也。北过烟树,亿万家甍[3],烟缕上而白云横。西接西山,层层弯弯,晓青暮紫,近如可攀。

【注释】

[1]崇祯癸酉:1633 年。

[2]分望:犹对望。

[3]家甍:指屋脊,屋顶。

英 国 公 园

英国公赐第之堂,曲折东入,一高楼,南临街,北临深树,望去绿不已。有亭立杂树中,海棠族而居。亭北临水,桥之。水从西南入,其取道柔,周别一亭而止。亭傍二石,奇质,元内府国镇也,上刻元年月,下刻元玺。当赐第时,二石与俱矣。

亭北三榆,质又奇,木性渐升也,谁搿令下[1],既下斯流耳,谁掖复上,左柯返右,右柯返左,各三四返,遂相攫挐,捺捺撇撇,如蝌蚪文,如钟鼎篆,人形况意喻之,终无绪理。

亭后,竹之族也,蕃衍硕大[2],子母祖孙,观榆屈诘之意[3]。用是亭亭条条,观竹森寒。又观花畦以豁,物之盛者,屡移人情也。畦则池,池则台,台则堂,堂傍则阁,东则圃。台之望,古柴市,今文庙也。堂之楸、朴老,不好奇矣,不损其古。阁之梧桐,又老矣,翠化而俱苍,直干化而俱高严。东圃方方,蔬畦也。其取道直,可射。

【注释】

　　[1]搹:音è,同"扼"。掐住,捉住。

　　[2]蕃衍:繁盛众多。

　　[3]屈诘:盘曲弯折。

大　隆　福　寺

　　大隆福寺,恭仁康定景皇帝立也[1]。三世佛、三大士[2],处殿二层三层。左殿藏经,右殿转轮,中经毗卢殿,至第五层,乃大法堂。白石台栏,周围殿堂,上下阶陛,旋绕窗栊[3],践不藉地,曙不因天,盖取用南内翔凤等殿石栏干也。殿中藻井,制本西来,八部天龙[4],一华藏界具[5]。

　　景泰四年[6],寺成,皇帝择日临幸,已凤驾除道[7]。国子监监生杨浩疏言,不可事夷狄之鬼。礼部仪制司郎中章纶疏言,不可临非圣之地。皇帝览疏,即日罢幸,敕都民观。缁素集次[8]。忽一西番回回蹒跚舞上殿,斧二僧,伤傍四人。执得,下法司,鞫所繇,曰:"轮藏殿中,三四缠头像,眉稜鼻梁,是我国人,嗟同类苦辛,恨僧匠讥诮[9],因仇杀之。"狱上,回回抵罪。

　　考西竺转轮藏法,人诵经檀施[10],德福满一藏,为转一轮。一贫女不能诵经,又不能施,内愧自悲,因置一钱轮上,轮为转转不休。今寺众哗而推轮,轮转,呀呀如鼓吹初作[11]。

【注释】

　　[1]恭仁康定景皇帝:即明代宗朱祁钰(1428—1457)。明英宗朱祁镇弟。明英宗被蒙古瓦剌军俘去之后继位,在位8年。病中因英宗复辟被废黜软禁而气死。

　　[2]三世佛:是大乘佛教的主要崇敬对象,俗称"三宝佛"。三世佛分为以空间计算的"横三世佛"(中央释迦牟尼佛、东方药师佛、西方阿弥陀佛)和以时间计算的"纵三世佛"(过去燃灯佛,现在佛释迦牟尼,未来佛弥勒佛)。三大士:佛教对三位菩萨的总称。即观音、文殊、普贤。

　　[3]栊:栏杆。

　　[4]八部天龙:又称天龙八部、龙神八部。出自佛经。众多佛经叙述,佛说法时,常有天龙八部听讲。八部天龙包括八种神道怪物,一天众、二龙众、三夜叉、四乾达婆、五阿修罗、六迦楼罗、七紧那罗、八摩呼逻迦。

　　[5]华藏:亦作"华藏"。佛教语。莲花藏世界的略称。莲花藏世界:(界名)诸佛报身之净土地。为宝莲华所成之土,故名。

　　[6]景泰四年:1453年。

　　[7]凤驾:早起驾车出行。除道:犹清道。

　　[8]缁素:指僧俗。集次:谓纷纷前来。

　　[9]讥诮:风言冷语地嘲讽。

　　[10]檀施:布施。

　　[11]鼓吹:即鼓吹乐。古代的一种器乐合奏曲。

白 云 观

白云观[1]，元太极宫故墟。出西便门，下上古隍间一里，麦青青及门槛者，观也。中塑白皙皴皴无须眉者[2]，长春丘真人像也[3]。观右有皂，藏真人蜕。像，假也，蜕者[4]，亦假也，真人其存欤？

真人名处机，字通密，金皇统戊辰正月十九日生。有日者相之曰神仙宗伯。年十九，辞亲居昆仑。二十，谒重阳王真人，请为弟子，道成，而成吉思皇帝自乃蛮国手诏致聘。诏文云："朕居北野，嗜欲莫生，每一衣一食，与牛竖马圉[5]，共弊同享，谋素和，恩素畜。是以南连赵宋，北接回纥，东夏西夷，悉称臣佐。念我单于国，千载百世，未之有也。访闻丘师先生，体真履规，怀古君子之肃风，抱真上人之雅操，朕仰怀无已，避位侧身，选差近侍官刘仲禄，备轻骑素车[6]，谨邀先生，不以沙漠悠远为念。"真人庚辰正月，乃北至燕。

令从官曷剌驰奏："登州栖霞县志道丘处机，近奉宣旨远召，海上居民，心皆恍惚。处机自念，同时四人出家，三人得道，惟处机虚名，憔悴枯槁。比到燕京，听得车驾遥远，风尘澒洞[7]，天气苍黄，老弱不堪，伏望圣裁。龙儿年三月日奏。"十月，曷剌回，复敕师前。

壬午四月，达行在所。雪山之阳，设座黄幄东，与讲钧礼而不名[8]，延问至道。真人大略答以节欲保躬，天道恶杀，治尚无为之理。命史书策，赐号神仙，爵大宗师。赐金印章，曰神仙符命，掌管天下道教。夜醮焚简，五鹤翔焉。

寻乞还，诏居大都太极宫，改从真人号，曰长春。真人每晨起，呼果下骝，其徒数十，徜徉山水间，日暮返。年八十时，北山口崩，太液池竭，真人曰："其在我乎？"七月九日，留诵而逝。

逝之明年，其徒尹清和，始以师入龛，葬于处顺堂之后。今都人正月十九，致浆祠下，游冶纷沓，走马蒲博，谓之"燕九节"。又曰宴丘。相传是日，真人必来，或化冠绅，或化游士冶女，或化乞丐。故羽士十百，结环松下，冀幸一遇之。

西十余里，为唐太宗哀忠墓。西南五六里，为萧太后运粮河，泯然湮灭[9]，无问者。

【注释】

[1]白云观：道教全真道派十方大丛林制宫观之一。始建于唐，名天长观。金世宗时，大加扩建，更名十方大天长观，是当时北方道教的最大丛林，并藏有《大金玄都宝藏》，金末毁于火灾。元朝在此建太极殿。丘处机应成吉思汗聘，回京后居太极殿，元太祖因其道号长春子，诏改名为长春宫。及丘处机羽化，弟子尹志平等在长春宫东侧购建下院，即今白云观，并于观中构筑处顺堂，安厝丘处机灵柩。丘处机被奉为全真龙门派祖师，白云观从此称龙门派祖庭。今存观宇系清康熙四十五年(1706)重修，有彩绘牌楼、山门、灵官殿、玉皇殿、老律堂、丘祖殿和三清四御殿等。1957年成立的中国道教协会会址就设在白云观。

[2]皴皴：皴纹。皴：音 cūn，皮肤因受冻或受风吹而干裂。

[3]丘真人：即丘处机(1148—1227)。字通密，道号长春子。丘处机为金朝和元朝统治

者敬重,并因远赴西域劝说成吉思汗减少杀戮而闻名。在道教历史中,丘处机被奉为全真道"七真"之一、龙门派祖师。元太祖二十二年(1227),病逝于天长观。1269 年,元世祖忽必烈下诏赠封他为"长春演道主教真人"。

[4]蜕:蝉或蛇等褪下来的皮。此指尸骨。

[5]牛竖马圉:养牛马的人。泛指下贱的人。

[6]素车:未经油漆、装饰的车。

[7]颃洞:绵延,弥漫。颃,音 hòng。

[8]钧礼:谓待以平等之礼。

[9]漶灭:模糊,无法辨识。

卢 沟 桥

卢沟桥跨卢沟水[1],金明昌初建,我正统九年修之。

桥二百步,石栏列柱头,狮母乳,顾抱负赘,态色相得,数之辄不尽。俗曰:鲁公输班神勒也。桥北而村,数百家,己巳岁[2],虏焚掠略尽。村头墩堡,循河婉婉,望去如堞。

考卢沟水,出太原天池,伏流至马邑,从雷山阳,发为浑泉,是曰桑乾水。雁门云中水皆会,经太行,经宛平东南,至看丹口。支为二:其东支,通州注白河;其南支,霸州会易水,又南经丁字沽,注运河。是水过怀来,委委两山间,磬折回射,不得自左右,惟所束之,乃亦挟其隗怒[3],迤宛平而西四十里。石景山东,地衍土疏,惟触斯受,水雷奔云泄,意左趋左,意右趋右。永乐十年七月[4],河溃岸八百二十丈,修焉。洪熙元年七月[5],溃狼窝口百丈,修焉。宣德三年六月[6],溃百丈,修焉。正统元年七月,溃小屯厂,修焉。正德元年二月[7],溃岸六百丈,修焉。盖河至无状,而意所欲食,前可知也。淫为淤者,其所舍也。其所咀啮,有堤廓如,然趾陷危立[8]。成化十七年[9],允霸州知州蒋恺请,从三角淀抵小直沽,修筑堤岸。而宪宗朝[10],卢沟无患也。其积津盛势,久噎不泄,河不自得止,则务支之。不可支也,诱之。不可诱也,归之。嘉靖十年[11],命工部郎中陆时雍修卢沟河,以支流导入于海。三十四年,命修卢沟河,从柳林通鸡鹅房,导入草大河。四十一年,命工部尚书雷礼修卢沟河[12],先浚大河,令岔河水,归故道,从丽庄园入直沽[13],下海。凡三易治,而世宗朝,卢沟无患也。

俗言卢沟数溃,罔决圮于桥,桥有神焉。万历三十五年[14],阴霖积旬[15],水滥发,居民奔桥上数千人,见前水头过桥且丈,数千人喧号,当无活理。未至桥,水光洞冥间,有巨神人,向水头按令下伏,从桥孔中去。

【注释】

[1]卢沟桥:始建于金大定二十九年(1189),明昌三年(1192)三月完工。初名"广利桥"。后因桥身跨越卢沟,人们都称它卢沟桥。两侧石雕护栏各有 140 条望柱,柱头上均雕有石狮,形态各异,据记载原有 627 个,现存 501 个。卢沟桥在明正统九年(1444)重修。康熙年间,永定河洪水致使桥受损严重,不能再用,大量古迹在洪水中销声匿迹。康熙三十七年(1698)重修

后,原桥上、河道里找回来的石狮等物又被安置桥上相应位置。康熙命在桥西头立碑,记述重修卢沟桥事。后来,乾隆题写"卢沟晓月"碑。康熙三十七年重建(1698)的桥就是我们经常见到的卢沟桥。

[2]己巳岁:明崇祯二年(1629),发生"己巳之变",皇太极率十万精兵绕道蒙古,突破长城,攻陷遵化。京师震动而戒严,明廷诏令各路兵马勤王。

[3]豗怒:谓流水湍急喧撞。豗:音 huī,撞击;撞击声。

[4]永乐十年:1412 年。

[5]洪熙元年:1425 年。

[6]宣德三年:1428 年。

[7]正德元年:1506 年。

[8]趾陷:指堤脚因洪水冲刷而被掏空。

[9]成化十七年:1481 年。

[10]宪宗:明宪宗朱见深,1464—1487 年在位。

[11]嘉靖十年:1531 年。

[12]雷礼(1505—1581):字必进,号古和,丰城县(今江西丰城)人。嘉靖十一年(1532)中进士。嘉靖二十九年,升南京太仆少卿,专理马政。其间,完成《南京太仆寺志》。严嵩任内阁首辅,大力提拔江西同乡,雷礼因此进京,先是由太仆少卿改太常少卿兼提督四夷馆,又升任顺天府尹。雷礼协调各方面的关系,游刃有余。嘉靖三十三年(1554)被世宗擢为工部右侍郎,督造天寿山世宗陵寝,升左侍郎。又因修复雷毁皇城诸殿,加右都御史衔。世宗连年大兴土木,国库空虚,雷礼设法筹措,并利用各处旧料整训补充。5 年内,天寿山、紫禁城、卢沟桥重修,加上诸多新建工程一一竣工。嘉靖三十七年,被任命为工部尚书。穆宗即位后次年,上疏乞休,以加太保衔致仕。退居林下,著书自娱,先后完成《列卿纪》等 33 部著作。

雷礼是明清建筑艺术的主要开创者,是"样式雷"建筑世家的源头。"样式雷"建筑世家的成果,是在雷礼的基础上形成和发展的。雷礼主持修建的明十三陵为"样式雷"建筑清东陵与西陵提供了样板;清康熙年前重修的"样式雷"建筑清宫三殿也是在雷礼修建明宫三殿的基础上重建的。

[13]直沽:在今天津狮子林桥西端旧三汉口一带。

[14]万历三十五年:1607 年。

[15]阴霖:淫雨。

天 主 堂

堂在宣武门内东城隅,大西洋奉耶稣教者利玛窦[1],自欧罗巴国航海九万里入中国,神宗命给廪[2],赐第此邸。

邸左建天主堂,堂制狭长,上如覆幔,傍绮疏[3],藻绘诡异,其国藻也。供耶稣像其上,画像也,望之如塑,貌三十许人。左手把浑天图,右又指若方论说次,指所说者。须眉竖者如怒,扬者如喜,耳隆其轮,鼻隆其准,目容有瞩,口容有声,中国画绘事所不及。所具香灯盖帏,修洁异状。右圣母堂,母貌少女,手一儿,耶稣也。衣非缝制,自顶被体,供具如左。

按耶稣释略曰:耶稣,译言救世者,尊主陡斯[4],降生后之名也。陡斯造天地万物,无始终形际,因人始亚当,以阿袄言,不奉陡斯,陡斯降世,拔诸罪过人。汉哀帝二年庚申[5],诞于如德亚国童女玛利亚身,而以耶稣称,居世三十三年。般雀·比剌多[6],以国法死之,死三日生,生三日升去。死者,明人也,复生而升者,明天也。

其教,耶稣曰契利斯督,法王曰俾斯玻,传法者曰撒责而铎德,如利玛窦等。奉教者曰契利斯当。如丘良厚等[7]。祭陡斯以七日,曰米撒,于耶稣降生升天等日,曰大米撒。刻有《天学实义》等书行世。

其国俗工奇器,若简平仪[8]之属。

玛窦亡,其友庞迪峨、龙华民辈代主其教。教法,友而不师。师,耶稣也。中国有学焉者,奉其阨格勒西亚七式。

【注释】

[1]利玛窦(Matteo Ricci,1552—1610):意大利的耶稣会传教士,学者。明朝万历年间来到中国。其原名中文直译为玛提欧·利奇。来中国后,除中文名外,号西泰,又号清泰、西江。万历十年(1582),利玛窦踏上澳门的土地,开始了在中国的传教生涯。万历二十九年(1601),利玛窦被召进紫禁城。进呈自鸣钟、《圣经》《万国图志》、大西洋琴等方物,得到明神宗信任,下诏允许利玛窦等长居北京。从1602到1605年,利玛窦出版了第三版中文世界地图——《两仪玄览图》,还有《天主实义》《天主教要》《二十五言》等。1607年,与朋友徐光启合作,翻译欧几里德《几何原本》前六章。1610年病卒于北京。万历帝允许其安葬于中国领土。

[2]给廪:亦作"给稟"。官府供给粮食。

[3]绮疏:指雕刻成空心花纹的窗户。

[4]陡斯:译音。即天主、上帝。

[5]哀帝二年庚申:公元前1年。

[6]般雀·比剌多:判决耶稣死刑的决策人物。

[7]丘良厚(1584—1640):修士。字永修。是一位杰出的教理讲师。天启元年(1621),曾在北京为利玛窦守墓。

[8]简平仪:一种天文仪器。元初传入中国,未引起重视。明末,传教士利玛窦来华,再次将星盘传入中国。与此同时,传教士熊三拔编译了《简平仪说》。按:文下有:仪有天盘,有地盘,有极线,有赤道线,有黄道圈,本名范天图,为测验根本。龙尾车,下水可用以上,取义龙尾,象水之尾尾上升也。其物有六:曰轴、曰墙、曰围、曰枢、曰轮、曰架。潦以出水,旱以入,力资风水,功与人牛等。沙漏,鹅卵状,实沙其中,颠倒漏之,沙尽则时尽,沙之铢两准于时也,以候时。远镜,状如尺许竹笋,抽而出,出五尺许,节节玻璃,眼光过此,则视小大,视远近。候钟,应时自击有节。天琴铁丝弦,随所按,音调如谱。

蜀王睿制天生城碑记

明·刘 耀

【提要】

本文选自《四川历代碑刻》(四川大学出版社1990年版)。

此碑原立在四川洪雅县花溪河与青衣江合流处的千秋坪。所在的山,形势险要,当地人称皇城山,山上有张献忠部下名将刘耀所据之重镇天生城旧址。

顺治元年(1644),清军入关,李自成退出北京,冬十月张献忠据成都称帝,国号大西,改元大顺,以成都为西京,封养子四人为王,孙可望平东,刘文秀(耀)抚南,李定国安西,艾能奇定北。顺治三年,张献忠死前遗命4人"归附明室,毋为不义"(《小腆纪叙》)。顺治四年十一月十四日,明永明王朱由榔监国于肇庆,改元永历,孙可望、刘文秀等均接受永历的招抚。

永历六年(1652),刘文秀由永宁出师,取叙州,另遣白文选取重庆,后会师嘉定收复成都,汉奸吴三桂退出川境,驻汉中。从此四川东、西、南全为农民军所有,一直到永历十四年。根据曾在刘文秀"殿中"担任院检讨的欧阳直记载:"丙申(永历十年)安西将军李定国奉旨册晋王,抚南刘文秀迎驾奉旨册蜀王。文秀领兵入川驻洪雅天生城。"(《欧阳氏遗书》)洪雅止戈镇世代流传:蜀王刘文秀筑城,意欲挖断两河相近之处,使成一孤岛,便于防守,功未成而吴三桂的前锋已到,至今挖掘痕迹尚在,即所谓马颈子。

这篇碑文是明末清初农民军抗清斗争的重要资料。明末清初,李自成、张献忠余部转而拥戴明王室后裔,支撑西南半壁河山18年之久(1644—1662),直到最后一个人牺牲。张献忠部下大西农民军李定国、刘文秀,转战于川、湘、滇、黔、桂诸省,纪律严明,作战英勇。永历六年,明兵三路出师,孙可望攻入湖南,李定国攻入广西,下桂林、永州、长沙。刘文秀由永宁出师取叙州、重庆、嘉定,收复成都,是年十月率步兵5万人直逼保宁,将攻西安。整个四川,完全收复。但义军首领之一孙可望,劫持永历,企图篡位。永历九年,李定国正在广东与清军作战,得知永历有被篡弑的危险,率师西返,迎接永历,退守昆明。四川刘文秀也支持李定国,二人会师击败孙可望。于是,永历乃封李定国为晋王,刘文秀为蜀王。永历十年,刘文秀再提师入川,修筑天生城军事基地,就在这一年。他在碑文说:"余秉钺专征,剪桐蜀土,为根本之计。"

文中,刘文秀阐述了"安内攘外"之理,"家室谐情"之乐,申述选择天生城"爱相厥宅,暂拔茅连茹,以为根本之计","遽命纠工,布列星拱。公侯卫尉,咸有宁宇。然后草治行营,居中调度,不一月而丹楹崇墉"。

天生城所处位置两江合流,三面环水,西接八面山。地扼嘉、雅两州之冲,进可以窥成都,退可由叙南入滇。永历十一年春,刘文秀立此碑。永历十二年,清兵攻陷重庆,刘文秀引兵退出川境,据守遵义。是年四月二十四日,刘文秀病死。随后数年,天生城为清军攻陷。

天生城碑又称蜀王碑,碑高3.6米(含龟趺)、厚6厘米、宽1.6米。此碑上世纪五十年代曾被毁为数块,文革后修复。

蜀国古称天府,据天下上游。主其地者战则胜,守则固。诚能蓄威昭德,计得志而有余。自胡骑入蹢,逢燧频仍[1],殷富之区,鞠为茂草。予三次提师,两逐笳声,出水火而衽席之,渐有起色矣[2]。

永历十年,岁在丙申。圣天子廑宸虑[3],推毂命余秉钺专征[4],剪桐蜀土[5],为根本之地。期于水陆分道,力恢陕豫,略定中原[6]。因知义举仁闻,执讯获丑[7],如扫秋叶耳。乃既承宠锡[8],动须万全。虽兵民异迹,家宝偕情。欲攘外夷,先安内志。务使同仇敌忾者,无还顾之忧,则一鼓而前,士气百倍。

爰相厥宅,暂拔茅连茹以为根本之计者[9],谓治国先治家也。从此长驱北伐,直捣黄龙[10],奏肤功以绘麟阁[11],期与诸将士指顾计之。因得洪雅城南二十里许,有胜地焉,旧名千秋坪。世传汉昭烈与武侯会军于此[12],雍闿宾服[13],干羽遂停,此隔岸止戈之名所自来矣。询之父老,佥如其议[14]。余始单骑登临,豁然有仰接阳芝、俯览舆图之慨[15]。壮哉山河,带砺金汤[16],无劳凿筑。自非主运昌隆,藩垣峻丽[17],何以遇此?

遽命纠工,布列星拱;公侯卫尉,咸有宁宇。然后草治行营,居中调度,不一月而丹楹崇墉。工既毕,矢诸将士曰[18]:"若辈知予所以营此故乎?往者,汉室式微,昭烈以中山靖王后,赖武侯佐命,君臣同心,共匡汉室,光留史册。余,昭烈之胤也。昭烈于汉为孝子,予于明为忠臣,祖孙异代忠孝,分任其功。其光于列谱,不更大乎?虽然,武侯尽瘁,适当主少国疑,故壮猷弗竟[19]。今我皇上,惇大英明[20],春秋鼎盛,风声所到,前徒倒戈,方之武侯,事半功倍。诸将士奋鹰扬,务取燕云安庙貌钟簴而后已[21]!宁拘蜀之一隅,而蜀其根本也。生聚训练[22],政实先之。"特于千秋坪,因其不筑而金、不凿而汤者,字之自"天生城",用寿诸石,以教天下后世之忠孝者。

永历十一年丁酉仲春刘耀立。

【作者简介】

刘耀,即刘文秀(?—1658),陕西延安人,明末农民起义军首领张献忠义子、心腹将领。张献忠大西国建立后,受封为抚南将军。献忠死后,与孙可望等率大西军余部数万人,进军云贵,联明抗清。永历六年(1652)受封抚南王。十年,随永历帝南迁至昆明,封为蜀王。次年,孙可望背叛南明,割据四川,并派白文选等人率兵攻打云南,刘文秀被任命为右招讨大将军,协助李定国大败孙可望于交水。此后,刘文秀率领大军取道建昌(今四川西昌)、黎州(今四川汉源县北)、雅州到达洪雅县(属嘉定府),在该县境内的千秋坪建立了帅府——天生城,立《天生城碑记》,志以此为基,恢复四川。刘文秀在千秋坪设立了文武官员,大建宫室,欲把这里构建成经营西南的大本营,试图北攻保宁(阆中),东联夔东各路力量与清军争夺湖北。但是由于孙可望心怀不轨,蓄意犯滇,永历朝廷召回刘文秀和他带领的主力,刘文秀前后在千秋坪只驻守了5个月,经营四川的战略未能实现。永历十二年(1658),刘文秀病卒于昆明。

【注释】

［1］烽燧:即烽火。古代边防警报的两种信号,白天的烟叫"烽",夜间举火叫"燧"。

［2］笳声:胡笳吹奏的声音,亦指边地之声。衽席:床褥与莞覃。泛指起居寝休。句谓出入烽烟战火犹家常便饭。

［3］廑:音 qín,勤。宸虑:帝王的思虑谋划。

［4］推毂:荐举。

［5］剪桐:分封。典出《吕氏春秋·重言》:成王与唐叔虞燕居,援梧叶以为珪,而授唐叔曰:"余以此封汝。"终封唐叔于晋。后以"剪桐"为分封的典实。

［6］略定:攻克平定。

［7］执讯:谓对所获敌人加以讯问。获丑:俘获敌众。

［8］宠锡:皇帝的恩赐。

［9］拔茅连茹:拔除茅草荆棘(以治殿宇)。

［10］黄龙:府名。治所在今吉林省农安县。《宋史·岳飞传》:直抵黄龙府,与诸君痛饮尔!

［11］肤功:大功。麟阁:麒麟阁的省称。汉朝阁名,供奉功臣。《咏霍将军北伐》:当令麟阁上,千载有雄名。

［12］汉昭烈:即刘备。武侯:即诸葛亮。

［13］雍闿:建宁(今云南曲靖)人。建兴三年(225),蜀汉永昌太守雍闿结连孟获造反,诸葛亮亲往讨之,设反间计,刺闿于马下,枭其首级,军士皆降。

［14］佥:音 qiān,全,都。

［15］阳芡:未详。似谓太阳。芡,音未详。《康熙字典》:期芡然有成者。舆图:疆域,疆土。

［16］带砺金汤:极言国基坚固,国祚长久。语出《史记》:封爵之誓曰:"使河如带,泰山若厉。国以永宁,爰及苗裔。"

［17］藩垣:藩篱和垣墙。泛指屏障。

［18］矢:誓,宣布说明。

［19］壮猷:宏大的谋略。

［20］惇大:敦厚宽大。

［21］"务取"句:谓最终目的是打进北京,光复明朝。貌:疑作"藐",视也。钟篪:喻庙社。篪:音 chí,用竹管制成的像笛子的乐器,八孔。

［22］生聚:人口增加,休养生息。

宋 礼 传

清·张廷玉 等

【提要】

本文选自《明史》(中华书局 1974 年版)。

宋礼(1358—1422),字大本,河南洛宁县人。自幼聪颖敏知,好学有志,精于河渠水利之学。洪武年间以国子生擢山西按察金事,累官礼部右侍郎、工部尚书等。《明史》载:"元开会通河,其功未竣,宋康惠踵而行之,开河建闸,南北以通,厥功茂哉。"明永乐十三年(1415),罢海运,"天下粮运尽从漕运直达京师",每年漕运粮食达 400 万石以上。

具体而言,宋礼治运工程主要有疏浚会通河,建戴村坝,开挖小汶河,引汶水及山泉水以济运河,建南旺运河分水枢纽等。宋礼治运成功,保证了明代漕运的畅通。

运河再兴因明代永乐皇帝迁都北京。为了南粮北运的便捷,永乐皇帝朱棣决定在元代京杭运河的基础上,首先疏浚整治山东境内的会通河。会通河南北走向,是联结海河支流卫河与淮河支流泗河最近的路线。但元朝末年以来,会通河被黄河决口泛滥的泥沙所淤积,运河航路中断。

永乐九年(1411),依济宁州同知潘叔正的建议,永乐皇帝派工部尚书宋礼、侍郎金纯、都督周长等主持运河整治工程。同年二月,宋礼调发青州、兖州、济宁、徐州军民共 30 万人重开会通河 385 公里,"历二十旬而工成,河深一丈三尺,宽三丈二尺"。

元代虽然开通了会通河,但水源问题并没有解决好。会通河水源,元代曾采用"遏汶入洸",即在汶河上凿堽城坝引汶水入洸河,洸水流至济宁,通过会源闸(又称天井闸)分流南北济运。由于济宁地势比南旺约低 5 米,洸水入运后,常因水小,运河南旺段运道无法航行。对此,宋礼十分焦虑,于是他深入察看运河沿线水系、地形,访问百姓。在汶上县城东北白家店村,遇见白英老人。白英见宋礼"布衣微服",态度虔诚,便把他多年积累的治水通航的想法告诉了宋礼。宋礼听到"借水行舟,引汶济运,挖诸山泉,修水柜"等良策时大喜,遂邀白英参与治理运河。

宋礼引汶济运工程有三项内容:一是筑戴村坝;二是开挖小汶河;三是建南旺枢纽工程。戴村地形两岸夹山,坝基稳定,距南旺较近,直线距离只有 38 公里,是分汶河水济运最好的制高点。戴村坝初建时为土坝,"坝长横亘五里十三步,遏汶全流";又在戴村坝上游大汶河南岸开引河一道,名称小汶河,长 90 里,纵贯汶上县至南旺入运河,作为引汶水渠;同时在戴村坝上游大汶河北岸坎河口(大汶河支流),筑一道滚水坝(沙坝),当大汶河水量小时,可拦汶水不旁泄,保证济运水量,大水时破沙坝泄水入大清河,泄洪以确保戴村坝、小汶河及运河的安全。

　　戴村坝至今仍在发挥防洪拦沙的作用。建成之初,土坝年年遭水毁,年年要整修,否则就无法引水至南旺,岁修劳费越来越大。隆庆末年(1572),总理河道万恭令工部主事张光文在坎河口建成一道长宽各一里的堆石溢洪道,免去了年年岁修的劳费。万历十七年(1589),总理河道潘季驯改石滩坝为石坝,坝长 40 丈、面宽 1.5 丈、底宽 1.75 丈,是一座溢流坝,到清代坝延长到 126.8 丈。戴村坝枢纽工程分为三部:一是汶河河床段溢流坝,全长 437.5 米,这是戴村坝的主体,由坎河口溢洪道演变而来;第二是窦公堤,起导汶水济运水量的作用,全长 900 米;第三是灰堤土坝,是非常溢流坝,大洪水来临时,可减少河床下泄量和小汶河水量。全坝总长 1599.5 米,兼有雍水、导流和溢洪的功能。

　　因治运河之功,明清两代,宋礼享受到的礼崇日隆。明朝时,他被封为"开河元勋太子太保",赐谥号"康惠公";清朝雍正时,敕封为"宁漕公",光绪时又赐封为"显应大王"。南旺建有宋公祠。

　　宋礼,字大本,河南永宁人。洪武中,以国子生擢山西按察司佥事,左迁户部主事。建文初[1],荐授陕西按察佥事,复坐事左迁刑部员外郎[2]。成祖即位[3],命署礼部事,以敏练擢礼部侍郎。永乐二年拜工部尚书。尝请给山东屯田牛种,又请犯罪无力准工者徙北京为民,并报可。七年丁母忧,诏留视事。

　　九年命开会通河。会通河者,元至元中,以寿张尹韩仲晖言[4],自东平安民山凿河至临清,引汶绝济,属之卫河,为转漕道,名曰:会通。然岸狭水浅,不任重载,故终元世海运为多。明初输饷辽东、北平,亦专用海运。

　　洪武二十四年,河决原武[5],绝安山湖,会通遂淤。永乐初,建北京,河海兼运。海运险远多失亡,而河运则由江、淮达阳武[6],发山西、河南丁夫,陆挽百七十里入卫河,历八递运所,民苦其劳。至是济宁州同知潘叔正上言:"旧会通河四百五十余里,淤者乃三之一,浚之便。"于是命礼及刑部侍郎金纯、都督周长往治之。

　　礼以会通之源,必资汶水。乃用汶上老人白英策[7],筑堽城及戴村坝,横亘五里,遏汶流,使无南入洸而北归海。汇诸泉之水,尽出汶上,至南旺,中分之为二道,南流接徐、沛者十之四,北流达临清者十之六。南旺地势高,决其水,南北皆注,所谓水脊也。因相地置闸,以时蓄泄。自分水北至临清,地降九十尺,置闸十有七,而达于卫;南至沽头,地降百十有六尺,置闸二十有一,而达于淮。凡发山东及徐州、应天、镇江民三十万,蠲租一百一十万石有奇[8],二十旬而工成。又奏浚沙河入马常泊,以益汶。语详《河渠志》。是年,帝复用工部侍郎张信言,使兴安伯徐亨、工部侍郎蒋廷瓒会金纯,浚祥符鱼王口至中滦下[9],复旧黄河道,以杀水势,使河不病漕,命礼兼董之。八月还京师,论功第一,受上赏。潘叔正亦赐衣钞。

　　明年,以御史许堪言卫河水患,命礼往经画[10]。礼请自魏家湾开支河二,泄水入土河,复自德州西北开支河一,泄水入旧黄河,使至海丰大沽河入海。帝命俟秋成后为之。礼还言:"海运经历险阻,每岁船辄损败,有漂没者。有司修补,迫于期限,多科敛为民病,而船亦不坚。计海船一艘,用百人而运千石,其费可办河船容二百石者二十,船用十人,可运四千石。以此而论,利病较然[11]。请拨镇江、凤阳、淮安、扬州及兖州粮,合百万石,从河运给北京。其海道则三岁两运。"已而平江伯陈瑄治江、淮间诸河功,亦相继告竣。于是河运大便利,漕粟益多。十三年遂罢海运。

初,帝将营北京,命礼取材川蜀。礼伐山通道,奏言:"得大木数株,皆寻丈。一夕,自出谷中抵江上,声如雷,不偃一草。"朝廷以为瑞。及河工成,复以采木入蜀。十六年命治狱江西。明年造番舟。自蜀召还,以老疾免朝参[12],有奏事令侍郎代。二十年七月卒于官。

礼性刚,驭下严急[13],故易集事,以是亦不为人所亲。卒之日,家无余财。洪熙改元[14],礼部尚书吕震请予葬祭如制。弘治中[15],主事王宠始请立祠。诏祀之南旺湖上,以金纯、周长配。隆庆六年赠礼太子太保[16]。

【作者简介】

张廷玉(1672—1755),字衡臣,号研斋,安徽桐城人,清朝保和殿大学士、军机大臣、太保,封三等伯,历康熙、雍正、乾隆三朝,居官五十年。他规划建立军机处制度,完善奏折制度,对清朝中后期的政治产生了巨大而深远的影响。为人谨小慎微,谨守"万言万当,不如一默。"雍正赞扬他"器量纯全,抒诚供职",称其为"大臣中第一宣力者"。曾先后主持编纂《康熙字典》《雍正实录》,并充《明史》《清会典》总纂官。

【注释】

[1] 建文:明第二位皇帝朱允炆年号,1399—1402年。

[2] 坐事:因事获罪。左迁:降职。

[3] 成祖:即朱棣。成祖"靖难"即位后,不承认建文年号,改建文四年为洪武三十五年。

[4] 寿张:其境内分属山东、河南。汉置寿良县,故城在今山东东平县内。避东汉光武帝叔叔刘良讳改为寿张。

[5] 原武:古县名。治所今河南原阳县。明属开封府。

[6] 阳武:古县名。1919年与原武县合并,名原阳。

[7] 白英(1363—1419),字节之。明初著名农民水利家。山东汶上颜珠村人,后迁居汶上彩山。自幼聪慧好学,早年以耕田为业,后又当运河民夫的领班(老人),十分了解汶上的地理水势。京杭大运河为历代漕运要道。明朝洪武年间,黄河在原武(今河南原阳县境)决口,汹涌的黄河水漫过曹州流入梁山一带,淤积400余里,切断了明朝南北水路大动脉——运河。工部尚书宋礼受命同都督周长、刑部侍郎金纯等带领济南、兖州、青州、东昌等4府25万民工,对会通河水系进行了大规模治理,但因会通河水源不足,没有根本解决漕运问题。治理会通河受挫后,宋礼寻访找到白英。对运河的治理思考了10年之久的白英,见宋礼秉性刚直,真心诚意请教,便决定帮助宋礼治河。

白英根据会通河的地势水情,提出了6条治河方法。以汶水作水源,筑堤引水,西注运河地势最高的南旺,然后向南北分流。其中六份北流到临清,接通卫河,中间设水闸17座;四份南流至济宁,下达泗、淮,中间设置水闸21座,从根本上解决会通河水源不足的难题。

宋礼采纳了白英的建议,按照白英设计的图纸组织施工。经过9年的艰苦奋战,终于完成了开掘汶上济宁段运河这一举世闻名的水利工程,使河河相通,渠渠相连,湖湖相依,汇成一派巨大水系。白英策的运用让治水获得巨大成功,明、清两代600余年间航运畅通无阻,最高年运粮达500万石。

因治河有功,明正德七年(1512),白英被追封为"功漕神",建祠于南旺。清雍正、光绪皇帝追封他为"永济神"和"大王",受到崇隆礼遇。

[8]蠲:音juān,除去,免除。

[9]祥符:一般指祥符镇,是今河南省开封县旧称。汉于此置浚仪、开封二县。宋大中祥符三年(1010)改称祥符县。

[10]经画:经营筹划。

[11]利病:优劣。

[12]朝参:古代百官上朝参拜君主。

[13]严急:严厉躁急,严厉急迫。

[14]洪熙:明仁宗朱高炽(1378—1425)年号。成祖逝世后即位。在位十个月。成祖好征伐,留高炽掌管朝政,他大力发展生产,努力与民休息,为仁宣之治铺平了道路。

[15]弘治:明孝宗朱祐樘年号,1488—1505年。祐樘在位期间,励精图治,政治清明,经济繁荣,百姓富裕,天下小康,号为"弘治中兴"。

[16]隆庆六年:1572年。

舆 服 志(节选)

清·张廷玉 等

【提要】

本文选自《明史》(中华书局1974年版)。

明朝宫殿什么模样?今日北京故宫百存其一,约略可观。明朝时的规模远胜于今日,仅一座奉天殿(太和殿)便有屋8 350楹,皇宫后院的宫殿更是"名号繁多,不能尽列,所谓千门万户也。"更何况,宫殿、皇城历代均有添建,此不赘言。

关于亲王府的建设规格,《舆服志》同样一一规定王城大小、正门、前后殿、廊房,甚至所用颜色、图案,具体而详细;郡王府、公主府第、百官第宅,在继承前代规格的基础上,又有新的限制和补充。

至于庶民庐舍,房屋不过三间,大小不超五架,"不许用斗拱,饰颜色",洪武皇帝把建筑的规格与人的社会身份、等级紧紧绑在了一起。

不仅如此,器用之禁同样严厉。

宫室之制:吴元年作新内[1]。正殿曰奉天殿,后曰华盖殿,又后曰谨身殿,皆翼以廊庑。奉天殿之前曰奉天门,殿左曰文楼,右曰武楼。谨身殿之后为宫,前曰乾清,后曰坤宁,六宫以次列。宫殿之外,周以皇城,城之门,南曰午门,东曰东华,西曰西华,北曰玄武。

时有言瑞州文石可甃地者[2]。太祖曰:"敦崇俭朴,犹恐习于奢华,尔乃导予奢丽乎?"言者惭而退。

洪武八年[3],改建大内宫殿,十年告成。阙门曰午门,翼以两观。中三门,东西为左、右掖门。午门内曰奉天门,门内奉天殿,尝御以受朝贺者也[4]。门左右为东、西角门,奉天殿左、右门,左曰中左,右曰中右,两庑之间,左曰文楼,右曰武楼。奉天殿之后曰华盖殿,华盖殿之后曰谨身殿,殿后则乾清宫之正门也。奉天门外两庑间有门,左曰左顺,右曰右顺。左顺门外有殿曰文华,为东宫视事之所。右顺门外有殿曰武英,为皇帝斋戒时所居。制度如旧,规模益宏。

二十五年改建大内金水桥,又建端门、承天门楼各五间,及长安东、西二门。

永乐十五年[5],作西宫于北京。中为奉天殿,侧为左右二殿,南为奉天门,左右为东、西角门。其南为午门,又南为承天门。殿北有后殿、凉殿、暖殿及仁寿、景福、仁和、万春、永寿、长春等宫,凡为屋千六百三十余楹。

十八年,建北京,凡宫殿、门阙规制,悉如南京,壮丽过之。中朝曰奉天殿,通为屋八千三百五十楹。殿左曰中左门,右曰中右门。丹墀东曰文楼,西曰武楼,南曰奉天门,常朝所御也。左曰东角门,右曰西角门,东庑曰左顺门,西庑曰右顺门,正南曰午门。中三门,翼以两观,观各有楼,左曰左掖门,右曰右掖门。午门左稍南,曰阙左门,曰神厨门,内为太庙。右稍南,曰阙右门,曰社左门,内为太社稷。又正南曰端门,东曰庙街门,即太庙右门也。西曰社街门,即太社稷坛南左门也。又正南曰承天门,又折而东曰长安左门,折而西曰长安右门。东后曰东安门,西后曰西安门,北后曰北安门。正南曰大明门,中为驰道,东西长廊各千步。奉天殿之后曰华盖殿,又后曰谨身殿。谨身殿左曰后左门,右曰后右门。正北曰乾清门,内为乾清宫,是曰正寝。后曰交泰殿。又后曰坤宁宫,为中宫所居。东曰仁寿宫,西曰清宁宫,以奉太后。左顺门之东曰文华殿。右顺门之西曰武英殿。文华殿东南曰东华门,武英殿西南曰西华门。坤宁宫后曰坤宁门,门之后曰玄武门。其他宫殿,名号繁多,不能尽列,所谓千门万户也。

皇城内宫城外,凡十有二门:曰东上门、东上北门、东上南门、东中门、西上门、西上北门、西上南门、西中门、北上门、北上东门、北上西门、北中门。复于皇城东南建皇太孙宫,东安门外东南建十王街。宣宗留意文雅[6],建广寒、清暑二殿,及东、西琼岛,游观所至,悉置经籍。正统六年重建三殿[7]。

嘉靖中,于清宁宫后地建慈庆宫,于仁寿宫故基建慈宁宫。三十六年,三殿门楼灾,帝以殿名奉天,非题扁(匾)所宜用,敕礼部议之。部臣会议言:"皇祖肇造之初,名曰奉天者,昭揭以示虔尔[8]。既以名,则是昊天监临,俨然在上,临御之际,坐以视朝,似未安也。今乃修复之始,宜更定,以答天庥[9]。"明年重建奉天门,更名曰大朝。四十一年更名奉天殿曰皇极,华盖殿曰中极,谨身殿曰建极,文楼曰文昭阁,武楼曰武成阁,左顺门曰会极,右顺门曰归极,大朝门曰皇极,东角门曰弘政,西角门曰宣治。又改乾清宫右小阁名曰道心,旁左门曰仁荡,右门曰义平。

世宗初,垦西苑隙地为田,建殿曰无逸,亭曰豳风,又建亭曰省耕,曰省敛,每岁耕获,帝辄临观。十三年,西苑河东亭榭成,亲定名曰天鹅房,北曰飞霭亭,迎翠殿前曰浮香亭,宝月亭前曰秋辉亭,昭和殿前曰澄渊亭,后曰趯台坡,临漪亭前曰水云榭,西苑门外二亭曰左临海亭、右临海亭,北闸口曰涌玉亭,河之东曰聚景亭,改吕梁洪之亭曰吕梁,前曰权金亭,翠玉馆前曰撷秀亭。

亲王府制:洪武四年定,城高二丈九尺,正殿基高六尺九寸,正门、前后殿、四门城楼,饰以青绿点金,廊房饰以青黛。四城正门,以丹漆,金涂铜钉。宫殿棼栱攒顶,中画蟠螭[10],饰以金,边画八吉祥花。前后殿座,用红漆金蟠螭,帐用红销金蟠螭。座后壁则画蟠螭、彩云,后改为龙。立山川、社稷、宗庙于王城内。

七年定亲王所居殿,前曰承运,中曰圜殿,后曰存心;四城门,南曰端礼,北曰广智,东曰体仁,西曰遵义。太祖曰:"使诸王睹名思义,以藩屏帝室。"九年定亲王宫殿、门庑及城门楼,皆覆以青色琉璃瓦。又命中书省臣,惟亲王宫得饰朱红、大青绿,其他居室止饰丹碧。十二年,诸王府告成。其制,中曰承运殿,十一间,后为圜殿,次曰存心殿,各九间。承运殿两庑为左右二殿,自存心、承运,周回两庑,至承运门,为屋百三十八间。殿后为前、中、后三宫,各九间。宫门两厢等室九十九间。王城之外,周垣、西门、堂库等室在其间,凡为宫殿室屋八百间有奇。弘治八年更定王府之制[11],颇有所增损。

郡王府制:天顺四年定。门楼、厅厢、厨库、米仓等,共数十间而已。

公主府第:洪武五年,礼部言:"唐、宋公主视正一品,府第并用正一品制度。今拟公主第,厅堂九间,十一架,施花样兽脊,梁、栋、斗拱、檐桷彩色绘饰,惟不用金。正门五间,七架。大门,绿油,铜环。石础、墙砖,镂凿玲珑花样。"从之。

百官第宅:明初,禁官民房屋不许雕刻古帝后、圣贤人物及日月、龙凤、狻猊[12]、麒麟、犀象之形。凡官员任满致仕,与见任同[13]。其父祖有官,身殁,子孙许居父祖房舍。洪武二十六年定制,官员营造房屋,不许歇山转角,重檐重拱,及绘藻井,惟楼居重檐不禁。公侯,前厅七间、两厦,九架。中堂七间,九架。后堂七间,七架。门三间,五架,用金漆及兽面锡环[14]。家庙三间,五架。覆以黑板瓦,脊用花样瓦兽,梁、栋、斗拱、檐桷彩绘饰。门窗、枋柱金漆饰。廊、庑、庖、库从屋,不得过五间,七架。一品、二品,厅堂五间,九架,屋脊用瓦兽,梁、栋、斗拱、檐桷青碧绘饰。门三间,五架,绿油,兽面锡环。三品至五品,厅堂五间,七架,屋脊用瓦兽,梁、栋、檐桷青碧绘饰。门三间,三架,黑油,锡环。六品至九品,厅堂三间,七架,梁、栋饰以土黄。门一间,三架,黑门,铁环。品官房舍,门窗、户牖不得用丹漆。功臣宅舍之后,留空地十丈,左右皆五丈。不许那移军民居止[15],更不许于宅前后左右多占地,构亭馆,开池塘,以资游眺。三十五年,申明禁制,一品、三品厅堂各七间,六品至九品厅堂梁栋只用粉青饰之。

庶民庐舍:洪武二十六年定制,不过三间,五架,不许用斗拱,饰彩色。三十五年复申禁饰,不许造九五间数,房屋虽至一二十所,随基物力,但不许过三间。正统十二年令稍变通之,庶民房屋架多而间少者,不在禁限。

器用之禁:洪武二十六年定,公侯、一品、二品,酒注[16]、酒盏金,余用银。三品至五品,酒注银,酒盏金,六品至九品,酒注、酒盏银,余皆磁、漆。木器不许用朱红及抹金、描金、雕琢龙凤文。庶民,酒注锡,酒盏银,余用磁、漆。

百官,床面、屏风、槅子,杂色漆饰,不许雕刻龙文,并金饰朱漆。军官、军士,弓矢黑漆,弓袋、箭囊,不许用朱漆描金装饰。建文四年申饬官民[17],不许僭用金酒爵,其椅桌木器亦不许朱红金饰。正德十六年定[18],一品、二品,器皿不用玉,止许用金。商贾、技艺家器皿不许用银。余与庶民同。

【注释】

[1]吴元年:1367 年。时朱元璋为吴王,以王号为年号。新内:指南京的宫殿。

[2]瑞州:今江西高安。辖境含高安市、上高县、宜丰县。

[3]洪武八年:1375 年。

[4]朝贺:朝觐庆贺。

[5]永乐十五年:1417 年。

[6]宣宗:明宣宗朱瞻基(1398—1435)。明仁宗朱高炽长子。洪熙元年(1425)即位,年号宣德。宣宗在位期间,平定汉王朱高煦叛乱;倾听臣下意见,停止用兵交趾。在位期间君臣关系融洽,经济繁荣,财税增多。

[7]正统六年:1441 年。

[8]昭揭:显扬,显示。

[9]天庥:上天的庇佑。庥:音 xiū,庇佑,保护。

[10]蟠螭:盘曲的无角之龙。常用来作器物的装饰。

[11]弘治八年:1495 年。

[12]狻猊:传说中龙生九子之一,形如狮,喜烟好坐,所以形象一般出现在香炉上,随之吞烟吐雾。狻,音 suān。

[13]见任:现任。指为官。

[14]锡环:通常指锡杖杖首的圆环。摇杖可振环发声。此指锡合金圆环。

[15]那移:挪借移用。居止:居所。

[16]酒注:有长壶嘴及耳把的酒壶。

[17]建文四年:1402 年。申饬:告诫。

[18]正德十六年:1521 年。

潘季驯传

清·张廷玉 等

【提要】

本文选自《明史》卷二二三(中华书局 1974 年版)。

潘季驯(1521—1595),字时良,号印川。浙江乌程(今吴兴)人。明代黄河治理专家。

嘉靖二十九年(1550)进士。初授九江推官,后升御史,巡按广东,行均平里甲法,斥抑豪强。四十四年(1565),由大理寺左少卿进右金都御史,总理河道,开始治黄生涯。次年,以接浚留城旧河成功,加右副都御史,寻以丁忧去职。隆庆四年(1570),河决邳州(今属江苏)、睢宁(今属江苏徐州),起故官,再任总河,塞决口。次年报河工成,不久以运输船只漂没事故,遭劾罢官。万历四年(1576)夏再起官,巡抚江西。六年夏,以右都御史兼工部左侍郎总理河漕,九月兴两河大工,次年工竣,黄河下游因此数年无恙。

张居正身后被抄家,长子张敬修自缢死,全家饿死十余口。潘季驯看不下去,上疏称"治居正狱太急","至于奄奄待毙之老母,茕茕无倚之诸孤,行道之人皆为怜悯。"神宗看了不高兴,随即御史李植劾其与张居正同党,潘落职为民。十六年,黄河大患,复官右都御史,总督河道。十九年冬,加太子太保、工部尚书兼右都御史。

嘉靖四十四年至万历二十年(1565—1592),潘季驯4次治河,历时近30年,一次又一次的治黄实践,使他从一个对黄河和河工技术一无所知的人,逐步磨练成一位治河专家。首任河官,初识水性;二任河官,则已深知堤防的重要性;三任总理河道时,形成了"以河治河,以水攻沙"的思想并付诸实践;四任河官时,潘季驯总结前人经验结合自己大量的实践,形成了自己的治河理论。他主张综合治理黄河下游。认为黄河运河相通,治理了黄河也就保护了运河,黄河淮河相汇,治淮也就是治黄,既不能离开治黄谈保运,也不能抛开治淮谈治黄。他指出,黄河下游善徙的主要原因,在于水漫沙壅。因此治理上应筑堤束水,借水刷沙。由于黄河挟带大量泥沙,有"急则沙随水流,缓则水漫沙停"的特点,因此要使水流湍急,必须束水归漕。他主持修筑的堤防,包括"束水归漕"的缕堤,缕堤外的遥堤,以及二堤之间的格堤(横堤),三堤构成拦阻洪水的三道防线。隆、万之际,经他治理后的黄河和淮河,"两河归正,沙刷水深,海口大辟",他的努力使黄、淮、运河保持了多年的稳定。

"以河治河,以水攻沙",为实现这一方略所采取的措施:一是"筑堤束水",主要采用缕堤,塞支强干,固定河槽,加大水流的冲刷力;修筑遥堤来约拦水势,取其易守,并可利用洪水冲刷主槽。遥堤、缕堤之间,修筑格堤。由于黄河多沙,洪水漫滩,万一缕堤冲决,横流遇格即止,水退沙留,可以淤滩,滩高于河,水虽高,也不出岸,起到淤滩刷槽的作用。二是增筑洪泽湖东岸的高家堰,充分利用洪泽湖,蓄淮河之水以清刷黄,黄淮二水相汇,河不旁决则槽固定,冲刷力强,有利排沙入海。这样"海不浚而辟,河不挑而深",以达借水攻沙、以水治水之目的。

为了防御异常洪水,万历八年(1580),他在黄河下游桃源(今泗阳)窄河道内,修建了四座减水坝(即崔镇、徐升、季泰、三义减水坝),坝顶比堤顶稍低二三尺,宽各三十余丈,万一水与坝平,任其从坝顶溢出,"则归槽者常盈,而无淤塞之患,出槽者得泄,而无他溃之虞,全河不分,而堤身自固矣"。

潘季驯对堤防修守,十分重视,他说防河如防房。"防房则曰边防,防河则曰堤防。边防者,防房之内入也;堤防者,防水之外出也。欲水之无出,而不戒于堤,是犹欲房之无入,而忘备于边者也。"因而他强调四防(昼防、夜防、风防、雨防)二守(官守、民守)的修防法规,进一步完善修守制度。

潘季驯在治河期间,全面整修完善了郑州以下两岸堤防,初步形成黄河下游防洪工程体系,治绩卓著。他于万历二十年告老回乡,二十三年病故。在职时曾著有《两河经略》(原名《两河管见》)和《河防一览》(原名《宸断大工录》)等书。阐述了他的治河方略和经验,对后世治河产生了深刻的影响。

潘季驯,字时良,乌程人。嘉靖二十九年进士。授九江推官。擢御史,巡按广东。行均平里甲法[1],广人大便。临代去,疏请饬后至者守其法,帝从之。进大理丞。四十四年由左少卿进右佥都御史,总理河道。与朱衡共开新河[2],加右副都御史。寻以忧去。

隆庆四年,河决邳州、睢宁。起故官,再理河道,塞决口。明年,工竣,坐驱运船入新溜漂没多,为勘河给事中雒遵劾罢[3]。

万历四年夏,再起官,巡抚江西。明年冬,召为刑部右侍郎。是时,河决崔镇[4],黄水北流,清河口淤淀,全淮南徙,高堰湖堤大坏,淮、扬、高邮、宝应间皆为巨浸。大学士张居正深以为忧。河漕尚书吴桂芳议复老黄河故道[5],而总河都御史傅希挚欲塞决口[6],束水归漕,两人议不合。会桂芳卒,六年夏,命季驯以右都御史兼工部左侍郎代之。季驯以故道久湮,虽浚复,其深广必不能如今河,议筑崔镇以塞决口,筑遥堤以防溃决。又:"淮清河浊,淮弱河强,河水一斗,沙居其六,伏秋则居其八,非极湍急,必至停滞。当借淮之清以刷河之浊,筑高堰束淮入清口,以敌河之强,使二水并流,则海口自浚。即桂芳所开草湾亦可不复修治。"遂条上六事,诏如议。

明年冬,两河工成。又明年春,加太子太保,进工部尚书兼左副都御史。季驯初至河上,历虞城、夏邑、商丘,相度地势。旧黄河上流,自新集经赵家圈、萧县,出徐州小浮桥,极深广。自嘉靖中北徙[7],河身既浅,迁徙不常,曹、单、丰、沛常苦昏垫[8]。上疏请复故河。给事中王道成以方筑崔镇高堰,役难并举。河南抚按亦陈三难[9],乃止。迁南京兵部尚书。十一年正月召改刑部。

季驯之再起也,以张居正援。居正殁,家属尽幽系[10],子敬修自缢死。季驯言:"居正母逾八旬,且暮莫必其命,乞降特恩宥释。"又以治居正狱太急,宣言居正家属毙狱者已数十人。先是,御史李植、江东之辈与大臣申时行、杨巍相讦[11]。季驯力右时行、巍,痛诋言者,言者交怒。植遂劾季驯党庇居正,落职为民。

十三年,御史李栋上疏讼曰:"隆庆间,河决崔镇,为运道梗。数年以来,民居既奠,河水安流,咸曰:'此潘尚书功也。'昔先臣宋礼治会通河,至于今是赖,陛下允督臣万恭之请,予之谥荫。今季驯功不在礼下,乃当身存之日,使与编户齿[12],宁不瀊诸臣任事之心,失朝廷报功之典哉。"御史董子行亦言季驯罪轻责重。诏俱夺其俸。其后论荐者不已。

十六年,给事中梅国楼复荐,遂起季驯右都御史,总督河道。自吴桂芳后,河漕皆总理,至是复设专官。明年,黄水暴涨,冲入夏镇,坏田庐,居民多溺死。季驯复筑塞之。十九年冬,加太子太保、工部尚书兼右都御史。

季驯凡四奉治河命,前后二十七年,习知地形险易。增筑设防,置官建闸,下及木石桩埽,综理纤悉,积劳成病。三疏乞休,不允。二十年,泗州大水,城中水三尺,患及祖陵。议者或欲开傅宁湖至六合入江,或欲浚周家桥入高、宝诸湖,或欲开寿州瓦埠河以分淮水上流,或欲弛张福堤以泄淮口。季驯谓祖陵王气不宜轻泄,而巡抚周寀、陈于陛,巡按高举谓周家桥在祖陵后百里,可疏浚,议不合。都给事中杨其休请允季驯去。归三年卒,年七十五。

【注释】

[1] 均平里甲法:里甲是明朝的乡村基层组织。明朝以 110 户为一里,一里分 10 甲,设置里长、甲长。里甲内的人民要相互知保,施行连坐。潘季驯在广东推行均平里甲法,流传下来的只有一篇不完整的《上广东均平里甲议》(见《潘司空奏疏》卷一)。从文章内容看,主要是表现在简化役法上,即根据各地具体情况,合并力差于银差、以银代役。同时,改革里甲制度让里长"止在官勾摄公务",而将甲首"悉放归农",把原先夹在官府与普通民户之间的半官半民、官民不分的行政组织变成由官府直接领导的行政组织,从而取消了官府与普通民户之间一个重要的中间环节,在一定程度上减少了里甲吏胥和里长等资产大户对普通民户的中间盘剥,同时也有利于官府对赋役征收的进一步控制。潘季驯此项改革在广东受到民众的普遍欢迎。

[2] 朱衡(1512—1584),字士南,万安人。嘉靖十一年(1532)进士。历知尤溪、婺源,有治声。迁刑部主事,历郎中。隆庆六年,诏朱衡兼任左副都御史,经理河道。他循新河遗迹完成了新河的开通工程。

[3] 洛遵:生卒年不详。字道行,号泾坡,陕西泾阳人。嘉靖四十四年(1565)进士。官至四川巡抚。

[4] 崔镇:又名崔野镇。在今江苏泗阳。

[5] 吴桂芳(?—1578):字子实,新建人。历扬州知府。御倭有功。以功累迁至工部尚书。

[6] 傅希挚,生卒年月不详。衡水人。嘉靖三十五年进士。四十四年,任淮安知府。累官右佥都御史,巡抚山东。隆庆末,户部以饷乏议裁山东、河南民兵,希挚争之而止。改总理河道。万历五年,进右副都御史,巡抚陕西。迁户部右侍郎,起总督漕运,历南京户、兵二部尚书。加太子少保致仕。傅希挚在楚州时,号令严明,廉洁奉公。卸任时,检查物品,令下属登记,仅有黑绉麻布一块,送给了下属。大家将布撕开,每人分得一尺多,珍藏以作纪念,一时传为佳话。

[7] 北徙:为保证漕运,嘉靖十六年(1537)和二十一年(1542),先后从丁家道口及小浮桥引水至黄河入徐州的干道,以接济徐、吕二洪。继又堵塞南岸分流水口,至嘉靖二十五年(1546年)后,"南流故道始尽塞,或由秦沟入漕,或由浊河入漕。""五十年来全河尽出徐、邳,夺泗入淮。"(《明史·河渠二》)。于是,从此黄河成为单股汇淮入海的河道。

[8] 曹、单:县名。今属山东。丰、沛:县名。今属江苏。昏垫:陷溺。指困于水灾。亦指水患、灾害。

[9] 抚按:明清时巡抚和巡按的合称。

[10] 幽系:囚禁,拘囚。

[11] 讦:音 jié,揭发别人的隐私或攻击别人的短处。

[12] 户齿:谓官籍。犹言起用。

附:河议辩惑

明·潘季驯

或有问于愚,曰:"河有神乎?"愚应之曰:"有。"问者曰:"化不可测之谓神。河决而东神舍西矣,河决而南神舍北矣。神之所舍,孰能治之?"

驯曰:"神非他,即水之性也。水性无分于东西,而有分于上下。西上而东下,则神不欲决而西;北上而南下,则神不欲决而北,间有决者,必其流缓而沙垫,是过颡在山之类也。挽上而归下,挽其所不欲而归于其所欲,乃所以奉神,非治神也。孟子曰:'禹之治水,水之道也。'道即神也。聪明正直之谓神,岂有神而不道者也!故语决为神者,愚夫俗子之言,庸臣慢吏推委之词也。"

问者曰:"彼言天者,非与?"愚曰:"治乱之机,天实司之,而天人未尝不相须也。尧之时,泛滥于中国,天未厌乱,故人力未至而水逆行也。使禹治之,然后人得平土而居之,人力至而天心顺之也。如必以决委之天数,既治,则曰'元符效灵',一切任天之便而人力无所施焉。是尧可以无忧,禹可以不治也。归天归神,误事最大,故愚不敢不首白也。"

或有问于愚曰:"河以海为壑,自海啸之后,沙塞其口,以致上流迟滞,必需疏浚。或别寻一路,另凿海口之为得也。"愚应之曰:"海啸之说,未之前闻。但纵有沙塞使两河之下,顺轨东下,水行沙刷,海能逆之不通乎?盖上决而后下壅,非下壅而后上决也。愚尝亲往海口阅视,宽者十四五里,最窄者五六百丈,茫茫万顷,此身若浮,朝暮两潮,疏浚者何处驻足?若欲另凿一口,不知何等人力,遂能使之深广如旧。假令凿之易矣,又安保其海之不复啸,啸之不复塞乎?旧则塞,新凿者则不塞,此非愚之所解也。"

或有问于愚曰:"贾让有云'今行上策,徙冀州之民当水冲者。治堤岁费且万万,如出数年治河之费,以业所徙之民,且以大汉方制万里,岂其与水争尺寸之地哉!'此策可施于今否?"愚应之曰:"民可徙也。岁运国储四百万石,将安适乎?"问者曰:"决,可行也。"愚曰:"崔镇故事可考也。此决最大越三四年,而深丈余者,仅去口一二十丈,间稍入坡内止深一二尺矣。盖住址陆地,非若沙淤可刷,散漫无归之水原无漕渠可容,且树桩基磉在在有之,运艘侥幸由此者,往往触败,岂可视为运道?且运艘经行之处,虽里河亦欲筑堤,以便牵挽,乃可令之由决乎!""然则贾让中策所谓'据坚地作石堤,开水门。旱则开东方下门溉冀州,水则开西方高门分河流',何如?"愚曰:"河流不常,与水门每不相值,或并水门而淤漫之。且所溉之地,亦一再岁而高矣,后将何如哉!短旱则河水已浅,难于分溉;潦固可泄,而西方地高,水安可往丘?文庄谓古今无出此策,夫乃身未经历耳。刘中丞《问水集》中言之甚详,盖名言也。惟宋任伯雨曰:'河流混浊,淤沙相半。流行既久,迤逦淤淀。久而决者,势也。为今之策,止宜宽立堤防,约拦水势,使不大段涌流耳。'此即愚近筑遥堤之意也。故治河者,必无一劳永逸之功,惟有救偏补弊之策。不可有喜新炫奇之智,惟当收安常处顺之休。毋持求全之心,苟责于最难之事;毋以束湿之见,强制乎叵测之流;毋厌已试之规,遂惑于道听之说。循两河之故道,守先哲之成矩,便是行所无事。舍此他图,即孟子所谓'恶其凿矣'。"

或有问于愚曰:"治河之法,凡三,疏、筑、浚是也。浚者,挑去其沙之谓也。疏之不可,奚不以浚而惟以筑乎?"愚应之曰:"河底深者六七丈,浅者三四丈,阔者一二里,隘者一百七八十丈。沙饱其中,不知其几千万斛,即以十里计之,不知用夫若干万名,为工若干月日。所挑之沙,不知安顿何处?纵使其能挑而尽也,堤之不筑,水复旁溢,则沙复停塞,可胜挑乎!以水刷沙,如'汤沃雪刷'之云难挑之。云易何其愚,何其拗也!"问者曰:"昔人方舟之法,不可行乎?"愚曰:"湍溜之中,舟难维系,而如饴之流,遇坎复盈,何穷已耶!此但可施于开河,而非所论于黄河也。"

或有问于愚曰:"淮不敌黄,故决高堰避而东也。今子复合之,无乃非策乎?"愚应之曰:"《禹贡》云'导淮自桐柏东,会于泗、沂,东入于海。'按泗、沂,即山东汶河诸水也,历徐、邳至青口,而与淮会。自宋神宗十年七月黄河大决于澶州,北流断绝,河遂南徙,合泗、沂而与淮会矣。自神宗迄今,六百余年,淮、黄合流无恙,乃今遂有避黄之说耶。夫淮避黄而东矣,而黄亦寻决崔镇,亦岂避淮而北?盖高堰决而后淮水东,崔镇决而后黄水北,堤决而水分,非水合而堤决也。"问者曰:"兹固然矣!数年以来,两河分流,小潦即溢。今复合之,溢将奈何?"愚曰:"水分则势缓,势缓则沙停,沙停则河饱,尺寸之水皆由沙面,止见其高。水合则势猛,势猛则沙刷,沙刷则河深。寻丈之水皆由河底,止见其卑。筑堤束水,以水攻沙,水不奔溢于两旁,则必直刷乎河底。一定之理,必然之势。此合之所以愈于分也。"

或有问于愚曰:"河既堤矣,可保不复决乎,复决可无患乎?"愚应之曰:"纵决亦何害哉!盖河之夺也,非以一决即能夺之。决而不治,正河之流日缓,则沙日高,沙日高则决日多,河始夺耳。今之治者,偶见一决凿者便欲弃故觅新,懦者辄自委之天数。议论纷起,年复一年,几何而不至夺河哉!今有遥堤以障其狂,有减水坝以杀其怒,必不至如往时多决。纵使偶有一决,水退复塞,还遭循轨,可以日计,何患哉!往事无论矣,即如万历十五年,河南刘兽医等堤共决十余处,淮安河决范家口、天妃坝二处,上廑于宵旰,特遣科臣督筑。筑后即成安流,此其明征矣。故治河者,惟以定议论辟纷更为主,河决未足深虑也。"

或有问于愚曰:"堤以遥,言何也?"愚应之曰:"缕堤即近河滨,束水太急,怒涛湍溜,必至伤堤。遥堤离河颇远,或一里余,或二三里。伏秋暴涨之时,难保水不至堤,然出岸之水必浅,既浅且远,其势必缓,缓则堤自易保也。"或曰:"然则缕可弃乎?"愚曰:"缕诚不能为有无也。宿迁而下,原无缕堤,未尝为遥病也。假令尽削缕堤,伏秋黄水出岸,淤留岸高。积之数年,水虽涨,不能出岸矣。第已成之业,不忍言弃。而如双沟、辛安等处缕堤之内,颇有民居,安土重迁,姑行司道官谕民,五月移住遥堤,九月仍归故址。从否,固难强之。然至危急之时,彼亦不得不以遥堤为家也。"问者曰:"缕不去,则两堤相夹,中间积潦之水,或缕堤决,入黄流,何处宣泄?"愚曰:"水归漕,无难也。纵有积潦,秋冬之间,特开一缺放之,旋即填补,亦易易耳。若有隔堤处所,积水顺堤直下,仍归大河,犹不足虞矣。"

按:本文选自《古今图书集成》山川典卷二二七(中华书局 巴蜀书社影印本)。

邹 缉 传

清·张廷玉 等

【提要】

本文选自《明史》卷一六四(中华书局 1974 年版)。

邹缉,中进士后仕途原本平常。但一纸奏章却让他进入《明史》。这封奏章写在北京三殿初成之际,永乐帝正要下诏定都北京,忽然一场大火降临,"三殿灾,诏求直言"。邹缉应声上疏:"陛下肇建北京,焦劳圣虑,几二十年。工大费繁,调度甚广,冗官蚕食,耗费国储。工作之夫,动以百万,终岁供役,不得躬亲田亩以事力作。"营建三殿及王城,时间长、任务重、贪官多、工程复杂,百万劳工长年累月不能"躬亲田亩"。

这还不够,更加上"征求无艺,至伐桑枣以供薪,剥桑皮以为楮。加之官吏横征,日甚一日。如前岁买办颜料,本非土产,动科千百。民相率敛钞,购之他所。大青一斤,价至万六千贯"。在作者的眼里,三殿及京师工程就是祸国殃民的工程。

上书的不止邹缉,但奇怪的是侍读李时勉、侍讲罗汝敬因为上疏俱下狱;御史郑维桓、何忠、罗通、徐瑢,给事中柯暹俱左官交阯。只有邹缉等数人无罪,并且在这年冬天,进右庶子兼侍讲。可能是因为邹缉"博极群书,居官勤慎,清操如寒士"的缘故。

邹缉永乐二十年(1422)去世。

邹缉,字仲熙,吉水人[1]。洪武中举明经,授星子教谕[2]。建文时入为国子助教[3]。成祖即位,擢翰林侍讲。立东宫,兼左中允,屡署国子监事。

永乐十九年,三殿灾,诏求直言,缉上疏曰:

陛下肇建北京[4],焦劳圣虑[5],几二十年。工大费繁,调度甚广,冗官蚕食,耗费国储。工作之夫,动以百万,终岁供役,不得躬亲田亩以事力作。犹且征求无艺[6],至伐桑枣以供薪,剥桑皮以为楮[7]。加之官吏横征,日甚一日。如前岁买办颜料,本非土产,动科千百。民相率敛钞,购之他所。大青一斤,价至万六千贯。及进纳[8],又多留难[9],往复展转,当须二万贯钞,而不足供一柱之用。其后既遣官采之产所,而买办犹未止。盖缘工匠多派牟利,而不顾民艰至此。

夫京师天下根本。人民安则京师安,京师安则国本固而天下安。自营建以来，工匠小人假托威势，驱迫移徙，号令方施，庐舍已坏。孤儿寡妇哭泣叫号，仓皇暴露，莫知所适。迁移甫定，又复驱令他徙，至有三四徙不得息者。及其既去，而所空之地，经月逾时，工犹未及。此陛下所不知，而人民疾怨者也。

贪官污吏，遍布内外，剥削及于骨髓。朝廷每遣一人，即是其人养活之计。虐取苛求，初无限量。有司承奉，惟恐不及。间有廉强自守、不事干媚者[10]，辄肆谗毁，动得罪谴，无以自明。是以使者所至，有司公行货赂，剥下媚上，有同交易。夫小民所积几何，而内外上下诛求如此。

今山东、河南、山西、陕西水旱相仍，民至剥树皮掘草根以食。老幼流移，颠踣道路[11]，卖妻鬻子以求苟活。而京师聚集僧道万余人，日耗廪米百余石，此夺民食以养无用也。

至报效军士，朝廷厚与粮赐。及使就役，乃骄傲横恣，闲游往来。此皆奸诡之人[12]，惧还原伍，假此规避，非真有报效之心也。

朝廷岁令天下织锦、铸钱，遣内官买马外蕃，所出常数千万，而所取曾不能一二。马至虽多，类皆驽下，责民牧养，骚扰殊甚。及至死伤，辄令赔补。马户贫困，更鬻妻子。此尤害之大者。

漠北降人，赐居室，盛供帐[13]，意欲招其同类也。不知来者皆怀窥觇[14]，非真远慕王化，甘去乡土。宜于来朝之后，遣归本国，不必留为后日子孙患。

至宫观祷祠之事[15]，有国者所当深戒。古人有言，淫祀无福。况事无益以害有益，蠹财妄费者乎！

凡此数事，皆下失民心，上违天意。怨讟之兴[16]，实由于此。

夫奉天殿者，所以朝群臣，发号令，古所谓明堂也，而灾首及焉，非常之变也。非省躬责己，大布恩泽，改革政化，疏涤天下穷困之人[17]，不能回上天谴怒。前有监生生员，以单丁告乞侍亲[18]，因而获罪遣戍者，此实有亏治体。近者大赦，法司执滞常条[19]，当赦者尚复拘系。并乞重加湔洗[20]，蠲除租赋，一切勿征，有司百官全其廪禄[21]，拔简贤才[22]，申行荐举，官吏贪赃蠹政者核其罪而罢黜之。则人心欢悦，和气可臻，所以保安宗社，为国家千万年无穷之基，莫有大于此者矣。

且国家所恃以久长者，惟天命人心，而天命常视人心为去留。今天意如此，不宜劳民。当还都南京，奉谒陵庙，告以灾变之故，保养圣躬休息于无为，毋听小人之言，复有所兴作，以误陛下于后也。

书奏，不省。

时三殿初成，帝方以定都诏天下，忽罹火灾，颇惧，下诏求直言。及言者多斥时政，帝不怿，而大臣复希旨诋言者。帝于是发怒，谓言事者谤讪，下诏严禁之，犯者不赦。侍读李时勉、侍讲罗汝敬俱下狱，御史郑维桓、何忠、罗通、徐瑢、给事中柯暹俱左官交阯[23]，惟缙与主事高公望、庶吉士杨复得无罪。是年冬，缙进右庶子兼侍讲。明年九月卒于官。

缙博极群书，居官勤慎，清操如寒士。子循，宣德中为翰林待诏，请赠父母。帝谕吏部曰:"曩皇祖征沙漠,朕守北京,缉在左右,陈说皆正道,良臣也,其予之。"

【注释】

[1] 吉水:今属江西。

[2] 教谕:学官名。宋代在京师设立的小学和武学中始置教谕。元明清县学亦置教谕,掌文庙祭祀,教育所属生员。

[3] 建文:明朝第二位皇帝朱允炆年号,1399—1402 年。

[4] 肇建:创建,始创。

[5] 焦劳:焦虑烦劳。

[6] 无艺:没有极限或限度。

[7] 楮:音 chǔ,纸的代称。

[8] 进纳:犹引进。

[9] 留难:无理阻挠刁难。

[10] 廉强:谓高洁贞坚。干媚:谓谄媚求宠。

[11] 颠踣:跌倒,仆倒。

[12] 奸诡:伪诈。

[13] 供帐:亦作"供张"。指供宴饮之用的帷帐、用具、饮食等物。

[14] 窥觇:暗中察看,偷看。

[15] 祷祠:泛指祭祀。

[16] 怨谤:亦作"怨誖"。怨恨诽谤。

[17] 疏涤:谓周济。

[18] 单丁:旧时指没有兄弟的成年男子。

[19] 执滞:犹执著。固执,拘泥。

[20] 湔洗:洗涤。湔:音 jiān,洗涤。

[21] 廪禄:禄米,俸禄。

[22] 拔简:谓选拔任用。

[23] 左官:降职。交阯:古称交阯国,即越南。后泛指五岭以南。汉武帝时为所置十三刺史部之一,辖境相当今广东、广西大部和越南的北部、中部。